空军航空机务系统教材

航空电机学(第2版)

刘勇智　吕永健　范冰洁　王　薇　编著

国防工业出版社
·北京·

内 容 简 介

本书是为了适应装备技术发展需要,在继承原有《航空电机学》教材特色的基础上,按照新的教学大纲,以"机电相融合,强弱电相渗透,理论实际相结合"为指导思想编写的。结构上力求清晰明了,叙述上力求深入浅出、通俗易懂,便于教学。

本书共6篇23章。内容上以四大类电机所涉及的通用电磁理论基础、基本电磁理论、基本结构、基本工作原理、运行分析、特性和控制、一般试验方法、使用维护等为主线,重点突出其航空应用特点,另外对航空用开关磁阻起动/发电机、双凸极起动/发电机等新型电机也作了介绍。本书可作为航空类普通高等学校、职业院校电气类和机电类学生教材或参考用书,也可供电气领域工程技术人员学习参考。

图书在版编目(CIP)数据

航空电机学/刘勇智等编著.—2版.—北京:
国防工业出版社,2020.9(2024.1重印).
空军航空机务系统教材
ISBN 978-7-118-12175-9

Ⅰ.①航… Ⅱ.①刘… Ⅲ.①航空电气设备—电机学
—教材 Ⅳ.①V242.44

中国版本图书馆 CIP 数据核字(2020)第 161548 号

※

国防工业出版社出版发行
(北京市海淀区紫竹院南路23号 邮政编码100048)
北京凌奇印刷有限责任公司印刷
新华书店经售

*

开本 787×1092 1/16 印张 21¾ 字数 530 千字
2024年1月第2版第2次印刷 印数 1501—2000 册 定价 78.00 元

(本书如有印装错误,我社负责调换)

国防书店:(010)88540777 书店传真:(010)88540776
发行业务:(010)88540717 发行传真:(010)88540762

第 2 版前言

"航空电机学"是我校在 1963 年开设的课程,历经几代人近 60 年的发展,先后被评为国家级精品课程、精品资源共享课程、精品在线开放课程和省级一流本科课程,课程的支撑教材也经历了多次改版和完善。课程教学组始终谨记课程奠基人、已故的李彪老先生"一定要努力传承好课程"的教诲,一直不敢有所懈怠。正是李彪教授、朱潼生教授、杜宝琴教授、谢军教授等老一辈航空电机人为课程奠定的良好基础,课程建设才得以不断发展,教学内容才得以不断完善。

尽管经典电磁理论已发展百余年,但是成熟孕育出新,经典催生变化。机电相结合、强弱电渗透,显示这门学科和技术日新月异。航空电机作为电机的重要门类,其技术亦是发展迅猛。近年来,我们持续探索课程教学规律和新的教学模式,紧跟航空电机装备技术的发展,在教学内容更新上始终秉承"机电相结合、强弱电渗透、理论实际相结合"这一系统观。

按照新的人才培养需求和课程教学大纲的内容要求,本书在上一版的基础上,在内容和结构上作了部分调整:新增了电机使用维护相关内容;对原教材中较难理解的内容,进行了改写,注重讲清楚基本概念和基本物理过程;对新型航空电机相关内容进行了必要的补充。力求结构上清晰明了,内容上衔接性更好,叙述上深入浅出,便于教学,也更符合航空电机装备技术的发展趋势。主要更新之处包括:第 1 篇基础知识,进一步强化了对电机中涉及的基本电磁物理量、电磁定律、电磁现象及其在电机中应用特点的介绍;第 2 篇航空变压器,新增了单相变压器的特性试验和三绕组变压器等内容;第 3 篇交流电机的绕组、电势与磁势,先介绍电势,再介绍磁势;第 4 篇航空异步电机,补充了一些基本概念和使用维护相关内容,结构上进行了微调;第 5 篇航空同步电机,将同步发电机的功率平衡和功角特性,调整到并联运行中介绍;第 6 篇航空直流电机,新增了航空用开关磁阻起动/发电机、双凸极起动/发电机等新型直流电机的相关内容。

本书正式出版前,已在我校经过多期试用和完善。为了适应现代化教学模式的发展和网络教学的需要,与本书配套建有国家级精品资源共享课程和在线开放课程,广大读者可以分别登录"爱课程""学堂在线"网站选课学习。

本书由空军工程大学刘勇智教授、吕永健副教授、范冰洁副教授、王薇讲师编写。其中,第 1 篇和第 5 篇由吕永健编写,第 2 篇由范冰洁编写,第 3 篇由范冰洁、王薇共同编写,第 4 篇和第 6 篇由刘勇智编写。刘勇智负责全书的统稿工作,并绘制了全书的插图。

本书在编写过程中,参考了很多同类教材,一部分在参考文献中列出,还有很多不能一一列出,在此一并敬致谢意。

由于编者水平有限,书中难免有不妥和错误之处,恳请读者批评指正。

编 者

2020 年 3 月于西安市东郊白鹿塬

第1版前言

航空电机学主要研究航空用变压器、异步电机、同步电机、直流电机的结构、原理、运行性能、特性和一般试验方法,是本科自动化专业和电气工程及其自动化专业必修的核心专业基础课。

本书是为了满足教学改革的需要,根据空军航空机务系统教材体系工程规划而编写的。

近几十年中,尽管电机理论和技术的发展没有信息技术那样迅猛,但是成熟孕育出新,经典催生变化。机电相结合、强弱电渗透,显示这门学科和技术日新月异。航空电机作为电机的重要门类,其技术亦是更先进、更可靠。如飞机的主电源由低压直流系统转变为变速恒频交流系统和高压直流系统,飞机主电源的核心——航空发电机,随之也发生了较大变化;机载伺服系统的发展,对用于驱动和控制的电动机性能提出了新要求。在本书的编写过程中,我们认真汲取了国内外出版的各种电机学教材的成功经验,广泛涉猎了电机理论和技术发展的相关文献,充分结合了多年的教学实践经验,注重讲清物理概念,强化"机电相结合、强弱电渗透"这一系统观,内容上力求扼要实用,篇幅上力求剔繁化简,文字上力求精练易懂。

本书的主要特点有:

(1)考虑到三相交流系统已成为现代先进飞机主电源的主要形式,无刷直流电机、永磁电机、变频调速异步电机等新型电机逐渐引入机载设备等特点,全书内容从过去的以讲述直流为主,转换为以讲述交流为主,并且增加了飞机用特种电机的内容。

(2)对过于复杂的电机设计和电磁理论分析作了适当的删减,力求使教材内容具有较好的扼要性和应用性。

(3)较好地处理了电机经典理论与前沿理论及新技术、新装备之间的关系,并对后续课程所涉及的电机相关技术留有接口。

本书由空军工程大学谢军教授、吕永健副教授、刘勇智讲师编写,其中,第1篇和第5篇由吕永健编写,第2篇和第3篇由谢军编写,第4篇和第6篇由刘勇智编写。谢军负责全书的统稿工作,刘勇智绘制了全书的全部插图。本书由西北工业大学博士研究生导师刘卫国教授、空军航空大学富强教授担任主审。空军工程大学李彪教授、朱潼生副教授在审阅过程中提出了许多宝贵意见。空军工程大学工程学院张凤鸣院长、航空自动控制工程系李学仁主任、电气教研室严东超主任等领导给予了大力支持,在此敬致谢意。

由于编者水平有限,书中难免有不妥和错误之处,恳请读者多提宝贵意见。

编 者

2005 年 6 月于西安市东郊白鹿塬

目　录

第1篇　基础知识

第1章　电机中的基本电磁理论 ··· 1
1.1　电路基本知识 ·· 1
1.2　电磁学基本知识 ·· 4
1.3　电机的制造材料 ·· 10

第2章　航空电机概论 ··· 15
2.1　电机在航空工业中的应用与分类 ·· 15
2.2　航空电机的工作条件 ·· 16
2.3　航空电机的特点与基本技术要求 ·· 19
2.4　航空电机的发展概况 ·· 26

第2篇　航空变压器

第3章　单相变压器 ··· 31
3.1　单相变压器的基本工作原理和结构 ·· 31
3.2　单相变压器的空载运行 ·· 34
3.3　单相变压器的负载运行 ·· 42
3.4　单相变压器的特性试验与参数测定 ·· 51

第4章　三相变压器 ··· 60
4.1　三相变压器的磁路系统 ·· 60
4.2　三相变压器的电路系统 ·· 61
4.3　磁路系统及连接方法对电势波形的影响 ·· 62

第5章　飞机用特种变压器 ··· 66
5.1　三绕组变压器 ·· 66
5.2　自耦变压器 ·· 69
5.3　仪用变压器及脉冲变压器 ·· 71

第3篇　交流电机的绕组、电势和磁势

第6章　交流电机的绕组 ··· 76
6.1　三相交流绕组的基本概念 ·· 76
6.2　60°相带绕组 ·· 78
6.3　120°相带绕组 ·· 79

第 7 章　交流绕组的电势 ·· 82
　7.1　一相绕组的基波电势 ·· 82
　7.2　一相绕组的谐波电势 ·· 88
第 8 章　交流绕组的磁势 ·· 95
　8.1　一相绕组的磁势 ·· 95
　8.2　多相绕组的基波磁势 ·· 106

第 4 篇　航空异步电机

第 9 章　异步电动机的基本结构和基本工作原理 ··· 115
　9.1　三相异步电动机的基本结构 ··· 115
　9.2　三相异步电动机的额定值 ·· 117
　9.3　三相异步电动机的基本工作原理 ··· 118
第 10 章　异步电动机的基本电磁关系与运行分析 ··· 122
　10.1　转子不动时的异步电动机 ·· 122
　10.2　转子转动时的异步电动机 ·· 128
第 11 章　异步电动机的特性和控制 ··· 141
　11.1　异步电动机的功率平衡与转矩平衡 ·· 141
　11.2　异步电动机的电磁转矩和机械特性 ·· 143
　11.3　三相异步电动机的起动 ··· 149
　11.4　三相异步电动机的调速 ··· 153
第 12 章　飞机用特种异步电动机 ·· 160
　12.1　三相陀螺电机 ··· 160
　12.2　单相异步电动机 ·· 161

第 5 篇　航空同步电机

第 13 章　同步发电机的基本结构和原理 ··· 168
　13.1　同步发电机的基本结构型式和工作原理 ·· 169
　13.2　同步电机的额定值 ··· 171
　13.3　航空同步发电机的基本工作原理和结构 ·· 171
第 14 章　同步发电机的基本电磁关系与运行分析 ··· 177
　14.1　电枢反应与磁势平衡方程式 ··· 177
　14.2　同步电抗与电势平衡方程式 ··· 179
　14.3　隐极同步发电机的电磁关系——时空向量图 ·· 183
　14.4　凸极同步发电机的电磁关系——时空向量图 ·· 185
第 15 章　同步发电机的特性 ·· 192
　15.1　同步发电机的运行特性 ··· 192
　15.2　同步发电机的试验特性及稳态参数 ·· 196

第16章	同步发电机的并联运行	206
16.1	接入并联的条件和方法	206
16.2	隐极同步发电机的功率平衡和功角特性	211
16.3	凸极同步发电机的功角特性	216
16.4	功率的均衡分配与转移	218
16.5	调节励磁电流对发电机运行状况的影响	224
第17章	同步发电机的三相突然短路	230
17.1	超导体回路磁链守恒原理	230
17.2	突然对称短路时的物理过程分析	232
17.3	超瞬变电抗及瞬变电抗	237
17.4	突然短路时各电流的衰减	242
第18章	航空用特种同步电机	245
18.1	同步电动机	245
18.2	永磁同步电机	248

第6篇 航空直流电机

第19章	航空直流电机的基本工作原理和结构	253
19.1	直流电机的基本工作原理	253
19.2	航空直流电机的基本结构	256
19.3	直流电机的励磁方式	262
19.4	直流电机的额定值及其型号	263
第20章	直流电机的基本电磁关系与运行分析	266
20.1	直流电机的电势、磁势和转矩	266
20.2	直流电机的换向	275
第21章	直流发电机的特性与调节	283
21.1	航空直流发电机的空载特性和自励	283
21.2	航空直流发电机的外特性和调节特性	288
第22章	直流电动机的特性与控制	293
22.1	直流电动机的特性	293
22.2	直流电动机的调速	297
22.3	直流电动机的反转与制动	301
第23章	新型航空直流电机	309
23.1	无刷直流电动机	309
23.2	航空开关磁阻起动/发电机	312
23.3	航空双凸极直流起动/发电机	332
参考文献		340

第1篇 基础知识

从传统意义上说，电机是指利用电磁感应原理来实现机电能量转换的电磁机械。将机械能转换成电能的电机称为发电机(电路中用字母 G 表示)，将电能转换成机械能的电机称为电动机(电路中用字母 M 表示)。

由于电能有直流和交流两种，因此无论是发电机还是电动机，都可分为直流和交流两类。一般来说，这里的直流和交流是指电动机的起始输入电压和发电机的最终输出电压的性质。交流电机又可根据其转速与频率的关系分为同步电机和异步电机。另外，实现电能与电能之间的相互转换，也常常用到电机。例如变压器，它可将一种电压的交流电变换成为另一种电压的交流电；又如变流机，它通过直流电动机带动交流发电机发电，可将直流电能变换成交流电能输出。

近年来，随着电气、电子技术的发展，出现了磁阻电机，其结构和工作原理与传统的交、直流电机有很大区别：它们的定子和转子均为凸极结构，不依靠定子、转子绕组产生磁场的相互作用产生转矩，而是依靠"磁阻最小原理"产生转矩；根据转子位置信号控制功率开关电路中开关管的通断，改变定子绕组相电流的生成位置，在电感下降区形成电流，产生负转矩，即电机吸收机械能，将机械能转化为电能输出。

本篇主要介绍电机学中的基本电磁理论和航空电机的基础知识，为后续学习奠定基础。

第1章 电机中的基本电磁理论

电磁感应原理是各种电机工作原理的基础，学习电机的原理、构造及性能，必须具备电、磁方面的基础理论知识。本章对电机学中所涉及的基本电磁理论进行简要的回顾和补充，便于进一步学习电机学的理论，内容包括航空电机学所涉及的有关电路、磁路和电磁感应方面的概念及公式，常见的基本电磁现象，以及电机的制造材料及其性质等。

1.1 电路基本知识

电在电机中主要以路的形式出现，即主要由电机内的线圈(或绕组)构成电机的电路。

1.1.1 电路的主要参数及正方向的规定

电路的主要参数有电压、电势、电流、功率、频率和相位等。电路中常用的元件有电阻、电感和电容。描述电路特征的数学方程式都与电压、电流等参数的参考方向有关。通常规定：对于受电端，电压和电流的正方向一致。变压器中，电势的正方向往往也取为与电流的正方向一致。

1.1.2 基尔霍夫定律

1.1.2.1 基尔霍夫电流定律

基尔霍夫电流定律:电路中的任意节点在任意时刻流入和流出的电流之代数和恒等于零。其数学表达式为

$$\sum i = 0 \tag{1-1}$$

式中:各电流 i 的正方向均可取为流入方向。即 i 为正值时,实际电流为流入该节点;i 为负值时,实际电流为流出该节点。

1.1.2.2 基尔霍夫电压定律

基尔霍夫电压定律:电路中的任一回路在任意时刻沿着回路循行方向所有支路的电压降之代数和恒等于零。其数学表达式为

$$\sum u = 0 \tag{1-2}$$

对于图 1-1 所示的电路,其回路方程为

$$IR + Ir_a - E = 0 \tag{1-3}$$

因为

$$U = IR$$

所以有

$$U = E - Ir_a \tag{1-4}$$

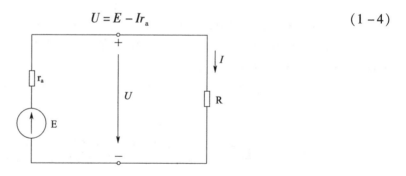

图 1-1 回路电压

该电压平衡方程式反映了加在"+""-"受电端的电压的构成,即电势 E 减去内阻 r_a 上的电压降后全部加在受电端形成外部电压降 U。

1.1.3 三相交流电路

三相交流电,以 A 相为参考相量,相序为 A-B-C 时,其数学表达式为

$$\begin{cases} i_A = I_m \sin\omega t \\ i_B = I_m \sin(\omega t - 120°) \\ i_C = I_m \sin(\omega t - 240°) \end{cases} \tag{1-5}$$

对应的相量分别为

$$\begin{cases} \dot{I}_A = I \angle 0° \\ \dot{I}_B = I \angle -120° \\ \dot{I}_C = I \angle -240° \end{cases} \tag{1-6}$$

式中 I_m——每相电流的幅值；
　　　I——每相电流的有效值。

三相交流电通入或流出三相绕组时，会因三相绕组的连接方式不同而产生不同的线电压和相电压。三相绕组有 Y 形连接和 △ 形连接两种，如图 1-2 所示。

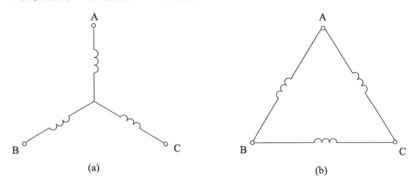

图 1-2　三相绕组的连接
(a) Y 形连接；(b) △ 形连接。

当绕组为 Y 形连接时，线电压 $U_{线}$ 与相电压 $U_{相}$ 之间的关系为 $U_{线} = \sqrt{3} U_{相}$，线电流 $I_{线}$ 与相电流 $I_{相}$ 相等。

当绕组为 △ 形连接时，$U_{线} = U_{相}$，$I_{线} = \sqrt{3} I_{相}$。

1.1.4　电流的集肤效应

当交变电流流过导体时，电流将趋向于从导体表面流过，这种现象称为集肤效应或趋肤效应。由于存在集肤效应，当电流或电压以频率较高的电子在导体中传导时，会聚集于导体表层，而非平均分布于整个导体的截面积中，越接近导体表面，电流密度越大。频率越高，集肤效应越显著。当频率很高的电流通过导体时，可以认为电流只在导体表面上很薄的一层中流过，这等效于导体的截面积减小，电阻增大。

产生集肤效应的原因主要有以下三个方面：

（1）电子在导体内总是沿着阻力最小的路线流动，而电子在导体表层附近运行的阻力要比在内部小得多。

（2）当电子在导体内移动时，在其运动的垂直方向伴生着磁场，电子在磁场的作用下逐步向周边发散移动，于是移向了导体的表层附近。换种说法，伴生磁场会在导体的中心区域感应出最大的电动势，由于感应的电动势在闭合电路中产生感应电流，在导体中心的感应电流最大，而感应电流总是与原来电流的方向相反，它迫使电流只限于靠近导体外表面处流过。

（3）温度的影响。在导体内部，电阻产生的热不易散发，温度较高，电阻就高。在导体的表面，散热快，温度低，电阻小，外来电子运行较快，这也是电流集肤的原因之一。

在计算导体的电阻和电感时，通常假设电流是均匀分布于它的截面上的。严格来说，这一假设仅在导体内的电流变化率为零时才成立，如导体通过直流电流时。一般来说，只要电流变化率很小，电流分布仍可认为是均匀的。但在高频电路中，电流变化率非常大，不均匀分布的状态甚为严重。

1.2 电磁学基本知识

磁在电机中是以场的形式存在的,在电机学和一般的工程分析计算中,常将电机中复杂的电磁场问题进行简化,用磁路和等值电路的方法来处理,其准确度已能够满足要求。磁路通常定义为用强磁材料构成,在其中产生一定强度的磁场的闭合回路。简单地说,磁通所经过的路径称为磁路。

1.2.1 基本物理量

1.2.1.1 磁感应强度

磁感应强度是表示磁场强弱和方向的一个物理量,符号是 B,单位是 T,它是一个矢量。磁场的强弱可由位于该磁场中的载流导体所受的电磁力来反映。当载流导体元 dl 与磁力线相垂直时,作用在该导体元上的电磁力可表示为

$$dF = IBdl \tag{1-7}$$

式中 dF——载流导体元上所受到的电磁力(洛伦兹力,N);

I——导体中流过的电流(A);

dl——导体元(m);

B——磁感应强度(T)。

在电机中,气隙中的磁感应强度为 0.4~0.8T,铁芯中的磁感应强度为 1~1.8T。

1.2.1.2 磁场强度

表征磁场性质的另一个物理量是磁场强度,它也是一个矢量,用 H 表示,单位是 A/m,磁场的两个基本物理量 B 与 H 之间存在下列关系:

$$B = \mu H \tag{1-8}$$

式中 μ——磁导率(H/m),由磁场该点处的介质性质决定,是材料被磁化难易程度的量度。μ 的数值随介质的性质不同变化很大,真空磁导率 $\mu_0 = 4\pi \times 10^{-7}$ H/m。在电机中应用的介质,其磁导率也因材料的不同而不同。

需要说明的是,由式(1-8)可知,电机磁化曲线中,曲线上任何给定点处的斜率就是电机工作在该点时的磁导率,因此,在电机工作过程中磁导率并不是常数。

磁场强度和磁感应强度均为表征磁场性质的物理量。由于磁场是电流或者说运动电荷引起的,而由场的叠加原理可知,磁介质在磁场中发生的磁化对源磁场也有影响,因此,磁场的强、弱有两种表示方法。

在充满均匀磁介质的情况下,若包括介质因磁化而产生的磁场在内时,用磁感应强度 B 表示,是一个基本物理量;单独由电流或运动电荷所引起的磁场,当其不包括介质磁化而产生的磁场时,则用磁场强度 H 表示,是一个辅助物理量。磁场强度完全只是反映磁场来源的性质,与磁介质没有关系。

1.2.1.3 磁通量

磁感应强度 B 描述的只是空间某一点的磁场,如果要描述一个给定面上的磁场,就要引入另外一个物理量——磁通量(简称磁通)用 Φ 表示,单位为 Wb。如果在匀强磁场中有一个与磁场方向垂直的平面,面积为 S,则通过该平面的磁通量为

$$\Phi = BS \tag{1-9}$$

如图1-3所示，如果在匀强磁场中有一个与磁场方向不垂直的平面，面积为S，则通过该平面的磁通量为

$$\Phi = BS\cos\theta \tag{1-10}$$

式中　θ——面积S的法线与$\boldsymbol{B}$的夹角。

通过任意曲面的磁通量为

$$\Phi = \int_S \mathrm{d}\Phi = \int_S B\cos\theta \mathrm{d}S \tag{1-11}$$

$\mathrm{d}S$为曲面的面积单元，其面积分即为通过该曲面的磁通量。

由式(1-11)可知，如果取该面积单元$\mathrm{d}S$垂直于该点处的磁感应强度$\boldsymbol{B}$，则$\cos\theta = 1$，$B = \mathrm{d}\Phi/\mathrm{d}S$，说明某点的磁感应强度就是该点的磁通密度，因此，磁感应强度又称为磁通密度。

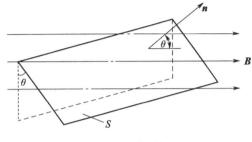

图1-3　磁通量

为了形象直观地表示看不见的磁场，可以用假想的磁力线表示磁感应强度$\boldsymbol{B}$和磁通量Φ的大小。规定磁力线上每一点的切线方向就是$\boldsymbol{B}$的方向，同时规定通过磁场某点处垂直于$\boldsymbol{B}$的单位面积上的磁力线数目等于该点磁感应强度的大小。由磁力线的定义可以看出：磁场强的地方，磁感应强度$\boldsymbol{B}$大，磁力线密，单位面积内的磁通一定也多；反之亦然。

如同将电流流过的路径称为电路一样，将磁通所经过的路径称为磁路。与电路必须由导体组成所不同的是：磁路可以由铁磁物质组成，如变压器主磁路完全是铁芯；也可以由非铁磁物质组成，如空心电感线圈中的磁路完全是空气；或者两者都有，如旋转电机的主磁路主要由铁芯和空气隙组成。

1.2.1.4　磁势与磁阻

磁势也称为磁动势，类似于电场中的电动势或电压。它被描述为电流流过导体所能产生磁通量的势力，用来衡量或预见通电线圈实际能够激发磁通量的势力。此外，永磁材料也以某种方式表现出磁动势。

磁势的公式通常有以下3个，分别用于从不同角度来度量磁场或电磁场：

(1) $F = \Phi \cdot R_\mathrm{m}$，表示作用在磁路上的磁势$F$等于磁路内的磁通量$\Phi$与磁阻$R_\mathrm{m}$的乘积。这一公式又称为霍普金斯定律或磁路欧姆定律，磁势的单位为安·匝(A·T)，代表1匝线圈流过1A电流时所产生的磁势。

类似于电阻对导体中流过电流的阻碍作用，磁阻表示磁路对磁通的阻碍作用，单位为H^{-1}。磁路中磁阻的大小与磁路的长度l成正比，与磁路的横截面积S成反比，并与组成磁路的材料性质有关，表示为$R_\mathrm{m} = l/\mu S$（μ为磁路的磁导率）。因为磁导率μ不一定是常数，所以R_m也不一定是常数。

磁通总是力图沿着磁阻最小的路径闭合的，即磁通总是遵循"磁阻最小原理"的。利用磁通的这种性质可以制成磁阻电机。磁阻电机是指电机各磁路的磁阻随转子位置而改变，因而电机的磁场能量也将随转子位置的变化而变化，并将磁能变换成机械能。如步进电机和开关磁阻电机，当具有一定形状的铁芯在移动到最小磁阻位置时，必使自己的主轴线与磁场的主轴线重合。当定子极励磁时，所产生的磁力会力图使转子旋转到转子极轴线与定子极轴线相重

合的位置,并使励磁绕组的电感最大。

(2) $F = N \cdot I$,表示通电线圈产生的磁势 F 等于线圈的匝数 N 和线圈中所通过的电流 I 的乘积,也称为磁通势。

(3) $F = H \cdot L$,表示磁势 F 是磁场强度 H 在磁路 L 上的积分。

1.2.1.5 磁链、电感与感抗

导线中流过电流将产生磁场,电机中的线圈中流过电流 i 时也会产生磁场,穿过线圈的磁通将形成磁链。磁链通常用符号 ψ 表示,单位为亨·安(H·A)。设线圈匝数为 N,流过电流产生匝链线圈的磁通为 Φ,则磁链为

$$\psi = N\Phi \tag{1-12}$$

该磁链与流过线圈的电流有关,即

$$\psi = LI \tag{1-13}$$

或

$$L = \psi/I \tag{1-14}$$

式中 L——电感(H)。

由磁路的欧姆定律(见1.2.2.3节)可知,磁通 Φ 等于磁势 F 乘以磁导 Λ,而线圈的磁势 F 是线圈匝数 N 与流过电流 I 的乘积,即 $F = N \cdot I$。于是式(1-14)可写成

$$L = \frac{\psi}{I} = \frac{N \cdot \Phi}{I} = \frac{N \cdot N \cdot I \cdot \Lambda}{I} = N^2 \Lambda \tag{1-15}$$

式中 Λ——磁阻的倒数,称为磁导。

当线圈中流过角频率为 ω 的交流电时,线圈中存在的感抗为

$$X = \omega L = 2\pi f \cdot N^2 \Lambda \tag{1-16}$$

1.2.1.6 电磁力与电磁转矩

磁场对电流的作用是磁场的基本特征之一。实验表明:将长度为 l 的导体置于磁场 B 中,通入电流 i 后,导体会受到力 f 的作用,称为电磁力。特别地,当载流导体与磁场垂直时,在匀强磁场中受到电磁力为

$$f = Bli \tag{1-17}$$

如果有一面积为 S 的刚性矩形载流线圈位于磁感应强度为 B 的匀强磁场中,线圈中的电流为 I,磁场作用于载流线圈的电磁力矩为

$$M = BIS\sin\varphi \tag{1-18}$$

式中 M——电磁力矩(N·m);

φ——线圈平面的法线方向与磁感应强度 B 的方向之间的夹角,规定线圈平面的法线方向与电流方向成右手螺旋关系。

1.2.2 基本定律

1.2.2.1 电磁感应定律

英国物理学家法拉第于1831年发现电磁感应现象,并总结出了电磁感应定律。即不论用什么方法,只要使穿过闭合导体回路的磁通量发生变化,此回路中就会产生感应电流,而驱动感应电流的电动势称为感应电动势,用 e 表示,e 的大小与穿过回路的磁通量的变化率 $\mathrm{d}\psi/\mathrm{d}t$ 成正比,这就是法拉第电磁感应定律。如果采用国际单位制,该定律可表示为

$$e = -\frac{\mathrm{d}\psi}{\mathrm{d}t} \tag{1-19}$$

式中:负号"-"反映了感应电动势的方向,e 的方向可按照楞次定律进行判断。楞次定律:在闭合回路中,感应电动势所驱动的感应电流的方向总是使它自身所产生的磁通量反抗引起感应电流的磁通量的变化。

由于导体回路与磁场只要产生相对运动,就会产生感应电动势。按照磁通量变化原因的不同,感应电动势可分为以下两类:

(1) 动生电动势:由于导体或导体回路在恒定磁场中做切割磁力线运动,导体或导体回路中产生的感应电动势。

(2) 感生电动势:导体或导体回路不动,由于磁场随时间发生变化,导体或导体回路中产生的感应电动势。

动生电动势一般用下式计算:

$$e = Blv \tag{1-20}$$

动生电动势的方向按右手定则判断。

感生电动势一般用下式计算:

$$e = -\frac{d\psi}{dt} = -N\frac{d\Phi}{dt} \tag{1-21}$$

式中　ψ——穿过各线圈的总磁通量,也称磁链,$\psi = \sum \Phi_i$;

　　　N——线圈的匝数。

感生电动势的方向按楞次定律判断。

1.2.2.2　安培环路定律和全电流定律

尽管人们早就知道了磁性的存在,但在很长时间里,人们都把磁场和电流当成两种独立无关的自然现象,直到 1829 年才发现它们之间的内在联系,即磁场是由电流的激励产生的,磁场与产生该磁场的电流同时存在。安培环路定律和全电流定律就是描述这种电磁联系的基本电磁定律。

在恒定磁场中,磁场强度 H 沿任一闭合路径 L 的线积分等于该闭合路径 L 包围的所有电流的代数和,这就是安培环路定律。如图 1-4 所示,设空间有 n 根导体,导体中的电流分别为 i_1、i_2、$\cdots$、i_n,则安培环路定律的数学表达式为

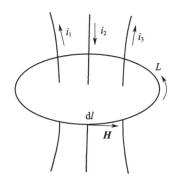

图 1-4　安培环路定律

$$\oint_L H dl = \sum_{K=1}^{n} i_K \tag{1-22}$$

当积分回路 L 的绕行方向和电流的方向之间满足右手螺旋关系时,i 取正值;反之,i 取负值。在图 1-4 中,i_1 和 i_3 取正值,i_2 取负值,故有

$$\oint_L H dl = i_1 - i_2 + i_3$$

可见,安培环路定律是描述"电生磁"的基本定律。如果沿着闭合路径 L 的磁场强度 H 处处相等,且闭合路径所包围的总电流由通有电流 i 的 N 匝线圈所提供,则式(1-22)可简写为

$$Hl = Ni \tag{1-23}$$

由于 $B = \mu_0 H$(真空中),因此安培环路定律的另一表达式为

$$\oint_L B dl = \mu_0 \sum_{K=1}^{N} i_K \tag{1-24}$$

在专门研究静态磁场的静磁学内,安培环路定律是正确的。但是,超出了静磁学的范围,当电流不稳定的时候,安培环路定律就不一定正确了。

为了解决这一难题,安培环路定律必须加以修改延伸。麦克斯韦在1861年发表题为"论物理力线"论文中,将位移电流项目加入了安培定律,将安培环路定律推广为全电流定律,即任意一个闭合回线上的总磁压等于被这个闭合回线所包围的面内穿过的全部电流的代数和。全电流包括传导电流、运流电流和位移电流。其中,传导电流是指导体内自由电荷定向移动所形成的电流,运流电流是指导体外自由电荷定向移动所形成的电流,位移电流是指变化的电场所等效的电流。

全电流定律和安培环路定律在形式上是一样的,但电流的含义改变了:安培环路定律只适用于电流恒定情况,而全电流定律既适用于电流恒定情况又适用于非恒定情况。

在电机中,由于不存在运流电流,位移电流也可以忽略不计,因此,对电机来说,全电流定律和安培环路定律是等效的。

1.2.2.3 磁路的欧姆定律

在一般的工程计算中,常将电机中的磁场简化为磁路来处理。图1-5(a)为一个等截面积、无分支的变压器铁芯磁路,铁芯上有匝数为 N 的绕组,绕组中流过的电流为 i,铁芯截面积为 S,磁路的平均长度为 l,铁芯材料的磁导率为 μ,则绕组产生的磁势 $F = Ni$。若忽略漏磁通,并认为铁芯各截面上的磁通密度均匀,则该铁芯磁路中的磁通量为

$$\Phi = \int B dS = BS \tag{1-25}$$

联立式(1-8)、式(1-9)、式(1-23)和式(1-25)可得

$$F = Ni = Hl = \frac{Bl}{\mu} = \Phi \frac{l}{\mu S} = \Phi R_m = \frac{\Phi}{\Lambda} \tag{1-26}$$

即

$$\Phi = \frac{F}{R_m} = F\Lambda \tag{1-27}$$

式中 $R_m = \frac{l}{\mu S}$。

式(1-27)与电路的欧姆定律 $U = IR$ 在形式上完全一样,故 R_m 称为磁阻(A/Wb),该关系式称为磁路的欧姆定律。变压器铁芯磁路的类比电路如图1-5(b)所示。

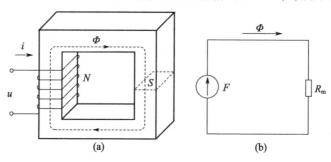

图1-5 变压器的铁芯磁路

(a)磁路;(b)类比电路。

从磁阻 R_m 的表达式可以看出，R_m 与 μ 成反比，由于铁磁材料的磁导率不是常数，故铁磁材料的磁阻是非线性的。

磁阻的倒数称为磁导，用 Λ 来表示，于是

$$\Lambda = \frac{1}{R_m} \tag{1-28}$$

磁阻的实用单位为 H^{-1}；磁导的实用单位为 H。

1.2.2.4 毕奥-萨伐尔定律与安培定律

丹麦科学家奥斯特在 1820 年 4 月发现了电流的磁效应，即通有电流的导体使其附近的磁针发生了偏转。奥斯特的伟大发现，开创了实验上与理论上研究电磁统一性的纪元。

1820 年，法国物理学家毕奥和萨伐尔，通过实验测量了长直电流线附近小磁针的受力规律，得到了载流导线周围磁场与电流的定量关系：载流导线上的电流元 Idl 在真空中某点的磁感应强度 dB 的大小与电流元 Idl 的大小成正比，与电流元 Idl 和从电流元到该点的位矢 r 之间的夹角 θ 的正弦成正比，与位矢 r 的大小的平方成反比。他们还发表了题为"运动中的电传递给金属的磁化力"的论文，后来被人们称为毕奥-萨伐尔定律。数学家拉普拉斯以数学公式的形式概括出了电流元产生磁感应强度的定律。

（1）电流元 Idl 在空间产生的磁场

$$d\boldsymbol{B} = \frac{\mu_0}{4\pi} \frac{Idl\sin\theta}{r^2} \tag{1-29}$$

式中 μ_0——真空磁导率，$\mu_0 = 4\pi \times 10^{-7}$ H/m。

（2）任意载流导体在点 P 处的磁感应强度

$$\boldsymbol{B} = \int d\boldsymbol{B} = \int \frac{\mu_0 I}{4\pi} \frac{dl\sin\theta}{r^2} \tag{1-30}$$

法国物理学家安培获知奥斯特的发现之后，1820 年 9 月发现了两根通电导线之间也存在着相互作用力，并证明了同向电流相互吸引，反向电流相互排斥。磁场对载流导线有力的作用，这个力称为安培力，安培力的方向通过左手定则确定。研究磁场对载流导线作用的规律称为安培定律。

如图 1-6 所示，在载流导体中取一电流元 Idl，电流强度的方向为线元 dl 的正方向，电流元所在处的磁感应强度为 $\boldsymbol{B}$。安培通过大量的实验发现：磁场对电流元有作用力，其大小不仅与电流 I、线元长度 dl 和电流元 Idl 所在处的磁感应强度 $\boldsymbol{B}$ 成正比，而且与 Idl、$\boldsymbol{B}$ 之间的夹角 θ 的正弦也成正比，即

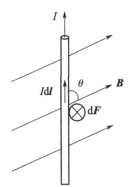

图 1-6 载流导体在磁场中的受力

$$dF = IdlB\sin\theta \tag{1-31}$$

dF 是一个矢量，它的方向与 $Idl \times \boldsymbol{B}$ 方向相同，写成矢量式为

$$d\boldsymbol{F} = Idl \times \boldsymbol{B} \tag{1-32}$$

式（1-32）称为安培定律。根据力的叠加原理，磁场对一段载流导线的安培力为

$$\boldsymbol{F} = \int d\boldsymbol{F} = \int Idl \times \boldsymbol{B} \tag{1-33}$$

安培定律是磁作用的基本实验定律,它决定了磁场的性质,提供了计算电流相互作用的途径。安培定律的建立奠定了现代电磁学的理论基础。

通过以上对电路和磁路基本知识的回顾可知,磁路和电路之间有一定的相似性,但其性质是不同的,因此在实际分析计算时必然存在很大的区别。比如,一般导电材料的电阻率 ρ 在一定温度下为常数,且随电流变化不明显,通常可认为是常数。但铁磁材料不同,其磁导率 μ 并不是常数,与磁路的饱和程度有关。相应地,磁路的磁阻也与磁路的饱和程度有关,也不是常数。为了便于理解各磁路物理量的基本定义及磁路的基本定律,将磁路和电路中的主要物理量及基本定律的对应关系列于表1-1。

表1-1 磁路和电路的基本物理量及基本定律

	电路	磁路
基本物理量及基本定律	电动势 $e(V)$	磁动势 $F(A)$
	电流 $i(A)$	磁通量 $\Phi(Wb)$
	电阻 $R=\rho l/S(\Omega)$	磁阻 $R_m = l/\mu S(1/H)$
	电导 $G=1/R(S)$	磁导 $\Lambda = 1/R_m(H)$
	电压降 $u=iR(V)$	磁压降 $Hl=\Phi R_m(A)$
	电流密度 $J(A/m^2)$	磁通密度 $B(T)$
	电路欧姆定律 $I=U/R$	磁路欧姆定律 $\Phi=F/R_m$
	基尔霍夫电流定律 $\Sigma i=0$	磁路节点定律 $\Sigma \Phi=0$
	基尔霍夫电压定律 $\Sigma u=0$	全电流定律 $Hl=\Sigma Ni$

1.3 电机的制造材料

1.3.1 电机制造材料的选用

电机的技术经济指标在很大程度上与其制造材料有关。在选择电机制造材料时,不仅要考虑电磁性能指标,还要考虑机械强度要求。即使在按技术条件所允许的非正常运行状态下运行时,也必须保证电机能承受较大的电磁力而不致毁坏。

总的来说,制造电机的材料有导电、导磁、绝缘、散热和机械支撑5种功用。

铜是最常用的导电材料,电机中的绕组一般用铜线绕成,电机绕组用的铜线是硬拉后经退火处理的。直流电机换向片的铜片则是硬拉或轧制的。由于铝的密度较小,在电机中使用并不普遍,鼠笼式异步电机的转子绕组通常用铝浇铸而成。黄铜、青铜和钢都可以作为集电环的材料。炭也是应用于电机的一种导电材料,电机中的电刷可用炭-石墨、石墨或电化石墨制成。

钢是良好的导磁材料。铸铁因导磁性能较差,应用较少,仅用于截面积较大的、形状较复杂的结构部件,如机壳、端盖等。各种成分的铸钢因导磁性能较好,应用广泛。特性较好的铸钢为合金钢,如镍钢和镍铬钢,但价格较贵。电机中的磁通一般会变化,为了减少铁芯中的涡流损耗,导磁材料应当用薄钢片,称为电工钢片。电工钢片中含有少量的硅,使它有较高的电阻,同时又有很好的磁性能,因此,电工钢片又称为硅钢片。

电工钢片的标准厚度为0.35mm、0.5mm、1mm等。旋转电机用较厚的钢片;变压器用较薄的钢片；高频电机需用更薄的钢片，其厚度可为 0.2mm、0.15mm、0.1mm 等。钢片与钢片之间常涂有一层很薄的绝缘漆。

电机中导体与导体间、导体与机壳或铁芯间，都必须用绝缘材料隔开。绝缘材料的种类很多，可分为天然的和人工的、有机的和无机的；有时也用不同绝缘材料的组合。绝缘材料的寿命和它的工作温度有很大的关系，在热作用下，绝缘材料会逐渐老化，逐渐丧失其机械强度和绝缘性能。为了保证电机在寿命周期内的可靠运行，对绝缘材料都规定了极限温度。航空电机中常用的绝缘材料有云母和石棉等。

变压器油是一种特殊的矿物油，在变压器中它同时起绝缘和散热的作用。

电机中有些部件是专为机械支撑用的，如机座、端盖、轴与轴承、螺杆等。

1.3.2 铁磁材料及性质

铁磁材料主要用于电机中的磁路系统，主要是定子、转子铁芯和变压器铁芯，也称为磁介质。电机正是利用这些铁磁材料的特殊作用，才得以实现机电能量的转换。

1.3.2.1 铁磁材料及磁化曲线

电机中的铁磁材料主要是铁、钴、镍及其合金，如镍钢、镍铬钢、铁钴合金等。将这些材料放入磁场后，磁场将显著增强，铁磁材料呈现很强的磁性，这种现象称为铁磁材料的磁化。铁磁材料能增强外界磁场的原因是在铁磁材料的内部存在着很多微小的天然磁化区，称为磁畴，这些磁畴用一些小磁铁来代表，如图 1-7(a) 所示。在铁磁材料未放入磁场以前，这些磁畴杂乱无章地排列着，各磁畴的轴线方向不一致，磁效应互相抵消，故对外不显磁性。当铁磁材料放入磁场后，在外磁场的作用下，磁畴的方向渐趋一致，形成一个附加磁场，与外磁场相叠加，从而使磁场大为增强，如图 1-7(b) 所示。

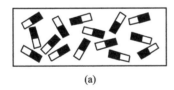
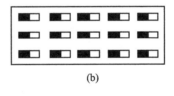

图 1-7 磁畴

将一块尚未磁化的铁磁材料进行磁化，在磁场强度 H 由零开始逐渐增加时，磁感应强度 B 也随着逐渐增加，这种 $B=f(H)$ 曲线称为原始磁化曲线，如图 1-8 所示，表示铁磁材料的磁化特性。

在 Oa 段，H 值增加时，B 值增加较快，这是因为随着 H 值增加，有越来越多的磁畴趋向于外磁场的方向，使磁场增强。在 ab 段，随着 H 值的继续增加，大部分磁畴已趋向外磁场的方向，可以转向的磁畴越来越少，故 B 值的增加越来越慢，这段曲线称为磁化曲线的膝部。b 点以后已经很少有磁畴可以转向，因此 B 值增加得非常缓慢，称为磁化曲线的饱和段。

1.3.2.2 磁滞回线及磁滞损耗

当铁磁材料在 $-H_m \sim +H_m$ 之间被反复磁化若干次，最后得到对称于原点的封闭曲线，如图 1-9 所示。

当磁场强度 H 从 $-H_m$ 向 $+H_m$ 增加时，磁化过程沿曲线 $defa$ 进行。当磁场强度从 $+H_m$ 向 $-H_m$ 减小时，磁化过程沿曲线 $abcd$ 进行。从上述磁化过程可以看出，B 的变化总是滞后于

H 的变化,这种现象称为磁滞。图 1-9 所示的闭合曲线称为磁滞回线。B_m 越大,磁滞回线面积越大。从图中可以看出,当 H 下降到零时,B 并不下降到零,而是保持一定数值,这是因为外磁场虽然消失了,但磁畴还不能回复到原来状态,还保留一定的磁性,称为剩磁。磁滞回线与纵坐标的交点 B_r 称为剩余磁感应强度。去掉剩磁所必须加的反向磁势 H_c(Oc 段或 Of 段),称为矫顽力。B_r 与 H_c 是铁磁材料的重要参数。

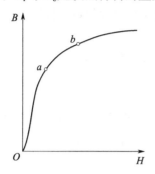

图 1-8 原始的磁化曲线

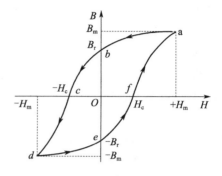

图 1-9 磁滞回线

按照矫顽力 H_c 的大小和磁滞回线形状的不同,铁磁材料可分为两大类:磁滞回线窄、剩磁和矫顽力小的材料称为软磁材料,如铸铁、铸钢、硅钢片等,软磁材料的磁导率较大,很容易被磁化,可用来制造变压器及电机的铁芯;磁滞回线宽、剩磁和矫顽力大的材料称为硬磁材料,如铝、镍、钴、铁的合金和稀土合金等,硬磁材料的磁导率较小,不容易磁化,也不容易去磁。由于硬磁材料的剩磁大,因此常用来制造永久磁铁。

当前,常用的永磁材料有 3 种:

(1) 铁氧体:由铁的氧化物和一种或几种其他金属氧化物组成的复合氧化物非金属磁性材料。铁氧体的电阻率高,涡流损耗小;矫顽力 H_c 较大,而剩余磁感应强度 B_r 不大,温度对其磁性能影响较大。

(2) 铝钴镍:铁和铝、镍、钴的合金。铝钴镍的剩余磁感应强度 B_r 较大,而矫顽力 H_c 不大。

(3) 稀土永磁材料:20 世纪 60 年代以来发展的新型永磁材料,是将钐、钕混合稀土金属与过渡金属(如钴、铁等)组成的合金,用粉末冶金方法压型烧结,经磁场充磁后制得的一种磁性材料;其 B_r、H_c 和最大磁能积 $(BH)_{max}$ 均很大,是目前已知的综合性能最高的一种永磁材料。稀土永磁材料的缺点是允许工作温度较低。

选择不同的磁场强度 H_m 进行反复磁化,可以得到一系列大小不同的磁滞回线,最大的回线称为极限磁滞回线。将各磁滞回线的顶点连接起来,所得到的一条回线称为基本磁化曲线,它并不是原始的磁化曲线,但差别不大,工程上采用的都是基本磁化曲线。

在外磁场的作用下,铁磁材料内部磁畴的方向会转动,以使磁畴的方向与外磁场方向一致。如果外加的磁场是交变的,在外磁场的作用下,磁畴来回翻转,彼此之间产生摩擦而引起损耗,这种损耗就称为磁滞损耗。分析表明,单位体积内的磁滞损耗正比于磁场交变的频率 f 和磁滞回线的面积。

1.3.2.3 涡流及涡流损耗

当通过铁芯中的磁通交变时,根据电磁感应定律,铁芯内部将产生感应电势和感应电流。这些电流在铁芯内部围绕磁通呈旋涡状流动,故称为涡流,如图 1-10(a)所示。涡流在铁芯中流动时造成能量损耗,这种损耗称为涡流损耗。此外,涡流还有去磁作用,这些都是不利的。为了减少涡流的影响,可以在钢材中加入少量的硅以增加铁芯材料的电阻率;不采用整块的铁芯,而采用由许多互相绝缘的薄硅钢片叠压起来的铁芯,以使涡流所流经的路径变长,从而大大减少涡流,如图1-10(b)所示。

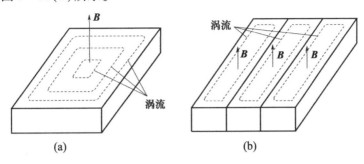

图1-10 涡流路径

因此,变压器及电机的铁芯都是采用厚度为0.35mm或0.5mm的硅钢片制造的。

磁滞损耗和涡流损耗都是在电机铁芯中产生的损耗,通常将它们合在一起,总称为铁损耗,它正比于磁通密度B_m的平方及磁通交变频率f的$1.2 \sim 1.3$次方。

1.3.2.4 磁致伸缩

磁致伸缩效应是指铁磁性材料或磁性物体由于磁化状态的改变而发生体积和长度可逆变化的效应。磁致伸缩效应可分为线性磁致伸缩和体积磁致伸缩。其中长度的变化是1842年英国物理学家焦耳首先发现的,又称焦耳效应,或线性磁致伸缩,其变化量级为$10^{-5} \sim 10^{-6}$。由于体积的变化(体积磁致伸缩)比起长度的变化要微弱得多,故通常将线性磁致伸缩简称为磁致伸缩。相反,具有磁致伸缩效应的材料在经受外加应力或应变时,其磁化强度也会发生改变,称为逆磁致伸缩效应。

磁致伸缩产生的原因主要有3个方面:

(1) 自发形变:由于原子或离子间的交换作用力引起单畴晶体的自发磁化,导致晶体改变形状。

(2) 场致形变:由于电子轨道耦合和自旋-轨道耦合相叠加的结果导致材料在磁场作用下发生磁致伸缩。换种说法,当有外加磁场作用时,由于铁磁材料中的磁畴将发生转动,使其磁化方向尽量与外磁场方向趋于一致,从而使该材料沿外磁场方向的长度将发生变化,表现为弹性形变。

(3) 形状效应:由于磁性体内部的退磁因子作用引起的形状变化。

磁致伸缩是铁磁性物质的基本磁性现象,它对磁性材料的性能(如磁导率、矫顽力等)有着重要的影响。不仅如此,效应本身也有着十分重要的用途。利用材料在交变磁场作用下的磁致伸缩,可以制成超声波发生器和接收器,以及力、速度、加速度等的传感器、滤波器、稳频器、水下声纳发生器、磁声存储器等。磁致伸缩对电机的不利方面是由于构成电机磁路的硅钢片中的磁场以电压频率交变,在交变磁场作用下,硅钢片可发生反复的伸长与缩短,会发出振动噪声。因为磁致伸缩力与磁场强度的平方成正比,所以振动频率是电压频率的2倍,这个振动噪声听起来像是"嗡嗡"声,在电磁装置中频繁出现。为了减小噪声,就必须降低电机铁芯材料的磁致伸缩系数。

小 结

电机是利用电磁感应原理来实现机电能量转换的电磁机械。按照能量转换的形式和方向不同,可以把电机分为直流发电机、直流电动机、同步电机和异步电机。变压器和变流机是用来变换电能的电机。在控制系统中使用的电机称为控制电机。

电在电机中主要以路的形式出现。

磁在电机中是以场的形式存在的。

制造电机的材料,总的来说有导电、导磁、绝缘、散热和机械支撑 5 种功用。

第2章 航空电机概论

本章主要介绍各类航空电机的应用、分类、工作条件、基本特点及飞行器对航空电机的基本技术要求,简要介绍航空电机的发展概况和趋势。

2.1 电机在航空工业中的应用与分类

现代飞行器的性能、可靠性及战斗力很大程度上取决于其电气化的水平与质量,尤其是现代飞行器自动化程度的提高及机载计算机和总线技术的应用,大大减轻了驾驶员的劳动强度,提高了飞行器工作的可靠性,确保了飞行安全。特别是自20世纪70年代中期全电飞机和多电飞机概念相继提出以来,由电能代替液压能和气压能的电气化不断发展,涉及发电、配电、电力管理、电防冰、电刹车、电力作动和发动机等多个领域,从航空电力系统的概念出发,优化整个飞机的设计。所以,现代飞行器中尽可能多地使用电能已成为提高飞行器性能的必要措施。飞机上的电能主要是由航空发电机将飞机发动机的机械能转换而来的,并传输到飞机各部位,然后利用各种电气控制、管理设备和电动机构来操纵控制飞机,其他机载设备也要消耗一部分电能。

从在飞行器上应用的情况来看,航空电机可归纳为以下几类:

(1) 主电源发电机:包括直流发电机和交流发电机,是构成飞行器主电源系统的主要部件。部分飞机采用具有起动和发电双功能的起动/发电机,作电动机运行,用来起动航空发动机,发动机起动后,由发动机驱动作发电机运行。

(2) 变压器:有三相变压器、单相变压器及自耦变压器等,可用来变换交流电压,在交流电源系统中应用较多。另外,在变压整流装置及雷达、无线电装置中用作电源变压器,各种自动控制装置和电子线路中参数变换和调整也需大量的小型变压器。

(3) 驱动电动机:主要用于飞行器操纵机构,如襟副翼、舵机、力臂调节、起落架装置、电力作动器等,还有专门驱动油泵、活门、油门等的电动机,以及在小型无人机中用作动力源的电动机。

(4) 变流机:在直流供电系统中用作交流二次电源,以便供雷达、导弹、陀螺仪表及其他系统中的交流设备所用。随着电力电子技术在飞机上的广泛应用,变流机已基本被没有旋转部件的静止变流器所取代。

(5) 控制电机:有交、直流伺服电动机,交、直流测速发电机,旋转变压器,自整角机,磁滞电动机,步进电动机等。在发动机状态控制系统、飞行控制系统和导航系统、航空仪表和解算装置等系统和设备中,用于伺服控制及信号转换等。

现代大型飞机上用电设备总功率已达数百千瓦,各种电机有几十甚至上百种型别,多达几百台。航空电机已成为现代飞行器电气化、自动化和智能化的重要组成部分。航空电机的制造技术和性能的提高,将直接推动飞行器电气化、自动化和智能化程度的提高与发展。

2.2 航空电机的工作条件

航空电机工作在飞行器中,而飞行器必须能在不同的高空、地区、气象、季节等条件下工作,所以航空电机也必须具备能在以上条件下可靠工作的性能。而且,必须承受得住飞行器在各种飞行条件下产生的机械过载与阻滞温度等的考验,具有适应飞行器特殊使用条件的要求。由于这些工作条件直接或间接地决定了航空电机在结构上、性能上不同于地面电机的一系列特点,因此必须首先将这些条件予以介绍,才能全面地、切合实际地研究航空电机。在这些复杂的工作条件中,对电机有直接影响的有以下五个方面。

2.2.1 环境温度

1. 地面环境温度

我国幅员辽阔,温差很大,最低温度一般在-50℃左右,最高温度一般在+45℃以上。机载设备还要考虑热辐射和安全系数,兼顾可靠性及经济性而取合理的最大值。地面上停放考核产品的温度取最低温度为-55℃,最高温度随不同机种而异,一般为+60℃。

2. 高空气温

飞行器在不同高度飞行时,由于大气温度随高度而变化,这对电机工作性能影响也较大。在标准大气参数下,在对流层范围内(11km 高空以下)大气温度随高度 H 的增加而降低;在高度 11~30km 的同温层范围内,气温基本稳定为 -56℃;超过30km 气温将上升。大气的温度、气压、密度、声速等参数随高度而变化的数值,可参考国际大气标准。

我国地面和高空的极限气温也随地区、季节不同而不同,因此最高、最低温度冲击值也随地区不同而不同。

3. 飞行速度对温度的影响

部分航空电机依靠飞机迎面气流进行冷却,有的航空电机安装处的温度与机外温度相接近,所以机外的空气温度也就是航空电机的冷却温度。飞行器的附面层、进气道和机身内的温度,除受大气温度影响外,还与飞行速度的平方变化,而与空气稀薄程度无关。因此,航空电机的冷却空气温度和工作温度直接与飞行速度有关。根据计算结果,飞行器表面的阻滞温度与飞行速度(以马赫数 Ma 表示)的关系见表2-1。

表2-1 阻滞温度与飞行速度的关系

马赫数		1	2	3	4
阻滞温度/℃	25km	10~25	120~130	290~330	500~600
	30km	10~15	90~120	180~280	300~500

由表2-1可见,当飞行速度在马赫数2以上时,用空气自行冷却电机的方式,实际上已失去作用,必须考虑其他高效的冷却方式,于是出现了循油、喷油和蒸发等冷却方式。

4. 温度对电机性能的影响

温度对电机中各种材料的影响较大:低温使电机主要材料的物理性质发生变化,甚至造成永久变形,如导电材料电阻率下降,绝缘材料开裂、弯曲和分层,润滑油脂黏度增加,橡胶制品硬化,导磁材料的导磁性能变差,不同材料组合件(由于线膨胀系数不同)产生应变等;高温会造成绝缘材料老化加速,润滑油脂熔解而流出或挥发,导电材料电阻率增加,弹性材料的弹性变差,结构材料的机械强度下降,不同材料组合件(由于线膨胀系数不同)产生应变等。上述因素都会导致电机的电磁性能变化或产生机械故障。

无刷电机中所用的电子元器件受温度影响尤为显著,这也直接影响电机的性能。

由于飞行器高度和速度的急剧变化,使电机经常遇到高、低温的冲击,一般在100～120℃。这种冲击会造成绝缘材料(漆包线、灌注物、涂层、层压制品、硅钢片压制件和塑料制品等)的开裂、分层和弯曲变形。冷空气使零件受到凝露、结霜、冰冻的侵袭,线膨胀系数不同造成密封接缝的开裂、嵌件的松动、零件配合不正常等。上述因素也会造成电机的电磁性能变化和机械结构的故障。

2.2.2 大气压力

大气压力随飞行高度的增加而降低,由地面到25km高度,大气压力约降低为地面的1/40,空气的密度也随之约降低为地面的1/30,这样剧烈的变化,对电机工作的影响主要有以下三方面:

(1) 绝缘材料的绝缘性能变差,耐压程度下降。空气的介电强度下降,容易引起击穿,造成电弧放电,在绝缘距离不够的情况下,甚至引起电晕现象。

(2) 由于空气稀薄,电机散热不良,温升增加易引起绝缘老化。尤其是飞机在高空、高速飞行时,电机环境温度提高而散热能力又下降,使得电机在最不利的条件下工作,若无特殊措施,将使电机因过热而烧毁。

(3) 由于空气稀薄使电刷磨损加剧,火花增大,直流电机换向情况变坏,甚至产生环火,导致电机不能正常工作,甚至损坏。

2.2.3 湿度

飞机在不同的地区和季节停放与飞行,空气湿度的变化也很大。靠近江、河、湖、海的地区湿度高,在海南岛地区全年平均相对湿度高达80%,夏季雨季就更高;其他地区在夏季雨天时相对湿度也可达80%,舟山地区相对湿度可达95%,晚上的相对湿度可达100%,在座舱内可能有积水。当然,高寒地区或沙漠地区的相对湿度就很低。航空电机如长期存放和工作在高湿度环境下,其电气性能和机械性能都会受到很大影响。

(1) 绝缘材料一般易吸水(蒸汽本身的渗透力和附着力均很强),在高湿度下,绝缘电阻和击穿电压将大大下降。严重时,吸水后引起膨胀、分解、发霉、腐烂,造成产品变形和机械故障。这些是电机在实际使用中会经常遇到的故障,情况严重时电机甚至将完全不能工作。

(2) 电子元件表面吸附水分后,造成漏电,影响电子线路的正常工作。

(3) 金属零件在蒸汽作用下产生腐蚀,在两种不同金属的接触处由于电化学作用,腐蚀尤为严重。我国南部地区处于亚热带和热带,气温较高,电机在高温、高湿度的长期作用下,上述影响就更为严重。

对于飞机来说,需经常起飞、着陆,电机在地面上经受高温、高湿度的侵蚀,又很快到达高空,处在低温的环境下,原来吸收了大量蒸汽的材料就会产生凝露、结霜和冰冻等现象,造成短路及材料的龟裂和裂缝,甚至引起机械故障,必须加以注意。根据我国地理条件,规定航空电机湿度考核标准:温度在40℃时,湿度为(95±3)%。

2.2.4 大气成分

飞行器要在高空、低空、海上和大陆到处飞行。在不同地区,大气成分也不同。高空空气中臭氧成分增多，湿热地带大气中有霉菌，海上大气中有盐雾，沙漠上有沙尘，这些对电机工作性能都会造成不同的影响。

1. 臭氧

随着高度的增加，空气中氧气、蒸汽成分下降，而臭氧成分增加，从地面到25km高空，臭氧几乎增加17～20倍，这会使金属表面和有机材料的氧化加剧，性能变差。

2. 霉菌

霉菌会使电机绝缘的外表变色，致使易吸湿，并使纺织品发酵和腐烂，绝缘性能下降，机械强度降低等。

3. 盐雾

我国海岸线漫长，部分地区处于热带气候，由于海浪造成空气中的盐雾多，如附着在产品表面，形成极稀薄的电解层，使绝缘材料老化、变质，绝缘电阻下降，金属表面腐蚀、变色，机械强度降低。一架飞机如果在我国青海湖上空执勤1年，全部电网就会被腐蚀到不能使用的程度；在南海地区服役的歼击机，其寿命也将减小一半以上，可见盐雾影响的严重性。

4. 沙尘

机场上总是存在沙尘的，尤其是我国北方沙漠地带更为严重。对于一切非密封的电气设备，必须考虑沙尘的影响。当沙尘附着在电机绝缘材料表面，经过吸湿后，将会降低绝缘材料的性能。如果沙尘进入电机的活动部分或间隙中，则将影响电机的整体性能，严重时可造成电机的机械故障。

2.2.5 机械过载

航空电机在运输及使用过程中将受到振动冲击等机械过载的影响。航空电机绝大部分都是旋转机械，转速高、空气隙小，主发电机一般又与发动机直接连接，因此发动机的振动、抖动以及飞行器机动飞行所产生的加速度和航炮射击时产生的振动都将直接给航空电机带来很大的机械应力。尤其是当部件发生谐振时，破坏性更大。因此，在设计电机的结构与进行强度、刚度计算时必须特别注意。

1. 振动

飞行器上产生振动的原因很多，但振动的主要来源是发动机及不稳定气流，如螺旋桨发动机的活塞轴、喷气发动机的压气轴、发动机燃油的不稳定燃烧、飞机在上升气流作用下的振动等，其振幅与频率随飞机和发动机的不同而异。一般活塞式发动机的振动频率为$2Hz\sim4kHz$，振动加速度可达$20g$；喷气发动机的振动频率为$2Hz\sim4kHz$、振动加速度为$10g$。而发动机内振荡燃烧时，振动频率可达$10kHz$，振动加速度可达$50g\sim250g$。飞机在航炮射击时，可产生频率为$100Hz$、振动加速度达$60g\sim75g$的局部振动。虽然可能存在以上振源，但由于飞行器本身的阻尼作用，并且实际产品以不同方式安装在飞机上的不同部位，故对某一具体产品来说其有效的振动频率范围与过载大小都有所不同，一般可用下列要求来考核产品的抗振稳定性：对于无减振装置的产品，频率为$10\sim200Hz$；带减振器的产品，频率为$20\sim80Hz$；导弹上的产品频率为$10\sim500Hz$。过载值则应根据不同的飞机与发动机而定。

过于剧烈的振动可能对航空电机造成一系列不良后果，如零部件相对位移，工作间隙变化，接触压力不稳定，零部件变形，紧固件松动，软磁材料的磁导率降低，永磁材料去磁，焊接脱落，绝缘损坏。当零件发生谐振时，带来的危害则更大，甚至使产品失效，结构件损伤，个别零部件折断，电机将不能正常工作。

2. 冲击

飞行器在运动过程中,产生冲击的现象很多,这里只讨论常遇到的着陆冲击。飞机在着陆时,常出现1Hz左右的颠簸冲击,小型飞机冲击过载可达$4g\sim6g$,大型飞机可达$10g$。一般电机产品,根据其技术条件规定,在使用过程中应能承受上述冲击10^4次的考验。导弹发射时,冲击过载可达$200g$以上,但作用时间很短,一般为$10\sim30$ms,所以用在导弹上的电机应能承受上述冲击过载$2\sim3$次的考验。冲击对电机的影响与振动类似,但有时更严重些。

3. 恒加速度

恒加速度主要在飞机爬高、转弯、俯冲等特技飞行时较为严重。歼击机可达$9g$,持续2min;轰炸机为$4g$,可持续20min;导弹发射时,可达$5g\sim20g$,但持续时间极短。恒加速度对电机的影响,主要是给电机加了一个附加力矩,引起间隙分配改变与变形。所以对电机零部件的机械强度与结构上应做足够的考虑。

以上五种因素中,环境温度、大气压力、空气的湿度与成分主要属于飞行器的环境条件,而机械过载则属于飞行器的工作条件,这些条件都直接影响航空电机的性能与结构,所以它是制订航空电机基本技术要求的依据之一,也是设计、试制、生产、使用和维护航空电机时均应重视的条件。每台航空电机在试制、生产或维修后都必须进行相应的环境试验,如高空试验,高、低温试验,"三防"(防湿热、防霉菌、防盐雾)试验,机械过载(振动、冲击、加速度)试验等。

2.3 航空电机的特点与基本技术要求

由于航空电机的工作条件比地面电机复杂得多,因此,它们虽有共同的工作原理,但在结构上、性能上及其技术参数等方面都有很多特殊性,这种特殊性就构成航空电机区别于地面电机的特点。

2.3.1 体积和质量

航空电机应在满足一定功率要求条件下,体积小、质量轻,工作可靠。由于这些因素都直接影响飞行器的性能与战斗力,因此航空电机在结构上必须着重考虑这些因素,这可从表2-2中明显看出。

表2-2 航空发电机相对质量

直流发电机	额定功率/kW	3	6	9	12	18	24
	相对质量/(kg/kW)	3.7	3.0	2.6	2.3	2.2	2.1
同步发电机	额定功率/(kV·A)	30	40	40/60	60	60/75	60/90
	风冷 相对质量/(kg/(kV·A))	0.885	0.85				
	循油冷却 相对质量/(kg/(kV·A))	0.685			0.66		
	喷油冷却 相对质量/(kg/(kV·A))			0.4		0.35	0.304

为便于比较,以国产30kV·A同步发电机、9kW直流发电机及3kW直流电动机为例,列出航空电机与地面电机的参数对照,见表2-3。

表 2-3　航空电机与地面电机技术数据对照

电机型号		交流同步发电机		直流发电机		直流电动机	
		航空	地面	航空	地面	航空	地面
		JF-30A	TZT-74-24	ZF-9	ZT-61	BZD-3000	Z_2-31
主要技术数据	额定功率	30kV·A	30kV·A	9kW	9kW	3kW	3kW
	额定电压/V	200	200	28.5	230	27	110
	额定转速/(r/min)	8000	1500	4000~9000	1450	4500	3000
	频率/Hz	400	50				
	质量/kg	28	360	23	84	11.5	67
	相对质量	0.925kg/(kV·A)	12kg/(kV·A)	2.6kg/kW	9.34kg/kW	3.82kg/kW	22.2kg/kW
	相对质量比	1	12.8	1	3.6	1	5.82
	寿命	1000h	20a	500h	20a	2500次	20a

由表 2-3 可见，航空交流发电机的质量比地面的轻 90% 左右。我国生产的航空风冷交流电机，相对质量为 0.9kg/(kV·A) 左右；循油冷却的交流电机相对质量为 0.65kg/(kV·A) 左右；喷油冷却的航空交流发电机，相对质量为 0.3kg/(kV·A) 左右，仅占同容量地面交流发电机的百分之几。可见，航空电机比地面电机质量轻得多。航空电机之所以体积小、质量轻，主要是采取了以下一些措施。

1. 增大电磁负载与转速

根据电机设计的基本原理，电机基本尺寸与电枢绕组的电流密度 J_a(A/mm^2)、气隙磁感应强度 B(T)、电枢表面单位圆周长度内的电流数即线负荷 A(A/cm) 及转速 n(r/min) 有关。B、A 称为电机的电磁负载。增大电磁负载与转速，可使电机的体积减小，质量减轻。这些原理将在以后有关章节中详细论述。但是，电流密度与线负荷的增加，带来电机铜损耗 P_{Cu}(W) 增大；气隙磁感应强度 B 的增加，会使电机铁芯磁感应强度增大，带来电机的铁损耗 P_{Fe}(W) 增大；转速的升高，会使电机的摩擦风阻等机械损耗与铁损耗增大。因此，航空电机的这些损耗远比地面电机的大。这就带来两个问题：一是电机的效率下降；二是由于损耗增加使发热量增大，而且航空电机的体积又小，散热面积也小，就会使电机温升增大。由于以上两个原因，会造成电机输出同样大小的电功率，需要发动机付出更多的能量转换成损耗与冷却功率，使飞机在每飞行小时中消耗更多的燃料，造成飞机实际飞行质量的增加；另外，由于电机温升的提高，使用期限也将缩短，生命力就降低。这些都是航空电机面临的主要矛盾，直接影响飞机性能与战斗力，在设计航空电机时，要全面地考虑。当前对这个问题有三种解决方法：一是以缩短使用期限来提高允许温升；二是选用优质的航空材料，以提高电磁负荷；三是改进冷却方式与结构，以增加冷却效果。目前，航空发电机的效率一般保证在：直流发电机为 70%~80%，交流发电机为 80%~90%，比地面电机略低。

2. 适当缩短使用期限

航空电机的使用期限与地面电机有很大区别。这是因为，地面电机有足够的空间位置允许安装，对体积、质量方面的要求较低，在成本允许的情况下，尽量使效率高些，使用期限长些，一般寿命可达 20 年。而航空电机安装在飞行器内，1kg 的质量需要 1kg 的升力来维持，在飞机整个飞行过程中，1kg 升力需 7~13kg 的设备和燃料质量来保证。任何一种飞行器的升力总是有限的,在一定升力下,飞行器及内部装配质量越轻,其有效载荷量就越大,或在同样的载荷量情况下,飞行器的体积做得越小,飞行器的迎面气流阻力就越小,飞行速度就越快,飞行器性能就越好。因此,航空产品首先要求体积小、质量轻。同样功率下,航空电机要比地面电机体积小、质量轻得多。所以,航空电机的电磁负荷必然大于地面电机,损耗也大,温升也高。但是电机中绝缘材料的寿命取决于工作温度,如有机绝缘材料(A级)在105℃下可工作25年,而在200℃下仅能工作15min。绝缘材料的寿命在相当程度上决定了电机的工作期限。可见,航空电机为减小体积和质量,必然导致使用期限的缩短。

目前飞行器的其他主要部件,如航空发动机,因为同样要求体积小、质量轻,因此它的使用期一般也为1500h左右。航空电机作为飞行器的一个部件,它的使用期限设计得比主要部件长得多,是没有任何实际意义的。而且,某些飞行器,如导弹,它本身实际工作时间仅有几分钟到几十分钟,将其部件设计得使用期限很长,丝毫没有必要。

我国航空电机的一般使用期限为1000h左右,个别情况则另行规定,导弹用电机更短。当然,随着材料性能的改进,电机结构工艺的改变,其使用期限也在同时增长,如国外的发动机使用期限已达几千甚至上万小时,航空电机的使用期限也已增长到1000~2000h,但与地面电机相比仍然短得多。

3. 选用优质材料

在提高电磁负载以减少航空电机的体积与质量的同时,必须选用优质航空材料,以保证航空电机一定的效率;并且有足够的机械强度能够承受飞行器在各种条件下的机械过载。这里主要从以下四个方面考虑:

(1) 选用高导磁材料构成电机磁路。航空电机的导磁材料主要选用优质硅钢片,或铁、钴、钒软磁材料和纳米晶软磁合金材料等。由于选用这些高导磁材料,航空电机的有效质量得到大幅减轻。

(2) 选用高温、高强度绝缘材料。航空电机过去一般选用A级绝缘材料,因其工作时间短,有效使用期一般为500h,故工作温度可达155℃(地面使用时约为100℃)。目前,航空直流电动机一般采用配套的B级绝缘材料,漆包线采用H级绝缘的聚烯胺-烯亚胺,这类材料的老化几乎是温度每升高10℃寿命缩短一半。由于采用了高温绝缘材料,大大提高了电机允许温升,体积质量又可减少20%左右。在航空交流电机设计中,目前H级绝缘材料已得到广泛应用,温度可达180℃甚至更高。国外的高超声速飞机上,航空电机中绝缘材料的极限温度已超过300℃。

(3) 冷却方式的改进。转速的提高必然会带来摩擦风阻等机械损耗的增加,这对直流电机影响最大,因为电刷与换向器上包括接触电阻损耗在内的摩擦等损耗几乎占总损耗的60%。尤其在高空,由于空气稀薄、温度很低、介电强度降低,使电刷磨损加剧,换向器上炭粉增加,使电机换向变坏,甚至产生环火。所以,航空有刷直流发电机的极限功率,目前只能达到30kW,电压为28.5V;而地面直流电机的功率可达几万千瓦,电压可达几千伏。因此,在高空、高速及大型飞机中,主电源发电机目前多采用交流发电机。在20世纪50年代,为了提高工作的可靠性和减少滑动摩擦损耗,航空发电机改为无刷交、直流发电机,体积和质量又有所减少。70年代以来,交流发电机采用循油或喷油冷却方式、并与恒速传动装置组合成整体,成为组合式发电机,体积、质量更有大幅度下降。近40年来,航空交流发电机的发展过程基本经历了由风冷有刷到风冷无刷再到油冷无刷。恒速传动装置的发展也经历了液压差动式、轴向齿轮式以及发展到喷油冷却无刷组合发电机。随着电机结构与冷却方式的改进,电机与电源系统的质量也相应减轻。

目前,交流组合发电机系统的相对质量已下降到 $0.6 \sim 0.7 \text{kg}/(\text{kV} \cdot \text{A})$,为采用直流电源系统时的 1/3 左右。这也是近代飞机电源大部分都采用交流系统的原因之一。油冷发电机除提高了散热效率外,还使轴承得到良好的润滑与冷却,使轴承有可能在 $12000 \sim 24000 \text{r/min}$ 情况下长期运转。

(4) 结构材料方面。航空电机的机壳、端盖、机座等大部分结构都采用高强度轻合金(如铝镁合金)制成,并且在强度许可的条件下尽量制成空心结构,这也是减轻电机质量的措施之一。转轴用高强度合金钢并采用空心轴与柔性轴相结合的结构形式。

正是由于这些特殊结构与特殊的冷却方式,采用高的电磁负载及转速,使用各种优质材料等原因,才使航空电机体积小、质量轻,并且能适应飞行器上各种复杂的使用条件。因此,学习航空电机必须充分了解这些特殊性,才能更好地掌握航空电机的特点。

2.3.2 性能与参数的特点

由于航空电机的特殊工作条件、结构形式和电磁参数,使它的性能和参数与地面电机相比有很大的区别,主要有以下三个方面。

1. 转速变化

地面上,电源发电机都有独立的原动机带动,其转速基本不变,所以在讨论其特性时,转速可假定为常数。而航空发电机的主要原动机是航空发动机,其转速将随飞行速度的变化而变化,所以航空发电机的转速是变化的。因此,我们必须研究航空发电机的输出特性随转速变化的规律。在交流发电机中,频率随转速而变化,带来其输出特性随频率变化的问题和各种用电设备性能随频率变化的问题。由于变频对照明、电加温等负载尚能应用,对其他设备就很难满足要求,因此大部分交流供电系统采用恒速传动装置,将发动机变化的转速变成恒定的转速来拖动发电机。目前,大部分航空交流发电机是恒频发电机,其输出特性必须考虑恒速传动装置配合使用造成的影响,特别是在发电机负载发生突变时的过渡过程。在整个系统中恒速传动装置起着显著作用。由于涡轮螺桨发动机的转速变化范围比较小,发电机频率变化范围也就小了,对这种变化,只要把发电机和大部分用电设备稍加改进,是完全可以适应的。这就使省去恒速传动装置成为可能。因为恒速传动装置加工复杂、维修困难、价格昂贵,所以 $380 \sim 420 \text{Hz}$ 变频发电机目前在国内外也有应用。由于上述原因,对可变频率下的发电机和电动机的性能研究具有一定的现实意义,而这样的问题在地面电机中是很少考虑的。

2. 特殊结构的影响

为了提高航空电机的可靠性,大部分交流发电机已改成三级励磁的无刷交流发电机。这种发电机,由于励磁回路中具有晶体二极管整流器,带来了非线性因素并易受温度变化的影响,多级励磁又增大了系统电磁惯性,这将直接影响电机性能,特别在过渡过程中,与地面带滑环式同步电机性能差异较大,测试方法也有很大区别。为消除直流电机换向这一致命弱点,近年来无刷直流发电机得到了广泛应用,但它也存在着与无刷交流发电机类似的问题。

从机械性能来说,因为航空发电机由发动机传动,并且经常受 $1.5 \sim 2.0$ 倍的过载冲击,所以转轴一般做成空心轴与柔性轴相啮合的结构,以防止振动与过载对发电机的影响,并当发电机发生卡住或咬死等现象时,通过柔性轴与半月键等结构以保护发电机和发动机。

3. 特殊运行状态

为确保航空电机在使用期限内(尤其是在飞行过程中)的可靠性,必须使航空电机在严重故障状态下具有足够的生命力。所以,除保证在正常额定工作条件下工作外,航空发电机还应满足在1.5倍过载下工作2~5min,2倍过载下工作5s,而不致损坏电机,并且保证在短路状态下有3倍额定电流以上的短路电流输出。对三相交流发电机来说,有单相单独供电状态下满足供电质量指标的要求。对三相电动机来说,则要求在单相断电状态下,仍能起动与运转,甚至两相断电仍能运转。

2.3.3 航空电机的基本技术要求

航空电机的基本技术要求包括额定数据、工作条件、试验和验收方法、安装体积及其他数据。由于航空技术在不断发展,对航空电机的要求也在不断提高,因此航空电机的基本技术要求也在不断变化。目前,我国对航空电机的基本技术要求已有相应的航空标准作了详细的规定,可供参阅。这里仅对其主要指标的确定做必要的讨论。

1. 电压

航空电气系统和发电机的电压取决于系统传输功率的大小、用电设备对电压的要求、网路中允许的电压降、高空工作的可靠性、所需变压器及变换器功率的大小,此外还必须考虑绝缘材料的类型、熄弧时间和短路电流的大小及乘务人员的安全等一系列因素。

主电源发电机的电压直接决定主电网的电压,而电压的高低又直接影响电网的质量。早期航空主电源系统以28V直流为主,这是由于电网功率还不大,输电线也不长,直流供电又比交流供电简单可靠,直流电动机的起动与过载力矩大,并且在同样电压下直流电网的质量比交流电网轻,但由于直流电机高空换向条件恶劣,限制了电压的提高,所以,在第二次世界大战以前,飞机主电网都是以28V直流为主。随着电网功率和长度的增加,电网质量也随着增加,为减轻电网质量,最有效的方法之一就是提高电网电压。但是必须注意,飞机上电网导线的最小截面积不得小于其机械强度的容许值,一般为0.5mm^2,所以提高电压只有在飞机与电网功率大到一定程度才有意义。如对于一架质量10t的飞机,如果电网电压已经为120V,由机械强度决定的最小容许截面积的导线选用比已达90%,再继续提高电压已无多大实际意义。质量在50t以上的飞机,120V电网中以机械强度决定的最小截面的导线为75%,并当电网功率达50kV·A以上时,输电线截面的选取已不再以电流密度为极限,而是以电网压降为极限,只有在这种情况下提高电压才有实际意义。所以目前不少小型飞机仍选用28V直流主电源系统,而在大型飞机中多以115V/200V交流电源作为主电源。当然,目前还有趋势发展更高电压的交流电源和高压直流电源。如230V/400V交流电源系统和270V高压直流电源系统,其中270V高压直流电源系统已在F-22、F-35等四代机上使用。

近年来,在减轻电网质量方面开始采用多路传输的方案,这种方案使大量的控制和信号系统等辅助电网大量减少,减轻了电网总质量,提高了电网可靠性。

电机的质量与电压的高低和电机功率大小有关。10kW以下的电机,提高电压所减轻的用铜量往往还不如由于铜线填充系数下降及绝缘层厚度增加使电机尺寸加大所带来的质量增加得多。只有在功率大于20kW时,提高电压才能使电机质量有所减轻。

从确保乘务人员安全的角度出发,直流电压不应超过30V,交流电压不应超过40V。因此,在具有较高电压的飞机中,对接近人身部分的带电装置,其电压应遵守电气安全规则,不宜过高。

电压对电气设备的短路有直接影响。电压较低时,短路部分产生电弧可使导线和部件局部烧焦或烧断,短路可自行消除,持续时间不超过 0.3s;电压较高时,由于电弧连续燃烧,使导线熔接而引起持续短路,导致绝缘材料燃烧发生火灾。经验证明,30V 以下电压短路的实际后果并不危险,而 250V 的电压短路时就很难自行排除。在同样情况下,直流电弧比交流电弧燃烧时间更长,特别是高空情况下更严重。

我国对航空电机电压的规定见表 2-4 和表 2-5。

表 2-4 航空发电机、变流机的额定电压

产品类别	电压		计算功率所用电压/V
	额定值/V	偏差/%	
三相交流发电机	115/200(系统电压)	±2.5	120/208
三相变流机	115/200	±2.5	
	36(线电压)	±2.5	
单相变流机	115	±2.5	
低压直流发电机	28.5(系统电压)	±5	30
高压直流发电机	270(系统电压)	±5	

表 2-5 航空电动机、蓄电池的额定电压

产品类别	额定值/V	偏差/%		
		一类	二类	三类
三相交流电动机	115/200	+2.5 -4.0	+2.5 -6.0	+2.5 -9.5
	36(线电压)	+2.5 -6.0	—	—
单相交流电动机 (功率小于 300V·A)	115	—	+2.5 -6.0	—
直流电动机	27	+10 -4.0	+10 -7.0	±10
蓄电池供电电动机	24	—	—	—

2. 频率

对于交流供电系统,频率的选择取决于发电机、电动机、机构的合理转速及用电设备与配电线质量的需要。

对航空交流发电机,功率 10~100kV·A、转速 6000~12000r/min、磁极数 4~8 时,其质量与动力指标都比较良好,因此频率以 400Hz 比较适宜。对交流电动机来说,转速的提高将受轴承的质量、减速器的效率及电机的机械时间常数等因素的约束。

对于变压器和其他静止电磁装置,经过计算证明,频率的提高可能导致变压器的质量降低和效率提高,当频率达到某一定值时(实际为 2000Hz 左右),变压器的有效质量为最小,这个频率取决于变压器的结构、铁芯钢片的种类和尺寸。经验证明,频率超过 2000Hz,并不利于变压器有效质量的减少。

对于其他电子设备来说,频率的增大对它们的影响不十分显著。所以,从目前发电、配电系统及用电设备来看,航空电机及供电系统的频率以 300~500Hz 为宜。目前国内、外飞机交流电源系统绝大部分采用 400Hz。当然,对于变频电源系统的发电机应另外考虑。

3. 相数

航空交流供电系统中,一般为三相四线制(中线接地)。因为,飞机上某些场合需用单相电源,如照明、加温、无线电及雷达装置等,可用三相电源的一相火线,并以飞机金属壳体为大截面的回线。交流电动机也采用三相四线制,因为:一是三相电动机质量轻而效率高;二是三相四线制生命力强,在一相或两相断电情况下,电动机仍能短时工作。在控制系统中,为便于控制,选用两相电机为多。

对航空电机的基本技术要求与数据列在表 2-6 和表 2-7 中。

表 2-6 我国航空电机基本技术要求

电 机		直 流	交 流
高空性/km		<30	
环境温度/℃		−55 ~ +60	
压力/mmHg		760 ~ 7.5	
相对湿度/%		95($t=40℃$)	
使用期限/h		100 ~ 3000	
机械强度	振 动	频率为 25 ~ 190Hz,振幅为 0.0235 ~ 1mm,次数为 $(2 \sim 4) \times 10^6$,时间为 22.3 ~ 6h	
	冲 击	加速度为 4 ~ 10g,速率为 40 ~ 100 次/min,次数为 10^4 次	
过载	功率 >10kW	150%,2min;200%,5s	150%,2min;200%,5s
	功率 <10kW	150%,2min;200%,10s	
热态绕组	抗电强度试验	产品额定电压分别为 <36V、36 ~ 115V、115 ~ 250V。试验电源频率为 50Hz,时间 1min,试验电压分别为 500V、1000V、1500V	
	绝缘电阻	用 500V 兆欧表测量,应 ≥2MΩ	
过 速		超过最大转速 20% ~ 50%,历时 2 ~ 1min(串激的超过 50%)	
功率因数			0.75(滞后)
转速或频率		3800 ~ 9000r/min	400Hz
电压	发电机/V	30	115/200
	电动机/V	27(蓄电池供电时为 24)	115/200、36

表 2-7 航空发电机的技术数据

发电机		直流(有刷)	交流
功率		0.35 ~ 30kW	3 ~ 150kV·A
电压/V		30	120/208
转速/(r/min)		3800 ~ 5900、3800 ~ 9000、4000 ~ 10000	4000、6000、8000、12000
频率/Hz		—	400
冷却方式		自行通风、强迫通风	强迫通风、循油、喷油
功率因数		—	0.75(滞后)
相对质量		3.7 ~ 2.0kg/(kV·A)	气冷 2.33 ~ 0.77kg/kw
			循油 0.8 ~ 0.6kg/kw
			喷油 0.5 ~ 0.3kg/kw

2.4 航空电机的发展概况

2.4.1 航空电机发展简史

在第一次世界大战以前，航空电机在飞机上的应用处于试验阶段。飞机电气设备的实际应用是在20世纪初开始的，最初以蓄电池为电源，供发动机点火及无线电通信用，到1904年，曾用小功率直流发电机作电源，主要供照明用；1911年，在飞船上用磁电机作电源，供无线电通信用；直到1912年，才出现用发动机以皮带传动交流发电机作电源，供无线电台、照明、点火和加温等用，这台交流发电机是一台转速为4000r/min、功率为2kW、频率为1000Hz的感应子型发电机。早期飞机上交流发电机的频率范围为600~1200Hz，主要用于无线电台、照明及加温等。到1919年，飞机电源开始改为直流系统，发电机功率为36W，电压为6V，由风轮驱动，与蓄电池并联工作。1929年以前，直流发电机的功率增加到250W，电压为6~12V，但都是由风轮驱动。1934—1936年，由于飞机发动机的转速增加，直流发电机改为由主发动机驱动，电压采用12V，最大功率达500W。第二次世界大战前，由于飞机用电量增加，改用电压为24V、最大功率为1000W的直流发电机，个别飞机采用两台直流发电机并联工作。

电动机在飞机上的实际应用，开始是用直流电动机作发动机的起动机。1925年，才用异步电动机作陀螺转子。1926—1929年，开始用直流电动机拖动升压机、燃油泵、滑油泵和通风机等。1930年，出现以电动机作起落架收放装置。飞机上应用的电气设备已有发电机、蓄电池、点火系统、照明、加温设备和检验、测量设备，个别飞机上采用了发动机的电动起动机、起落架和襟翼的电动驱动装置，但大多数飞机还是采用气动、液压和纯机械式的驱动装置。直到第二次世界大战，以电能为飞机主要设备能源的优越性还未得到认可，动力机械仍偏重液压和气动。后来才认识到气动和液压系统一旦局部损坏，就会影响全局；而电气系统一处受损，大多数情况下不至影响整个系统，由于生存力强，电气系统才开始得到广泛应用。

第二次世界大战是航空电气技术发展的转折点。由于战争的需要，飞机必须具备更高的战斗力与可靠性，各种武器设备、自动化装置、无线电、雷达等机载设备日趋增加，电气化的优越性就无可争辩了，因此用电装置大量增加，电能已成为机载设备的主要能源。1940年，发电机单机的功率已达6kW，电压为28V，用电装置的总功率为30kW。20世纪50年代，具有4台发动机的大型飞机，发电机总功率已达100kW，几乎增加了16倍，这时28V直流系统对大型飞机来说，电网导线质量太大，开始选用120V/208V的三相交流发电机与交流电网供电。所以，1946年以前，飞机上主电源系统主要采用28V直流系统；1946年以后，主电源系统逐渐向交流系统发展。到目前，除小型飞机和旧机种外，绝大部分飞机主电源系统都采用恒频交流发电机与交流电网，用电总功率达600kW以上。有些大型飞机的发电总功率甚至已超过了1MW，如波音787飞机的发电总功率为1400kW。

第二次世界大战以来，航空电机得到进一步发展，其发展过程大致情况如下：

(1) 20世纪40年代中期到50年代中期，这个阶段的特点是恒频交流系统得到实际应用。

这个阶段开始时，为了解决28V直流电网质量过大的问题，出现了112V高压直流系统，280~560Hz、200V的三相变频系统以及400Hz、120V/208V的三相恒频交流系统。但由于112V高压直流系统存在着直流发电机换向困难及开关的电弧等问题，变频系统存在着不能并联运行及用电设备工作情况复杂等问题,没有得到广泛使用。恒频交流系统具有可并联运行、供电质量好等优点,得到越来越多的应用。这个时期获得恒频交流电源的方法主要是采用机械液压恒速传动装置与交流同步发电机相连接使用,40kV·A 的发电机与恒速传动装置总质量为 135kg,相对质量为 3.36kg/(kV·A)。

随着恒频交流发电机的应用,交流异步电动机也就开始应用,主要用作油泵电动机、风扇电动机及各种小功率驱动电机。

(2) 20 世纪 50 年代后期到 60 年代后期,这个阶段的特点是发电机实现无刷、油冷结构及晶体管的使用,使恒速恒频交流系统得到广泛应用。

随着飞机速度超过马赫数 2,高度达到 20km 以上,高空、高速飞行使有刷电机高空电刷磨损加剧,并且,由于高空气冷效率下降,高速冲压效应导致空气温度升高,使空气冷却失效,因此出现了无刷、油冷交流同步发电机,这种发电机的励磁机也是交流同步发电机,其交流输出通过晶体二极管整流给同轴连接的主发电机励磁,免去电刷和滑环等滑动接触装置。油冷是利用高压滑油经过机壳、轴承、空心轴等油路冷却定子和转子,称为循油冷却。这样就避免了电刷磨损与空气冷却失效等问题。恒速传动装置改用轴向齿轮差动式机械液压恒速传动装置,提高了寿命及可靠性,相对质量也有很大减轻。40kV·A 的发电机和恒速传动装置总质量为 89kg,相对质量为 2.2kg/(kV·A)。

这个阶段,由于交流系统的发展,促使直流电机也开始朝无刷方向发展,无刷直流发电机和无刷直流电动机开始在飞机上得到实际应用,还出现了既用作起动电动机又用作电源发电机的起动/发电机,达到一机多用,等于减轻了质量。

(3) 20 世纪 70 年代以后,这个时期交流发电机有了新的发展,其特点是采用喷油冷却及组合电源装置。

喷油冷却的方法综合了气冷与循油冷却的优点,把增压的滑油直接喷到发电机绕组及发电机其他发热部件上,提高了冷却效果,使发电机质量减轻 25%,寿命及可靠性大大提高,寿命由 500h 增加到 1000h,转速从 8000r/min 提高到 12000r/min。同时把轴向齿轮差动式恒速传动装置与喷油冷却发电机组合在一个壳体中,共用一个轴承和油腔,简化了结构,减轻了质量,使相对质量(包括恒速传动装置)降为 0.65kg/(kV·A)。

(4) 从 20 世纪 80 年代开始,具有起动/发电双功能的开关磁阻电机迅速发展。美国 Sundstrand 公司、GE 公司在美国空军和 NASA 支持下,对多/全电飞机用开关磁阻起动/发电系统进行了深入的研究,并研制出不同规格的试验样机。1986 年,美国空军出资由 GE 公司研制出用于起动发动机的开关磁阻起动/发电系统,其性能指标:0～9000r/min 恒转矩起动,9000～26000r/min 恒功率加速,26000～48000r/min 发电(270VDC、32kW);1992 年,Sundstrand 公司和 GE 公司联合研制美国空军用内装式组合开关磁阻起动/发电系统,设计出三余度 270VDC、3×125kW 开关磁阻起动/发电机,样机质量约为 55.8kg,效率为 90%,整套起动/发电系统质量约为 100kg,1994—1995 年该样机装备 F-16 战机用 F110-129 发动机并试验成功;另外,GE 公司还研制出 30kW、250kW 两种规格的航空用开关磁阻电机,30kW 的开关磁阻起动/发电机系统最高转速达到 52000r/min,250kW 的开关磁阻起动/发电机系统是为未来的多电飞机设计的双通道双余度组合电源装置,电机和变换器均采用油冷方式,转速达到 22000r/min,效率达到 91.4%,电压品质满足美军标 MIL-STD-704E;最新研究表明,采用磁轴承支撑的 250kW 样机转速已达到了 42000r/min。Lockheed Martin 公司研制的 F-35 战机已经成为美国及其盟国的新一代主战机型,其主电源系统采用的就是具有起动/发电双功能的开关磁阻电机系统。

2.4.2 我国航空电机工业发展概况

20世纪50年代中期,我国正式开始试制直流发电机及变流机等产品。到50年代后期,我国已能生产部分直流电机及相应配套产品,航空电机制造工业开始走上正规的试制阶段。至50年代末期,试制了直流发电机、起动发电机、变流机、各种直流电动机和各种控制微电机等产品。

20世纪60年代初期,各种类型的电机进一步陆续投入试制与生产,并开始进入批生产阶段。至60年代中期,我国在系统配套方面又跨出了一大步,特别是航空直流发电机以及其他航空直流电机已自成系列,基本能满足配套的需要。我国试制航空交流电机也是从60年代初期开始的,先后经历了仿制到自行设计、试制阶段。

现在,我国已能成系列生产航空直流发电机和起动发电机共十几种,最大功率可达24kW,能生产各种直流电动机数百种。其他如变流机、恒速电动机等各种产品也都自成系列、成批生产。另外,已批生产航空用的各种控制电机百余种,基本能满足配套使用的需要。对于航空交流电机,已能生产120kV·A及以下的多种型式的航空交流发电机,包括喷油冷却的航空无刷同步发电机。近年来,线绕转子式无刷高压直流发电机和开关磁阻起动/发电机技术也取得了不断的突破。

2.4.3 航空电机的发展趋势及存在问题

航空电机根据其战术、技术要求及飞行器高空、高速发展的需要在不断改变。目前不少中小型飞机仍选用28V直流电源系统,因此,在对现有直流电机的改进及采用直流无刷电机等方面都在做进一步的努力。电刷与刷架结构的改进、C级绝缘材料和更好的磁性材料的采用,已使有刷电机的相对质量减轻、寿命延长(使用期限达到1000~2000h),取得了显著成就。这种电机基本上是由交流无刷电机加上电子元器件组合而成。对直流无刷起动发电机则有两种方案:一种是提刷方案,它是利用无刷直流发电机,将其励磁机改为有刷直流电动机作为起动机,起动后,将电刷提起,以无刷形式工作在发电机状态,经整流后供主发电机励磁;另一方案为"电子整流"方案,以固态器件代替机械的换向器和电刷,起动时以无刷直流电动机状态工作,发电时则为无刷直流发电机,这个方案消除了电刷引起的麻烦,但在起动过程中,电动机将承受很大的起动电流冲击,因而这个方案能否付诸实现,主要取决于固态器件的功率大小。

但要从根本上解决直流电机的换向问题,还是应采用无刷直流电机的方案。由于无刷直流电机从根本上解决了换向问题,因此有可能制成高压无刷直流发电机以及高压直流系统,因而减轻了供电系统导线的质量。这一方案目前存在的主要问题在于高压断流以及电动机负载所要求的功率变换器,尚须做进一步努力。

在交流发电机方面,普遍采用了喷油或循油冷却的无刷交流发电机。由于油冷效果好,使电机的输出功率不再取决于电机的温升,而是根据电机性能的好坏(如电压波形、动态参数等)而定。如60kV·A的喷油冷却发电机可在90kV·A的负载下长期运行,只不过电气性能差些,使用期限短些。所以,今后对航空交流发电机在过载运行状态下性能与参数的研究将具有更大的实际意义。

在目前使用的恒速恒频交流供电系统中,所采用的恒速传动装置绝大多数是轴向齿轮差动式的机械液压恒速传动装置。虽然这种装置有很大的改进,但仍然是航空发电系统中成本高、可靠性差、不易维护的部件。因而在半导体技术迅速发展的前提下，国内外研制了一种由机电装置和电子部件组成的电磁式恒速传动装置。其中的机电装置包括同步发电机、差动齿轮和异步电机三大部分。异步电机是实现调速的工具，而控制功能则由电子部件来完成，装置简单可靠，还可用来起动发动机。

为了解决恒速传动装置所带来的缺点，目前有几种切实可行的交流系统方案。一种是变速恒频交流系统，这一方案不用恒速传动装置，交流发电机与发动机直接耦合，输出变频交流电，经电子变换器变成所需电压与频率的恒压恒频交流电。根据电子变换器的变换方式不同，又有交－直－交方案与交－交方案之分。交－交方案适于与高速高频电机配套，而这种电机为了达到高速运行、缩小转子直径与确保轴承寿命，都采用喷油冷却方式，转子结构中有抗离心力装置，防止绕组飞出与松动。另一种方案是采用高压直流无刷系统，这种系统是采用油冷高速线绕转子式同步发电机加输出整流器形式的无刷直流起动/发电机，或开关磁阻起动/发电机，获得270V高压直流电，前者国外已在F－22战机中应用，后者已在F－35战机中应用。

蒸发冷却与高温电机也是目前正在研究的两种方案。蒸发冷却是将冷却剂直接喷入电机内部热表面上，利用蒸发方式吸热，然后用泵将蒸气抽出，或者冷却后循环使用，或者排出机外。冷却剂采用惰性的液态氟碳化合物，其热传导性能好，并能提高绝缘材料的介电性能，比油冷方案效果好。高温电机采用耐高温的绝缘材料（如玻璃纤维、氧化铝、玻璃－陶瓷等）及采用耐高温的碳化硅整流器与耐高温的轴承固体润滑剂等，使电机能在300℃的环境温度和30km高空下，只靠本身的自然对流与辐射散热而工作，不需要专门冷却措施。这种电机目前也在研制中。

从结构形式来看，目前出现有内装式发电机或内装式起动/发电机，这种电机装在发动机高速轴内，减小了发动机的通风面积，改进了机载次级功率系统的设计，但这种电机必须具有高度的可靠性，确保平时能够可靠工作，在发动机大修时才进行维修。

稀土永磁材料出现后，永磁电机显得很有前途。用稀土永磁材料制造的永磁发电机代替目前通用的旋转整流器式无刷发电机，能使原来三级式的发电机成为一级式的无刷发电机，并取消了包括旋转整流器在内的励磁系统。由于磁钢装在转子上，从而使发电机能经受更高的转速，为了确保转子的机械强度，在转子外套上一个由磁性材料和非磁性材料间隔分段制成的保护环。同样，稀土磁钢也使直流永磁无刷电动机和直流力矩电动机得到很大发展。研究表明：永磁无刷直流电动机采用稀土磁钢后，不但具有比异步电动机更好的起动特性、调速特性和效率，而且比异步电机的质量更轻，寿命更长，加速特性更好。今后这种直流无刷永磁电动机将与异步电动机、电动液压电机相竞争。力矩电动机采用稀土磁钢后输出力矩大为增加，高性能飞机的主操纵面原来由两级电动液压作动器驱动，如采用稀土力矩电动机就可仅由一级液压作动器来驱动。另外，由于它能直接驱动负载而不需要齿轮机构，其输出特性与负载特性能很好匹配，动态特性好，因而将成为一种很有前途的航空驱动电动机。

为了满足机载电子对抗设备和激光武器的要求，目前还在积极研究磁流体发电机和超导发电机，作为一种轻质量、高功率的机械电源装置。超导发电机采用超导体作绕组，电机内的磁通密度可以达到7T以上，当额定功率大于1MW时，它的质量和体积比常规导体作绕组的发电机轻得多。磁流体发电机则是一种直接将热能变换为电能的发电装置，它没有旋转部件，起动快、质量功率比小，是一种良好的短时工作的高功率机载电源。

虽然，现代航空电机得到了很大改进，但在新技术、新材料、新理论和新工艺方面还存在许多问题,有待人们去研究。

小　　结

航空电机在飞行器中的应用十分广泛,从飞机上应用的情况来说,航空电机可归纳为主电源发电机、变压器、驱动电动机、变流机和控制电机。

航空电机必须具备能在不同的高空、地区、气象、季节等条件下可靠工作的性能;并且,必须承受得住飞行器在各种飞行条件下产生的机械过载与阻滞温度等考验,具有适应飞行器特殊使用条件的要求。

(1)地面上停放考核产品的最低温度为 -55℃,最高温度一般为 $+60$℃;

(2)大气压力随飞行高度的增加而降低,由地面上升到 25km 高度,大气压力约降低为原来的 1/40;

(3)大气成分对电机工作性能都会造成不同的影响;

(4)发动机的振动、抖动以及飞行器机动飞行所产生的加速度和航炮射击时产生的振动都将直接给航空电机带来很大的机械应力。

这些工作条件直接或间接地决定了航空电机结构、性能上不同于地面电机的一系列特点。航空电机的基本技术要求包括额定数据、工作条件、试验和验收方法、安装体积等。

第2篇 航空变压器

变压器是利用电磁感应原理将一种交流电能变换成另一种交流电能的静止电机。变压器所涉及的基本电磁理论和分析方法是研究交流旋转电机的重要基础,因此,习惯上将其纳入电机学的范畴。

变压器的用途广泛,它可以用来变换电压、电流、阻抗等。例如:电源变压器用来将一种电压、电流的交流电变换为同频率的另一种(或几种)电压、电流的交流电;电子设备中的输入、输出变压器用来变换输入、输出阻抗以达到阻抗匹配;脉冲变压器用来产生脉冲信号等。飞机上既需要不同电压的交流电,也需要用变压整流器获得各种电压的直流电,这些都必须依靠变压器来完成。

第3章 单相变压器

由于单相变压器是最基本的变压器,对它的分析是研究三相变压器等其他变压器的基础。因此,本章主要介绍单相变压器的基本工作原理和结构,介绍单相变压器空载运行和负载运行时的基本电磁关系和分析方法,以及单相变压器的特性试验和参数测定的方法和原理。

3.1 单相变压器的基本工作原理和结构

3.1.1 基本工作原理

变压器的基本工作原理是基于电磁感应定律的。图3-1为双绕组单相变压器的原理图。在铁芯上绕有两个绕组:一个绕组的 $A-X$ 端接于电源,称为原绕组(或原边);另一个绕组的 $a-x$ 端接于负载,称为副绕组(或副边)。以后,将原绕组的各量加上脚注"1",副绕组的各量加上脚注"2",以示区别。

如果在原绕组的 $A-X$ 端加上交变电压 $\dot{U}_1$,则在原绕组中就会有交变电流流过,该电流产生沿铁芯闭合的交变磁通 $\dot{\Phi}$。因为交变磁通 $\dot{\Phi}$ 同时穿过匝数为 W_1 的原绕组及匝数为 W_2 的副绕组,便会在原、副绕组中分别产生感应电势 $e_1 = -W_1 \dfrac{\mathrm{d}\Phi}{\mathrm{d}t}$ 及 $e_2 = -W_2 \dfrac{\mathrm{d}\Phi}{\mathrm{d}t}$。通常 $W_1 \neq W_2$,故 $e_1 \neq e_2$,从而达到了变换电压的目的。如将副绕组的 $a-x$ 端与负载接通,变压器便对负载供电,电能由原绕组通过电磁耦合而传递给副绕组。

可见,电能的变换和传递是以交变磁通为媒介的。由于变压器中交变磁通 $\dot{\Phi}$ 的交变频率是由电源电压 $\dot{U}_1$ 的频率决定的,而感应电势 e_1 和 e_2 又是由同一个交变磁通 $\dot{\Phi}$ 感应产生的,

因此 e_1 和 e_2 的频率也是相同的,所以变压器能将一种电压的交流电能在频率不变的情况下变换成另一种电压的交流电能。

一般以图 3-2 所示的符号来代表变压器。

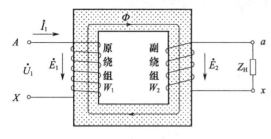

图 3-1 变压器的原理图

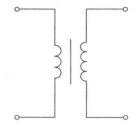

图 3-2 变压器的符号

3.1.2 基本结构

单相变压器由铁芯和绕组两部分组成。

1. 铁芯

变压器的铁芯作为变压器中导磁的主磁路,用以支承绕组和减小磁路的磁阻。通常用含硅量 4% ~ 5%、厚 0.35 ~ 0.5mm 的硅钢片叠压而成,片间由氧化膜或绝缘漆绝缘,以减小铁芯内的涡流损耗及磁滞损耗。航空小型变压器的铁芯,多用厚 0.08 ~ 0.2mm 的硅钢片或铁镍合金片叠压而成。未被绕组包围着的那部分铁芯,称为磁轭。铁芯结构大致分为芯式、壳式、卷环式三种。

(1) 芯式铁芯如图 3-3 所示,绕组绕在 Ⅱ 形铁芯的两个铁芯柱上。这时,铁芯柱好像是绕组的芯子,故称为芯式。铁芯冲片交错叠成,以减小接缝处的磁阻。芯式铁芯结构简单,绕组布置和绝缘较容易,电力变压器大多采用芯式结构。

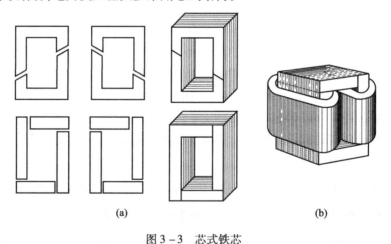

(a)　　　　　　　　(b)

图 3-3 芯式铁芯

(2) 壳式铁芯如图 3-4 所示,变压器的原绕组及副绕组都绕在中间铁芯柱上。这时,铁芯好像是绕组的外壳,故称为壳式。

壳式铁芯较芯式铁芯用铁少,但因两个绕组都绕在同一铁芯柱上,使外面的线圈直径增大,用铜增多。小型变压器为减少漏磁,常用壳式。壳式铁芯的壳式结构机械强度好,一般用于特种变压器和小容量变压器。

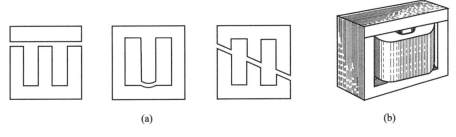

图 3-4 壳式铁芯

（3）卷环式铁芯如图 3-5 所示,冷轧硅钢片的导磁性表现为各向异性,沿着硅钢片碾压方向的磁导率较其他方向的磁导率高,而芯式和壳式铁芯冲片在冲裁、组装过程中很难保证铁芯中的磁通顺着碾压方向,因此在同样条件下,卷环式铁芯中的磁感应强度比叠片式铁芯中的磁感应强度大 20%～30%。另外,沿铁芯冲片外侧和内侧,磁路长度相差较大,使得磁通在冲片内不是均匀分布,并产生高次谐波导致损耗增加。为保证磁通能沿硅钢片的碾压方向通过,可将铁芯卷成环形铁芯。

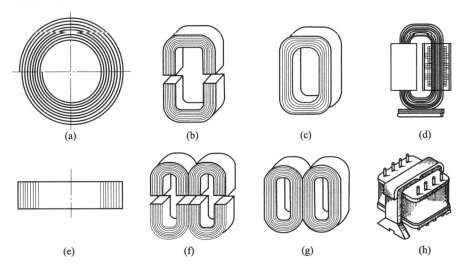

图 3-5 卷环式铁芯

卷环式铁芯材料利用率高、体积小、质量轻。

卷环式铁芯也可以做成芯式变压器或壳式变压器。

以上三种铁芯都可以做成封闭式（图 3-5(a)、(c)、(g)）。封闭式磁路无气隙、材料利用率高,但绕线困难。

2. 绕组

小型变压器的绕组用圆铜漆包线绕制。因低压绕组对绝缘的要求不高,故低压绕组放在里面,高压绕组放在外面。各绕组间妥善绝缘,高压、低压绕组间加强绝缘。

在电源变压器中,为减少外界干扰,在原、副绕组间加装屏蔽线。屏蔽线可用导线绕成,也可以包上一层铜箔来代替。应注意屏蔽线不能构成闭合电路,否则将形成短路的副绕组,导致变压器过热而烧毁。屏蔽线一端应与机壳相连,当有外界干扰信号从电源线传入变压器时,干扰信号被屏蔽线与原绕组之间的分布电容所短路,达到屏蔽的目的。

3.2 单相变压器的空载运行

变压器的空载运行是指变压器的原绕组接于电源,而副绕组开路时的一种特殊的运行状态,此时,副绕组中没有电流。

3.2.1 空载时的物理情况

如图 3-6 所示,当原绕组加上电压 $\dot{U}_1$ 时,便有电流沿原绕组流过。空载时原绕组中的电流以 $\dot{I}_0$ 表示,称为空载电流。空载电流产生空载磁势 $F_0 = I_0 W_1$。空载磁势 F_0 产生的磁通分为两部分:绝大部分(99%以上)通过铁芯闭合,同时与原、副绕组相链,这部分磁通称为主磁通 Φ;另一小部分(1%以下)磁通只与原绕组相链,不与副绕组相链,经过气隙而闭合,称为原绕组的漏磁通。在原绕组的漏磁通中,有的与全部原绕组相链,有的只与一部分原绕组相链,这样,实际的漏磁通的分布情况甚为复杂。为了计算方便,用一个原绕组的等效漏磁通 $\Phi_{\sigma1}$ 来代替实际的漏磁通,这个等效的漏磁通 $\Phi_{\sigma1}$ 与全部原绕组的匝数 W_1 相链,如图 3-6 所示,而其所形成的磁链数 $W_1 \Phi_{\sigma1}$ 与实际的漏磁通所产生的全部磁链数相等。以后所说的漏磁通便是指等效漏磁通,并略去"等效"二字。

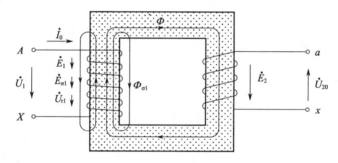

图 3-6 变压器的空载运行

因为 $\dot{U}_1$ 是交变的,$\dot{I}_0$、$\dot{F}_0$ 也是交变的,磁通 $\dot{\Phi}$、$\dot{\Phi}_{\sigma1}$ 也是交变的。于是,在原绕组中产生电势 $\dot{E}_1$ 和 $\dot{E}_{\sigma1}$,在副绕组中产生电势 $\dot{E}_2$。此外,电流 $\dot{I}_0$ 在原绕组的电阻 r_1 上产生压降 $\dot{U}_{r1}$。上述物理过程,用符号表示如下:

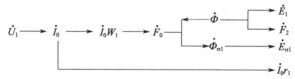

为了以后分析方便,按照电路的有关知识,可规定上述各物理量的正方向如下:

(1)规定主磁通 $\dot{\Phi}$ 的正方向与原绕组的绕向符合右手螺旋定则。据此可确定原绕组中的电流 $\dot{I}_0$ 和电源电压 $\dot{U}_1$ 的正方向如图 3-6 所示。相当于把变压器的原绕组看作交流电源的负载。

(2)规定电势 $\dot{E}_1$ 的正方向必须与电流 $\dot{I}_0$ 的正方向相同,与磁通 $\dot{\Phi}$ 的正方向的关系符合右手螺旋定则。

（3）规定电势 $\dot{E}_{\sigma 1}$、$\dot{E}_2$、$\dot{U}_{20}$ 的正方向如图3-6所示。相当于把变压器的副绕组看作是交流电源。

按照楞次定律

$$e = -W\frac{\mathrm{d}\Phi}{\mathrm{d}t} \tag{3-1}$$

$$e_1 = -W_1\frac{\mathrm{d}\Phi}{\mathrm{d}t} \tag{3-2}$$

$$e_2 = -W_2\frac{\mathrm{d}\Phi}{\mathrm{d}t} \tag{3-3}$$

$$e_{\sigma 1} = -W_1\frac{\mathrm{d}\Phi_{\sigma 1}}{\mathrm{d}t} \tag{3-4}$$

需要说明的是，对交变物理量规定正方向只起坐标的作用，不能与该物理量的瞬时实际方向混为一谈。尽管交流电各量的正方向是任意选取的，但变压器中各电磁量彼此之间是互相联系且遵循一定规律的，因此各电磁量正方向的选取必须符合彼此间实际存在的电磁规律。比如，当感应电势用 $e_1 = -W_1\frac{\mathrm{d}\Phi}{\mathrm{d}t}$ 表示时，规定了 $\dot{E}_1$ 的正方向必须与产生磁通 $\dot{\Phi}$ 的电流 $\dot{I}_0$ 的正方向一致。当 $\frac{\mathrm{d}\Phi}{\mathrm{d}t}>0$（磁通增大）时，感应电势 $e_1 = -W_1\frac{\mathrm{d}\Phi}{\mathrm{d}t}$ 为负值，说明 e_1 的实际方向与规定的正方向相反，是力图阻碍磁通 Φ 增大的；当 $\frac{\mathrm{d}\Phi}{\mathrm{d}t}<0$（磁通减小）时，感应电势 $e_1 = -W_1\frac{\mathrm{d}\Phi}{\mathrm{d}t}$ 为正值，说明 e_1 的实际方向与规定的正方向相同，是力图阻碍磁通 Φ 减小的。由此可见，当用 $e_1 = -W_1\frac{\mathrm{d}\Phi}{\mathrm{d}t}$ 描述 e_1 时，$\dot{E}_1$ 的正方向必须与电流 $\dot{I}_0$ 的正方向一致，才符合实际情况，否则会得到违反楞次定律的结论。因此，$\dot{E}_1$ 的正方向也是 $A \to X$ 的。

下面分析电势的大小和相位与主磁通的关系。

1. 原边电势 $\dot{E}_1$ 及副边电势 $\dot{E}_2$

设主磁通 Φ 随时间按余弦规律变化，即

$$\Phi = \Phi_\mathrm{m}\cos\omega t \tag{3-5}$$

（1）电势的瞬时值

$$e_1 = -W_1\frac{\mathrm{d}\Phi}{\mathrm{d}t} = -W_1\frac{\mathrm{d}(\Phi_\mathrm{m}\cos\omega t)}{\mathrm{d}t} = \omega \cdot W_1\Phi_\mathrm{m}\sin\omega t$$

因角频率 $\omega = 2\pi f$，故

$$e_1 = 2\pi f W_1\Phi_\mathrm{m}\sin\omega t \tag{3-6}$$

同理

$$e_2 = 2\pi f W_2\Phi_\mathrm{m}\sin\omega t \tag{3-7}$$

（2）电势的振幅值

$$E_{1\mathrm{m}} = 2\pi f W_1\Phi_\mathrm{m} \tag{3-8}$$

$$E_{2\mathrm{m}} = 2\pi f W_2\Phi_\mathrm{m} \tag{3-9}$$

(3) 电势的有效值

$$E_1 = \frac{E_{1m}}{\sqrt{2}} = 4.44fW_1\Phi_m \tag{3-10}$$

$$E_2 = \frac{E_{2m}}{\sqrt{2}} = 4.44fW_2\Phi_m$$

(4) 电势的变比 k，即原、副绕组的电势之比为

$$k = \frac{E_1}{E_2} = \frac{W_1}{W_2} \tag{3-11}$$

式中 k——变压器的变比，是变压器中一个很重要的数据。

(5) 电势的相位。由电势的瞬时值公式可知：

① $\dot{E}_1$ 与 $\dot{E}_2$ 同相；

② $\dot{E}_1$ 与 $\dot{E}_2$ 滞后于主磁通 $\dot{\Phi}$ 为90°电角度。

2. 原绕组的漏磁电势 $\dot{E}_{\sigma 1}$

因为漏磁通 $\Phi_{\sigma 1}$ 主要通过空气隙而闭合，故漏磁通的大小与原绕组的磁势或电流成正比。空载时，原绕组的漏磁通 $\Phi_{\sigma 1}$ 取决于空载时原绕组的磁势 $F_0 = i_0 W_1$ 和漏磁通所经路径的磁阻，主要是气隙的磁阻 R_δ，即

$$\Phi_{\sigma 1} = \frac{F_0}{R_\delta} = \frac{i_0 W_1}{R_\delta} = \Lambda i_0 W_1 \tag{3-12}$$

式中：Λ 为漏磁路的磁导，$\Lambda = \frac{1}{R_\delta}$。

设

$$i_0 = I_{0m}\cos\omega t$$

则

$$\Phi_{\sigma 1} = W_1 \Lambda I_{0m}\cos\omega t$$

$$e_{\sigma 1} = -W_1 \frac{d\Phi_{\sigma 1}}{dt} = -W_1 \frac{d(W_1 \Lambda I_{0m}\cos\omega t)}{dt}$$

$$= W_1^2 \Lambda \omega I_{0m}\sin\omega t = L_1 \omega I_{0m}\sin\omega t$$

$$e_{\sigma 1} = X_1 I_{0m}\sin\omega t \tag{3-13}$$

式中：$L_1 = W_1^2 \Lambda$，$X_1 = \omega L_1$，L_1 为原绕组的漏感系数，X_1 为原绕组的漏感抗。

应当注意：当电源的角频率 ω 及绕组匝数 W_1 一定时，原绕组的漏感抗 X_1 的大小取决于漏磁通所遇到的磁阻或磁导，而与电流的大小无关，这是一个很重要的基本概念。

空载时，原绕组的漏磁电势的振幅值为

$$E_{\sigma 1m} = X_1 I_{0m} \tag{3-14}$$

有效值为

$$E_{\sigma 1} = X_1 I_0 \tag{3-15}$$

原绕组的漏磁电势 $\dot{E}_{\sigma 1}$ 又称为漏抗电势，它在相位上滞后于 $\dot{I}_0$ 为90°电角度，写成复数形式为

$$\dot{E}_{\sigma 1} = -jX_1 \dot{I}_0 \tag{3-16}$$

3.2.2 电势平衡方程式

根据前述各量的正方向的规定,原、副绕组电路中各量的正方向可标注在图3-7所示的简化图中。由图3-7,按照基尔霍夫第二定律,可写出变压器空载时原绕组的电势平衡方程式。因为

$$\dot{E}_1 + \dot{E}_{\sigma 1} = \dot{I}_0 r_1 - \dot{U}_1$$

所以

$$\dot{U}_1 = -\dot{E}_1 - \dot{E}_{\sigma 1} + \dot{I}_0 r_1$$

因为

$$\dot{E}_{\sigma 1} = -jX_1 \dot{I}_0$$

所以

$$\dot{U}_1 = -\dot{E}_1 - (-jX_1 \dot{I}_0) + \dot{I}_0 r_1 = -\dot{E}_1 + jX_1 \dot{I}_0 + \dot{I}_0 r_1 \tag{3-17}$$

$$\dot{U}_1 = -\dot{E}_1 + \dot{I}_0 Z_1 \tag{3-18}$$

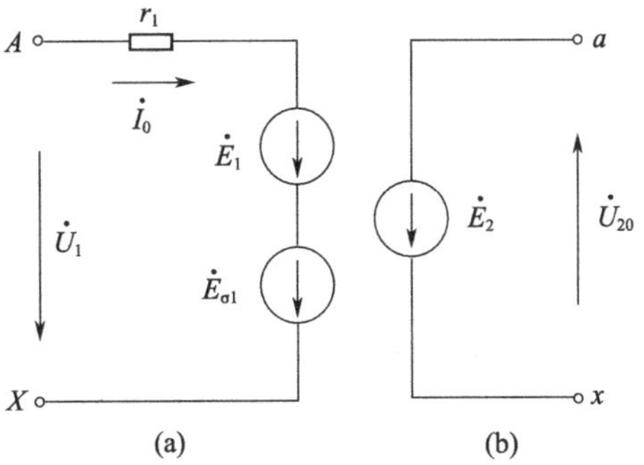

式(3-18)就是变压器空载时原绕组的电势平衡方程式。式中,$Z_1 = r_1 + jX_1$ 称为原绕组的漏阻抗;$\dot{I}_0 Z_1$ 称为原绕组的漏阻抗压降。因为原绕组的电阻 r_1 很小,电阻 r_1 上的压降也很小,在变压器正常工作范围内,原绕组电阻上的压降不会超过端电压 U_1 的1%;原绕组的漏磁通所经过的路径的磁阻很大,漏磁通很少,漏抗 X_1 很小,漏抗压降 $\dot{I}_0 X_1$ 或漏抗电势 $\dot{E}_{\sigma 1}$ 很小,在变压器正常工作范围内,漏抗压降不会超过端电压 U_1 的10%。因此,在变压器正常工作范围内,变压器原绕组的漏阻抗压降可以忽略不计,即

图3-7 变压器原副绕组中的电势及压降的正方向
(a)原绕组;(b)副绕组。

$$\dot{U}_1 \approx -\dot{E}_1 = j4.44fW_1\dot{\Phi} \tag{3-19}$$

在本书中如不特别说明,Φ 代表基波磁通 Φ_1,$\dot{\Phi}$ 代表基波磁通 Φ_1 的复量。$\dot{\Phi}$ 的大小代表基波磁通的幅值 Φ_m,即 $\dot{\Phi} = \dot{\Phi}_m$。

U_1 的大小为

$$U_1 \approx 4.44fW_1\Phi_m \tag{3-20}$$

由式(3-19)和式(3-20)可以得到如下重要结论:

(1) $\dot{E}_1$ 滞后于 $\dot{\Phi}$ 的电角度为90°。

(2) 当电源的频率 f 及原绕组的匝数 W_1 一定时,在变压器正常运行范围内(从空载到满载范围内),变压器中主磁通的大小主要由外加电源电压 U_1 的大小来决定。只要电源电压 U_1 的大小一定,变压器中主磁通的大小也就基本上是一定的,与变压器磁路的材料及尺寸无关。

只要外加电压不变,变压器主磁通的大小就基本上不会改变。

(3)电源电压 U_1 是按正弦规律变化的,主磁通 Φ 基本上也是按正弦规律变化的。

(4)电压 $\dot{U}_1$ 和电势 $\dot{E}_1$ 在相位上近乎相差180°电角度。

(5)原绕组的匝数可由下式决定:

$$W_1 \approx \frac{U_1}{4.44f\Phi_m} = \frac{U_1}{4.44fB_m \cdot S \times 10^{-8}}(匝) \qquad (3-21)$$

式中　U_1——电源电压的有效值(V);

　　　B_m——磁通密度的最大值(G),其值可根据经验数据选取;

　　　S——铁芯的有效截面积(cm^2)。

空载时副绕组的电势平衡方程式为

$$U_2 = E_2$$

因为

$$U_1 \approx E_1$$

所以变压器的变比

$$k = \frac{E_1}{E_2} \approx \frac{U_1}{U_2} \qquad (3-22)$$

于是,变压器的变比可以通过空载时原、副绕组的端电压来测定。

3.2.3　空载电流(励磁电流)

3.2.3.1　当磁路不饱和时(忽略涡流及磁滞的影响)

由于电源电压 U_1 是随时间按正弦规律变化的,主磁通 Φ 也一定是随时间按正弦规律变化的,如图3-8(b)所示。由图3-8(b)中每一瞬间磁通 Φ 的大小,可从图3-8(a)中的磁化曲线上找到对应于该瞬间的励磁电流 i_0 的大小,画出对应各瞬间的空载电流 i_0 的波形如图3-8(b)所示。

由图3-8(b)可见,当不计涡流及磁滞的影响,且磁路不饱和时,空载电流 i_0 的波形也是正弦形的,i_0 和 Φ 同相。当忽略漏阻抗压降时,变压器的相量图如图3-8(c)所示。由图3-8(c)可见,空载电流 $\dot{I}_0$ 滞后于电压 $\dot{U}_1$ 的电角度为90°,空载电流 i_0 完全是无功的磁化电流。

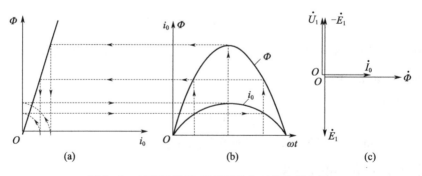

图3-8　忽略铁损耗,磁路不饱和时的空载电流

3.2.3.2　当磁路饱和时

由图3-9可见,当考虑磁路饱和的影响时,空载电流 i_0 的波形不再是正弦形,而是一个

尖顶波。即空载电流 i_0 除有基波外,还包含着 3、5、7 等次谐波,但空载电流的基波 i_{01} 仍和磁通 Φ 同相。当忽略漏阻抗压降时,变压器的相量图如图 3-9(c)所示。空载电流 $\dot{I}_0$ 滞后于电压 $\dot{U}_1$ 的电角度仍然为 90°,仍然是无功的磁化电流。

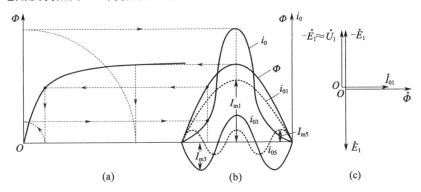

图 3-9 忽略铁损耗,考虑磁路饱和时的空载电流

由图 3-10 可见,当考虑磁滞及磁路饱和的影响时,空载电流 i_0 的波形是一个非正弦形的尖顶波。由于这个尖顶波是对称函数,所以它不含直流分量,也不含偶次谐波。但由于这个尖顶波既不对称于纵坐标轴(它不是偶函数)也不对称于坐标原点(它不是奇函数),因此它既有正弦形的奇次谐波又有余弦形的奇次谐波。按傅里叶级数展开后,余弦形的基波 $a_1\cos\omega t$ 与正弦形的基波 $b_1\sin\omega t$ 相加,得到空载电流的基波 i_{01}。因为

$$a_1\cos\omega t + b_1\sin\omega t = A_1\sin\alpha_c\cos\omega t + A_1\cos\alpha_c\sin\omega t$$
$$= A_1\sin(\omega t + \alpha_c) \tag{3-23}$$

可见,空载电流 i_0 的基波 i_{01} 超前于磁通 Φ 的基波 $\Phi_m\sin\omega t$ 一个 $\alpha_c = \arctan\dfrac{a_1}{b_1}$ 角。a_1、b_1 为由傅里叶级数的系数公式所确定的系数。

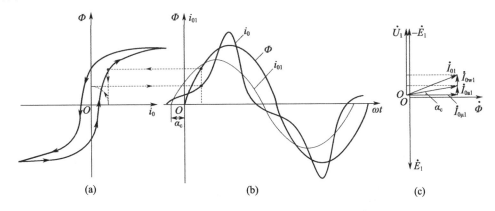

图 3-10 考虑铁损耗,磁路饱和时的空载电流

前面已经看到:当不考虑磁滞的影响时,空载电流的基波 i_{01} 与磁通 Φ 同相;而现在考虑了磁滞的影响时,空载电流的基波 i_{01} 不再与磁通 Φ 同相,而是要超前于磁通一个 α_c 角。可见,这个角度 α_c 完全是由于磁滞的影响而产生的,故称为磁滞角。

当忽略漏阻抗压降时,变压器的相量图如图 3-10(c)所示。由图 3-10(c)可见,由于空

载电流 $\dot{I}_0$ 的基波 $\dot{I}_{01}$ 超前于磁通 $\dot{\Phi}$ 一个 α_c 角，$\dot{I}_{01}$ 中除包括产生磁通 Φ 的无功分量 $\dot{I}_{0\mu 1}$ 外，还包括一个与电压 $\dot{U}_1$ 同相的有功分量 $\dot{I}_{0a1}$。这说明当考虑磁滞效应时，变压器还需要由电源吸取一部分有功功率，这部分有功功率消耗于铁芯中的磁滞损耗。

如果再考虑铁芯中的涡流效应，则变压器还需要由电源吸取一部分有功功率，这部分有功功率消耗于铁芯中的涡流损耗。因而，空载电流中还应包含一个对应于涡流损耗的有功分量 I_{0w1}。

以上仅考虑的是空载电流的基波，因而能够作出如图 3-10(c) 所示的相量图。实际上，空载电流中的各次谐波电流，也同样会在铁芯中产生涡流损耗和磁滞损耗。但由于各次谐波的频率和基波的频率不同，不能与基波频率的电压 $\dot{U}_1$、磁通 $\dot{\Phi}$、电势 $\dot{E}_1$ 和 $\dot{E}_2$ 等画在同一个相量图上。为了画相量图的方便，用一个等效的正弦波（基波）的空载电流来代替实际的尖顶波（包含各次谐波）的空载电流。等效正弦波的空载电流所产生的效应和实际尖顶波的空载电流所产生的效应完全相同。如图 3-11 所示，由于主磁通在铁芯中交变，铁芯中会产生磁滞损耗和涡流损耗，等效的空载电流 $\dot{I}_0$ 的相位要超前于磁通 $\dot{\Phi}$ 一个角度 α，α 称为铁耗角。$\dot{I}_0$ 的有功分量为 $\dot{I}_{0a}$，对应于变压器中所产生的全部铁损耗，相位超前于磁通 $\dot{\Phi}$ 的电角度为 90°；它的无功分量为 $\dot{I}_{0\mu}$，对应于产生磁通 Φ 所需要的励磁电流，其相位与磁通 $\dot{\Phi}$ 同相。故

$$\dot{I}_0 = \dot{I}_{0a} + \dot{I}_{0\mu} \tag{3-24}$$

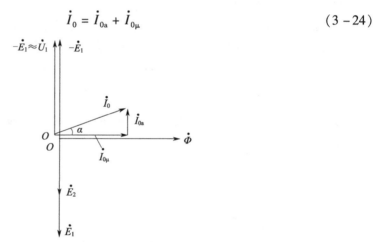

图 3-11 忽略漏阻抗时，变压器空载时的相量图

空载电流 $\dot{I}_0$ 的大小主要取决于变压器中的磁通 $\dot{\Phi}$ 的大小；变压器中的磁通 $\dot{\Phi}$ 的大小主要取决于外加电压 $\dot{U}_1$ 的大小，当外加电压 $\dot{U}_1$ 的大小一定时，变压器中的磁通 $\dot{\Phi}$ 的大小是一定的。产生一定的磁通 Φ 所需的空载电流的大小取决于变压器磁路的材料、尺寸及其饱和程度，即取决于变压器磁路的磁阻。磁路的磁阻越大，空载电流 I_0 越大。为了减小变压器的空载电流，采用导磁性能好、铁损耗小的硅钢片做铁芯，铁芯接缝处的气隙应尽可能小。实际上，一般变压器的空载电流都很小。

3.2.4 空载等值电路和相量图

3.2.4.1 空载时的等值电路

式(3-18)是空载时原绕组的电势平衡方程。式中，原绕组的漏阻抗 $Z_1 = r_1 + jX_1$，它可

以等值地用元件参数形式表示,因此,与式(3-18)相对应的电路形式如图 3-12 所示。

同理,原边电势 $\dot{E}_1$ 为主磁通的感应电势,其也可以仿照漏抗电势 $\dot{E}_{\sigma 1}$ 用电路参数来等值表示,即

$$\frac{\dot{E}_1}{\dot{I}_0} = Z_m = r_m + jX_m$$

$$\dot{E}_1 = \dot{I}_0 (r_m + jX_m)$$

这是因为:当 I_0 流过这个原绕组时,虽然没有导线电阻,没有由于导线电阻产生的损耗,但 I_0 流过这样的原绕组时,要产生涡流损耗及磁滞损耗,这相当于这样的原绕组有一个对应于铁损耗的等效电阻,这个电阻就以 r_m 来表示,称为励磁电阻。同时,当 I_0 流过这样的原绕组时,虽然没有漏磁通及对应于漏磁通的电感 L_1,但要产生主磁通,就有对应于主磁通的电感 L_m,有对应于主磁通的感抗 X_m,称为励磁感抗。将 X_m 写为

$$X_m = \omega L_m$$
$$L_m = W_1^2 \Lambda_m$$

式中 Λ_m——主磁通所经过的路径的磁导。

可见,当匝数 W_1 及电源频率 ω 一定时,励磁感抗 X_m 的大小取决于主磁通所经过的路径的磁阻 $R_m = \frac{l}{\mu S}$,与铁芯的尺寸、气隙的大小及磁路的饱和程度等有着极为密切的关系。磁路越饱和,磁阻越大,励磁感抗越小。所以,励磁阻抗 $Z_m = r_m + jX_m$ 的大小和相位都随磁路的饱和程度的变化而变化,并不是一个常量。不过,因为 $\dot{U}_1 \approx -\dot{E}_1$,当电源电压变化不大时,主磁通 Φ 变化不大,磁路的饱和程度也变化不大,仍可将 Z_m 及 X_m 看作一个常量。因此,变压器空载时的等值电路如图 3-13 所示。

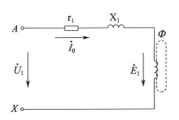

图 3-12 原绕组的等值表示

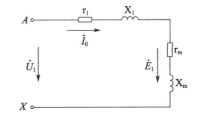

图 3-13 变压器空载时的等值电路图

3.2.4.2 空载时的相量图

变压器的相量图是用在复平面上的旋转相量表示出变压器中原、副绕组各个正弦量之间大小和相位关系的图形。从以上分析中知道,变压器中各个正弦量之间的相位关系是确定的。

取 $\dot{\Phi}$ 作为参考量,则:

(1) $\dot{I}_{0\mu}$ 与 $\dot{\Phi}$ 同相;

(2) $\dot{I}_{0a}$ 超前于磁通 $\dot{\Phi}$ 的电角度为 90°;

(3) $\dot{I}_0$ 超前 $\dot{\Phi}$ 的电角度为 α;

(4) $\dot{E}_1$、$\dot{E}_2$ 滞后于 $\dot{\Phi}$ 的电角度为 $90°$，$-\dot{E}_1$ 超前于 $\dot{\Phi}$ 的电角度为 $90°$；

(5) $\dot{I}_0 r_1$ 与 $\dot{I}_0$ 同相；

(6) 漏抗压降 $jX_1\dot{I}_0$ 超前于 $\dot{I}_0$ 的电角度为 $90°$；

(7) $\dot{U}_1 = -\dot{E}_1 + \dot{I}_0 r_1 + jX_1\dot{I}_0$，$\dot{U}_1$ 超前于 $\dot{I}_0$ 的电角度为 φ_0。

根据以上所述，可作出变压器空载时的相量图如图 3-14 所示。图 3-14 明确地表示了一相绕组中各个物理量彼此之间的大小和相位关系。因为这些相量都是属于一相绕组的，又表示它们彼此之间的大小和相位关系，所以，将它称为"相量图"比称为"矢量图"更为恰当。按照传统的叫法，也将这种相量图叫复数矢量图。

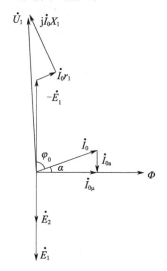

图 3-14 考虑漏阻抗时，变压器空载时的相量图

3.3 单相变压器的负载运行

变压器的负载运行状态是指变压器的副绕组与负载阻抗 Z_H 接通，变压器副绕组中有电流输出时，变压器的工作状态，如图 3-15 所示。变压器的负载运行是变压器工作的一般情况，也是本章分析的重点内容。

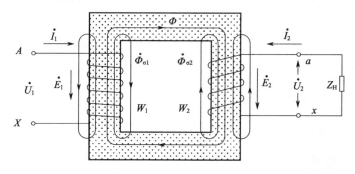

图 3-15 变压器的负载运行

下面将着重分析负载运行时变压器中存在的磁势平衡及电势平衡关系,提出变压器"折算"这一非常重要的概念,并通过"折算"得出变压器的等值电路图,明了变压器变换阻抗的原理,作出变压器负载时的相量图。这些内容都是分析交流电机,特别是异步电动机的有力工具。

3.3.1 磁势平衡方程式

当变压器负载运行时,副绕组中有电流 I_2 流过。电流 I_2 也要产生磁势 $F_2 = I_2 W_2$。副绕组的磁势 F_2 也要在变压器中产生沿铁芯闭合的磁通 Φ_2。这就是说,副绕组的磁势 F_2 将力图改变变压器中的主磁通 Φ。

如果变压器的主磁通 Φ 改变,那么将会引起原绕组中的电势 E_1 发生改变。设负载时原绕组中的电流为 I_1,则原绕组中的电势平衡方程式变为 $\dot{U}_1 = -\dot{E}_1 + \dot{I}_1 Z_1$。但由于 $\dot{I}_1 Z_1$ 很小,仍然可以认为 $U_1 \approx E_1 = 4.44 f W_1 \Phi_m$。由此仍然可以得出结论:当电源电压 U_1 不变时,主磁通 Φ 基本不变。

因此,要使主磁通 Φ 保持不变,只有原绕组中另外产生一个与副绕组的磁势 $F_2 = I_2 W_2$ 大小相等、方向相反的磁势 $F_{1F} = I_{1F} W_1$,从而抵消了 $F_2 = I_2 W_2$ 对主磁通的作用才有可能。

主磁通 Φ 保持不变,即负载运行时变压器中的主磁通 Φ 仍然与空载时由磁势 $F_0 = I_0 W_1$ 产生的主磁通一样。这就是说,由于原绕组产生的磁势 $\dot{F}_1 = \dot{I}_{1F} W_1 + \dot{I}_0 W_1$ 与副绕组产生的磁势 $\dot{F}_2$ 共同作用的结果,变压器中的磁势仍然为 $\dot{F}_0$,可表示为

$$\dot{F}_1 + \dot{F}_2 = \dot{F}_0 \tag{3-25}$$

即

$$\dot{I}_1 W_1 + \dot{I}_2 W_2 = \dot{I}_0 W_1 \tag{3-26}$$

式(3-26)称为变压器的磁势平衡方程式。它也可由安培全电流定律直接导出。

由变压器的磁势平衡方程式可得

$$\dot{I}_1 W_1 = -\dot{I}_2 W_2 + \dot{I}_0 W_1$$

则

$$\dot{I}_1 = -\frac{1}{k} \dot{I}_2 + \dot{I}_0$$

即

$$\dot{I}_1 = \dot{I}_{1F} + \dot{I}_0 \tag{3-27}$$

$$\dot{I}_{1F} = -\frac{1}{k} \dot{I}_2 \tag{3-28}$$

可见,当变压器副绕组中有电流流过时,原绕组中的电流由 I_0 增加到 I_1,增加了 I_{1F},I_{1F} 称为原绕组中电流的负载分量。$\dot{I}_{1F}$ 的相位与 $\dot{I}_2$ 相反,即副绕组中的电流 $\dot{I}_2$ 的方向实际上与原绕组中的电流 $\dot{I}_{1F}$ 的方向相反,它们产生的磁通互相抵消,完全符合由楞次定律所决定的客观实际情况,原绕组的电流 $\dot{I}_{1F}$ 所产生的磁势 $\dot{F}_{1F} = \dot{I}_{1F} W_1$ 与 $\dot{F}_2 = \dot{I}_2 W_2$ 的大小相等、方向相反,抵消了 F_2 对主磁通的作用。I_{1F} 随副绕组中的电流 I_2 的增大而增大,其数值为副绕组中的电流的 $1/k$。

随着副绕组中的电流 I_2 的增大,原绕组中的电流 I_1 也增大,原绕组的输入功率增大;同

时,副绕组输出的功率也增大,变压器才能通过电磁耦合将电能源源不断地由原绕组传递至副绕组。由于空载电流 I_0 很小(一般只占 I_1 中的 2% ~ 10%),可以认为 $I_1 \approx \frac{W_2}{W_1} I_2$,因而变压器能够起到变换电流的作用,将高压小电流转换成低压大电流;或相反。

3.3.2 电势平衡方程式

与变压器负载时的磁势及磁势平衡相联系的是变压器负载时的电势及电势平衡:

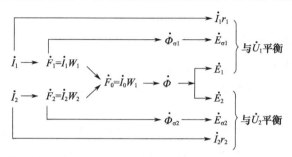

变压器负载时,原绕组的电势平衡方程式为

$$\dot{U}_1 = -\dot{E}_1 + \dot{I}_1(r_1 + jX_1) = -\dot{E}_1 + \dot{I}_1 Z_1 \tag{3-29}$$

$\dot{I}_1 Z_1$ 为变压器负载时原绕组的漏阻抗压降。由于变压器负载时的漏阻抗压降 $I_1 Z_1$ 大于空载时的漏阻抗压降 $I_0 Z_1$,变压器负载时的电势 E_1 较空载时小;主磁通 Φ 较空载时略小。负载时,变压器原绕组中的电流 $\dot{I}_1$ 将自动地调节自己的大小和相位,以满足电势平衡方程式 $\dot{U}_1 = -\dot{E}_1 + \dot{I}_1 Z_1$。因为 $I_1 Z_1$ 很小,仍然可以认为 $U_1 \approx E_1 = 4.44 f W_1 \Phi_m$,变压器的主磁通 Φ 几乎和变压器空载时相同。

同理,和原绕组的电势平衡方程式相似,可以写出变压器负载时副绕组的电势平衡方程式

$$\dot{U}_2 = \dot{E}_2 - \dot{I}_2 r_2 + \dot{E}_{\sigma 2} = \dot{E}_2 - \dot{I}_2 r_2 - jX_2 \dot{I}_2$$
$$= \dot{E}_2 - \dot{I}_2(r_2 + jX_2) = \dot{E}_2 - \dot{I}_2 Z_2 \tag{3-30}$$

式中 Z_2——副绕组的漏阻抗,$Z_2 = r_2 + jX_2$;

r_2——副绕组的电阻;

X_2——副绕组的漏感抗。

因为

$$\dot{U}_2 = \dot{I}_2 Z_H$$

所以

$$\dot{I}_2 Z_H = \dot{E}_2 - \dot{I}_2 Z_2$$

故

$$\dot{E}_2 = \dot{I}_2 (Z_H + Z_2) \tag{3-31}$$

3.3.3 参数折算和等值电路

3.3.3.1 参数折算

如把变压器的原、副绕组的电阻 r_1、r_2 和漏感抗 X_1、X_2 自变压器原、副绕组中移出,则变压

器的原、副绕组就成了一个没有导线电阻、没有漏感抗、带铁芯的电感线圈,如图 3-16(a)所示。

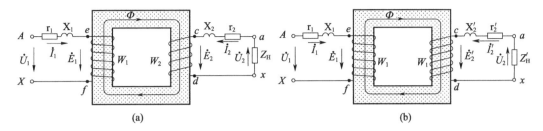

图 3-16 变压器折算原理图

这样的变压器,原、副绕组间只有磁的耦合而没有电的联系,分析问题很不方便。

如果用一个假想的、匝数为 W_1 的副绕组来代替实际的、匝数为 W_2 的副绕组,如图 3-16(b)所示,则因 $E_1 = E_2'$,原、副绕组的 e 点与 c 点,f 点与 d 点之间均为等电位点,它们在电路上便可以分别连接起来,可以将变压器的原、副绕组简化成一个共同的电路,这对分析问题是十分方便的。

将匝数为 W_2 的实际的副绕组用一个匝数为 W_1 的副绕组来代替的运算过程,称为变压器的折算。匝数为 W_1 的副绕组中的各量加"′"表示,称为折算后的量;而匝数为 W_2 的实际的副绕组中的各量,称为折算前的量。

当然,将实际的匝数为 W_2 的副绕组用一个匝数为 W_1 的假想的副绕组来代替,必须使匝数为 W_1 的副绕组所产生的电磁效应和实际匝数为 W_2 的副绕组所产生的电磁效应完全相同;否则,这种代替不但无任何意义,甚至是错误的。

变压器是靠电磁耦合来工作的,只要变压器中的磁通(包括主磁通和漏磁通)保持不变,变压器的工作情况就不会发生任何变化。

要保持折算前、后变压器中的磁通不变,必须使匝数为 W_1 的副绕组所产生的磁势 $\dot{F}_2'$ 的大小及相位和实际的匝数为 W_2 的副绕组所产生的磁势 $\dot{F}_2$ 的大小及相位完全相等,即

$$\dot{F}_2' = \dot{F}_2 \tag{3-32}$$

$$\dot{I}_2' W_1 = \dot{I}_2 W_2 \tag{3-33}$$

这只有匝数为 W_1 的副绕组中的电流 $\dot{I}_2'$ 不同于匝数为 W_2 的实际的副绕组中的电流 $\dot{I}_2$ 才有可能。

现在来分析折算前、后的电流、电势、阻抗等各量间应该遵守的关系。

1. 电流

根据

$$\dot{F}_2' = \dot{F}_2$$

即

$$\dot{I}_2' W_1 = \dot{I}_2 W_2 \tag{3-34}$$

故

$$\dot{I}'_2 = \frac{W_2}{W_1} I_2 = \frac{1}{k} I_2 \qquad (3-35)$$

即匝数为 W_1 的副绕组中的电流 I'_2 必须是匝数为 W_2 的实际的副绕组中的电流 I_2 的 $1/k$。

2. 电势

因为主磁通不变,则

$$\frac{E'_2}{E_2} = \frac{W_1}{W_2} = k$$

$$E'_2 = kE_2 = E_1 \qquad (3-36)$$

即匝数为 W_1 的副绕组中的电势 E'_2 是匝数为 W_2 的实际的副绕组中的电势 E_2 的 k 倍。

3. 阻抗

$$Z'_H + Z'_2 = \frac{E'_2}{I'_2} = \frac{kE_2}{\frac{1}{k}I_2} = k^2 \frac{E_2}{I_2} = k^2(Z_H + Z_2) \qquad (3-37)$$

因为匝数为 W_1 的副绕组的电势 E'_2 比匝数为 W_2 的副绕组的电势 E_2 增大 k 倍,如果副绕组中的电路参数仍保持不变,则电流必然增大 k 倍。为使副绕组中的电流减小为原来的 $\frac{1}{k}$,必须改变电路中的参数,将电路中的阻抗增加 k^2 倍。

于是

$$r'_2 = k^2 r_2 \qquad (3-38)$$

$$X'_2 = k^2 X_2 \qquad (3-39)$$

$$Z'_H = k^2 Z_H = k^2(r_H + jX_H) \qquad (3-40)$$

式中　r_H——负载电阻;

　　　X_H——负载感抗。

根据以上关系,还可得出

$$U'_2 = I'_2 Z'_H = \frac{1}{k} I_2 \cdot k^2 Z_H = k I_2 Z_H = k U_2 \qquad (3-41)$$

4. 相角

折算前、后的副绕组电路参数的相角仍然保持不变,即

$$\psi'_2 = \arctan \frac{k^2(X_2 + X_H)}{k^2(r_2 + r_H)} = \arctan \frac{X_2 + X_H}{r_2 + r_H} = \psi_2 \qquad (3-42)$$

因而,折算前、后的副绕组中的电流的相位保持不变。

因此,折算后与折算前相比较,副绕组磁势的大小和相位都保持不变,而副绕组的匝数、电势、电压增大 k 倍;电流减小为 $1/k$;阻抗增大 k^2 倍。

按照这样折算以后,折算前、后副绕组的有功功率、无功功率以及由原绕组通过铁芯传入副绕组的电磁功率、输出功率等都保持不变。因而,折算前、后的变压器是完全等效的。证明如下:

铜损耗功率

$$I'^2_2 r'_2 = \left(\frac{1}{k} I_2\right)^2 \cdot k^2 r_2 = I_2^2 r_2 \qquad (3-43)$$

无功功率

$$I'^2_2 X'_2 = \left(\frac{1}{k} I_2\right)^2 \cdot k^2 X_2 = I_2^2 X_2 \qquad (3-44)$$

输出视在功率

$$U'_2 I'_2 = kU_2 \cdot \frac{1}{k} I_2 = U_2 I_2 \tag{3-45}$$

3.3.3.2 变压器的等值电路

折算后的变压器中的 $E'_2 = kE_2 = E_1$，原、副绕组的 e 点与 c 点、f 点与 d 点的电位分别相等，因而可以把它们在电路上分别连接起来，对变压器的工作毫无影响，如图 3-17(a) 所示。

根据

$$\dot{I}_1 = -\frac{1}{k}\dot{I}_2 + \dot{I}_0 = -\dot{I}'_2 + \dot{I}_0 \tag{3-46}$$

把原绕组中的电流 $\dot{I}_1$ 分成两路：一路为 $\dot{I}_0$，和变压器空载时相同，$\dot{I}_0$ 通过原绕组的一个没有导线电阻及漏磁通的铁芯线圈；另一路为 $-\dot{I}'_2$，通过副绕组的 r'_2、X'_2 和 Z'_H。这样，图 3-17(a) 所示的电路便可进一步化简为图 3-17(b) 所示的电路。

按照得到空载等值电路的方法，图 3-17(b) 所示的电路可以进一步化简为图 3-17(c) 所示的电路。图 3-17(c) 便是变压器的等值电路。

在图 3-17(c) 所示的电路中，根据基尔霍夫第二定律可得

$$\dot{U}_1 = -\dot{E}_1 + \dot{I}_1(r_1 + jX_1) \tag{3-47}$$

并且

$$-\dot{E}_1 = -\dot{I}'_2(r'_2 + jX'_2) - \dot{U}'_2 \tag{3-48}$$

将式(3-48)进行整理，并根据变换前后各量的关系可得

$$\dot{U}'_2 = \dot{E}'_2 - \dot{I}'_2(r'_2 + jX'_2)$$

$$k\dot{U}_2 = k\dot{E}_2 - \frac{1}{k}\dot{I}_2 \cdot k^2(r_2 + jX_2)$$

故

$$\dot{U}_2 = \dot{E}_2 - \dot{I}_2(r_2 + jX_2) \tag{3-49}$$

此外

$$\dot{I}_1 + \dot{I}'_2 = \dot{I}_0$$

即

$$\dot{I}_1 + \frac{1}{k}\dot{I}_2 = \dot{I}_0$$

可得

$$\dot{I}_1 W_1 + \dot{I}_2 W_2 = \dot{I}_0 W_1$$

$$\dot{F}_1 + \dot{F}_2 = \dot{F}_0$$

由此可见，虽然在图 3-17(c) 所示的电路中，副绕组的各量用折算后的数值代表，但电路中各量间的相互关系完全符合实际的变压器中所存在的电势平衡及磁势平衡的客观规律，它能正确反映实际存在于变压器中的客观情况，所以图 3-17(c) 称为变压器的 T 形等值电路。

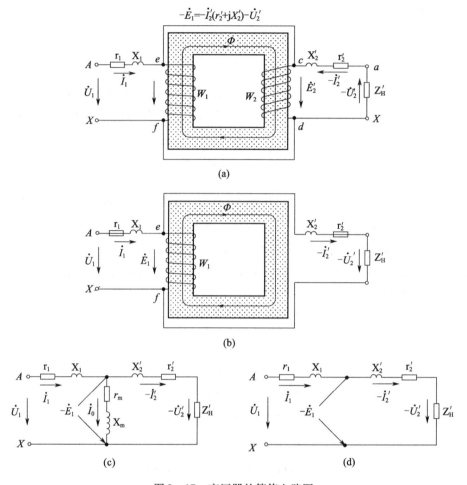

图 3-17 变压器的等值电路图

因为空载电流 I_0 很小，可以略去励磁电流 I_0，而将 T 形等值电路简化为如图 3-17(d) 所示的 Γ 形等值电路。

从变压器的等值电路中可以看到，在变压器的副绕组中串入一个负载阻抗 Z_H，等于在原绕组中串入一个 $Z'_H = k^2 Z_H$ 的负载阻抗。这便是变压器变换负载阻抗的原理。

3.3.4 负载时的相量图

根据变压器负载时的电势平衡方程式及磁势平衡方程式，对于折算后的变压器，有

$$\dot{U}_1 = -\dot{E}_1 + \dot{I}_1(r_1 + jX_1) \tag{3-50}$$

$$\dot{E}'_2 = \dot{U}'_2 + \dot{I}'_2(r'_2 + jX'_2) \tag{3-51}$$

$$\dot{E}'_2 = \dot{E}_1 \tag{3-52}$$

$$\dot{I}_1 = -\dot{I}'_2 + \dot{I}_0 \tag{3-53}$$

根据以上关系式可以作出变压器负载时的相量图，如图 3-18 所示。在图 3-18 中，分别示出了当负载为感性（图 3-18(a)）、容性（图 3-18(b)）及阻性（图 3-18(c)）时的相量图。

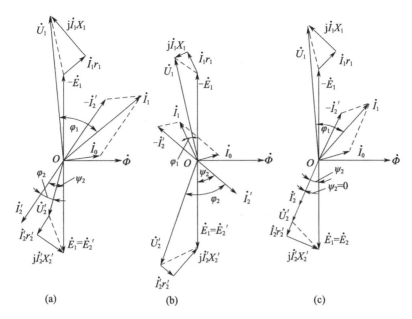

图 3-18 变压器负载时的相量图

如果 U_1、I_1、U_2、I_2、$\cos\varphi_2$ 及原、副绕组的参数为已知时,则可以按照下述步骤作出变压器负载时的相量图:先画出 $\dot{I}_2'$ 的相量,再画出 $\dot{U}_2'$ 的相量。当感性负载时,$\dot{U}_2'$ 超前于 $\dot{I}_2'$ 的电角度为 φ_2 角;当容性负载时,$\dot{U}_2'$ 滞后于 $\dot{I}_2'$ 的电角度为 φ_2 角。在相量 $\dot{U}_2'$ 上加上副绕组电阻 r_2' 上的压降 $\dot{I}_2'r_2'$(其方向与 $\dot{I}_2'$ 相同),再加上副绕组漏感抗 X_2' 上的压降 $j\dot{I}_2'X_2'$(其方向与 $\dot{I}_2'$ 相垂直,超前于 $\dot{I}_2'$ 的电角度为 90°),就得到副绕组的电势 $\dot{E}_2' = \dot{U}_2' + \dot{I}_2'(r_2' + jX_2')$。根据 $\dot{E}_2' = \dot{E}_1$,也就得到了原绕组的电势 $\dot{E}_1$ 的相量。主磁通 $\dot{\Phi}$ 超前于 $\dot{E}_1$ 电角度 90°,空载电流 $\dot{I}_0$ 超前于主磁通 $\dot{\Phi}$ 的电角度为 α 角。原绕组中的电流 $\dot{I}_1 = -\dot{I}_2' + \dot{I}_0$,故在 $\dot{I}_2'$ 的反方向上作出 $-\dot{I}_2'$,将其与空载电流 $\dot{I}_0$ 相量相加,就得到原绕组的电流 $\dot{I}_1$ 的相量。在电势 $\dot{E}_1$ 的反方向上作出压降 $-\dot{E}_1$,在 $-\dot{E}_1$ 上加上原绕组电阻 r_1 上的压降 $\dot{I}_1r_1$(其方向与 $\dot{I}_1$ 相同)及原绕组漏感抗上的压降 $j\dot{I}_1X_1$(其方向与 $\dot{I}_1$ 相垂直,超前于 $\dot{I}_1$ 的电角度为 90°),就得到了原绕组的电压 $\dot{U}_1 = -\dot{E}_1 + \dot{I}_1(r_1 + jX_1)$。

变压器负载时的相量图反映了变压器负载运行时的各物理量之间的相互关系。它完全符合由变压器的电势平衡方程式、磁势平衡方程式及等值电路所反映出的变压器中各物理量的相互关联、相互影响的客观规律。

3.3.5 变压器原、副绕组端子的极性及标志

规定变压器原、副绕组的首端分别以 A 及 a 表示,末端分别以 X 及 x 表示。现在来考查它们的极性。

按照变压器的电势正方向的规定,变压器原绕组的电势 $\dot{E}_1$ 及副绕组的电势 $\dot{E}_2$ 是同相的。在图 3-19(a)中,当 A 端的极性为"-"时,a 端的极性也为"-",即 a 与 A 极性相同。而在图 3-19(b)中,当 A 端的极性为"-"时,a 端的极性为"+",即 a 与 A 极性相反。

可见,电势的正方向与原、副绕组的绕向无关。不论原、副绕组的绕向如何,前面分析过的

变压器中的各种电磁关系都是完全正确的。但是变压器原、副绕组的端子的极性与原、副绕组的绕向有关。

这样一来,如果不知道原、副绕组的绕向,便无法知道原、副绕组的端子极性。而对于已制成的变压器来说,其绕向并不都是显而易见的。如不作统一规定,则必然产生混乱和错误。为此,国家标准规定:极性相同的端子,应以同名符号标志。按照这个规定,应将图 3-19(b) 的标志改为图 3-19(c),而不采用图 3-19(b) 的标志。这样,原、副绕组标志相同的端子其极性是相同的。如自极性相同的端子分别通以方向相同的电流,则原、副绕组产生的磁通是相同的。沿主磁通的方向看,原、副绕组的绕向是相同的。

在电路图中,极性相同的端子,以"·"标志。如图 3-19(a)、(c) 所示。

应该注意:当 $r_1 + jX_1 = 0$,$(r_2 + r_H) + j(X_2 + X_H) = 0$ 时,$\dot{E}_1$、$\dot{E}_2$ 与 $\dot{U}_1$ 相位相差180°,即当 $\dot{U}_1$ 为正时,$\dot{E}_1$、$\dot{E}_2$ 为负。所以,当 A 端极性为"+"时,a 端的极性也为"+"。应该记住:标志相同的端子,极性是相同的。

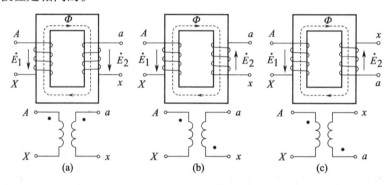

图 3-19 变压器原、副绕组的极性及标志法

在实际应用中,判别变压器原、副绕组的端子的极性是非常重要的。在自动控制系统中,如将反馈电路的变压器极性接反,则负反馈将变为正反馈。如两相异步电动机由变压器供电,变压器极性接反,将使电机反转。如图 3-20 所示的变压器,如将两个原绕组的极性接反,则会将变压器烧毁。

如果不知道变压器的原、副绕组端子的标志及极性,可用图 3-21 所示的方法判别,将原绕组接于电源,测量原绕组的一个端子与副绕组的两个端子之间的电压。电压最小的原、副绕组端子的极性相同。

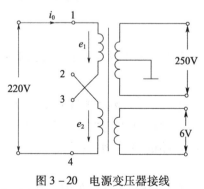

图 3-20 电源变压器接线　　　　　图 3-21 变压器极性判断

3.4 单相变压器的特性试验与参数测定

利用变压器的 T 形等值电路图对变压器的特性进行分析和计算时,都要用到阻抗参数 r_1、X_1、r_m、X_m、r_2'、X_2'。对于已制成的变压器,这 6 个参数可以通过变压器的空载试验和短路试验来测定。通过空载试验和短路试验也可分别获取变压器的空载特性和短路特性。空载特性和短路特性是变压器的基本特性。

3.4.1 空载试验

变压器的空载试验又称开路试验,是从变压器任意一侧绕组施加额定电压,另一侧绕组开路的情况下,测量变压器的空载损耗和空载电流的试验。通过空载试验可以测定变压器的电压变比 k、空载电流 I_0、空载损耗 P_0 以及励磁电阻 r_m 和励磁感抗 X_m。变压器的空载试验电路如图 3-22 所示。

理论上,空载试验既可在变压器的高压侧进行也可在低压侧进行,根据实际测量的方便而定。如将低压侧开路,测量在高压侧进行,则所测得的数值是高压侧的值,由此计算的励磁阻抗便为高压侧的值。相反,如将高压侧开路,测量在低压侧进行,则所测得的数值是低压侧的值,由此计算的励磁阻抗便为低压侧的值。为了安全和仪器选择的方便,空载试验通常在低压侧加电压和测量,高压侧开路。

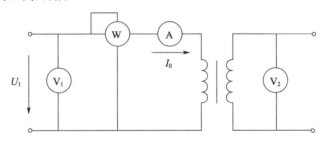

图 3-22 单相变压器空载试验电路

如图 3-22 所示,改变变压器的外加电压 U_1,使 U_1 逐步从零升高到 $1.15U_{1N}$ 为止,逐点测量空载电流 I_0、外加电压 U_1 和相应的输入功率 P_0,即可得到空载特性曲线 $I_0=f(U_1)$ 和 $P_0=f(U_1)$,如图 3-23 所示。

空载特性曲线 $I_0=f(U_1)$ 反映了变压器工作过程中铁芯的磁化情况。当电压较低时,磁通较小,I_0 和 U_1 之间是线性关系;随着 U_1 增大,磁路逐渐饱和,I_0 增加比较迅速。可见,变压器的励磁阻抗 Z_m 并非常数,而是随磁路饱和程度的增大而减小的。因为变压器通常在额定电压或接近额定电压条件下运行,因此只有在调整 U_1 等于额定电压时求得的 Z_m,才能真实反映变压器运行时的磁路饱和情况。

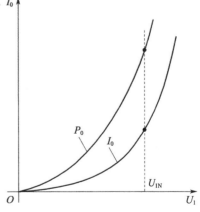

图 3-23 变压器的空载特性曲线

空载时,变压器从电源吸取的功率为交变磁通在铁芯中产生的铁耗 P_{Fe} 和 I_0 在低压绕组中产生的铜耗 P_{Cu1} 之和。由于空载电流很小,所以铜耗也很小,可忽略不计,则空载损耗可近

似认为是变压器的铁耗,即 $P_0 \approx P_{Fe}$。忽略很小的绕组阻抗,空载感抗近似等于励磁阻抗,则有

$$Z_0 = Z_1 + Z_m = \frac{U_1}{I_0} \approx Z_m \qquad (3-54)$$

$$r_0 = r_1 + r_m = \frac{P_0}{I_0^2} \approx r_m \qquad (3-55)$$

$$X_0 = X_1 + X_m \approx X_m = \sqrt{Z_m^2 - r_m^2} \qquad (3-56)$$

变压器的变比

$$k = \frac{U_{20}}{U_{1N}} \qquad (3-57)$$

需要注意的是,这里的变比 k 为高压侧对低压侧的电压比,此时所测得的各参数为低压侧的数值。如果要得到高压侧的各参数值,必须进行折算,各参数应乘以 k^2,即高压侧的励磁阻抗为 $k^2 Z_m$。

3.4.2 短路试验

变压器的短路试验又称负载试验,是使变压器的副绕组短路,在原绕组上加额定频率的交流电压的情况下,测量变压器的短路电压 U_k 和短路电流 I_k 的试验。短路试验时,给原绕组所加的电压由零逐渐增加,直到原绕组中的电流达到额定值。此时所加的原绕组电压称为短路电压 U_k,U_k 一般只有额定电压 U_{1N} 的 5% ~ 10%。通过短路试验可以测定变压器的短路参数 r_k 和 X_k 及铜耗 P_{Cu}。变压器的短路试验电路如图 3 - 24 所示。

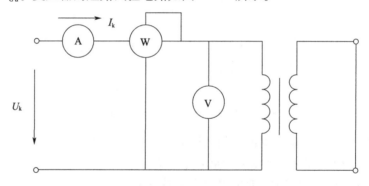

图 3 - 24 单相变压器短路试验电路

变压器副绕组短路时,短路电流的大小取决于外加电压 U_k 和变压器的短路阻抗 Z_k。由于 Z_k 很小,如果变压器在额定电压下短路,则短路电流可以达到 $(9.5 \sim 20)I_N$,将损坏变压器。因此,为避免测量过大的短路电流,一般在高压侧加电压,将低压侧短路。通常短路电流达到额定电流时,外加电压为 $(0.05 \sim 0.105)U_N$。短路试验时,由于外加电压很小,变压器内的主磁通很小,励磁电流和铁芯损耗均可忽略不计,T 形等值电路中的励磁支路可略去,而采用如图 3 - 25 所示的简化的等值电路进行分析。

变压器短路试验时,外加电压 U_k 必须从零开始逐步增大,直到短路电流 I_k 最后达到 $1.2I_N$ 为止,逐点测量短路电流 I_k、外加电压 U_k 和相应的输入功率 P_k。根据试验数据可得到如图 3 - 26 所示的短路特性曲线 $I_k = f(U_k)$ 和 $P_k = f(U_k)$。由于短路阻抗 Z_k 是常数,因此 $I_k = f(U_k)$ 是一条直线。

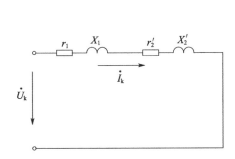
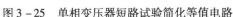

图 3-25 单相变压器短路试验简化等值电路

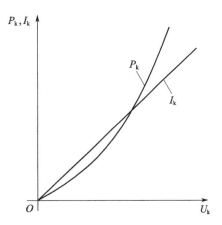

图 3-26 变压器的短路特性曲线

根据如图 3-25 所示的简化等值电路,可计算短路电抗为

$$Z_k = \frac{U_k}{I_k} \tag{3-58}$$

短路试验时,变压器从电源吸取的功率 P_k 全部转化为原、副绕组的铜耗和铁耗,但由于试验时外加电压很低,铁芯中的磁通很小,铁耗也很小,可以忽略,这样就可以认为短路损耗即为变压器原、副绕组的铜耗。因此有

$$P_k \approx P_{Cu} = I_1^2 r_1 + I_2'^2 r_2' = I_k^2 r_k$$

$$r_k = \frac{P_k}{I_k^2} \tag{3-59}$$

$$X_k = \sqrt{Z_k^2 - r_k^2} \tag{3-60}$$

由于漏磁场的分布十分复杂,要从测出的 X_k 中把 X_1 和 X_2' 分开来非常困难,在利用 T 形等值电路计算和分析时,通常取

$$X_1 = X_2' = \frac{1}{2}X_k \tag{3-61}$$

$$r_1 = r_2' = \frac{1}{2}r_k \tag{3-62}$$

例 3.1 一个匝数为 90 匝的线圈,给其施加 115V、400Hz 的交流电,如果励磁电流的有效值为 5A,试计算:

(1) 磁通的最大值;
(2) 磁势的最大值;
(3) 线圈的感抗;
(4) 线圈的电感。

解:(1) $\Phi_{max} = E_0/(4.44fW) = 115/(4.44 \times 400 \times 90) = 7.19 \times 10^{-4}$(Wb)

(2) $I_m = \sqrt{2}I = \sqrt{2} \times 5 = 7.07$(A)

$F_m = I_m W = 7.07 \times 90 = 636.3$(A·T)

(3) $X_m = E_0/I = 115/5 = 23$(Ω)

(4) $L = X_m/2\pi f = 23/(2\pi \times 400) = 9.16 \times 10^{-3}$(H)

例3.2 某单相理想变压器,已知 $W_1 = 90$ 匝,$W_2 = 2250$ 匝,$U_1 = 200$V,$f = 50$Hz,$I_2 = 2$A,滞后角为 φ_2,且 $\cos\varphi_2 = 0.8$,求:

(1) 一次电流 I_1;

(2) 主磁通 Φ_m;

(3) 画出相量图。

解:(1) $k = W_1/W_2 = 90/2250 = 1/25$

$I_1 = 25 \times 2 = 50$ (A)

(2) $\Phi_m = U_1/(4.44fW_1) = 200/(4.44 \times 50 \times 90) = 0.01$ (Wb)

(3) $U_2 = 25U_1 = 25 \times 200 = 5000$ (V)

$\varphi = \arccos 0.8 = 36.9°$

相量图如图3-27所示。

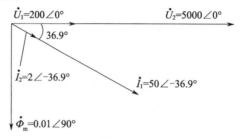

图 3-27

例3.3 一台单相变压器,已知 $U_1 = 120$V,$f = 400$Hz,空载电流 $I_0 = 5$A,铁损功率 $P_{Fe} = 180$W。试计算 r_m 和 X_m(忽略绕组阻抗)。

解:视在功率为

$$S_m = U_1 I_0 = 120 \times 5 = 600 (V \cdot A)$$

则

$$Q_m = \sqrt{S_m^2 - P_{Fe}^2} = \sqrt{600^2 - 180^2} = 572 (V \cdot A)$$

$$r_m = U_1^2/P_{Fe} = 120^2/180 = 80 (\Omega)$$

$$X_m = U_1^2/Q_m = 120^2/572 = 25.2 (\Omega)$$

例3.4 单相变压器 $U_{1N}/U_{2N} = 220$V/110V,原边绕组出线端为 A、X,副边绕组出线端为 a、x,A 与 a 为同极性端。现在 A、X 端加 220V 电压,a、x 开路时的励磁电流为 I_0。主磁通为 Φ_m,励磁磁势为 F_0,励磁阻抗为 $|Z_m|$,求以下3种情况下的主磁通、励磁磁势、励磁电流和励磁阻抗:

(1) A、X 端开路,a、x 端加 110V 电压;

(2) X、a 端相连,A、X 端加 330V 电压;

(3) X、x 端相连,A、a 端加 110V 电压。

解:

$$F_0 = I_0 W_1$$

$$I_0 = \frac{U_{1N}}{|Z_m|} = \frac{220}{|Z_m|}$$

$$\Phi_m = \frac{220}{4.44fW_1}$$

(1) a、x 端加 110V 电压时，因为

$$\Phi_{m1} = \frac{110}{4.44fW_2}$$

$$\frac{\Phi_{m1}}{\Phi_m} = \frac{\frac{110}{4.44fW_2}}{\frac{220}{4.44fW_1}} = \frac{110}{220} \times \frac{W_1}{W_2} = 1$$

所以

$$\Phi_{m1} = \Phi_m$$
$$F_{01} = F_0$$

因为

$$I_{01}W_2 = I_0W_1$$

所以

$$I_{01} = \frac{W_1}{W_2}I_0 = 2I_0$$

$$|Z_{m1}| = \frac{U}{I_{01}} = \frac{110}{2I_0} = \frac{110}{2} \times \frac{|Z_m|}{220} = \frac{|Z_m|}{4}$$

(2) 因为

$$\Phi_{m2} = \frac{330}{4.44f(W_1 + W_2)}$$

$$\frac{\Phi_{m2}}{\Phi_m} = \frac{\frac{330}{4.44f(W_1+W_2)}}{\frac{220}{4.44fW_1}} = \frac{330}{220} \times \frac{W_1}{W_1+W_2} = 1$$

所以

$$\Phi_{m2} = \Phi_m$$
$$F_{02} = F_0$$

因为

$$I_{02}(W_1 + W_2) = I_0W_1$$

所以

$$I_{02} = \frac{W_1}{W_1+W_2} \cdot I_0 = \frac{2}{3}I_0$$

$$|Z_{m2}| = \frac{U}{I_{02}} = \frac{330}{I_0} \times \frac{3}{2} = \frac{330}{\frac{220}{|Z_m|}} \times \frac{3}{2} = \frac{9}{4}|Z_m|$$

(3) 因为

$$\Phi_{m3} = \frac{110}{4.44f(W_1 - W_2)}$$

$$\frac{\Phi_{m3}}{\Phi_m} = \frac{\frac{110}{4.44fW_2}}{\frac{220}{4.44fW_1}} = \frac{110}{220} \times \frac{W_1}{W_2} = 1$$

所以

$$\Phi_{m3} = \Phi_m$$

$$F_{03} = F_0$$

因为
$$I_{03}(W_1 - W_2) = I_0 W_1$$

所以
$$I_{03} = \frac{W_1}{W_1 - W_2} \cdot I_0 = 2I_0$$

$$|Z_{m3}| = \frac{1}{2} \times \frac{110}{220} \times |Z_m| = \frac{1}{4} \cdot |Z_m|$$

例 3.5 一台三相变压器，$S_N = 1000\text{V} \cdot \text{A}$，$U_{1N}/U_{2N} = 200\text{V}/36\text{V}$，$I_{1N}/I_{2N} = 2.89\text{A}/16.04\text{A}$。在低压侧施加额定电压做空载试验，测得 $P_0 = 7.2\text{W}$，$I_0 = 0.018 \times I_{2N} = 0.29\text{A}$，试求励磁参数。

解：计算高、低压侧的额定相电压

$$U_{1\text{相}N} = \frac{200}{\sqrt{3}} = 115(\text{V})$$

$$U_{2\text{相}N} = \frac{36}{\sqrt{3}} = 20.79(\text{V})$$

变比
$$k = \frac{U_{1\text{相}N}}{U_{2\text{相}N}} = 5.56$$

空载相电流
$$I_{20\text{相}} = I_0 = 0.29(\text{A})$$

每相损耗
$$P_{0\text{相}} = \frac{7.2}{3} = 2.4(\text{W})$$

低压侧励磁阻抗
$$Z'_m = \frac{U_{2\text{相}N}}{I_{20\text{相}}} = \frac{20.79}{0.29} = 71.69(\Omega)$$

低压侧励磁感阻
$$r'_m = \frac{P_{0\text{相}}}{I_{20\text{相}}^2} = \frac{2.4}{0.29^2} = 28.54(\Omega)$$

低压侧励磁感抗
$$X'_m = \sqrt{Z'^2_m - r'^2_m} = \sqrt{71.7^2 - 28.5^2} = 65.8(\Omega)$$

以上各参数为低压侧的数值，要得到高压侧的各参数值，必须进行折算，即

$$Z_m = k^2 Z'_m = 5.56^2 \times 71.69 = 2216.2(\Omega)$$

$$R_m = k^2 r'_m = 5.56^2 \times 28.54 = 882.3(\Omega)$$

$$X_m = k^2 X'_m = 5.56^2 \times 65.8 = 2034.1(\Omega)$$

在高压侧施加额定电压时，空载相电流
$$I_{10\text{相}} = 0.018 \times I_{1N} = 0.052(\text{A})$$

空载损耗
$$P_{01} = 3 I_{10\text{相}}^2 R_m = 3 \times 0.052^2 \times 882.3 = 7.2(\text{W})$$

可见，在高压侧、低压侧施加额定电压做空载试验时，空载损耗是相等的。

小　　结

1. 变压器的基本工作原理

变压器是基于电磁感应定律工作的。原绕组电压等电物理量的变化，引起穿过副绕组的磁通变化，导致副绕组电压等电物理量的变化，从而将一种电压的交流电变换为另一种电压的交流电。

2. 变压器的空载运行

（1）电势平衡方程式：

① 原绕组电势平衡方程式：

$$\dot{U}_1 = -\dot{E}_1 + \dot{I}_0 Z_1$$
$$Z_1 = r_1 + jX_1$$

式中　U_1——原绕组相电压；

E_1——原绕组相电势；

I_0——空载电流（相值）；

r_1、X_1——原绕组电阻和漏电感。

由于 $I_0 Z_1$ 很小，故

$$\dot{U}_1 \approx -\dot{E}_1 = j4.44fW_1\Phi_m$$
$$U_1 \approx 4.44fW_1\Phi_m$$

② 副绕组电势平衡方程式：

$$\dot{U}_{20} = \dot{E}_2$$

式中　U_{20}——副绕组空载端电压；

E_2——副绕组空载电势。

$$-\dot{E}_1 = \dot{I}_0 Z_m$$
$$Z_m = r_m + jX_m$$

式中　Z_m——变压器的励磁阻抗；

r_m——变压器的励磁电阻；

X_m——变压器的励磁感抗。

（2）电势比

$$k = \frac{E_1}{E_2} = \frac{W_1}{W_2}$$

式中　W_1——原绕组的串联匝数；

W_2——副绕组的串联匝数。

3. 变压器的负载运行

（1）电势平衡方程式：

① 原绕组电势平衡方程式：

$$\dot{U}_1 = -\dot{E}_1 + \dot{I}_1 Z_1$$

② 副绕组电势平衡方程式:

$$\dot{U}_2 = \dot{E}_2 - \dot{I}_2 Z_2$$

式中:$Z_2 = r_2 + jX_2$,r_2、X_2 分别为副绕组的电阻与漏感抗。

③ 磁势平衡方程式:

$$\dot{I}_1 W_1 + \dot{I}_2 W_2 = \dot{I}_0 W_1$$

④ 副绕组折算到原绕组后的方程组:

$$\begin{cases} \dot{U}_1 = -\dot{E}_1 + \dot{I}_1 Z_1 \\ \dot{U}_2' = \dot{E}_2' - \dot{I}_2' Z_2' \\ \dot{I}_1 + \dot{I}_2' = \dot{I}_0 \\ \dot{E}_1 = \dot{E}_2' \\ -\dot{E}_1 = \dot{I}_0 Z_m \\ \dot{U}_2' = \dot{I}_2' Z_H' \end{cases}$$

式中:$\dot{E}_2' = k\dot{E}_2$;$Z_2' = k^2 Z_2$;$Z_H' = k^2 Z_H$(Z_H 为负载阻抗);$\dot{I}_2' = \dfrac{\dot{I}_2}{k}$。

(2) 等值电路:T 形等值电路如图 3-17(c) 所示,简化等值电路如图 3-17(d) 所示。

(3) 相量图如图 3-18 所示。

4. 变压器的特性试验和参数测定

通过空载试验和短路试验,可以分别获取变压器的空载特性和短路特性,进而可以求得变压器的 T 形等值电路图中的 6 个阻抗参数。

(1) 空载试验:从变压器的一侧绕组施加额定电压,另一侧绕组开路的情况下,测量其空载损耗和空载电流的试验。通过空载试验可以测定变压器的电压变比 k、空载电流 I_0、空载损耗 P_0 以及励磁电阻 r_m 和励磁感抗 X_m。

通过改变外加电压 U_1,根据试验数据,可得到空载特性曲线 $I_0 = f(U_1)$ 和 $P_0 = f(U_1)$。

(2) 短路试验:使变压器的副绕组短路,在原绕组上加交流电压的情况下,测量变压器的短路电压 U_k 和短路电流 I_k 的试验。通过短路试验可以测定变压器的短路参数 r_k 和 X_k 及铜耗 P_{Cu}。

通过改变外加电压 U_1,根据试验数据,可得到短路特性曲线 $I_k = f(U_k)$ 和 $P_k = f(U_k)$。

思考题与习题

1. 变压器制成后,其铁芯中的主磁通与外加电压的大小、频率有何关系?与励磁电流有何关系?

2. 变压器原、副绕组之间的功率传递靠什么来实现?在等效电路上可用哪些电量参数的乘积来表示?由此说明变压器能否直接传递直流电功率。

3. 变压器铁芯的作用是什么？为什么要用厚 0.35mm、表面涂绝缘漆的硅钢片制造铁芯？

4. 变压器中主磁通与漏磁通的作用有什么不同？在等效电路中是怎样反映它们的作用的？

5. 励磁感抗 X_m 的物理意义是什么？变压器的 X_m 是大好还是小好？若用空气芯而不用铁芯，则 X_m 是增大还是减小？

6. 为了得到正弦形的感应电势，当铁芯不饱和与饱和时，空载电流各呈何种波形，为什么？

7. 为什么变压器的空载损耗可近似地看成是铁损耗？短路损耗可以近似地看成是铜损耗？负载时变压器真正的铁耗和铜耗与空载损耗和短路损耗有无差别，为什么？

8. 某单相变压器额定电压为 115V/21V，额定频率为 400Hz。如果误将低压侧接到 115V 电源，变压器将发生一些什么异常现象？空载电流 I_0、励磁阻抗 Z_m、铁损耗 P_{Fe} 与正常相比发生怎样的变化？如电源电压为额定值，但频率比额定值高 20%，问：I_0、Z_m、P_{Fe} 三者又会发生怎样的变化？如果将变压器误接到电压等于额定值的直流电源上，又会发生什么现象？当电源电压、频率都符合额定值时，r_1 虽然很小，但 I_0 不会很大，为什么？

9. 对例 3.5 的变压器在高压侧做短路试验。已知 $U_k = 8V$，$I_k = 2.15A$，$P_k = 78W$，求短路参数。

第4章 三相变压器

在飞机交流电源系统中,广泛使用三相变压器。三相变压器是由3台单相变压器的电路和磁路连接和演变而成的。本章主要介绍三相变压器的连接和磁路系统。

4.1 三相变压器的磁路系统

4.1.1 三相变压器组

如图4-1所示,将3个单独的单相变压器的原、副绕组分别连接起来,原绕组接于三相电源,副绕组接于三相负载,就成了一个三相变压器。这样的三相变压器,称为三相变压器组。在三相变压器组中,每相绕组的主磁通经各自的磁路闭合,三组绕组的磁路彼此无关。

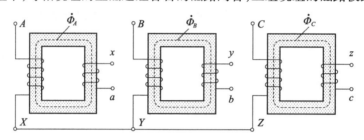

图4-1 三相变压器组

4.1.2 三相三铁芯变压器

如果3个单相变压器拼起来,如图4-2(a)所示,并用一个铁芯柱代替3个中间铁芯柱,则每一个单相变压器的磁通,都经中间铁芯柱闭合。但因为各相绕组产生的磁通,幅值相等,时间上彼此相差120°电角度,任何瞬间,中间铁芯柱中的总磁通为零,所以中间铁芯柱可以去掉,成为图4-2(b)所示的形状。再将边上的3个铁芯柱放到同一平面内,就成了三相三铁芯变压器,如图4-2(c)所示。

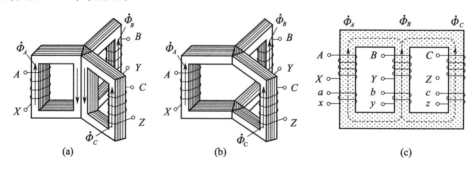

图4-2 三相三铁芯变压器

在三相三铁芯变压器中,每一相绕组的主磁通都要经另外两相绕组的铁芯柱而闭合,三相绕组的磁路长度不等,磁阻不等,空载电流也不相等。但因空载电流很小,其影响甚微。

以上两种三相变压器的铁芯,都可以做成卷环式,如图4-3所示。

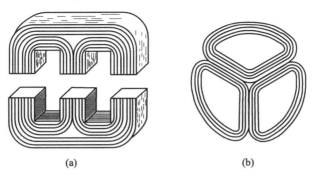

图4-3 三相卷环式铁芯

4.2 三相变压器的电路系统

三相变压器的原、副绕组既可以接成星形,也可以接成三角形。其排列组合,使得三相变压器的绕组可有多种连接方法。这里,只介绍常用的三种连接方法。

4.2.1 Y/Y₀-12连接

这种连接方法,表示将原绕组接成星形,副绕组接成星形,副绕组的中性点接地,如图4-4(a)所示。

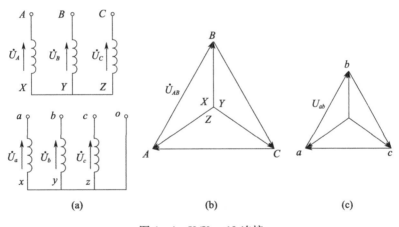

图4-4 Y/Y₀-12连接

这种连接方法,原、副绕组的线电压相位相同。如用时钟的长针代表原绕组的线电压相量,短针代表副绕组的线电压相量,并且以原绕组的线电压相量作基准,让长针指12,则因原、副绕组的线电压相量相同,短针也指12,好像时钟指示12点。

地面配电用三相变压器一般采用此连接方法,因为在低压侧可以得到两种不同的电压值。

4.2.2 Y/△-11连接

这种连接方法,表示原绕组接成星形,其中性点不接地,而副绕组接成三角形,如图4-5(a)所示。这时,原、副绕组的线电压之间的相位差为30°,如图4-5(b)所示,好像时钟指示11点。

这种连接方法多用于输电系统中。

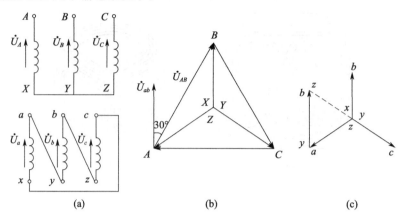

图 4-5 Y/△-11 连接

4.2.3 Y_0/△-11 连接

这种连接方法与 Y/△-11 的区别仅在于原绕组的中性点接地。

航空 SBY 型三相配电用变压器，一般为 Y/Y_0-12 连接方法；航空用三相变压器，为得到更好的输出波形，一般为 Y/△-11 连接方法。

4.3 磁路系统及连接方法对电势波形的影响

在单相变压器中，当电源电压的波形为正弦形时，原、副绕组的电势的波形也是正弦形的。空载电流的波形是非正弦形的，包括基波及 3、5、7…次谐波，其中以 3 次谐波最为显著。

在三相变压器中，各相绕组的空载电流的基波幅值相等，在时间上彼此相差 120°电角度。如果各相绕组的空载电流中存在 3 次谐波，即

$$\begin{cases} i_{03A} = I_{03m}\sin3\omega t \\ i_{03B} = I_{03m}\sin3(\omega t - 120°) = I_{03m}\sin3\omega t \\ i_{03C} = I_{03m}\sin3(\omega t - 240°) = I_{03m}\sin3\omega t \end{cases} \quad (4-1)$$

则它们彼此在时间上相差 3×120°=360°，即各相绕组的空载电流的 3 次谐波，幅值相等、相位相同。

当三相变压器的原绕组接成 Y 形时（如 Y/Y_0-12、Y/△、Y/△-11 接法），因为原绕组没有中线，空载电流的 3 次谐波电流不可能在原绕组中流通，因而，空载电流中没有 3 次谐波。而空载电流中的 5、7…次谐波的幅值很小，可以忽略不计，这样，当三相变压器的原绕组接成 Y 形时，各相绕组的空载电流基本上都是正弦的。

由于空载电流是正弦形的，则主磁通必然是非正弦形的，如图 4-6 所示。主磁通的波形是一个平顶波，除基波外，还包含 3、5、7…次谐波。

由于主磁通中存在 3、5、7…次谐波，它们在原、副绕组中会产生 3、5、7…次谐波电势，使电势的波形发生畸变，原、副绕组中的电势的波形不再是正弦形的，而变成了非正弦形。其中，3 次谐波磁通的幅值较大，它对电势波形影响较大。如图 4-7 所示，3 次谐波磁通产生的 3 次

谐波电势与基波磁通产生的基波电势相叠加,使电势的波形变为非正弦形的尖顶波。尖顶波的幅值,可比基波幅值高 45%～60%,因而,使电势的幅值升高,对绝缘不利。

3 次谐波磁通的大小及其对电势波形的影响,与三相变压器的磁路系统及副绕组的连接方法有关。

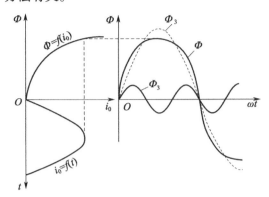
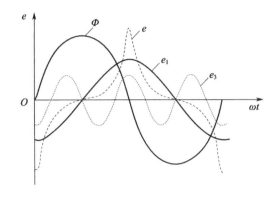

图 4-6 原绕组接成 Y 时,空载电流及主磁通的波形　　图 4-7 3 次谐波磁通对电势波形的影响

4.3.1 磁路系统对 3 次谐波磁通的大小和电势波形的影响

1. 三相变压器组

在三相变压器组中,各相磁路通过各自的铁芯而闭合,互不影响。各相绕组中的 3 次谐波磁通和基波磁通一样,沿主磁路闭合,磁路对 3 次谐波的磁阻小,铁芯中的 3 次谐波磁通较大,所以主磁通为平顶波。3 次谐波磁通与主磁通一样,将在变压器原、副绕组中感应 3 次谐波电势,由于感应电势的大小与频率成正比,因此 3 次谐波磁通感应的 3 次谐波电势较大,使得相电势的波形畸变严重,其所产生的尖峰电压可能危害绕组的绝缘。但是,由于三相绕组的 3 次谐波电势是同相位的,故在线电动势中不存在 3 次谐波。因此,三相变压器组不能采用 Y/Y_0 连接。

2. 三相三铁芯变压器

在三相三铁芯变压器中,各相磁路互相关联而不能独立分开。对于基波磁通而言,三相磁通在时间相位上相差 120°电角度,因此每一相绕组的磁通,都可以经另外两相绕组的铁芯柱而闭合。但对于 3 次谐波磁通而言,彼此大小相等,在时间上同相位,在铁芯柱中又都朝着同一方向,因此无法互为磁路,不能经过铁芯而闭合,只能经过变压器的外壳或空气而闭合,如图 4-8 所示。在这种情况下,3 次谐波磁通所经路径的磁阻较大,3 次谐波磁通的幅值较小,感应出的 3 次谐波电势低。故三相三铁芯变压器的 3 次谐波磁通小,电势波形的畸变小,相电动势的波形接近于正弦波。

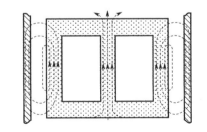

图 4-8 三相三铁芯变压器中 3 次谐波磁通的路径

4.3.2 连接方法对 3 次谐波磁通的大小和电势波形的影响

1. Y/△连接方法

当三相变压器的副绕组接成△形时,各相中的 3 次谐波磁通在各相副绕组中产生 3 次谐波

电势,各相副绕组中的3次谐波电势,产生在时间上同相的3次谐波电流,形成经三相绕组而闭合的环流,如图4-9(a)所示。由于电势落后于磁通90°电角度,而回路的电感远大于电阻,电流几乎滞后于电势90°电角度(图4-9(b)),因而,副绕组中的3次谐波电流产生的磁通,抵消了主磁通中的3次谐波磁通,使主磁通中的3次谐波磁通大为削弱,使电势的波形大为改善。当然,因为铁芯中的主磁通取决于原、副组的合成磁势,所以△形接法的绕组为原绕组或副绕组没有区别,上述结论同样适合于△/Y连接的三相变压器。可见,三相变压器的励磁电流中需要有3次谐波分量,且三相变压器中常常希望原边或者副边有一边的三相绕组接成△形。

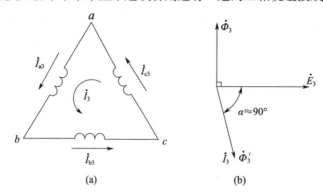

图4-9 三相变压器副绕组接成△形时,副绕组中的3次谐波电流及其主磁通中的3次谐波磁通的作用
(a)电路图;(b)相量图。

2. Y/Y_0连接方法

当三相变压器的副绕组接成Y形、中性点接地时,副绕组中的3次谐波电流也能经中线而闭合,其所产生的磁通也削弱了主磁通中的3次谐波磁通,改善了电势波形。

综上所述,可得下述结论:

(1)当三相变压器的原绕组接成Y形时,空载电流的波形是正弦形的,而主磁通的波形是非正弦形的,除基波外,还包含3、5、7…次谐波。

(2)三相变压器组中的3次谐波磁通大,电势波形畸变大;三相三铁芯变压器中的3次谐波磁通小,电势波形畸变小。

(3)采用Y/△及Y/Y_0连接方法,使3次谐波大为削弱,电势波形得到改善。

所以,一般三相变压器都采用三相三铁芯式,并采用Y/△或Y/Y_0连接方法。

显然,采用Y_0/△连接方法的三相变压器,由于空载电流的3次谐波能经原绕组的中线而闭合,故空载电流的波形仍然是非正弦的,主磁通的波形仍然是正弦形的,不存在3次谐波磁通,电势的波形仍然是正弦形的。

三相变压器组或三铁芯式三相变压器中,因各相的3次谐波电势在相位上彼此相同,不会出现在线电动势中,因此无论采用Y/Y_0、Y/△、Y_0/△中的哪一种连接方法,线电动势中总不含3次谐波,仍接近正弦波。

小 结

1. 三相变压器的连接和组别

三相变压器原、副边对应相的线电压之间的相位差除与绕组绕向和绕组出线端的标志有关外,还与三相绕组的连接方法有关。

2. 电势波形

Y/Y、Y/Y_0连接的三相变压器组的相电势中有着较强的3次谐波电势,相电势的波形呈尖顶波;而 Y/Y、Y/Y_0连接的三相三铁芯变压器没有明显的3次谐波电势,相电势接近于正弦波。

思考题与习题

1. 三相变压器的连接组分别由哪些因素决定?请举例说明。
2. 试设计出 Y/△−5 连接组的接线图。
3. 为什么说三相变压器的励磁电流中需要有3次谐波分量?如果励磁电流中的3次谐波分量不能流通,对线组中的感应电势波形会产生什么影响?
4. 试说明为什么三相变压器组不能采用 Y/Y_0连接组,而三相芯式变压器又可以?为什么三相变压器中常常希望原边或者副边有一边的三相绕组接成△形?
5. 试用相量图判别图 4−10 中的连接组标号。

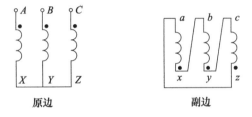

图 4−10 变压器原、副边绕组的连接

第5章 飞机用特种变压器

航空上除大量应用电源变压器以外,还在需要测量、变换电气参数和信号的场合,广泛采用一些特种变压器。本章主要介绍几种常见的特种变压器,如三绕组变压器、自耦变压器、电流互感器、电压互感器和脉冲变压器。为了便于掌握这些特种变压器的特点,这里将采用与单相双绕组变压器对比的方法进行分析。双绕组变压器是指每相只有一个原绕组和一个副绕组的变压器。

5.1 三绕组变压器

在采用交流电源系统作为主电源系统的飞机上,通常采用变压整流器将机上的115V/200V、400Hz三相交流电变换成电压为28.5V的直流电输出,供直流用电设备使用。如图5-1所示,航空变压整流器主要由变压器、整流器、平衡电抗器、冷却风扇和输入/输出滤波器组成。其中,变压器为Y/△-Y连接的三相三绕组变压器,用于将机上115V/200V、400Hz三相交流电压降低,并变换成线电压相位相差30°电角度的两组三相电压,然后分别输送给两组三相桥式整流器,变换成直流电压输出。根据对称三相电路的特点,可以取三相三绕组变压器中的一相进行分析,其分析结论同样适用于另外两相。

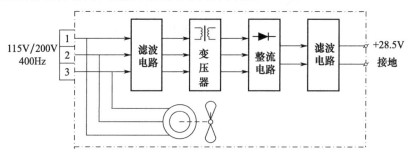

图 5-1 变压整流器原理框图

如图5-2所示,三绕组变压器的每相有3个绕组:1个原绕组和2个副绕组,故称为三绕组变压器。原绕组为Y形连接;2个副绕组中的一个为Y形连接,另一个为△形连接。

当原绕组接到额定电压的电源上,而两个副绕组开路时,为三绕组变压器的空载运行状态。空载运行时,其与双绕组变压器没有什么区别,只是有3个电压比,分别为

$$\begin{cases} k_{12} = \dfrac{W_1}{W_2} = \dfrac{U_{1N}}{U_{2N}} \\ k_{13} = \dfrac{W_1}{W_3} = \dfrac{U_{1N}}{U_{3N}} \\ k_{23} = \dfrac{W_2}{W_3} = \dfrac{U_{2N}}{U_{3N}} = \dfrac{k_{13}}{k_{12}} \end{cases} \quad (5-1)$$

式中：W_1、W_2、W_3、U_{1N}、U_{2N}、U_{3N}分别为3个绕组的匝数和额定电压。

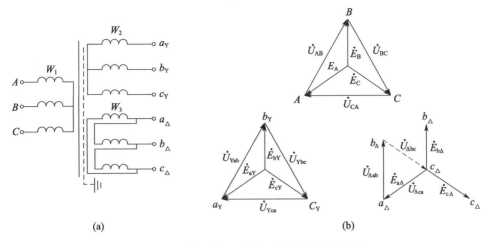

图5-2 三绕组变压器绕组连接及电压相量图
(a)绕组连接图；(b)原、副绕组电压相量图。

5.1.1 磁势平衡方程式

图5-3为单相三绕组变压器在负载运行时的情况,图中各物理量的参考方向规定与双绕组变压器相同。按照安培环路定律,可得到单相三绕组变压器的磁势平衡方程式为

$$\dot{I}_1 W_1 + \dot{I}_2 W_2 + \dot{I}_3 W_3 = \dot{I}_0 W_1 \tag{5-2}$$

若忽略励磁电流,则有

$$\dot{I}_1 W_1 + \dot{I}_2 W_2 + \dot{I}_3 W_3 = 0 \tag{5-3}$$

将副绕组2和副绕组3折算到原绕组1,式(5-3)可表示为

$$\dot{I}_1 + \dot{I}_2' + \dot{I}_3' = 0 \tag{5-4}$$

式中：$\dot{I}_2'$、$\dot{I}_3'$分别为绕组2和绕组3折算到绕组1的电流，$\dot{I}_2' = \dfrac{\dot{I}_2}{k_{12}}$，$\dot{I}_3' = \dfrac{\dot{I}_3}{k_{13}}$。

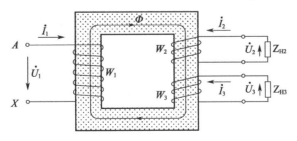

图5-3 单相三绕组变压器的负载运行

5.1.2 电势平衡方程式

由于三绕组变压器有3个绕组,3个绕组之间的磁路相互耦合,变压器中磁场的分布比较复杂,一般不用双绕组变压器那样的方法分析绕组中的电势。双绕组变压器在分析电势时,把磁路的磁通分成主磁通和漏磁通,认为主磁通和漏磁通分别在绕组中感应出电势。在分析三绕组变压器的绕组电势时,一般将每一绕组的自感系数和各绕组间的互感系数作为基本参数。

设 3 个绕组的电阻分别为 r_1、r_2、r_3，3 个绕组的自感系数分别为 L_1、L_2、L_3，绕组之间的互感系数分别为 $M_{12}=M_{21}$、$M_{13}=M_{31}$、$M_{23}=M_{32}$。由于自感和互感对应的磁通既有主磁通也有漏磁通，所以它们都不是常数。

当在原绕组 1 上外加正弦电压 $\dot{U}_1$ 且稳定运行时，变压器的电势平衡方程式为

$$\begin{cases} \dot{U}_1 = r_1 \dot{I}_1 + j\omega L_1 \dot{I}_1 + j\omega M_{12}\dot{I}_2 + j\omega M_{13}\dot{I}_3 \\ -\dot{U}_2 = r_2 \dot{I}_2 + j\omega L_2 \dot{I}_2 + j\omega M_{21}\dot{I}_1 + j\omega M_{23}\dot{I}_3 \\ -\dot{U}_3 = r_3 \dot{I}_3 + j\omega L_3 \dot{I}_3 + j\omega M_{31}\dot{I}_1 + j\omega M_{32}\dot{I}_3 \end{cases} \tag{5-5}$$

如将副绕组 2 和 3 的各物理量折算到原绕组，则有

$$\begin{cases} U_2' = k_{12} U_2, U_3' = k_{13} U_2 \\ I_2' = I_2/k_{12}, I_3' = I_3/k_{13} \\ r_2' = k_{12}^2 r_2, r_3' = k_{13}^2 r_3 \\ L_2' = k_{12}^2 L_2, L_3' = k_{13}^2 L_3 \\ M_{12}' = k_{12} M_{12}, M_{13}' = k_{13} M_{13}, M_{23}' = k_{12} k_{13} M_{23} \end{cases} \tag{5-6}$$

将式(5-6)代入式(5-5)，得到折算后的电势平衡方程式为

$$\begin{cases} \dot{U}_1 = r_1 \dot{I}_1 + j\omega L_1 \dot{I}_1 + j\omega M_{12}' \dot{I}_2' + j\omega M_{13}' \dot{I}_3' \\ -\dot{U}_2' = r_2' \dot{I}_2' + j\omega L_2' \dot{I}_2' + j\omega M_{21}' \dot{I}_1 + j\omega M_{23}' \dot{I}_3' \\ -\dot{U}_3' = r_3' \dot{I}_3' + j\omega L_3' \dot{I}_3' + j\omega M_{31}' \dot{I}_1 + j\omega M_{32}' \dot{I}_3' \end{cases} \tag{5-7}$$

用式(5-7)的第一式减去第二式，并将 $\dot{I}_3' = -(\dot{I}_1 + \dot{I}_2')$ 代入，消去 $\dot{I}_3'$；再用第一式减去第三式，并将 $\dot{I}_2' = -(\dot{I}_1 + \dot{I}_3')$ 代入，消去 $\dot{I}_2'$，可得

$$\begin{cases} \Delta \dot{U}_{12} = \dot{U}_1 - (-\dot{U}_2') = \dot{I}_1(r_1 + jX_1) - \dot{I}_2'(r_2' + jX_2') = \dot{I}_1 Z_1 - \dot{I}_2' Z_2' \\ \Delta \dot{U}_{13} = \dot{U}_1 - (-\dot{U}_3') = \dot{I}_1(r_1 + jX_1) - \dot{I}_3'(r_2' + jX_3') = \dot{I}_1 Z_1 - \dot{I}_3' Z_3' \end{cases} \tag{5-8}$$

式中

$$Z_1 = r_1 + jX_1 \qquad X_1 = \omega(L_1 - M_{12}' - M_{13}' + M_{23}')$$
$$Z_2' = r_2' + jX_2' \qquad X_2' = \omega(L_2' - M_{12}' - M_{23}' + M_{23}')$$
$$Z_3' = r_3' + jX_3' \qquad X_3' = \omega(L_3' - M_{13}' - M_{23}' + M_{12}')$$

需要说明的是：

（1）和双绕组变压器不同的是，X_1、X_2'、X_3' 并不表示各绕组的漏感抗，而是各绕组的自感抗和绕组间的互感抗的组合，称为组合感抗。与之相应的 Z_1、Z_2'、Z_3' 不表示各绕组的漏阻抗，称为组合阻抗。

（2）由于忽略了励磁电流，组合感抗具有漏感抗的性质。由于每一个绕组的组合感抗都由该绕组的自感及其与另外两个绕组之间的互感抗组合而成，因此在三绕组变压器中，两个副绕组之间是相互影响的，任何原、副绕组端电压的变化不仅取决于该绕组负载电流的大小和性

质,而且与另一个副绕组负载电流的大小和性质有关。

5.1.3 等值电路图

根据式(5-4)、式(5-8),可得到三绕组变压器的等值电路,如图5-4所示。

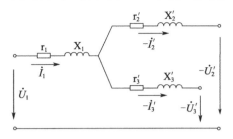

图5-4 三绕组变压器的等值电路

三相三绕组变压器中,各相电势彼此相差120°电角度,原、副绕组中电势的相量关系如图5-2(b)所示。Y形连接的副绕组的线电压与原绕组的线电压同相位;△形连接的副绕组的线电压与原绕组的线电压之间的相位差为滞后30°电角度。这正是变压整流器的12脉波整流所需要的。

5.2 自耦变压器

航空上经常使用单相和三相自耦变压器。自耦变压器是从双绕组变压器演变而来的,它只有一个绕组,从绕组中引出很多抽头,于是,在抽头间便可得到数值不同的电压,其原理电路如图5-5所示。

为了明白自耦变压器中的电磁关系,先来看图5-6。将图5-6(a)所示的双绕组变压器的原绕组和副绕组串联起来,便得到图5-6(b)所示的自耦变压器。

为分析方便,图5-6(b)中仍然保持着图5-6(a)中的定义和符号。

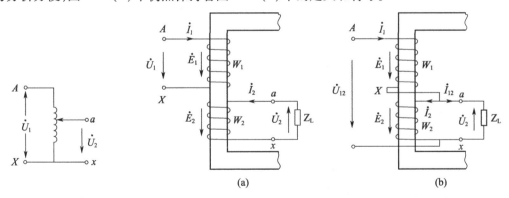

图5-5 自耦变压器的原理电路

图5-6 自耦变压器的原理
(a)双绕组变压器;(b)自耦变压器。

5.2.1 电压

在自耦变压器中

$$\frac{E_1}{E_2} = \frac{W_1}{W_2} = k \approx \frac{U_1}{U_2} \tag{5-9}$$

全部绕组连接于电源 U_{12} 上,而

$$U_{12} \approx E_1 + E_2 = E_2(1+k) \approx U_2(1+k)$$
$$= E_1\left(1+\frac{1}{k}\right) \approx U_1\left(1+\frac{1}{k}\right) \tag{5-10}$$

故负载上的电压为

$$U_2 = \frac{1}{1+k}U_{12} = \frac{1}{1+\frac{W_1}{W_2}}U_{12} = \frac{1}{\frac{W_1+W_2}{W_2}}U_{12} = \frac{W_2}{W}U_{12} \tag{5-11}$$

式中:$W_1 + W_2 = W$ 为自耦变压器绕组的总匝数。

可见,自耦变压器相当于一个电位计或分压器,其分压比为 $\frac{W_2}{W}$。当电源电压 U_{12} 及绕组总匝数 W 不变时,改变 W_2 的大小,就可以在负载两端得到不同的电压 U_2。

图 5-6(b) 与图 5-6(a) 相比较,当匝数为 W_1 的绕组上的电压为 U_1 时,电源电压 U_{12} 显然比 U_1 高。

5.2.2 电流

图 5-6(b) 中,在忽略励磁电流时,变压器中的磁势平衡,即

$$\dot{I}_1 W_1 + \dot{I}_2 W_2 = 0 \tag{5-12}$$

即

$$\dot{I}_1 = -\frac{1}{k}\dot{I}_2 \tag{5-13}$$

或

$$\dot{I}_2 = -k\dot{I}_1 \tag{5-14}$$

故,流过负载 Z_L 的电流为

$$\dot{I}_{12} = \dot{I}_1 - \dot{I}_2 = \dot{I}_1 - (-k\dot{I}_1) = (1+k)\dot{I}_1 \tag{5-15}$$

$$I_{12} = I_1 + kI_1 = I_1 + I_2 = (1+k)I_1 = \frac{W}{W_2}I_1 = \frac{W}{W_1}I_2 \tag{5-16}$$

可见,负载上的电流 I_{12} 比 W_1 中流过的电流 I_1 或 W_2 中流过的电流 I_2 都大。这是因为除 I_2 流过负载外,I_1 也流过负载。

5.2.3 容量

负载上的功率为

$$S_{12} = U_2 I_{12} = U_2 (I_1 + I_2) = U_2 I_1 + U_2 I_2 \tag{5-17}$$

负载上的功率,除由匝数为 W_2 的绕组经电磁感应而提供的电磁耦合功率 $U_2 I_2$ 外,还有由导线直接提供给负载的传导功率 $U_2 I_1$。

由式(5-17)可知,自耦变压器的额定容量为

$$S_{12N} = U_{12N} I_{1N} = (1+k)U_{2N} \cdot \frac{1}{1+k}I_{12N} = U_{2N}I_{12N}$$
$$= U_{2N}(I_{1N} + I_{2N}) = U_{2N}I_{1N} + U_{2N}I_{2N} = S'_N + S_N \tag{5-18}$$

式(5-18)表明,自耦变压器的额定容量 S_{12N} 可分为两部分:第一部分 $S_N = U_{1N}I_{1N} = U_{2N}I_{2N}$,它对应于以串联绕组 W_1 为原绕组,以公共绕组 W_2 为副绕组的一个双绕组变压器通过电磁感应

传递给负载 Z_L 的容量,称为电磁容量,它决定了变压器的主要尺寸、材料消耗,是变压器设计的依据,也称为设计容量或计算容量;第二部分 $S_N' = U_{2N}I_{1N}$,是由原绕组 W_1 直接传导给负载 Z_L 的容量,称为传导容量。

5.3 仪用变压器及脉冲变压器

在地面电力系统中,其电流或电压的数值,可达数万或数十万数量级。这样大的电流或电压不可能,也不允许进行直接测量,因而,需要将大电流变成小电流,高电压变成低电压,这就需要电流互感器或电压互感器。在飞机交流电源系统中,电流互感器或电压互感器用来提供与被测电流或电压成正比的控制信号,如三相电流互感器常用来构成交流电源系统的差动保护电路。在电子设备中,脉冲变压器用来产生脉冲信号。

5.3.1 电流互感器

5.3.1.1 基本工作原理

电流互感器(CT)实际上是一个双绕组变压器,其原绕组串入大电流的电路中,而副绕组接电流表或控制电路,如图 5-7(a)所示。

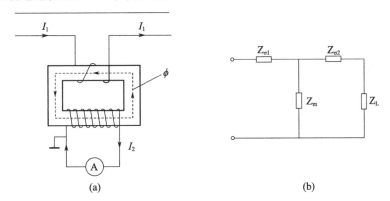

图 5-7 电流互感器的原理接线及等值电路
(a)原理接线;(b)等值电路。

在变压器中,当忽略空载电流时,有

$$\dot{I}_1 W_1 = -\dot{I}_2 W_2 \tag{5-19}$$

$$I_2 = \frac{W_1}{W_2} I_1 = k I_1 \tag{5-20}$$

故副绕组的电流 I_2 与原绕组的电流 I_1 成正比,当 $W_2 \gg W_1$ 时,$I_2 \ll I_1$。于是,可以用电流互感器将原绕组的大电流变成副绕组的小电流。

5.3.1.2 电流互感器的误差

电流互感器的等值电路与变压器的等值电路相同。如图 5-7(b)所示,由等值电路可得

$$\dot{I}_1 + \dot{I}_2' = \dot{I}_0 \tag{5-21}$$

$$\dot{I}_0 Z_m = -\dot{I}_2'(Z_{\sigma 2}' + Z_L') \tag{5-22}$$

故得

$$i'_2 = -i_1\left(\frac{Z_m}{Z_m + Z'_{\sigma 2} + Z'_L}\right) \tag{5-23}$$

由式(5-23)可见,即使是一个原、副绕组匝数相同的电流互感器,由于要受到电路参数的影响,特别是当电流互感器磁路饱和时,副绕组的电流 i'_2 与原绕组的电流 i_1 的大小不等,相位不同,造成幅值误差和相位误差。

1. 比差

电流互感器的幅值误差称为比差。比差的大小为

$$\Delta i = \frac{I'_2 - I_1}{I_1} \times 100\% \tag{5-24}$$

2. 角差

电流互感器的副绕组的电流 i'_2 与原绕组的电流 i_1 之间的相位差称为角差。角差的大小为

$$\Delta\varphi = \arctan\frac{X_m}{r_m} - \arctan\frac{X_m + X'_2 + X'_L}{r_m + r'_2 + r'_L} \tag{5-25}$$

出厂的电流互感器,其角差和比差应符合国家标准。例如,精度为 0.5 级的电流互感器其角差不应大于 40′,比差不应大于 0.5%。

值得特别注意的是,在交流电源系统差动保护电路中使用的电流互感器,如果由于某种原因造成的比差或角差过大时,甚至能够引起交流电源系统的差动误保护。

5.3.1.3 使用注意事项

1. 副绕组绝不允许开路

由于电流表的阻抗 Z_L 很小,副绕组相当于短路;由于副绕组的匝数很多,副绕组及原绕组的磁势都很大。故电流互感器的励磁磁势很小,正常工作时,其磁路是不饱和的。如果副绕组开路,则原绕组磁势不能被副绕组磁势所抵消,原绕组中的大电流产生的磁势全部为励磁磁势,使磁通增加很多,导致铁损耗增大,可能使互感器过热。并且由于副绕组的匝数很多,副绕组可能产生很高的电压,造成漏电,危及人身安全。副绕组及铁芯应可靠接地。

2. 正确选用原绕组匝数及电流表量程

已制作好的电流互感器,其原绕组匝数、接地、电流表量程都已在互感器上说明,如图 5-8 所示。使用时,应按规定接线。

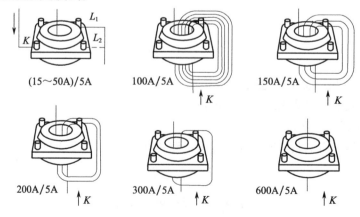

图 5-8 电流互感器的接线

5.3.2 电压互感器

电压互感器(PT)也是一个双绕组变压器,其原理接线图如图 5-9 所示。

当忽略原、副绕组的漏阻抗时,有

$$\frac{U_1}{U_2} = \frac{E_1}{E_2} = \frac{W_1}{W_2} = k \tag{5-26}$$

$$U_2 = \frac{1}{k}U_1 \tag{5-27}$$

可见,副绕组的电压 U_2 与原绕组的电压 U_1 成正比。当匝数 $W_2 \ll W_1$ 时,$U_2 \ll U_1$,副绕组的电压远低于原绕组的电压。

电压互感器同样存在比差和角差,为了减小误差,其铁芯应采用导磁性能好的材料做成,以减小原、副绕组的漏阻抗。

因为电压表的阻抗很大,电压互感器的副绕组相当于开路。电压互感器的副绕组不允许短路;否则,原绕组及副绕组中将流过很大的电流,使互感器过热而烧毁。副绕组的铁芯及绕组必须可靠接地,以免高压漏电而造成人身危险。

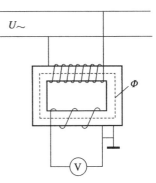

图 5-9 电压互感器的原理接线

5.3.3 脉冲变压器

在电子设备中,需要用脉冲变压器来产生脉冲信号。

脉冲变压器的原理结构如图 5-10(a)所示。变压器的原绕组接于电源 u_1,它所产生的磁通 Φ_1 分为 Φ 和 Φ_σ 两部分,即 $\Phi_1 = \Phi + \Phi_\sigma$。一部分磁通 Φ 穿过副绕组,称为主磁通;另一部分磁通 Φ_σ 不穿过副绕组,称为漏磁通。漏磁通 Φ_σ 经气隙及磁分流片而闭合,其磁路是不饱和的,漏磁通 Φ_σ 与磁势 F 的关系曲线如图 5-10(b)中直线 2 所示;主磁通 Φ 经截面很窄的铁芯而闭合,其磁路极易饱和,主磁通 Φ 与磁势 F 的关系曲线如图 5-10(b)中曲线 1 所示;总磁通 $\Phi_1 = \Phi + \Phi_\sigma$ 与磁势 F 的关系曲线如图 5-10(b)中曲线 3 所示。

由图 5-10(b)可见,随着磁势 F 的增加,虽然总磁通 Φ_1 增加,但穿过副绕组的磁通 Φ 并不随着增加。这就是说,所增加的磁通,几乎全部是漏磁通,而主磁通 Φ 几乎保持不变。

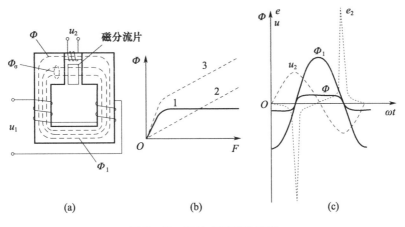

图 5-10 脉冲变压器的原理

如外加电压 u_1 是正弦形的,则磁通 Φ_1 也是正弦形的,如图 5-10(c)所示。由于磁通 Φ_1 按正弦规律增加时,主磁通 Φ 几乎保持不变,主磁通 Φ 的波形为一平顶波,如图 5-10(c)所示,因而,副绕组中产生的电势 $e_2 = -W_2 \dfrac{\mathrm{d}\Phi}{\mathrm{d}t}$ 为一个尖顶波,副绕组输出的电压 u_2 便是一个尖顶波脉冲电压。

小　　结

1. 三绕组变压器

三绕组变压器的每相有 3 个绕组:1 个原绕组和 2 个副绕组,故称为三绕组变压器。原绕组为 Y 形连接;2 个副绕组中的一个为 Y 形连接,另一个为 △ 形连接。

(1) 电压比:

$$\begin{cases} k_{12} = \dfrac{W_1}{W_2} = \dfrac{U_{1N}}{U_{2N}} \\ k_{13} = \dfrac{W_1}{W_3} = \dfrac{U_{1N}}{U_{3N}} \\ k_{23} = \dfrac{W_2}{W_3} = \dfrac{U_{2N}}{U_{3N}} = \dfrac{k_{13}}{k_{12}} \end{cases}$$

式中:W_1、W_2、W_3、U_{1N}、U_{2N}、U_{3N} 分别为 3 个绕组的匝数和额定电压。

(2) 磁势平衡方程式。

单相三绕组变压器的磁势平衡方程式为

$$\dot{I}_1 W_1 + \dot{I}_2 W_2 + \dot{I}_3 W_3 = \dot{I}_0 W_1$$

若忽略励磁电流,有

$$\dot{I}_1 W_1 + \dot{I}_2 W_2 + \dot{I}_3 W_3 = 0$$

将副绕组 2 和副绕组 3 折算到原绕组 1 时,有

$$\dot{I}_1 + \dot{I}_2' + \dot{I}_3' = 0$$

(3) 电势平衡方程式。

变压器的电势平衡方程为

$$\begin{cases} \dot{U}_1 = r_1 \dot{I}_1 + \mathrm{j}\omega L_1 \dot{I}_1 + \mathrm{j}\omega M_{12} \dot{I}_2 + \mathrm{j}\omega M_{13} \dot{I}_3 \\ -\dot{U}_2 = r_2 \dot{I}_2 + \mathrm{j}\omega L_2 \dot{I}_2 + \mathrm{j}\omega M_{21} \dot{I}_1 + \mathrm{j}\omega M_{23} \dot{I}_3 \\ -\dot{U}_3 = r_3 \dot{I}_3 + \mathrm{j}\omega L_3 \dot{I}_3 + \mathrm{j}\omega M_{31} \dot{I}_1 + \mathrm{j}\omega M_{32} \dot{I}_2 \end{cases}$$

如将副绕组 2 和 3 的各物理量折算到原绕组,则折算后的电势平衡方程式为

$$\begin{cases} \dot{U}_1 = r_1 \dot{I}_1 + \mathrm{j}\omega L_1 \dot{I}_1 + \mathrm{j}\omega M_{12}' \dot{I}_2' + \mathrm{j}\omega M_{13}' \dot{I}_3' \\ -\dot{U}_2' = r_2' \dot{I}_2' + \mathrm{j}\omega L_2' \dot{I}_2' + \mathrm{j}\omega M_{21}' \dot{I}_1 + \mathrm{j}\omega M_{23}' \dot{I}_3' \\ -\dot{U}_3' = r_3' \dot{I}_3' + \mathrm{j}\omega L_3' \dot{I}_3' + \mathrm{j}\omega M_{31}' \dot{I}_1 + \mathrm{j}\omega M_{32}' \dot{I}_3' \end{cases}$$

（4）等值电路图如图 5-4 所示。

2. 自耦变压器

（1）电压、电流关系：

负载上的电压：$U_2 = \dfrac{W_2}{W} U_{12}$

负载上的电流：$I_{12} = \dfrac{W}{W_2} I_1 = \dfrac{W}{W_1} I_2$

式中：$W = W_1 + W_2$；U_{12} 为电源电压；I_1 为流过 W_1 的电流；I_2 为流过 W_2 的电流。

（2）负载上的功率为

$$S_{12} = U_2 I_1 + U_2 I_2$$

3. 仪用变压器及脉冲变压器

（1）电流互感器：

$$I_2 = \dfrac{W_1}{W_2} I_1$$

式中：$W_1 \ll W_2$，$I_2 \ll I_1$。

（2）电压互感器：

$$U_2 = \dfrac{W_2}{W_1} U_1$$

式中：$W_2 \ll W_1$，$U_2 \ll U_1$。

（3）脉冲变压器。当外加电压 U_1 是正弦形时，磁通 Φ_1 也是正弦形的，而主磁通 Φ 的波形为平顶波，则副绕组中的电势为尖顶波，电压为尖顶波脉冲电压。

思考题与习题

1. 什么是三绕组变压器？在航空上，三绕组变压器有什么样的具体应用？举例说明。
2. 什么是自耦变压器？它的优点是什么？在什么情况下使用最合适？它有什么缺点？
3. 为什么自耦变压器的设计容量要比铭牌上标明的容量小？说明其原因。
4. 说明自耦变压器为什么能够节省硅钢片及铜线？为什么自耦变压器的铜损耗比同容量的普通变压器要小？
5. 为什么说电流互感器在使用时副绕组绝不允许开路？
6. 什么是脉冲变压器？它在什么场合下使用？

第3篇 交流电机的绕组、电势和磁势

交流电机是实现交流电能与机械能之间相互转换的电机,主要分为异步电机和同步电机两类。异步电机多用作电动机,同步电机多用作发电机。从原理上说,两类电机的三相绕组及其电势和磁势是相同的,分析这两类电机绕组中磁势和电势的共同变化规律是本篇的主要内容。

第6章 交流电机的绕组

交流绕组是指同步电机的电枢绕组和异步电机的定、转子绕组。交流电机的绕组一般为三相交流绕组,是交流电机中实现机电能量转换的重要部件。本章讲述三相交流绕组是如何构成的,主要介绍具有典型性的60°相带绕组和120°相带绕组。

6.1 三相交流绕组的基本概念

6.1.1 结构要求和电角度

三相交流绕组安放在电机电枢铁芯的槽内,且必须在空间作对称分布,即各相绕组的匝数必须相同,各相绕组在电机中所占的槽数必须相等,各相绕组的轴线在空间彼此相差120°电角度。

三相交流绕组分单层绕组和双层绕组两大类。单层绕组在每槽内只安放一个线圈边,而双层绕组在每个槽内安放两个线圈边。对于双层绕组,线圈的一个边放在某一槽的上层,另一个边放在另一槽的下层。习惯上,线圈的编号同其上层边所在的槽号相同。

三相交流绕组的作用:一是在电机气隙中产生旋转磁场;二是在绕组中产生感应电势。其中,旋转磁场的磁势波在空间按正弦规律分布(参见第8章)。如果一个周期的正弦磁势波对应一对磁极,则规定每对磁极对应360°空间电角度;电机定子导体每掠过一对磁极,导体中的电势就变化一个周期,电势的相位随时间变化360°时间电角度。显然,尽管空间电角度和时间电角度本质上不同,但数值上通常是相等的,因此,以后如不特别说明,空间电角度和时间电角度都称为电角度;在整个圆周上,同样对应360°机械角度时,一对极的电角度为360°,两对极的电角度为720°。设三相交流绕组产生的旋转磁场为 p 对磁极,则对应有

$$电角度 = 机械角度 \times p \tag{6-1}$$

6.1.2 整距线圈、短距线圈和线圈的分布

如图6-1所示,一个线圈(或称元件)的两个线圈边(或称元件边)之间沿电机气隙圆周跨过的圆周长度称为节距或跨距(有时也用跨距所占的槽数表示),节距用 y_1 表示;每一个磁

极对应的气隙圆周长度称为极距,极距用 τ 来表示,即

$$\tau = \frac{\pi D_a}{2p} \tag{6-2}$$

式中　D_a——电机电枢的直径;

　　　p——磁极的极对数。

如果线圈的节距 y_1 小于极距 τ,则称其为短距线圈。

如果将一组线圈的对应有效边都放在同一个槽中,则称这组线圈为集中线圈,如图6-2(a)所示;如果把一组线圈的对应有效边依次分开放在不同的槽中,则称这组线圈为分布线圈,如图6-2(b)所示。

将相邻两槽之间相距的电角度称为槽距角,用符号 α 表示。设电机有 Z 个槽,则

$$\alpha = \frac{p \times 2\pi}{Z}$$

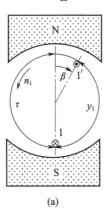

图6-1　线圈的节距与磁极的极距

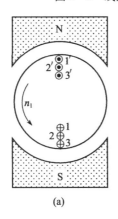 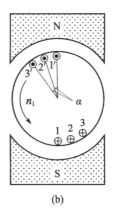

图6-2　集中线圈与分布线圈

6.1.3　单层绕组与双层绕组

单层绕组在每个槽内只嵌放一个线圈边,因此线圈数等于槽数的 $\frac{1}{2}$。一般的单层绕组都是整距绕组。双层绕组的线圈数等于槽数。每个槽有上、下两层,线圈的一个边放在一个槽的上层,另外一个边则放在相隔节距为 y_1 槽的下层。

6.2 60°相带绕组

每极每相绕组在电枢圆周上连续占有的电角度称为相带,60°相带绕组就是每极每相绕组占有60°电角度。

设电机的相数为 m,极对数为 p,槽数为 Z,则每相绕组在每个极下所占的槽数(简称每极每相槽数)q 为

$$q = \frac{Z}{2pm} \tag{6-3}$$

每极每相槽数 q 相等,并且 q 为整数,即是每极下的槽数能被 $m=3$ 整除。这样,将每极下的槽数均分成 3 段,每相绕组各占 1 段。由于每极下占180°电角度,则每相绕组占60°电角度。

例 6.1 设 $p=1, m=3, Z=18$,则

$$q = \frac{Z}{2pm} = \frac{18}{2 \times 1 \times 3} = \frac{18}{6} = 3$$

即每相绕组在每极下占有 3 个槽。每相绕组的轴线在空间相差120°电角度,则各相绕组所占的槽号如表 6-1 所列。

表 6-1 60°相带绕组三相槽号分配

N									S								
60°			60°			60°			60°			60°			60°		
A			C			B			A			C			B		
1	2	3	4	5	6	7	8	9	10	11	12	13	14	15	16	17	18

如为单层绕组,则当每相绕组的槽位确定后,每个线圈的第一有效边和第二有效边也就随之确定,如图 6-3 所示。

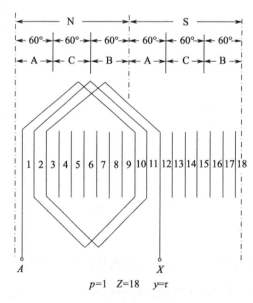

图 6-3 60°相带单层绕组展开图

单层绕组不便于做成短距绕组。如采用双层绕组,可以很方便地做成短距绕组。采用双层绕组时,线圈的第一有效边由每相所占的槽位确定,而线圈的第二有效边放在槽的下层,不占槽位,因而可以任意选择线圈节距。例如,选 $y=\dfrac{2}{3}\tau$,即短距 $\dfrac{1}{3}\tau$,因每个极距有 $\dfrac{Z}{2p}=\dfrac{18}{2}=9$ 个槽,短距 $\dfrac{1}{3}$,即线圈节距较整距缩短 $\dfrac{1}{3}\times 9=3$ 个槽,线圈节距为 $y=\dfrac{2}{3}\times 9=6$ 个槽,其 A 相绕组的连接如图 6-4 所示。

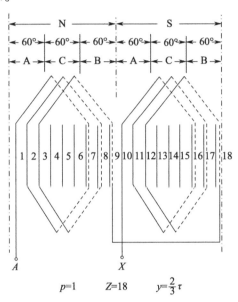

图 6-4 60°相带双层短距绕组展开图

属同一相、第一有效边在一个极下的线圈全部串联起来,构成一个线圈组,称为极相组。因为第一有效边在 N 极下的线圈和第一有效边在 S 极下的线圈,产生的感应电势方向相反,为了使它们不致互相抵消,两组线圈必须反向串联,如图 6-4 所示。

每极下槽数为

$$Q=\dfrac{Z}{2p}=\dfrac{18}{2}=9$$

每槽所占的电度角为

$$\alpha=\dfrac{180°}{Q}=\dfrac{180°}{9}=20°$$

6.3 120°相带绕组

设每相绕组在每对极下所占的槽数 q' 相等,并且等于整数,即每对极下的槽数能被 3 整除,则可将每对极下的槽均分为 3 段,每相绕组各占 1 段。由于每对极在空间占 360°空间电角度,故每相绕组占 120°电角度。这样的绕组称为120°相带绕组。

例 6.2 设 $p=1, m=3, Z=18$,则

$$q'=\dfrac{Z}{p\times m}=\dfrac{18}{3}=6$$

即每相绕组在每对极下占 6 槽。各相绕组所占的槽号如表 6-2 所列。

表 6-2　120°相带绕组三相槽号分配

N						S											
120°						120°						120°					
A						B						C					
1	2	3	4	5	6	7	8	9	10	11	12	13	14	15	16	17	18

由上表可见,120°相带绕组不能做成单层绕组,只能做成双层绕组。双层整距绕组的 A 相绕组展开图如图 6-5 所示。

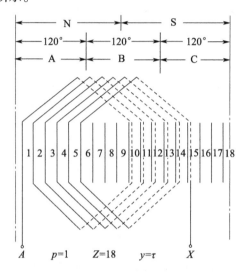

图 6-5　120°相带双层整距绕组展开图

在后面的学习中会发现,120°相带绕组能自然消除 3 次谐波电势,采用适当的短距,可以消除 5、7 次谐波电势,发电机输出电压波形更接近于正弦形,因此航空同步发电机多采用 120°相带短距绕组。但是,采用 120°相带绕组时,由于在一个相带内的所有电势相量的分布较为分散,其相量和较小,即合成的感应电势较小。

对于 60°相带绕组来说,电枢电流产生的磁势的波形是对称的,不含偶次谐波磁势。而 120°相带绕组,电枢电流产生的磁势的波形是不对称的,含有偶次谐波磁势。所以,异步电动机中,一般不采用 120°相带绕组,而采用 60°相带绕组。

小　结

1. 交流绕组的基本概念
(1) 每极每相槽数
$$q = \frac{Z}{2pm}$$
(2) 槽距角
$$\alpha = \frac{2p\pi}{Z}$$

(3) 极距

$$\tau = \frac{\pi D_a}{2p}, \tau = \frac{Z}{2p}(槽)$$

(4) 节距。$y = \tau$ 为整距绕组；$y < \tau$ 为短距绕组。

(5) 全电机共有 $2p\pi$ 空间电角度。

2. 60°相带绕组

属整数槽绕组，每极下的槽数能被相数 $m=3$ 整除，即在每极下占60°空间电角度。异步电动机中，一般不采用120°相带绕组，而采用60°相带绕组。

3. 120°相带绕组

属整数槽绕组，每对极下的槽数能被相数 $m=3$ 整除，即每相绕组在每对极下占120°空间电角度。航空同步发电机多采用120°相带短距绕组。

思考题与习题

1. 三相交流绕组的作用是什么？
2. 试述单层、双层绕组的优、缺点和它们的应用范围？
3. 何谓极相组？极相组之间应如何连线？
4. 为什么三相异步电动机中，不采用120°相带绕组，而采用60°相带绕组？但是，飞机交流同步发电机，多采用120°相带短距绕组？
5. 电枢绕组某线圈短路，当有电流通过绕组时，电机会出现什么现象？为什么？断路时会出现什么现象？为什么？
6. 三相交流绕组 $p=2, Z=36$，Y形连接，试作单层绕组的接线图（展开图），用不同颜色表示不同的相。

第7章 交流绕组的电势

三相对称绕组在磁场中旋转,会在每相绕组中产生电势,绕组若与负载相连接,便有交流电输出,这是交流发电机的基本工作原理。一般来说,电机气隙中的磁通密度 B 在空间的分布是非正弦形的,除基波外还包含各次谐波。因而,导体中的电势的波形也是非正弦形的,除基波外还包含各次谐波。我们希望交流电机的电势是正弦形的。本章主要介绍一相绕组的基波电势产生的原理、分析过程和分析方法;一相绕组的谐波电势和消除谐波电势的方法。

7.1 一相绕组的基波电势

在图7-1(a)所示的电机中,假设气隙中的磁通在空间是按正弦规律分布的,如图7-1(b)所示,即空间任意位置 θ 处的磁通密度为

$$B_\theta = B_{mc} \sin\theta \tag{7-1}$$

式中 θ——自几何中性线算起的空间电角度;

B_{mc}——磁通密度波的幅值。

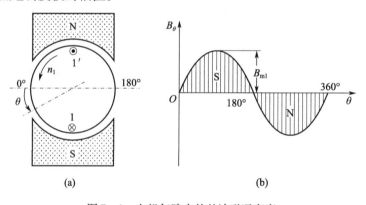

图7-1 电机气隙中的基波磁通密度

为方便起见,假设磁极不动,电枢转子以恒定的转速 n_1 沿逆时针方向旋转,电枢绕组安置在转子上。现在来分析电枢一相绕组的基波电势。由于电机的一相绕组是由许多个线圈组成的,而一个线圈又是由许多个单匝线圈组成的,一个单匝线圈有两条有效边,可以认为一个单匝线圈包含两根导体。为了清楚起见,先从一根导体的电势开始分析,再分析一个整距线圈、一个短距线圈、几个分布线圈的电势,最后得出一相绕组的基波电势。

7.1.1 一根导体的基波电势

假设电枢上安置着一根导体,如图7-2(a)所示,当它转到距几何中性线 θ 角处时,其所产生的电势为

$$e_\theta = B_\theta lv = (B_{mc}\sin\theta)lv = B_{m1}lv\sin\theta \tag{7-2}$$

转子每秒转过的空间电角度称为转子的空间角速度,以 ω_θ 表示为

$$\omega_\theta = p2\pi \frac{n_1}{60} \tag{7-3}$$

则 t 秒后，导体转过的空间电角度为

$$\theta = \omega_\theta t \tag{7-4}$$

因而

$$e_\theta = B_{m1} l v \sin\omega_\theta t \tag{7-5}$$

可见，当磁通密度 B_θ 在空间按正弦规律分布时，导体中的电势也随时间按正弦规律变化，如图 7-2(b) 所示。

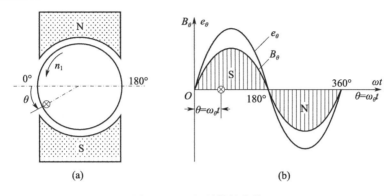

图 7-2　一根导体的电势

导体每转过一对磁极，导体中的电势完成一个周期的变化。在一般情况下，导体转过一转，转过 p 对磁极，导体中的电势完成 p 个周期的变化。导体每分钟转 n_1 转，电势完成 pn_1 个周期的变化。故导体中的电势每秒钟变化的周期数，即导体电势的频率为

$$f_1 = \frac{pn_1}{60} \tag{7-6}$$

导体中的电势每完成一个周期的变化，在时间上必然要经过 2π 时间电角度。导体中的电势每秒完成 f_1 个周期的变化，则导体中的电势每秒经过了 $2\pi f_1$ 时间电角度。导体中的电势每秒经过的时间电角度，称为导体中的电势的角频率，以 ω 表示，即

$$\omega = 2\pi f_1 = 2\pi \cdot \frac{pn_1}{60} = \frac{p2\pi}{60} \cdot n_1 = \omega_\theta \tag{7-7}$$

因而

$$\omega t = \omega_\theta t \tag{7-8}$$

这就是说，导体中的电势随时间变化的电角度 ωt 等于导体在空间转过的空间电角度 $\theta = \omega_\theta t$。简单地说，时间电角度在数值上等于空间电角度。

于是，一根导体的电势为

$$e_\theta = B_{m1} l v \sin\omega t$$

现在，设法将 $B_{m1} l v$ 用每极基波总磁通 Φ_1 表示。

每极基波总磁通，就是在一个极距 $\tau = \frac{\pi D_a}{2p}$ 的范围内，经气隙及定子、转子而闭合的总磁力线数。由于在 τ 范围内各点的磁通密度不同，每极下各处的磁通的数值也不同。为了便于计算，把一个极距范围内按正弦规律分布的磁通密度用一个平均磁通密度 B 来代替，即认为在

一个极距范围内的磁通密度是均匀的,它所产生的总磁通和磁通密度与正弦规律分布时的磁通和磁通密度相同,如图7-3所示。因为

$$B = \frac{1}{\pi}\int_0^\pi B_{m1}\sin\theta d\theta = \frac{2}{\pi}B_{m1} \qquad (7-9)$$

故

$$B_{m1} = \frac{\pi}{2}B \qquad (7-10)$$

而

$$v = \pi D_a \frac{n_1}{60} = 2p\tau \cdot \frac{1}{60} \cdot \frac{60f_1}{p} = 2\tau f_1 \qquad (7-11)$$

故

$$B_{m1}lv = \frac{\pi}{2}B \cdot l \cdot 2\tau f_1 = \pi f_1 Bl\tau \qquad (7-12)$$

式中:$Bl\tau$正是每极基波总磁通Φ_1,即

$$\Phi_1 = Bl\tau \qquad (7-13)$$

故得

$$e_\theta = \pi f_1 \Phi_1 \sin\omega t \qquad (7-14)$$

这就是一根导体的基波电势公式。

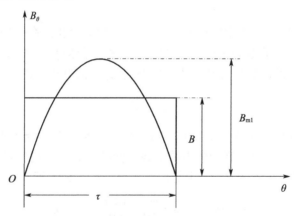

图7-3 平均磁通密度与基波磁通密度

7.1.2 一个整距线圈的基波电势

假设电枢上安置着一个单匝整距线圈,线圈的两个有效边彼此相隔一个极距,即$y = \tau$,如图7-4(a)所示。

由图7-4(b)可见,由于两个线圈边1与1′在空间彼此相距180°空间电角度,它们所在位置处的磁通密度大小相等、方向相反,它们所产生的电势也大小相等、方向相反。而在线圈中,两个线圈边的电势方向相同,都是由线圈边A指向X,它们串联相加,结果使线圈两端的电势较一根导体的电势增大1倍,因而,单匝整距线圈的电势为

$$e = 2e_\theta = 2\pi f_1 \Phi_1 \sin\omega t \qquad (7-15)$$

如线圈的匝数为W_k,则W_k匝整距线圈的电势的瞬时值为

$$e_k = 2\pi f_1 W_k \Phi_1 \sin\omega t = E_{mk}\sin\omega t = \sqrt{2}E_k\sin\omega t \qquad (7-16)$$

电势的幅值为
$$E_{mk} = 2\pi f_1 W_k \Phi_1 \tag{7-17}$$

电势的有效值为
$$E_k = \frac{2\pi}{\sqrt{2}} f_1 W_k \Phi_1 = 4.44 f_1 W_k \Phi_1 \tag{7-18}$$

由式(7-18)可见,一个整距线圈的基波电势公式与变压器的电势公式 $E = 4.44 f_1 W_k \Phi_m$ 是非常相似的。

7.1.3 一个短距线圈的基波电势

现在来看一个短距线圈的基波电势与一个整距线圈的基波电势的大小有什么不同。

对于一个 $y=\tau$ 的整距线圈,如图7-4所示,因为两个线圈边1及1'在空间相距180°空间电角度,故线圈边1'中的电势 $\dot{E}'$ 到达正的最大值的时间要比线圈边1中的电势 $\dot{E}$ 到达正的最大值的时间滞后180°时间电角度,其电势相量图如图7-4(c)所示,$\dot{E}'$ 与 $\dot{E}$ 相差180°电角度。由于一个整距线圈的电势是一个线圈边的电势的2倍,因此线圈中的电势应为 $\dot{E}$ 与 $-\dot{E}'$ 的相量和,如图7-4(c)所示,即

$$\dot{E}_{(y=\tau)} = \dot{E} + (-\dot{E}') = 2\dot{E} \tag{7-19}$$

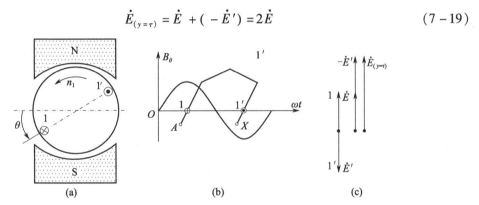

图7-4 整距线圈的电势

而对于一个短距线圈,因为 $y<\tau$,如图7-5(a)所示,两个线圈边1及1'在空间相差的空间电角度为 $180°-\beta$ 角。线圈边1'中的电势到达负的最大值的时间,比 $y=\tau$ 时滞后一个 β 角,β 角称为短距角。故 $\dot{E}'$ 与 $\dot{E}$ 相差 $180°-\beta$ 角,如图7-5(c)所示。线圈中的电势应为

$$\dot{E}_{(y<\tau)} = \dot{E} + (-\dot{E}') = 2\dot{E}\cos\frac{\beta}{2} \cdot e^{-j\frac{\beta}{2}} \tag{7-20}$$

短距线圈的基波电势 $E_{(y<\tau)}$ 对整距线圈的基波电势 $E_{(y=\tau)}$ 的比值称为基波的短距系数,以 K_{y1} 表示,即

$$K_{y1} = \frac{E_{(y<\tau)}}{E_{(y=\tau)}} = \cos\frac{\beta}{2} \tag{7-21}$$

故
$$E_{(y<\tau)} = E_{(y=\tau)} \cdot K_{y1} = E_k \cdot K_{y1} = 4.44 f_1 W_k \cdot K_{y1} \cdot \Phi_1 \tag{7-22}$$

可见,短距线圈的基波电势为整距线圈的基波电势的 K_{y1} 倍。由于采用短距线圈时,$K_{y1}<1$,因

此线圈的短距会使绕组的基波电势减小。

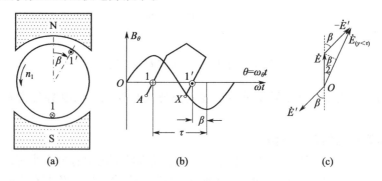

图 7-5 短距线圈的电势

7.1.4 q 个整距分布线圈的基波电势

在一般情况下，一相绕组是由多个线圈构成的。如果一相绕组由 q 个线圈串联而成，而且这 q 个线圈的对应有效边都放在同一个槽中，这样的线圈称为集中线圈。显然，q 个整距集中线圈在磁场中处于相同的空间位置，每个整距集中线圈的电势都是 $\dot{E}_k$，q 个整距集中线圈的电势 $\dot{E}_q$，就等于各个整距线圈的电势 $\dot{E}_k$ 的代数和，即为一个整距线圈的电势的 q 倍，即

$$E_q = q \cdot E_k \tag{7-23}$$

但是，如果把 q 个整距线圈分开，依次放在每极下的 q 个槽中，如图 7-6(a) 所示。设电机共有 Z 个槽，则因为各个整距线圈在磁场中的位置依次相差

$$\alpha = \frac{p \times 2\pi}{Z}$$

空间电角度，各个整距线圈的基波电势 $\dot{E}_k$ 依次在时间上相差 α 时间电角度，如图 7-6(b) 所示。q 个整距分布线圈串联后，总的电势 $E_{(q \neq 1)}$ 为各个整距分布线圈的电势的相量和，如图 7-6(c) 中的向量 OC 所示。

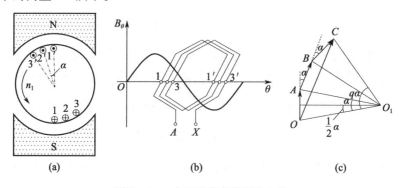

图 7-6 q 个整距分布线圈的电势

在图 7-6(c) 中，根据几何关系可求得

$$OC = \frac{\sin \dfrac{q\alpha}{2}}{\sin \dfrac{\alpha}{2}} \cdot OA$$

式中：$OA = AB = BC = E_k$，为每个整距线圈的基波电势，而 $OC = E_{(q\neq1)}$，为 q 个整距分布线圈的基波电势的相量和，故

$$E_{(q\neq1)} = \frac{\sin\frac{q\alpha}{2}}{\sin\frac{\alpha}{2}} \cdot E_k \tag{7-24}$$

而 q 个整距集中线圈的电势为

$$E_q = q \cdot E_k$$

q 个整距分布线圈的基波电势与 q 个整距集中线圈的基波电势之比称为基波的分布系数，以 K_{p1} 表示，即

$$K_{p1} = \frac{E_{(q\neq1)}}{E_q} = \frac{\frac{\sin\frac{q\alpha}{2}}{\sin\frac{\alpha}{2}} \cdot E_k}{qE_k} = \frac{\sin\frac{q\alpha}{2}}{q\sin\frac{\alpha}{2}} \tag{7-25}$$

于是，q 个整距分布线圈的基波电势为

$$E_{(q\neq1)} = E_q \cdot K_{p1} = q \cdot E_k \cdot K_{p1} = 4.44f_1 qW_k \cdot K_{p1} \cdot \Phi_1 \tag{7-26}$$

由于 $K_{p1} < 1$，故线圈的分布也使绕组的基波电势减小。

7.1.5 一相绕组的基波电势

如果电机只有一对磁极，绕组的每个线圈都做成短距的，q 个线圈又是分开放在不同的槽中，q 个线圈串联起来后，其基波电势的有效值为

$$E_1 = 4.44f_1 qW_K \cdot K_{y1} \cdot K_{p1} \cdot \Phi_1 \tag{7-27}$$

式中 K_{y1}——基波电势的短距系数，且有

$$K_{y1} = \cos\frac{\beta}{2} \tag{7-28}$$

K_{p1}——基波电势的分布系数，且有

$$K_{p1} = \frac{\sin\frac{q\alpha}{2}}{q\sin\frac{\alpha}{2}} \tag{7-29}$$

f_1——基波电势的频率，且有

$$f_1 = \frac{pn_1}{60}$$

Φ_1——每极基波总磁通。

如果为单层绕组，则每相绕组在每对极下有 q 个线圈，p 对极下共 pq 个线圈，如将这些线圈全部串联起来构成一相绕组，则一相绕组的基波电势为

$$E_1 = 4.44f_1 pqW_K \cdot K_{y1} \cdot K_{p1} \cdot \Phi_1 \tag{7-30}$$

如果为双层绕组，则下层边不占槽位，每相绕组在每极下有 q 个线圈，p 对极下共 $2pq$ 个线圈，将这些线圈全部串联起来组成一相绕组，则一相绕组的基波电势为

$$E_1 = 4.44f_1 2pqW_K \cdot K_{y1} \cdot K_{p1} \cdot \Phi_1 \tag{7-31}$$

普遍而言，一相绕组的基波电势公式可以写成

$$E_1 = 4.44 f_1 W K_{W1} \Phi_1 \tag{7-32}$$

式中　W——每相绕组串联匝数，即一条支路的匝数；
　　　K_{W1}——基波电势的绕组系数，且有

$$K_{W1} = K_{y1} \cdot K_{p1} \tag{7-33}$$

单层绕组

$$W = \frac{1}{a} pq W_K \tag{7-34}$$

双层绕组

$$W = \frac{1}{a} 2pq W_K \tag{7-35}$$

式中　a——并联支路条数；
　　　W_K——每个线圈的匝数。

在每槽导体数 S_n 相同的条件下，单层绕组每个线圈的匝数较双层绕组每个线圈的匝数多1倍。这样一来，每相绕组串联匝数可以统一为

$$W = \frac{1}{a} pq S_n \tag{7-36}$$

一相绕组的基波电势的公式与变压器电势的公式是非常相似的，不同的是多了一个绕组系数 K_{W1}。这是因为要考虑电机的绕组的分布和短距对电势大小的影响；而变压器的绕组既不短距也不分布，可以认为其 $K_{W1} = 1$。

7.2　一相绕组的谐波电势

在7.1节分析了一相绕组的基波电势，可以看到绕组的分布及短距使一相绕组的基波电势减小。那么，为什么还要采取短距、分布绕组呢？

在一般情况下，电机气隙中的磁通密度在空间的分布不是正弦形的而是非正弦形的，除基波外，还包含各次谐波。各次谐波磁场也会在一相绕组中产生相应的各次谐波电势。各次谐波电势产生的各次谐波电流，会对电机的工作产生极其有害的影响，所以应尽力减小或消除各次谐波电势。航空电机标准规定：任意一次谐波电压的有效值应不大于基波电压有效值的3%；总谐波含量（各次谐波电压的平方和再开方）应不大于基波电压有效值的5%。

本节将着重说明：绕组的分布及短距虽然使基波电势减小，但使谐波电势减小得更多，甚至可以消除某些谐波电势，从而使电势的波形大为改善。

7.2.1　电机气隙中的各次谐波磁场

如果电机的气隙是均匀的，则可以认为电机气隙中的磁通密度 B 在空间的分布是一个如图7-7所示的矩形波。

图7-7所示的矩形波，可以按照傅里叶级数分解为图7-8所示的基波及各次谐波，即

$$B(\theta) = B_{m1}\sin\theta + B_{m3}\sin3\theta + B_{m5}\sin5\theta + \cdots + B_{m\nu}\sin\nu\theta \tag{7-37}$$

ν 次谐波磁密的幅值 $B_{m\nu}$ 可由傅里叶系数公式求得

$$B_{m\upsilon} = \frac{4}{\pi} \cdot \frac{B_m}{\upsilon} \qquad (7-38)$$

因而，υ 次谐波各量与基波各量的关系为

$$B_{m\upsilon} = \frac{1}{\upsilon} B_{m1} \qquad (7-39)$$

$$p_\upsilon = \upsilon p \qquad (7-40)$$

$$\theta_\upsilon = \upsilon \theta \qquad (7-41)$$

$$\tau_\upsilon = \frac{1}{\upsilon} \tau \qquad (7-42)$$

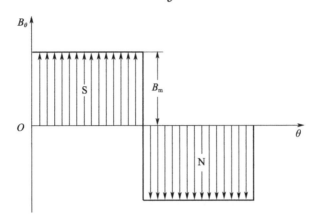

图 7-7 矩形波磁通密度分布曲线

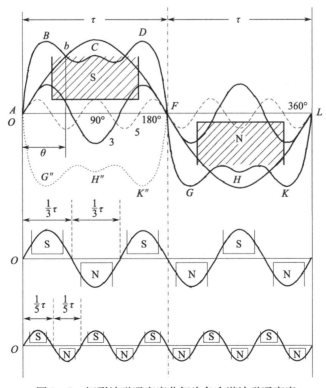

图 7-8 矩形波磁通密度分解为各次谐波磁通密度

v 次谐波的每极总磁通为

$$\Phi_v = \frac{2}{\pi} B_{mv} \tau_v l = \frac{2}{\pi} \cdot \frac{1}{v} B_{m1} \cdot \frac{1}{v} \tau l = \frac{1}{v^2} \Phi_1 \tag{7-43}$$

即 v 次谐波磁场的每极总磁通 Φ_v 为基波磁场的每极总磁通 Φ_1 的 $1/v^2$。

7.2.2 一相绕组的 v 次谐波电势

气隙中的各次谐波磁场,也会像基波磁场那样在一相绕组中产生感应电势。

一相绕组中由基波磁场产生的基波电势的有效值为

$$E_1 = 4.44 f_1 W K_{W1} \Phi_1 \tag{7-44}$$

同样,v 次谐波磁场的每极总磁通 Φ_v,在一相绕组中产生的 v 次谐波电势的有效值为

$$E_v = 4.44 f_v W K_{Wv} \Phi_v \tag{7-45}$$

式中 f_v——v 次谐波电势的频率。

因 v 次谐波磁场的极对数 p_v 为基波磁场的极对数 p 的 v 倍,故

$$f_v = \frac{p_v n}{60} = \frac{vpn}{60} = vf_1 \tag{7-46}$$

即 v 次谐波电势的频率 f_v 为基波电势的频率 f_1 的 v 倍。式(7-45)中的 K_{Wv} 为对于 v 次谐波的绕组系数,即

$$K_{Wv} = K_{pv} \cdot K_{yv} \tag{7-47}$$

v 次谐波的短距系数 K_{yv} 及分布系数 K_{pv} 可以仿照基波的短距系数 K_{y1} 及分布系数 K_{p1} 写出。因为 v 次谐波磁场的空间电角度为基波磁场的空间电角度的 v 倍,故

$$K_{yv} = \cos \frac{v\beta}{2} \tag{7-48}$$

$$K_{pv} = \frac{\sin \frac{qv\alpha}{2}}{q \sin \frac{v\alpha}{2}} \tag{7-49}$$

如选择适当的短距,使

$$v\beta = \pi$$

即

$$\beta = \frac{\pi}{v}$$

则

$$K_{yv} = \cos \frac{v\beta}{2} = 0$$

例如,当 $\beta = \frac{\pi}{5}$,即 $y = \frac{4}{5}\tau$ 时,$K_{y5} = 0$,即消除了 5 次谐波电势。当 $y = \frac{4}{5}\tau$ 时,基波及各次谐波的短距系数为

$$K_{y1} = \cos \frac{\pi}{2 \times 5} = 0.951$$

$$K_{y3} = \cos \frac{3\pi}{2 \times 5} = 0.588$$

$$K_{y5} = \cos \frac{5\pi}{2 \times 5} = 0$$

可见,当线圈的节距 $y=\frac{4}{5}\tau$,即线圈短距 $\frac{1}{5}\tau$ 时,基波电势只减少 4.9%;而 3 次谐波电势却减小了 41.2%;5 次谐波电势则被完全消除,从而使电势的波形大为改善。

换一个角度来看,当 $y=\frac{4}{5}\tau$ 时,由图 7-9(a)可见,对 5 次谐波磁场而言,线圈的两个边处于相同的磁场中,产生的电势大小相等、方向相同,它们在线圈中互相抵消,故线圈两端不出现 5 次谐波电势。同样,如图 7-9(b)所示,当 $y=\frac{2}{3}\tau$ 时,可以消除 3 次谐波电势。

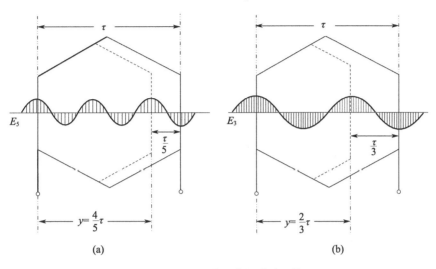

图 7-9 短距线圈中的谐波电势

绕组的分布也可以使谐波电势大为减小。例如,$q=3$,$\alpha=20°$,则基波及各次谐波电势的分布系数为

$$K_{p1}=\frac{\sin\frac{3\times20°}{2}}{3\sin\frac{20°}{2}}=0.96$$

$$K_{p3}=\frac{\sin\frac{3\times3\times20°}{2}}{3\sin\frac{3\times20°}{2}}=0.667$$

$$K_{p5}=\frac{\sin\frac{3\times5\times20°}{2}}{3\sin\frac{5\times20°}{2}}=0.217$$

可见,线圈的分布使基波电势减小不多,而谐波电势却减小很多,从而使电势波形得到改善。

如绕组采用短距线圈,一相绕组在每极(或每对极)下的 q 个线圈又分开放置,则一相绕组的谐波电势将大大减小。在上例中,如 $y=\frac{4}{5}\tau$,$q=3$,$\alpha=20°$,则

$$K_{W1}=0.951\times0.95=0.903$$

$$K_{W3} = 0.588 \times 0.667 = 0.392$$
$$K_{W5} = 0 \times 0.217 = 0$$

这样,不但消除了 5 次谐波,而且使 3 次谐波也减小了很多,使电势的波形基本上接近于正弦形。

例如,某型飞机交流同步发电机的绕组数据为 $p=3, Z_1=81, 120°$ 相带,$y=\frac{8}{9}\tau, q=4\frac{1}{2}$,其实测的各次谐波电压值如表 7-1 所列。

表 7-1 某型发电机基波电压值与各次谐波电压值

谐波次数	1	2	3	4	5	6	7
电压	120V	0.165V	0.8V	0.036V	1.5V	0.8mV	0.35V
谐波次数	8	9	10	11	13	17	23
电压	28mV	0.29mV	3mV	87mV	0.14V	0.6V	1.5mV
谐波次数	29	31					
电压	9mV	25mV					

可见,谐波电压最大的为 5 次谐波电压,其值为 1.5V,为基波电压 120V 的 $\frac{1.5}{120} \times 100\% = 1.25\%$,小于 3%;总谐波含量 $\frac{\sqrt{\sum_{2}^{v} U_v^2}}{U_1} = \frac{1.95}{120} \times 100\% = 1.63\%$,小于 5%;由于谐波电压很小,电压的波形可以认为是正弦形。

例 7.1 有一台三相同步发电机,极数为 $2p=4$,转速为 12000r/min,电枢总槽数 $Z=60$,绕组为双层,每相总串联匝数 $W_1=20$,气隙磁场的基波 $\Phi_1=4.99 \times 10^{-3}$Wb,试求:(1)基波电势的频率;(2)整距时基波的绕组系数和相电势。

解:(1)基波电势的频率为

$$f = \frac{pn}{60} = \frac{2 \times 12000}{60} = 400 (\text{Hz})$$

每极每相槽数为

$$q = \frac{Z}{2pm} = \frac{60}{4 \times 3} = 5$$

槽距角为

$$\alpha = \frac{p \times 360°}{Z} = \frac{720°}{60} = 12°$$

(2)绕组短距系数为

$$K_{y1} = 1$$

绕组分布系数为

$$K_{p1} = \frac{\sin\frac{q\alpha}{2}}{q\sin\frac{\alpha}{2}} = \frac{\sin\frac{5 \times 12°}{2}}{5\sin\frac{12°}{2}} = 0.957$$

基波相电势为

$$E_1 = 4.44fW_1K_{W1}\Phi_1 = 4.44fW_1K_{y1}K_{p1}\Phi_1 = 4.44 \times 400 \times 20 \times 1 \times 0.957 \times 4.99 \times 10^{-3} = 169.6(\text{V})$$

例7.2 有一台三相交流发电机,定子槽数 $Z=36$,极数 $2p=2$,节距 $y_1=14$,每个线圈匝数 $W_c=1$,并联支路数 $a=1$,双层绕组,频率为50Hz,每极磁通量 $\Phi_1=2.63\text{Wb}$。

试求:(1)导体的电势 E_{c1}; (2)匝电势 E_{t1};
(3)线圈电势 E_{y1}; (4)线圈组电势 E_{q1};
(5)相电势 E_1。

解:(1)导体电势为

$$E_{c1} = 2.22f\Phi_1 = 2.22 \times 50 \times 2.63 = 292(\text{V})$$

(2) $\tau = \dfrac{Z}{2p} = \dfrac{36}{2} = 18(\text{槽})$

短距系数为

$$K_{y1} = \cos\frac{\beta_1}{2} = \cos\left(1 - \frac{y_1}{\tau}\right) \times 90° = \cos\frac{4}{18} \times 90° = 0.94$$

匝电势为

$$E_{t1} = 4.44K_{y1}f_1\Phi_1 = 4.44 \times 0.94 \times 50 \times 2.63 = 548.8(\text{V})$$

(3)线圈电势为

$$E_{y1} = W_c E_{t1} = 1 \times 548.8 = 548.8(\text{V})$$

(4)每极每相槽数为

$$q = \frac{Z}{2pm} = \frac{36}{2 \times 3} = 6$$

槽距角为

$$\alpha = \frac{p \times 360°}{Z} = \frac{1 \times 360°}{36} = 10°$$

分布系数为

$$K_{p1} = \frac{\sin\dfrac{q\alpha}{2}}{q\sin\dfrac{\alpha}{2}} = \frac{\sin\dfrac{6 \times 10°}{2}}{6\sin\dfrac{10°}{2}} = 0.956$$

绕组系数为

$$K_{W1} = K_{y1}K_{p1} = 0.94 \times 0.956 = 0.899$$

线圈组电势为

$$E_{q1} = 4.44qW_c K_{W1}f\Phi_1 = 4.44 \times 6 \times 1 \times 0.899 \times 50 \times 2.63 = 3149(\text{V})$$

(5)每相串联匝数为

$$W = \frac{2pqW_c}{a} = 2 \times 6 \times 1 = 12(\text{匝})$$

相电势为

$$E_1 = 4.44fWK_{W1}\Phi_1 = 4.44 \times 50 \times 12 \times 0.899 \times 2.63 = 6299(\text{V})$$

小 结

1. 磁势按正弦形分布时,相电势

$$E_1 = 4.44 f W K_{W1} \Phi$$

式中 W——每相绕组的串联匝数,支路为 a 时,对于双层绕组 $W = \dfrac{2p}{a} q W_c$,对于单层绕组 $W = \dfrac{p}{a} q W_c$;

W_c——一个线圈的串联匝数;

K_{W1}——基波电势的绕组系数;

Φ——每极基波总磁通。

2. 磁场按非正弦形分布

$$p_\upsilon = \upsilon p, \quad \tau_\upsilon = \frac{\tau}{\upsilon}, \quad f_\upsilon = \upsilon f_1$$

谐波电势

$$E_\upsilon = 4.44 f_\upsilon W K_{W\upsilon} \Phi_\upsilon$$

式中 Φ_υ——每极 υ 次谐波总磁通,$K_{W\upsilon}$ 为

$$K_{W\upsilon} = K_{y\upsilon} \cdot K_{p\upsilon}$$

其中

$$K_{y\upsilon} = \cos \frac{\upsilon \beta}{2}$$

$$K_{p\upsilon} = \frac{\sin \dfrac{q \alpha \upsilon}{2}}{q \sin \dfrac{\upsilon \alpha}{2}}$$

绕组的短距和分布能够减小甚至消除谐波电势。

思考题与习题

1. 分布系数和短距系数的物理意义分别是什么？为什么分布系数总是小于 1？短距系数怎么样？

2. 为什么三相绕组的 3 次谐波电势及其倍数次谐波电势是相同的？

3. Y 形和 △ 形连接的绕组线电势中有无 3 次谐波电势？绕组内部有无 3 次谐波电势？为什么？

4. 当 y 为 $\dfrac{5}{6}\tau$、$\dfrac{2}{3}\tau$、$\dfrac{8}{9}\tau$ 时,能分别消除哪次谐波电势？

5. 设有一均匀分布的三相绕组,试求：当相带为 60°电角度时和相带为 120°电角度时的分布系数各为多少？（提示：假设每相槽数为无穷多）

6. 一个三相交流发电机,相电压为 400V、$f = 50$Hz、$p = 2$、$q = 2$ 的双层绕组,$a = 2$,线圈匝数 $W_c = 29$,绕组系数 $K_{W1} = 0.9$,试求：

(1) 每极的磁通 Φ_1 (Wb)；

(2) 3 次谐波相电势 E_3、磁通 Φ_3、极对数 p_3、频率 f_3 各为多少？

第8章 交流绕组的磁势

交流电机的绕组中流过电流会产生磁势,有了磁势才能在电机的磁路中产生磁通,因此,磁势是电机内部能量转换的关键。如果给一相绕组通正弦交流电和给三相对称绕组通三相对称正弦交流电,其产生的磁势分别具有什么性质和特点呢?这是本章要回答的主要问题。

为简明起见,作如下假设:

(1) 绕组中的电流随时间按正弦规律变化,即只考虑基波电流产生的磁势,而暂不考虑谐波电流产生的磁势。

(2) 电机的气隙是均匀的,即暂不考虑齿槽的影响所产生的齿谐波磁势。

(3) 磁路是不饱和的,即忽略铁芯的磁阻。

8.1 一相绕组的磁势

首先分析一个整距线圈产生的磁势,然后考虑线圈的短距和分布对磁势的影响。

8.1.1 一个整距线圈的磁势

假设电机由一个圆筒形的铁芯和一个圆柱形的铁芯两部分组成,如图8-1所示。暂且认为圆筒形的铁芯固定不动,为电机的定子,在它上面安放着一个匝数为 W_k 的整距线圈 $A-X$。A 为线圈的首端,X 为线圈的末端。线圈的中心线称为线圈的轴线。规定:线圈的轴线与线圈绕向之间符合右手螺旋定则。线圈的绕向由首端 A 到末端 X。当线圈不动时,线圈轴线在空间的位置固定不动。

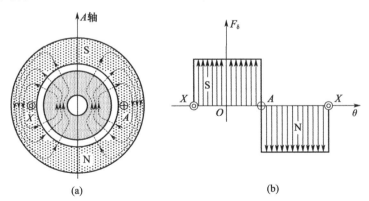

图8-1 一个整距线圈通直流电时产生的磁场

为了解一个整距线圈通以随时间按正弦规律变化的交流电流时产生的磁势的性质,先分析一个整距线圈通以直流电时,在电机气隙中产生的磁势。

8.1.1.1 一个整距线圈通以直流电时产生的磁势

设线圈中的电流为直流 $i_=$,其方向从首端 A 到末端 X,大小为

$$i = i_= = I_m = 常数 \tag{8-1}$$

线圈中的电流产生经气隙及铁芯而闭合的磁通,如图 8-1(a)所示。

根据假设,电机的磁路是不饱和的,铁芯的磁阻可略去不计,则磁通所经路径的磁阻就是气隙的磁阻 $R_\delta = \dfrac{\delta}{\mu_0 S}$,$\mu_0$ 为气隙的磁导率;由于气隙是均匀的,沿电机气隙圆周,各处的磁阻都相同。于是,沿任何一条磁通的闭合回路的磁压降为

$$\Phi_\delta R_\delta + \Phi_\delta R_\delta = 2\Phi_\delta R_\delta \tag{8-2}$$

根据安培全电流定律,沿任何一条磁通闭合回路内的磁压降,等于该回路所包围的全部电流之和,即

$$2\Phi_\delta R_\delta = i_= W_k = I_m W_k \tag{8-3}$$

式中:$I_m W_k = F_k$,就是一个线圈中的电流产生的全部磁势。

式(8-3)表明,一个线圈中的电流产生的全部磁势 $I_m W_k$ 等于两个气隙中的磁压降之和。一个气隙中的磁压降等于作用于一个气隙的磁势,称为气隙磁势,以 F_δ 表示,则

$$F_\delta = \Phi_\delta R_\delta = \dfrac{1}{2} i_= W_k = \dfrac{1}{2} I_m W_k \tag{8-4}$$

沿电机气隙圆周,任意位置 θ 处的磁通密度为

$$B_\delta = \dfrac{\Phi_\delta}{S} = \dfrac{1}{2} \dfrac{i_= W_k}{R_\delta S} = \dfrac{1}{2} \dfrac{I_m W_k}{R_\delta S} = \mu_0 \dfrac{F_\delta}{\delta} \tag{8-5}$$

因为 I_m、W_k、R_δ 均为常数,故气隙中任意位置处的磁通密度 B_δ 处处相等,磁压降 $\Phi_\delta R_\delta$ 处处相同,气隙中的磁势 F_δ 处处相等,电机气隙中的磁场是一个均匀磁场。

由图 8-1(a)可见,一个整距线圈中的电流在电机中产生一个两极的磁场。在线圈平面的下半部,磁通穿出定子铁芯表面,为 N 极区;线圈平面的上半部,磁通穿进定子铁芯表面,为 S 极区。如将 S 极区气隙中的磁压降及磁势定为正值,画于横坐标上方,N 极区的磁压降定为负值,画于横坐标的下方,则沿电机气隙圆周,在一个极距范围内,气隙中的磁势处处相等,气隙中的磁势在空间的分布 $F_\delta = f(\theta)$ 是一个矩形波,如图 8-1(b)所示。

可见,一个整距线圈通以直流电时:

(1)在电机中产生一个两极的均匀磁场;

(2)气隙中的磁势在空间的分布是一个矩形波;

(3)矩形波的高度为

$$F_{mk} = \dfrac{1}{2} i_= W_k = \dfrac{1}{2} I_m W_k$$

(4)因线圈中的电流不随时间变化,故矩形波的高度不随时间变化;

(5)矩形波在空间的位置,对称于线圈轴线两侧。当线圈轴线固定不动时,矩形波在空间的位置也固定不动。

一个矩形波磁势可以按傅里叶级数分解为基波磁势及各次谐波磁势。将图 8-1(b)所示的矩形波磁势以线圈轴线为坐标原点按傅里叶级数分解,则只含余弦项及奇次谐波,即

$$f(\theta) = F_{mk1}\cos\theta + F_{mk3}\cos3\theta + F_{mk5}\cos5\theta + \cdots + F_{mk\upsilon}\cos\upsilon\theta \tag{8-6}$$

图 8-2 示出了 1、3、5 次磁势波。其中,基波和各次谐波的幅值为

$$F_{mk\upsilon} = \dfrac{1}{\pi}\int_0^{2\pi} f(\theta)\cos\upsilon\theta \mathrm{d}\theta = \dfrac{4}{\pi} \cdot \dfrac{F_{mk}}{\upsilon}\sin\dfrac{\upsilon\pi}{2}$$

式中:$\upsilon = 1,3,5,7,\cdots$。

当 $\upsilon=1$ 时,基波磁势的幅值为

$$F_{\mathrm{mk1}} = \frac{4}{\pi} F_{\mathrm{mk}} \qquad (8-7)$$

因此,υ 次谐波磁势的各量与基波磁势各量的关系如下:

υ 次谐波磁势幅值

$$F_{\mathrm{mk}\upsilon} = \frac{1}{\upsilon} F_{\mathrm{mk1}} \qquad (8-8)$$

υ 次谐波磁势极对数

$$p_\upsilon = \upsilon p \qquad (8-9)$$

υ 次谐波磁势极距

$$\tau_\upsilon = \frac{1}{\upsilon} \tau \qquad (8-10)$$

υ 次谐波磁势空间电角度

$$\theta_\upsilon = \upsilon \theta \qquad (8-11)$$

由式(8-6)得基波磁势

$$f_1(\theta) = F_{\mathrm{mk1}}\cos\theta = \frac{4}{\pi}F_{\mathrm{mk}}\cos\theta \qquad (8-12)$$

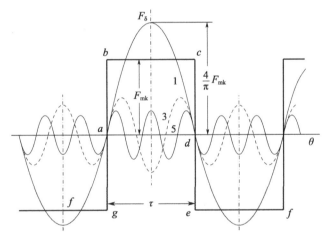

图 8-2 矩形波磁势分解为各次谐波磁势

这就是说,基波磁势在空间按余弦规律分布;基波磁势的幅值位于线圈轴线上;当线圈轴线固定不动时,基波磁势在空间的位置也固定不动。

8.1.1.2 一个整距线圈通以交流电时产生的磁势

当一个整距线圈中通以随时间按正弦规律变化的交变电流

$$i = i_\sim = I_\mathrm{m}\sin\omega t \qquad (8-13)$$

时,由于线圈中的电流的大小和方向随时间按正弦规律变化,它所产生的磁通的大小和方向亦随时间按正弦规律变化(例如,由零增至某一最大值后逐渐减小至零,然后反方向增至最大值后又减小到零……),图 8-1(b)所示的矩形波的高度也随时间按正弦规律变化,但矩形波在空间的位置却仍然固定不动,这样的磁势称为脉振磁势。

规定:当电流为正值时,线圈中的电流方向是从首端 A 到末端 X。这样,当电流到达正的

最大值 I_m 的瞬间,线圈中的电流产生的磁势仍如图 8-2 所示。磁势的基波,在空间按余弦规律分布;磁势的基波的幅值,仍位于线圈轴线上;当线圈轴线固定不动时,磁势的基波在空间的位置也固定不动。

当电流随时间按正弦规律变化时,气隙中各处的基波磁势的大小,同时随时间按正弦规律变化。基波磁势的幅值也随时间按正弦规律变化。任何瞬间,基波磁势的幅值,为矩形波磁势的幅值的 $\frac{4}{\pi}$ 倍。

任何瞬间,矩形波磁势的幅值为

$$F_{mk} = \frac{1}{2} i_\sim W_k = \frac{1}{2} I_m \sin\omega t \cdot W_k \tag{8-14}$$

矩形波磁势的幅值的最大值为

$$F_{mmk} = \frac{1}{2} I_m W_k \tag{8-15}$$

任何瞬间,基波磁势的幅值为

$$F_{mk1} = \frac{4}{\pi} F_{mk} = \frac{4}{\pi} \times \frac{1}{2} I_m \sin\omega t \cdot W_k \tag{8-16}$$

基波磁势的幅值的最大值为

$$F_{mm1} = \frac{4}{\pi} F_{mmk} = \frac{4}{\pi} \times \frac{\sqrt{2}}{2} I W_k = 0.9 I W_k \tag{8-17}$$

式中:I 为电流的有效值。

当一个整距线圈通以随时间按正弦规律变化的交流电时,所产生的基波磁势在空间按余弦规律分布,而其幅值随时间按正弦规律变化,故一个整距线圈的基波磁势是时间 t 及空间位置 θ 的复合函数,可写为

$$f(\theta, t) = 0.9 I W_k \sin\omega t \cos\theta \tag{8-18}$$

8.1.2 q 个短距、分布线圈的基波磁势

8.1.2.1 磁势的空间向量

整距线圈的磁势是一个矩形波,其基波磁势在空间按余弦规律分布。可以用一个空间向量 F 来代表磁势的基波。规定:

(1) F 的大小代表基波磁势的幅值。
(2) F 的方向代表基波磁势的方向,即基波磁势产生的基波磁通的方向。
(3) F 的位置代表基波磁势的幅值所在的位置,即基波磁场的磁极轴线所在的位置。F 位于线圈轴线上。

显然,按照基波磁势的性质,F 既代表基波磁势的空间向量,可写成 F,又代表时间相量,可写成 $\dot{F}$。为了简便见,在本书中,如不特别说明,将基波磁势的空间向量 F 及时间相量 $\dot{F}$ 统一以 F 表示,即 F 既代表空间向量又代表时间相量。

8.1.2.2 q 个整距线圈的磁势

如图 8-3 所示,q 个整距集中线圈的轴线彼此在空间重合,其基波磁势的空间向量彼此在空间重合,它们产生的基波磁势的幅值 $F_{m(q=1)}$ 为一个整距线圈的基波磁势的幅值 F_{mk1} 的 q 倍,即

$$F_{m(q=1)} = q F_{mk1} \tag{8-19}$$

如图 8-4 所示，q 个整距分布线圈的轴线彼此在空间相差 α 角，其基波磁势的空间向量彼此在空间相差 α 空间电角度。q 个整距分布线圈的基波磁势的幅值 F_{mq1}，为 q 个整距分布线圈的基波磁势的幅值 F_{mk1} 的向量和，如图 8-4(b) 所示。

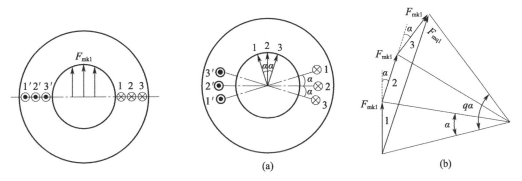

图 8-3 集中绕组的磁势　　图 8-4 分布绕组的磁势

按照分析电势时所采用的方法，根据图 8-4(b) 中的几何关系可推得

$$F_{mq1} = \frac{\sin\dfrac{q\alpha}{2}}{\sin\dfrac{\alpha}{2}} \cdot F_{mk1} \tag{8-20}$$

q 个分布线圈的基波磁势的幅值 F_{mq1} 与 q 个集中线圈的基波磁势的幅值 $F_{m(q=1)}$ 的比值，称为基波磁势的分布系数，即

$$K_{p1} = \frac{F_{mq1}}{F_{m(q=1)}} = \frac{\dfrac{\sin\dfrac{q\alpha}{2}}{\sin\dfrac{\alpha}{2}} \cdot F_{mk1}}{qF_{mk1}} = \frac{\sin\dfrac{q\alpha}{2}}{q\sin\dfrac{\alpha}{2}} \tag{8-21}$$

所以，q 个整距分布线圈的基波磁势的幅值为

$$F_{mq1} = qF_{mk1} \cdot K_{p1} \tag{8-22}$$

同理，v 次谐波磁势的分布系数为

$$K_{pv} = \frac{\sin\dfrac{qv\alpha}{2}}{q\sin\dfrac{v\alpha}{2}} \tag{8-23}$$

8.1.2.3　q 个短距分布线圈的磁势

在双层绕组中，一个槽中放着两个线圈边。双层绕组的线圈总是由在一个槽的上层边和在另一个槽的下层边组成。从产生磁场的观点来看，磁势的大小和方向仅取决于槽内导体中电流的大小和方向及其在空间的分布情况，而与导体的连接方法和次序无关。在进行波形分析时，可以把实际的绕组所产生的磁势等效地看成由上、下层整距绕组产生的磁势之和，即认为上层线圈边组成一个线圈组，而下层线圈边组成另一个线圈组，这两个线圈组都是单层整距线圈组。图 8-5(a)、(c) 分别表示一个 $q=3$ 的整距分布线圈和短距分布线圈。

如果线圈做成整距的,如图 8-5(a)、(b)所示。图 8-5(a)中的整距分布线圈所产生的合成磁势,可以看成是由属于同一相的上层线圈边(1'、2'、3')所组成的整距线圈组所产生的磁势及由下层线圈边(1、2、3)所组成的另一个整距线圈组所产生的磁势之和。由图 8-5(b)可见,这两个整距线圈组产生的基波磁势向量,在空间是彼此重合的。两组整距线圈的合成基波磁势 $F_{mq(y=\tau)}$ 为两个整距线圈组的磁势的代数和,等于一组整距分布线圈的基波磁势 F_{mq1} 的 2 倍,故

$$F_{mq(y=\tau)} = 2F_{mq1} \quad (8-24)$$

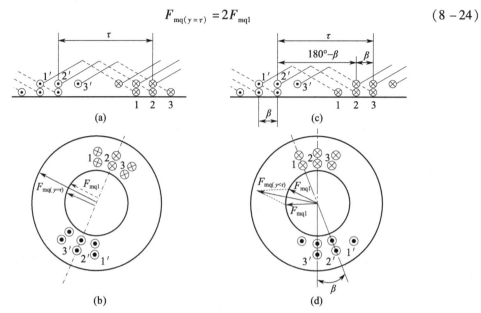

图 8-5 短距绕组的磁势

如果线圈做成短距的,如图 8-5(c)、(d)所示,则属于同一相的上、下层线圈边会错开一个短距角 β。它们所产生的合成磁势,可以看成是由上层线圈边(1'、2'、3')所构成的整距线圈组及由下层线圈边(1、2、3)所构成的另一个整距线圈组产生的磁势之和。这两个整距线圈组所产生的基波磁势向量在空间并不重合而是在空间错开一个 β 角,如图 8-5(d)所示。它们所产生的合成基波磁势为两组整距线圈所产生的磁势 F_{mq1} 的向量和,如图 8-5(d)中的向量 $F_{mq(y<\tau)}$ 所示,由图可见

$$F_{mq(y<\tau)} = 2F_{mq1}\cos\frac{\beta}{2} \quad (8-25)$$

短距线圈的基波磁势与整距线圈的基波磁势之比称为基波磁势的短距系数,即

$$K_{y1} = \frac{F_{mq(y<\tau)}}{F_{mq(y=\tau)}} = \frac{2F_{mq1}\cos\frac{\beta}{2}}{2F_{mq1}} = \cos\frac{\beta}{2} \quad (8-26)$$

同理,υ 次谐波磁势的短距系数为

$$K_{y\upsilon} = \cos\frac{\upsilon\beta}{2} \quad (8-27)$$

陀螺电机 DT-1 中,采用 $q=2$、$y=\frac{5}{6}\tau$ 的短距分布绕组,其短距系数 K_y、分布系数 K_p 及绕组系数 $K_W = K_p \cdot K_y$ 为

$$K_{y1}=0.966, K_{p1}=0.966, K_{W1}=0.933$$
$$K_{y3}=0.707, K_{p3}=0.707, K_{W3}=0.50$$
$$K_{y5}=0.259, K_{p5}=0.259, K_{W5}=0.067$$

8.1.3 一相绕组的磁势公式

由以上分析可见，绕组的分布和短距将使磁势的数值减小。由于谐波的短距系数及分布系数较基波的短距系数及分布系数小，因而，绕组的分布和短距，使谐波磁势减少很多，而基波磁势减小不多。故绕组的分布和短距使磁势的波形大为改善，使其能接近于正弦形。所以，一般电机绕组都做成短距分布绕组。

以双层绕组为例，q 个短距分布线圈的基波磁势的幅值为

$$F_{mq(y<\tau)} = 2F_{mq1}\cos\frac{\beta}{2} = 2F_{mq1} \cdot K_{y1} = 2qK_{p1}F_{mk1} \cdot K_{y1}$$
$$= 2qK_{p1}K_{y1} \cdot \frac{4}{\pi} \times \frac{1}{2}I_m\sin\omega t \cdot W_k$$
$$= 2qW_kK_{W1} \cdot 0.9I\sin\omega t$$

基波磁势的幅值的最大值为

$$F_{m1} = 2qW_kK_{W1} \cdot 0.9I$$

如将 W_k 用每相绕组串联匝数 $W=2pqW_k$ 来表示，则

$$F_{m1} = 2q \cdot \frac{W}{2pq} \cdot K_{W1} \cdot 0.9I = 0.9I\frac{WK_{W1}}{p} \tag{8-28}$$

这是一个常用的重要公式。

同理，每相绕组 υ 次谐波磁势的幅值的最大值为

$$F_{m\upsilon} = 0.9IK_{W\upsilon} \cdot \frac{W}{p} \cdot \frac{1}{\upsilon} \tag{8-29}$$

因而，一相绕组的磁势的瞬时值为

$$f(\theta,t) = 0.9I\frac{W}{p}\left(K_{W1}\cos\theta + \frac{1}{3}K_{W3}\cos3\theta + \frac{1}{5}K_{W5}\cos5\theta + \cdots\right)\sin\omega t \tag{8-30}$$

一相绕组的基波磁势的瞬时值为

$$f_{1相} = 0.9I\frac{W}{p}K_{W1} \cdot \sin\omega t\cos\theta = F_{m1}\sin\omega t\cos\theta \tag{8-31}$$

一相绕组的 υ 次谐波磁势的瞬时值为

$$f_{\upsilon相} = 0.9I\frac{W}{p}K_{W\upsilon} \cdot \frac{1}{\upsilon} \cdot \sin\omega t \cdot \cos\upsilon\theta = F_{m\upsilon}\sin\omega t \cdot \cos\upsilon\theta \tag{8-32}$$

8.1.4 一相绕组的磁势的性质

综上所述，可得如下结论：

（1）一个整距线圈的基波电流 $i=I_m\sin\omega t$ 产生的磁势，任何瞬间，在空间分布的波形是一个矩形波。除基波磁势外，还包括各次谐波磁势。

（2）采用分布绕组和短距绕组，可以削弱谐波磁势，使气隙中的磁势及磁通密度在空间分布的波形接近于正弦形。

（3）一相绕组的基波磁势在空间按余弦规律分布，其大小随时间按正弦规律变化，即

$$f_{1相} = F_{m1}\sin\omega t \cdot \cos\theta \tag{8-33}$$

(4) 一相绕组的基波磁势的幅值的最大值为

$$F_{m1} = 0.9I\frac{WK_{W1}}{p} \tag{8-34}$$

式中

$$K_{W1} = K_{p1} \cdot K_{y1} \tag{8-35}$$

其中

$$K_{p1} = \frac{\sin\frac{q\alpha}{2}}{q\sin\frac{\alpha}{2}} \tag{8-36}$$

$$K_{y1} = \cos\frac{\beta}{2} \tag{8-37}$$

(5) 一相绕组的基波磁势的幅值永远在相绕组轴线上,其大小和方向随时间按正弦规律变化,这样的磁势称为脉振磁势。

下面还要证明脉振磁势的重要性质:一个基波的脉振磁势可以分解成为两个幅值相等、转速相同、转向相反的旋转磁势。

8.1.5 脉振磁势的分解

一相绕组的基波磁势为

$$f(\theta,t) = F_{m1}\sin\omega t\cos\theta \tag{8-38}$$

根据三角函数公式

$$\sin\alpha\cos\beta = \frac{1}{2}\sin(\alpha-\beta) + \frac{1}{2}\sin(\alpha+\beta)$$

可以将一相绕组的基波磁势分解为

$$f(\theta,t) = \frac{1}{2}F_{m1}\sin(\omega t - \theta) + \frac{1}{2}F_{m1}\sin(\omega t + \theta) = f^+ + f^- \tag{8-39}$$

下面证明

$$f^+ = \frac{1}{2}F_{m1}\sin(\omega t - \theta) \tag{8-40}$$

$$f^- = \frac{1}{2}F_{m1}\sin(\omega t + \theta) \tag{8-41}$$

分别代表两个幅值相等、转速相同、转向相反的旋转的基波磁势。

首先考查

$$f^+ = \frac{1}{2}F_{m1}\sin(\omega t - \theta)$$

它代表一个磁势基波,幅值为 $\frac{1}{2}F_{m1}$。在波幅所在处,必有

$$f^+ = \frac{1}{2}F_{m1} \tag{8-42}$$

这只有

$$\sin(\omega t - \theta) = 1$$

才有可能。那么,必然是

$$\omega t - \theta = \frac{\pi}{2}$$

因而

$$\theta = \omega t - \frac{\pi}{2} \tag{8-43}$$

显然,当 $\theta = \omega t - \frac{\pi}{2}$ 时, $f^+ = \frac{1}{2}F_{m1}\sin(\omega t - \omega t + \frac{\pi}{2}) = \frac{1}{2}F_{m1}$。换句话说,在 $\theta = \omega t - \frac{\pi}{2}$ 的地方,磁势 f^+ 的数值等于幅值 $\frac{1}{2}F_{m1}$,即 $\theta = \omega t - \frac{\pi}{2}$ 表示磁势波波幅所在的空间位置。当 $\omega t = 0$ 时, $\theta = -\frac{\pi}{2}$,波幅位于线圈边 X 处;当 $\omega t = \frac{\pi}{2}$ 时, $\theta = 0$,波幅位于线圈轴线上;当 $\omega t = \pi$ 时, $\theta = \frac{\pi}{2}$,波幅位于线圈边 A 处……。由 $\theta = \omega t - \frac{\pi}{2}$ 可见:随着时间 t 的增长,磁势波的波幅所在的空间位置 θ 角在增大,即磁势波的波幅在空间的位置随着时间的增长而移动,整个磁势波在空间移动。这就是说,随着时间的增长,整个磁势波沿电机气隙圆周转动。所以, $f^+ = \frac{1}{2}F_{m1}\sin(\omega t - \theta)$ 是一个在空间转动的旋转磁势波。

磁势波在空间转动的空间角速度为

$$\omega_\theta = \frac{d\theta}{dt} = \frac{d}{dt}\left(\omega t - \frac{\pi}{2}\right) = \omega = 2\pi f_1 \tag{8-44}$$

即磁势波在空间的旋转角速度 ω_θ 等于电流随时间变化的角频率 ω。也就是说,磁势波在空间转过的空间电角度 $\theta = \omega_\theta t$ 等于产生这个磁势波的电流随时间变化的电角度 ωt,即

$$\theta = \omega_\theta t = \omega t$$

电流变化一周,即变化360°时间电角度,磁势波在空间转过360°空间电角度;电流每秒变化 f_1 周,磁势波每秒钟在空间转过 $360° \times f_1$ 空间电角度,每分钟在空间转过 $60 \times 360° \times f_1$ 空间电角度。设电机有 p 对极,全电机共 $p \times 360°$ 空间电角度。每转一转,在空间转过 $p \times 360°$ 空间电角度,故旋转磁场的转速为

$$n_1 = \frac{60 \times 360° \times f_1}{p \times 360°} = \frac{60 f_1}{p} (\text{r/min}) \tag{8-45}$$

由此可见:旋转磁场的转速 n_1 与极对数 p 成反比。极对数 p 越多,全电机的空间电角度越多;每转一转所需要的时间就越长,旋转磁场的转速就越慢。

同理,可证

$$f^- = \frac{1}{2}F_{m1}\sin(\omega t + \theta)$$

代表一个在空间旋转的磁势波,波幅为 $\frac{1}{2}F_{m1}$。波幅所在的空间位置

$$\theta = \frac{\pi}{2} - \omega t$$

随着时间 t 的增长而减小。这就是说, f^- 转动的方向与 f^+ 转动的方向相反,但其转速仍为

$$n_1 = \frac{60 f_1}{p}$$

因而

$$f^+ = \frac{1}{2}F_{m1}\sin(\omega t - \theta)$$

代表一个正转磁势波,而

$$f^- = \frac{1}{2}F_{m1}\sin(\omega t + \theta)$$

代表一个反转磁势波。两个旋转磁势波的幅值都为 $\frac{1}{2}F_{m1}$,转速都为 $n_1 = \frac{60f_1}{p}$。其波形图如图 8-6 所示。

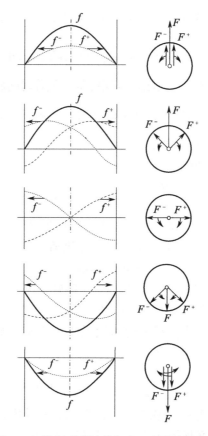

图 8-6 脉振磁势波分解为两个旋转磁势波

还可以用旋转向量法证明如下:

现将

$$f(\theta,t) = F_{m1}\sin\omega t\cos\theta = \frac{1}{2}F_{m1}\sin(\omega t - \theta) + \frac{1}{2}F_{m1}\sin(\omega t + \theta) \quad (8-46)$$

用磁势向量代表。

一个脉振的基波磁势 $F_{m1}\sin\omega t\cos\theta$ 可以用一个脉振磁势向量来代表:F 的大小代表脉振磁势波的幅值,F 的方向代表脉振磁势的方向,F 的位置代表脉振磁势波的幅值所在的位置。

一个正转的基波旋转磁势 $\frac{1}{2}F_{m1}\sin(\omega t - \theta)$ 可以用一个正转的磁势向量 F^+ 来代表:F^+ 的

大小代表正转磁势波的幅值 $\frac{1}{2}F_{m1}$，F^+ 的方向代表正转的基波磁势的方向，F^+ 的位置代表正转磁势波的波幅所在的空间位置，F^+ 在空间的转速等于正转磁势波的转速 $n_1 = \frac{60f_1}{p}$，F^+ 的转向代表正转磁势波的转向。同样，一个反转的基波磁势 $\frac{1}{2}F_{m1}\sin(\omega t + \theta)$，可以用一个反转的磁势向量 F^- 来代表。

于是，式(8-46)可写成

$$F = F^+ + F^- \tag{8-47}$$

这就是说，一个脉振磁势向量 F 可以分解成两个幅值相等（等于 $\frac{1}{2}F_{m1}$，并保持不变）、转速相同（$n_1 = \frac{60f_1}{p}$）、转向相反的旋转磁势向量 F^+ 及 F^-。

当电流到达正的最大值的瞬间，即

$$\omega t = \frac{\pi}{2}$$

时，旋转磁势波幅值所在的空间位置

$$\theta = \frac{\pi}{2} - \frac{\pi}{2} = 0$$

此时，F^+ 及 F^- 位于线圈轴线上。F^+ 及 F^- 以同一转速沿相反方向旋转，其旋转的空间角速度 ω_θ 等于电流随时间变化的角频率 ω，即

$$\omega_\theta = \omega \tag{8-48}$$

任何瞬间，在空间转过的空间电角度 θ 等于电流随时间变化的电角度，即

$$\theta = \omega t \tag{8-49}$$

图 8-7 中示出了各瞬间的脉振磁势向量 F 及旋转磁势向量 F^+ 和 F^-。可见，它们与各瞬间线圈（或一相绕组）中的电流产生的磁势的实际情况是完全一致的。

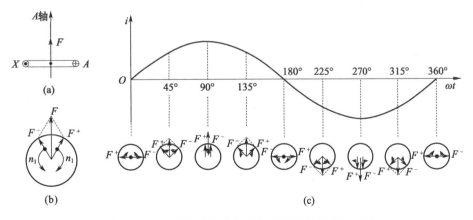

图 8-7 一个脉振磁势向量分解为两个旋转磁势向量

综上所述，可得如下结论：

（1）一相绕组的基波磁势可以用一个脉振磁势向量 F 来代表。脉振磁势向量 F 的空间位置永远在线圈（或一相绕组）的轴线上，其大小和方向随时间按正弦规律变化。

(2) 一个脉振磁势向量可以分解成两个幅值相等、转速相同、转向相反的旋转磁势向量,即

$$F = F^+ + F^-$$

(3) 旋转磁势向量 F^+ 及 F^- 的大小相等,并保持不变,其值为每相绕组磁势的幅值的最大值的 $\frac{1}{2}$,即

$$F^+ = F^- = \frac{1}{2}F_{m1} \qquad (8-50)$$

(4) 旋转磁势向量在空间的转速为

$$n_1 = \frac{60f_1}{p}$$

其在空间转过的空间电角度 θ 等于绕组中的电流随时间变化的时间电角度 ωt,即

$$\theta = \omega t$$

(5) 当绕组中的电流到达正的最大值的瞬间,正转磁势向量 F^+ 及反转磁势向量 F^- 位于线圈(或相绕组)轴线上;当绕组中的电流为零的瞬间,正转磁势向量 F^+ 及反转磁势向量 F^- 分别位于距线圈轴线 $-90°$ 及 $+90°$ 的地方;当线圈中的电流距到达正的最大值 β 时间电角度时,正转磁势向量 F^+ 在空间位于距线圈轴线 $-\beta$ 角的地方,而反转磁势向量 F^- 在空间位于距线圈轴线 $+\beta$ 的地方。

最后再次指出:一个在空间按正弦规律分布的基波旋转磁势可以用一个旋转磁势的空间向量 F 来代表,F 的大小代表基波旋转磁势的幅值,F 的方向代表基波旋转磁势的方向,F 在空间的位置代表基波旋转磁势波的波幅所在的空间位置。另外,由于基波旋转磁势波在空间按正弦规律分布,而这个磁势波又在空间旋转,因此空间任何一点的基波旋转磁势将随时间按正弦规律变化,故基波旋转磁势也可以用一个相量 $\dot{F}$ 来代表。为了简便起见,用 F 来代表基波旋转磁势,它既代表基波旋转磁势的空间向量(对全电机而言)F,又代表基波旋转磁势的时间相量 $\dot{F}$(对一相绕组而言)。

8.2 多相绕组的基波磁势

一相绕组中通以单相正弦交流电时,产生的磁势在空间的分布是非正弦形的,除基波外,还包含多次谐波。其中,基波磁势最为重要。本节只讨论基波磁势,而不讨论谐波磁势,即认为一相绕组的磁势只有基波磁势。

一相绕组的基波磁势是一个脉振磁势。当多相对称绕组中通以多相对称电流时,磁势的性质便发生了根本的变化:各相绕组的脉振磁势共同产生的磁势是一个在空间转动的旋转磁势。

下面先着重讨论两相、三相旋转磁势,再推广到 m 相旋转磁势。

8.2.1 两相绕组的基波磁势

8.2.1.1 两相绕组的对称条件

(1) 两相对称绕组:两相绕组的绕组数据相同,轴线彼此在空间相差 $90°$ 空间电角度。

(2) 两相对称电流:两相绕组中的电流幅值相等,且相位彼此在时间上相差 $90°$ 时间电

角度。

8.2.1.2 两相旋转磁场的产生

当两相对称绕组中通以两相对称电流时,会产生旋转磁场。

1. 简单的物理情况分析

如图8-8(b)所示,线圈1-4代表励磁绕组,线圈3-5代表控制绕组。1、3为线圈的首端,4、5为线圈的末端。按照绕组轴线的规定,两个线圈的轴线彼此在空间相差90°空间电角度。励磁绕组中的电流如图8-8(a)中i_j所示,控制绕组中的电流如图8-8(a)中i_k所示。控制绕组中的电流i_k,在时间上滞后于励磁绕组中的电流i_j的电角度为90°时间电角度。

按照关于电流方向的规定,当某相绕组中的电流为正值时,电流的方向由首端到末端;按照关于磁势的空间向量的规定,可以判断各瞬间电机中的磁势的空间向量所在的位置。图8-8(b)示出了5个不同的瞬间电机中的磁势空间向量。由图可见:当某相绕组中电流到达正的最大值时,磁势向量便转到和该相绕组轴线相重合的位置上。当电流由i_j最大变为i_k最大时,磁势向量便由励磁绕组轴线转到控制绕组轴线……也就是说,随着时间的推移,磁势向量在空间转动,即磁极轴线在空间转动,这就是说,电机中产生了旋转磁场。

由图8-8可见,电流变化一个周期,即经历了360°时间电角度,旋转磁场在空间也转过了360°空间电角度。因此,旋转磁场在空间旋转的空间角速度ω_θ等于电流随时间变化的角频率ω,即

$$\omega_\theta = \omega$$

在每相只有一个线圈的情况下,电机中的磁场只有一对磁极,空间电角度等于机械角度。电流变化一周,旋转磁场在空间转过一转。电流每秒变化f_1周,则旋转磁场在空间的转速为

$$n_1 = 60f_1 \text{ (r/min)}$$

旋转磁场的转向取决于绕组中电流到达正的最大值的空间次序。如果控制绕组中的电流i_k比励磁绕组中的电流i_j先到达正的最大值(图8-8(a)中虚线),则旋转磁场改变转向(图8-8(c))。

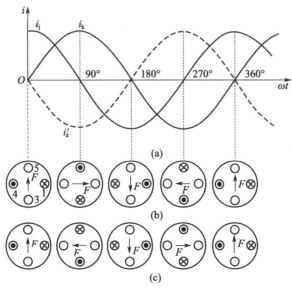

图8-8 两相旋转磁场产生原理

2. 用数学分析法证明

励磁绕组的基波磁势为

$$f_j = F_{m1} \sin\omega t \cos\theta \tag{8-51}$$

控制绕组中的电流在时间上滞后于励磁绕组中的电流90°时间电角度,控制绕组的轴线在空间滞后励磁绕组的轴线90°空间电角度,故控制绕组的基波磁势为

$$f_k = F_{m1} \sin(\omega t - 90°)\cos(\theta - 90°) \tag{8-52}$$

将 f_j 及 f_k 分解为

$$f_j = \frac{1}{2}F_{m1}\sin(\omega t - \theta) + \frac{1}{2}F_{m1}\sin(\omega t + \theta) \tag{8-53}$$

$$f_k = \frac{1}{2}F_{m1}\sin(\omega t - \theta) + \frac{1}{2}F_{m1}\sin(\omega t + \theta - \pi) \tag{8-54}$$

故其合成磁势为

$$f = F_{m1}\sin(\omega t - \theta)$$

前面已证明,$f = F_{m1}\sin(\omega t - \theta)$ 代表一个在空间旋转的基波磁势,其旋转的空间角速度 ω_θ 等于电流随时间变化的角频率 ω,即

$$\omega_\theta = \omega$$

因而,其转速为

$$n_1 = \frac{60f_1}{p}$$

8.2.2 三相绕组的基波磁势

8.2.2.1 三相绕组的对称条件

(1)三相对称绕组:三相绕组的绕组数据相同,轴线彼此在空间相差120°空间电角度。

(2)三相对称电流:三相绕组中的电流幅值相等,相位彼此在时间上相差120°时间电角度。

8.2.2.2 三相旋转磁场的产生

当三相对称绕组中通以三相对称电流时,会产生旋转磁场。可用下述方法证明。

如图8-9所示,在电机定子上安装着三相绕组,用3个线圈 $A-X$、$B-Y$、$C-Z$ 来代表。A、B、C 为线圈的首端,X、Y、Z 为线圈的末端。三相绕组的轴线,在空间上彼此相差120°空间电角度。

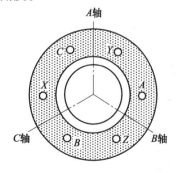

图8-9 三相绕组在空间的位置

三相绕组中的电流 i_A、i_B、i_C 随时间的变化规律如图8-10(a)所示。三相绕组中的电流幅值相等,在时间上彼此相差120°时间电角度。

按照电流方向的规定,可以确定各瞬间各相绕组中的电流方向。根据各相绕组中的电流方向,可以确定各瞬间三相绕组的电流共同产生的合成磁势向量 F_m 所在的空间位置。图8-10(b)示出了4个不同瞬间三相绕组的电流共同产生的合成磁势向量 F_m 所在的空间位置。

由图8-10(a)可见:当某相绕组中的电流到达正的最大值时,合成磁势向量便与该相绕组的轴线相重合。绕组中的电流依次由 A 相最大变为 B

相最大、C相最大、A相最大……合成磁势向量依次由A相轴线转到B相、C相轴线上,再转到A相轴线……即随着时间的推移,合成磁场在电机中转动,好像有一对看不见的磁极在空间转动一样。这就是说,电机中产生了旋转磁场。

由图8-10(b)可见:在每相绕组只有一个线圈的情况下,三相绕组中的电流在电机中产生一对极的旋转磁场。电机的空间电角度等于机械角度。

由图8-10可见:电流变化一周,即经历了360°时间电角度,旋转磁场在空间也转过了360°空间电角度。旋转磁场转动的空间角速度ω_θ等于电流随时间变化的角频率ω,即

$$\omega_\theta = \omega$$

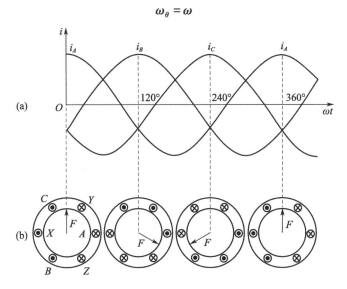

图8-10 三相旋转磁场产生的原理

旋转磁场的转向取决于绕组中电流到达正的最大值的空间次序。电流到达正的最大值的时间次序由电源决定,固定为A、B、C,但三相绕组中电流到达正的最大值的空间次序取决于三相绕组与电路的连接。

如图8-11(a)所示,三相绕组1、2、3依次与电源A、B、C相连接,则三相绕组中电流到达正的最大值的空间次序为1、2、3,旋转磁场的转向为顺时针。如将绕组3改接B相电源,绕组2改接C相电源,如图8-11(b)所示,则因电流到达正的最大值的时间次序仍为A、B、C,但三相绕组中电流到达正的最大值的空间次序却为1、3、2,旋转磁场沿逆时针方向转动。所以,要改变旋转磁场的转向,只需将任意两相绕组与电源的连接互相对调即可。

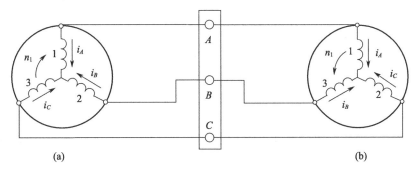

图8-11 改变旋转磁场方向的方法

在 3 个匝数相等、轴线在空间彼此相差 120°空间电角度的三相绕组中,通以 3 个幅值相等、在时间上彼此相差 120°时间电角度的三相交流电时,三相绕组的基波磁势分别为

$$f_A = F_{m1}\sin\omega t\cos\theta \qquad (8-55)$$

$$f_B = F_{m1}\sin(\omega t - 120°)\cos(\theta - 120°) \qquad (8-56)$$

$$f_C = F_{m1}\sin(\omega t - 240°)\cos(\theta - 240°) \qquad (8-57)$$

将它们分解为

$$f_A = \frac{1}{2}F_{m1}\sin(\omega t - \theta) + \frac{1}{2}F_{m1}\sin(\omega t + \theta) \qquad (8-58)$$

$$f_B = \frac{1}{2}F_{m1}\sin(\omega t - \theta) + \frac{1}{2}F_{m1}\sin(\omega t + \theta - 240°) \qquad (8-59)$$

$$f_C = \frac{1}{2}F_{m1}\sin(\omega t - \theta) + \frac{1}{2}F_{m1}\sin(\omega t + \theta - 120°) \qquad (8-60)$$

因为

$$\sin(\omega t + \theta) + \sin(\omega t + \theta - 240°) + \sin(\omega t + \theta - 120°) = 0$$

所以

$$f = f_A + f_B + f_C = \frac{3}{2}F_{m1}\sin(\omega t - \theta) \qquad (8-61)$$

式(8-61)代表一个基波磁势,磁势波的幅值为

$$F = \frac{3}{2}F_{m1} = \frac{3}{2} \times 0.9I\frac{WK_{W1}}{p} = 1.35I\frac{WK_{W1}}{p} \qquad (8-62)$$

已经证明式(8-61)代表一个旋转磁势波,其旋转的空间角速度 ω_θ 等于电流随时间变化的角频率 ω,即

$$\omega_\theta = \omega$$

其转速为

$$n_1 = \frac{60f_1}{p}$$

式中 p——旋转磁场的极对数。

旋转磁场的极对数的多少由绕组的构造决定。当绕组制成后,在一相绕组中通以(低压)直流电时所显示的磁极对数,即为三相绕组的旋转磁场的极对数。

8.2.3 m 相绕组的基波磁势

实际上,上面讨论的情况可以推广到 $m > 3$ 的情况。

8.2.3.1 m 相绕组的对称条件

(1)m 相对称绕组:m 相绕组的绕组数据相同,轴线彼此在空间相差 $2p\pi/m$ 空间电角度。

(2)m 相对称电流:m 相绕组中的电流幅值相等,相位彼此在时间上相差 $2p\pi/m$ 时间电角度。

8.2.3.2 m 相旋转磁势

可以证明:m 相对称绕组中通以 m 相对称电流时,产生的磁势也是一个旋转磁势。可用下述方法证明。

m 相绕组的基波磁势分别为

$$\begin{cases} f_1 = F_{m1}\sin\omega t\cos\theta \\ f_2 = F_{m1}\sin\left(\omega t - \dfrac{2p\pi}{m}\right)\cos\left(\theta - \dfrac{2p\pi}{m}\right) \\ f_3 = F_{m1}\sin\left(\omega t - \dfrac{4p\pi}{m}\right)\cos\left(\theta - \dfrac{4p\pi}{m}\right) \\ \quad\vdots \\ f_m = F_{m1}\sin\left[\omega t - \dfrac{2p\pi}{m}(m-1)\right]\cos\left[\theta - \dfrac{2p\pi}{m}(m-1)\right] \end{cases} \quad (8-63)$$

则

$$\begin{aligned}\sum_{n=1}^{n=m} f_n &= \sum_{n=1}^{n=m} F_{m1}\sin\left[\omega t - \frac{2p\pi}{m}(n-1)\right]\cos\left[\theta - \frac{2p\pi}{m}(n-1)\right] \\ &= \frac{1}{2}F_{m1}\sum_{n=1}^{n=m}\sin(\omega t - \theta) + \frac{1}{2}F_{m1}\sum_{n=1}^{n=m}\sin\left[\omega t + \theta - \frac{4p\pi}{m}(n-1)\right] \quad (8-64) \\ &= \frac{1}{2}F_{m1}\cdot m\sin(\omega t - \theta) + 0 \\ &= \frac{m}{2}F_{m1}\sin(\omega t - \theta)\end{aligned}$$

这是因为

$$\sin(\alpha - \beta) = \sin\alpha\cdot\cos\beta - \cos\alpha\cdot\sin\beta$$

所以

$$\begin{aligned}&\sum_{n=1}^{n=m}\sin\left[\omega t + \theta - \frac{4p\pi}{m}(n-1)\right] \\ &= \sum_{n=1}^{n=m}\sin(\omega t + \theta)\cos\left[\frac{4p\pi}{m}(n-1)\right] - \sum_{n=1}^{n=m}\cos(\omega t + \theta)\sin\left[\frac{4p\pi}{m}(n-1)\right] \\ &= \sin(\omega t + \theta)\sum_{n=1}^{n=m}\cos\left[\frac{4p\pi}{m}(n-1)\right] - \cos(\omega t + \theta)\sum_{n=1}^{n=m}\sin\left[\frac{4p\pi}{m}(n-1)\right]\end{aligned}$$

因为

$$\sum_{n=1}^{n=m}\cos\left[\frac{4p\pi}{m}(n-1)\right] = 0$$

$$\sum_{n=1}^{n=m}\sin\left[\frac{4p\pi}{m}(n-1)\right] = 0$$

所以

$$\sum_{n=1}^{n=m}\sin\left[\omega t + \theta - \frac{4p\pi}{m}(n-1)\right] = 0$$

故

$$\sum_{n=1}^{n=m} f_n = \frac{m}{2}F_{m1}\sin(\omega t - \theta) \quad (8-65)$$

显然,式(8-65)代表一个基波旋转磁势,其转速为

$$n_1 = \frac{60f_1}{p}$$

例8.1 有一个6极三相双层绕组共有54个槽,每一个线圈边有10根导体,Y形连接,$y=7$,试求:

(1) 极距τ为多少?
(2) 元件数S和总导体数N为多少?
(3) 每极每相槽数q和槽距角α各为多少?
(4) 每相线圈组数为多少?

解:极距
$$\tau = \frac{Z}{2p} = \frac{54}{6} = 9$$

元件数
$$S = Z = 54 \text{(因为是双层绕组)}$$

总导体数
$$N = 2SW_c = 2 \times 54 \times 10 = 1080$$

每极每相槽数
$$q = \frac{Z}{2pm} = \frac{54}{6 \times 3} = \frac{54}{18} = 3$$

槽距角
$$\alpha = \frac{p \times 360°}{Z} = \frac{3 \times 360°}{54} = 20°$$

每相线圈组数为$2p = 6$。

例8.2 设有一对称的三相绕组,磁极对数$p=2$,槽数$Z=36$,每极每相槽数$q=3$,每一元件的匝数$W_c=40$,线圈的节距$y=\frac{7}{9}\tau$,每相的各线圈组均串联连接。设在该绕组中流入一频率为400Hz、有效值为10A的电流,试求基波磁势的振幅和转速。

解:$q=3, \alpha = \frac{2 \times 360°}{36} = 20°, \beta = \left(1 - \frac{7}{9}\right)\pi = 40°$

每相槽中的导体数 $S = 2W_c = 2 \times 40 = 80$

$$K_{y1} = \cos\frac{\beta}{2} = \cos 20° = 0.94$$

$$K_{p1} = \frac{\sin\frac{q}{2}\alpha}{q\sin\frac{\alpha}{2}} = \frac{\sin 30°}{3\sin 10°} = 0.96$$

$$K_{W1} = K_{y1} \cdot K_{p1} = 0.94 \times 0.96 = 0.902$$

基波磁势的振幅
$$F_1 = \frac{3}{2} \times 0.9 SqK_{W1} \cdot I = \frac{3}{2} \times 0.9 \times 80 \times 3 \times 0.902 \times 10 = 2922 (\text{A} \cdot \text{T})$$

$$n = \frac{60f_1}{p_1} = \frac{60 \times 400}{2} = 12000 (\text{r/min})$$

小　结

1. 单相绕组的磁势——脉振磁势

(1) 单相绕组的磁势的瞬时值为

$$f(\theta,t) = 0.9I\frac{W}{p}\left(K_{W1}\cos\theta + \frac{1}{3}K_{W3}\cos3\theta + \frac{1}{5}K_{W5}\cos5\theta + \cdots\right)\sin\omega t$$

(2) 单相绕组基波磁势的瞬时值为

$$f_{1相} = F_{m1}\sin\omega t\cos\theta$$

式中：F_{m1} 为基波磁势的幅值的最大值，$F_{m1} = 0.9I\dfrac{WK_{W1}}{p}$，其中 W 为每相绕组串联匝数，绕组系数为

$$K_{W1} = K_{p1}K_{y1}$$

其中，分布系数为

$$K_{p1} = \frac{\sin\dfrac{q\alpha}{2}}{q\sin\dfrac{\alpha}{2}}$$

短距系数为

$$K_{y1} = \cos\frac{\beta}{2}$$

(3) 单相绕组磁势的性质：

① 在空间位置固定、幅值随时间变化的脉振磁势，脉振频率取决于电流变化的频率；
② 其基波磁势幅值的位置与绕组轴线重合；
③ 其基波脉振磁势可以分解为两个幅值相等、转速相同、转向相反的旋转磁势。每个旋转磁势的幅值都为 $\dfrac{1}{2}F_{m1}$，转速都为

$$n_1 = \frac{60f_1}{p}$$

2. 两相绕组的磁势——旋转磁势

当两相对称绕组中通以两相对称电流时，会产生旋转磁场。两相绕组的基波合成磁势为

$$f_1 = F_{m1}\sin(\omega t - \theta)$$

(1) 基波合成磁势的旋转方向与电流相序相同：如电流相序为正序，基波磁势的旋转方向为正向；如电流相序为负序，基波磁势的旋转方向为负向。

(2) 基波磁势的转速为

$$n_1 = \frac{60f_1}{p}$$

3. 三相绕组的磁势——旋转磁势

当三相对称绕组通以三相对称交流电时，会产生旋转磁场。三相绕组的基波合成磁势为

$$f_1 = \frac{3}{2}F_{m1}\sin(\omega t - \theta)$$

（1）基波合成磁势的旋转方向与电流相序相同：如电流相序为正序，基波磁势旋转方向为正向；如电流相序为负序，基波磁势的旋转方向为负向。

（2）基波磁势的转速为

$$n_1 = \frac{60f_1}{p}$$

4. m 相绕组的磁势——旋转磁势

当 m 相对称绕组通以 m 相对称交流电时，会产生旋转磁场。m 相绕组的基波合成磁势为

$$f_1 = \frac{m}{2}F_{m1}\sin(\omega t - \theta)$$

基波磁势的转速为

$$n_1 = \frac{60f_1}{p}$$

思考题与习题

1. 为什么说交流绕组产生的磁势既是空间函数又是时间函数？试用单相整距集中绕组的磁势来说明。

2. 脉振磁势和旋转磁势各有哪些基本特性？产生脉振磁势、圆形旋转磁势的条件有什么不同？

3. 三相基波旋转磁势的幅值、转向和转速各取决于什么？为什么？

4. 试分析单相绕组内通以 v 次谐波电流 $i = I_{mv}\sin v\omega t$ 时所产生的磁势的性质，是脉振磁势还是旋转磁势？频率为多少？

5. 设有一对称的 Y 形连接的三相绕组，$p=2$，双层绕组，每极每相槽数 $q=3$，每一线圈内的匝数 $W_c=4$，线圈的节距 $y=7$ 槽，设在三相绕组中通入电流 $i_a = 141\sin 314t$，$i_b = 141\sin(314t - 120°)$，$i_c = 141\sin(314t + 120°)$。试求：所产生的基波磁势的振幅，并说明此磁势的性质。

6. 设有三相交流电机整距绕组，已知槽数 $Z=24$，极对数 $p=2$，每相串联匝数 $W=60$，相电流 $I=10\text{A}$。试求：

（1）合成磁势的基波幅值？

（2）5 次谐波磁势幅值？

7. a、b 两相绕组，其空间轴线互成 90° 电角度，每相基波的有效匝数为 WK_W（两相绕组都相同），绕组为 p 对磁极，现给两相绕组中通以两相对称交流电流，即

$$\begin{cases} i_a = \sqrt{2}I\cos\omega t \\ i_b = \sqrt{2}I\cos(\omega t - 90°) \end{cases}$$

试求：绕组的基波合成磁势及 3 次谐波合成磁势的表达式 $f_1(\theta,t)$、$f_3(\theta,t)$。

第4篇 航空异步电机

交流电机主要有同步电机和异步电机两种。如果电机转子的转速 n 与定子电流频率 f_1 之间满足 $n = \dfrac{60f_1}{p}$（p 为电机的极对数）的关系，则这种电机称为同步电机。如果不满足 $n = \dfrac{60f_1}{p}$ 的关系，则称为异步电机。同步电机主要用作发电机，如飞机的主电源发电机。异步电机主要用作电动机，去拖动飞机上的各种机械装置，如油泵电机等。同时，由于异步电机的转子与定子之间没有电的直接联系，能量的传递靠电磁感应作用，因此也称为感应电机。

由于异步电动机具有结构简单、容易制造、使用和维护方便、运行可靠、效率高、价格低等优点，因此，异步电机主要用作动力源。在飞机上，三相异步电动机主要用作陀螺仪表中的陀螺电机、燃油系统和滑油系统中的油泵电机、冷却系统中的风扇电机、舵面和襟副翼中的驱动电机等；单相异步电动机主要用作应急开锁、应急放油、通风活门、排气活门、温度控制阀、电动加油开关等电动机构的驱动电机。随着现代飞机交流电源系统和电气化的发展，异步电动机在飞机上的应用将越来越多。其主要缺点如下：

（1）不能经济地在较广的范围内实现平滑调速，调速性能差；
（2）鼠笼式异步电动机的起动性能差；
（3）必须从电网吸取滞后的无功电流以建立磁场，从而使电网的功率因数变坏，增加了系统的无功负担。

当然，随着现代技术，尤其是大功率电力电子技术的发展，异步电动机的调速、起动等性能都得到了很大改善，异步电动机无论在地面还是航空上都将得到更加广泛的应用。本篇主要介绍异步电动机。

第9章 异步电动机的基本结构和基本工作原理

异步电动机的形式多种多样，但在基本原理上是一致的。本章主要介绍常用三相异步电动机的基本结构和基本工作原理，介绍转差率的概念以及由转差率决定的异步电机的运行状态。

9.1 三相异步电动机的基本结构

和其他旋转电机的基本结构一样，三相异步电动机由定子和转子两部分组成。按转子结构的不同，三相异步电动机分为鼠笼式和绕线式两种，最常用的是鼠笼式异步电动机，如油泵电机、风扇电机等。

9.1.1 鼠笼式异步电动机的基本结构

9.1.1.1 定子

电机中固定不动的部分称为定子。一般的三相异步电动机,定子在转子的外面,如图9-1所示。也有的异步电动机的定子在转子的里面,如陀螺仪表中用到的陀螺电机,详见12.1节。不论定子在转子的外面还是里面,定子都由定子铁芯、定子绕组、机壳、端盖等部分组成。

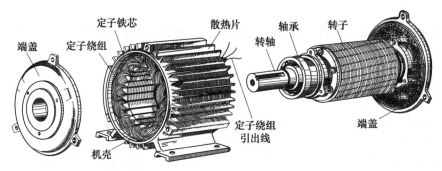

图9-1 普通三相异步电动机的结构图

定子铁芯一般由厚0.35mm的硅钢片叠成,片间由绝缘漆绝缘。定子铁芯冲片上冲有槽,如图9-2所示,用来安放定子三相绕组。

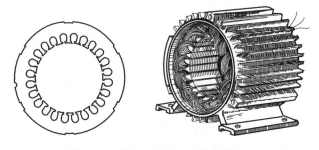

图9-2 普通三相异步电动机的定子

9.1.1.2 转子

电机中转动的部分称为转子。转子由转子铁芯、转子绕组、转轴等部分组成。转子铁芯一般由硅钢片叠成,转子铁芯冲片上冲有槽。一般异步电动机转子铁芯的槽中,经铸铝或嵌入铜条后形成转子绕组,这种转子称为鼠笼转子。如图9-3所示,在槽中的铝条或铜条称为笼条,在槽外的铝环称为端环,笼条与端环浇铸在一起。

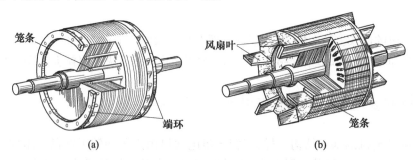

图9-3 鼠笼转子
(a)铜条绕组转子;(b)铸铝绕组转子。

9.1.2 绕线式异步电动机的基本结构

9.1.2.1 定子

与普通三相异步电动机不同的是,绕线式异步电动机的定子上安装有一套电刷装置,如图 9-4 所示。在大型、中型绕线式异步电动机的定子上还装有提刷装置,当电机起动完毕,且不需要调速时,通过手柄使电刷与转子上的集电环脱离接触,并将 3 只集电环短路,以减少电刷磨损和摩擦损耗。

9.1.2.2 转子

绕线式异步电动机的转子绕组也是三相绕组,可以是 Y 形或 △ 形连接。一般来说,小容量绕线式电动机用 △ 形连接,中、大容量绕线式电动机用 Y 形连接。转子的一端装有 3 个集电环,分别与转子绕组的 3 条引出线相连接。通过集电环与定子上的电刷装置,可以将外界变阻器或其他装置串联到转子绕组回路中去,其目的是改善起动性能或调速性能。

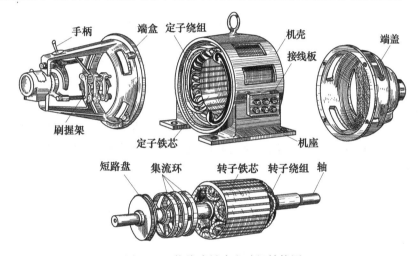

图 9-4 绕线式异步电动机结构图

9.2 三相异步电动机的额定值

电机的额定值是设计和制造部门给电机规定的使用数据,这些数据一般都标在电机外壳的铭牌上或列于说明书中。三相异步电动机的额定值主要有:

额定功率 P_N:电动机在额定运行时,转轴输出的机械功率(W 或 kW)。

额定电压 U_N:额定状态下,加在定子绕组上的线电压(V)。

额定电流 I_N:电动机在定子绕组上加额定电压,转轴输出额定功率时,定子绕组中的线电流(A)。

额定频率 f_N:额定状态电源的交变频率(Hz)。飞机交流电源额定频率为 400Hz,地面工频为 50Hz。

额定转速 n_N:电动机定子绕组上加额定频率的额定电压,且转轴输出额定功率时,电机的转速(r/min)。

此外,还应标明电动机定子绕组的连接方法。对于绕线式异步电动机,还应标明转子绕组的连接方法、转子额定电动势 E_{2N}(集电环之间的线电动势)和转子额定线电流 I_{2N}。由上述额定值还可以派生出额定转差率、额定功率因数等额定值。

9.3 三相异步电动机的基本工作原理

9.3.1 三相异步电动机的旋转磁场

从前面对交流绕组磁势的分析可知：把三相异步电动机定子 A、B、C 这3个单相绕组所产生的磁势 f_A、f_B、f_C 逐点相加，就可得到三相绕组的合成磁势 f。当三相对称绕组通入三相对称电流时，产生的基波合成磁势是正转(按 A、B、C 相序通电)或反转(按 A、C、B 相序通电)磁势，这种磁势的空间向量轨迹是一个圆，称为圆形旋转磁势。

$$\begin{aligned} f_A &= \frac{1}{2}F_{m1}\sin(\omega t - \theta) + \frac{1}{2}F_{m1}\sin(\omega t + \theta) \\ f_B &= \frac{1}{2}F_{m1}\sin(\omega t - \theta) + \frac{1}{2}F_{m1}\sin(\omega t + \theta - 240°) \\ f_C &= \frac{1}{2}F_{m1}\sin(\omega t - \theta) + \frac{1}{2}F_{m1}\sin(\omega t + \theta - 120°) \\ f &= f_A + f_B + f_C = \frac{3}{2}F_{m1}\sin(\omega t - \theta) \end{aligned} \tag{9-1}$$

这种分析的实质是把各相的基波脉振磁势依次分解成两个大小相等、转速相同、旋转方向相反的旋转磁势。当三相绕组中通以对称三相电流时，3个反向旋转的磁势相互抵消，正向旋转磁势得到加强，成为原来的3/2倍。

但是，如果电机三相绕组本身出现不对称情况，或是通入的三相电流不对称，这时，一般来说，3个反向旋转的磁势之和将不等于零。于是，在基波合成磁势中，正向和反向旋转磁势将同时存在，即

$$\boldsymbol{F} = \boldsymbol{F}^+ + \boldsymbol{F}^- \tag{9-2}$$

$$f(\theta,t) = f^+(\theta,t) + f^-(\theta,t) = F_m^+ \cos(\omega t - \theta) + F_m^- \cos(\omega t + \theta) \tag{9-3}$$

式中：F_m^+ 和 F_m^- 分别为正向和反向旋转磁势波的幅值。

把 $\boldsymbol{F}^+$ 和 $\boldsymbol{F}^-$ 分别作为正向和反向旋转的两个空间向量，然后进行合成，可知，此时的三相基波合成磁势是一个正弦分布、幅值变化、非恒速旋转的椭圆形旋转磁场，如图9-5所示。它的最大幅值，即椭圆的长轴，为 $F_m^+ + F_m^-$；最小幅值，即椭圆的短轴，为 $F_m^+ - F_m^-$。合成磁势可分3种情况：

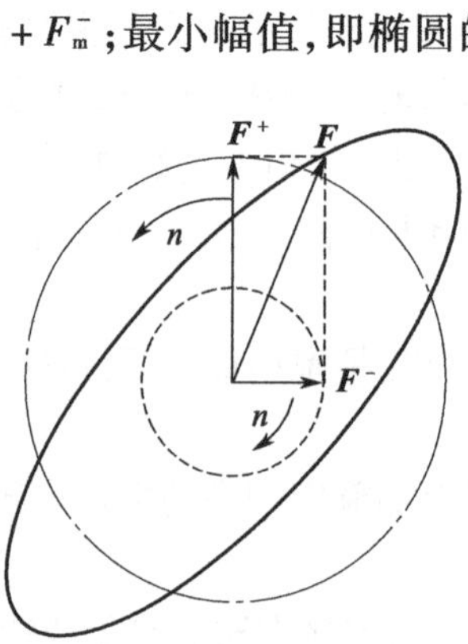

图9-5 椭圆形旋转磁场

（1）当 $F_\mathrm{m}^+ =0$ 或 $F_\mathrm{m}^- =0$ 时，将产生反转或正转圆形磁势；

（2）当 $F_\mathrm{m}^+ = F_\mathrm{m}^-$ 时，将产生脉振磁势；

（3）当 $F_\mathrm{m}^+ \ne F_\mathrm{m}^-$ 时，将产生椭圆形旋转磁势。

9.3.2 基本工作原理

当定子三相绕组通以三相正弦交流电时，在电机中便产生旋转磁场，好像电机中有看不见的磁铁在旋转一样。直观起见，用旋转着的磁极 N-S 来代表三相定子绕组产生的旋转磁场，如图 9-6 所示。

设旋转磁场以转速 n_1 沿顺时针方向转动，相当于鼠笼笼条沿逆时针方向切割旋转磁通。于是，在笼条中便产生感应电势，其方向如图 9-6 所示。因笼条是通过端环连接起来自成闭路的，笼条中的感应电势便在笼条中产生电流。如果把转子电路看成纯电阻电路，则笼条中的电流方向和感应电势的方向相同。载有电流的转子笼条，在磁场中要受到电磁力的作用，其方向如图 9-6 所示。笼条上所受的电磁力对电机的转轴形成电磁转矩 M，在 M 的作用下，转子便顺着旋转磁场旋转的方向转动。

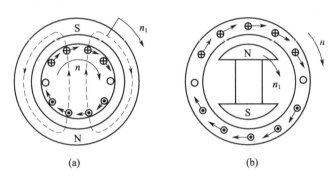

图 9-6 异步电动机的基本工作原理
（a）外定子；（b）内定子。

异步电动机中转子的转速 n 永远小于定子旋转磁场的转速 n_1。这是因为：如果转子转到 $n=n_1$，则转子笼条便不会切割旋转磁通，转子笼条中也就不可能产生感应电势和电流，转子上也就没有电磁转矩，这种情况是不会维持下去的。因此，通常也将定子基波旋转磁场的转速 n_1 称为同步转速，转子的转速 n 永远不可能等于同步转速 n_1，而是小于 n_1。可见，$n<n_1$ 是异步电动机工作的必要条件，这也正是异步电动机中"异步"的含义。

9.3.3 异步电机的运行状态

异步电机转子转速 n 与旋转磁场的转速 n_1 的差值 n_1-n 称为转差。转差与旋转磁场转速 n_1 的比值称为转差率，以 s 表示，即有

$$s = \frac{n_1-n}{n_1} \times 100\% \qquad (9-4)$$

转差率是表征异步电机运行状态的一个简单而重要的数据。由此，转子的转速为

$$n = (1-s)n_1 \qquad (9-5)$$

当异步电机的负载发生变化时，转子的转差和转差率将随之变化，使转子笼条中的电动势、电流和电磁转矩发生相应的变化，以适应负载变化的需要。按照转差率的正、负和大小，异步电机有电动机、发电机和电磁制动三种运行状态，如图 9-7 所示。

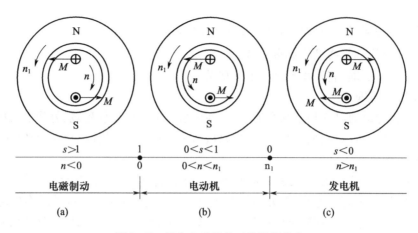

图 9-7 异步电动机的三种运行状态

9.3.3.1 电动机运行

如图 9-7(b)所示,在电动机运行时,由于电磁转矩必须克服负载阻力转矩,故电动机的转子必须有适当的转差率。普遍来讲,转子的转速在 $0 < n < n_1$ 范围内,即 $0 < s < 1$。此时,电机从电网输入功率,通过电磁感应,由转子输出机械功率。

9.3.3.2 发电机运行

如果用另外一台原动机拖动异步电机,使它的转速高于旋转磁场转速 n_1 运行,即 $n > n_1$ 或 $s < 0$,如图 9-7(c)所示。由于 $n > n_1$,使气隙旋转磁场切割转子笼条的方向相反,笼条中电动势、电流和电磁转矩的方向也相反。这种情况下,电磁转矩对原动机来说是一个制动转矩。要使电机转子继续转动,原动机必须给电机输入机械功率。于是,异步电机由定子从电网吸收功率,改变为向电网发出功率,即处于发电机状态。

9.3.3.3 电磁制动

如果用其他机械拖动电机转子朝着与 n_1 转向相反的方向转动,即 $n < 0$ 或 $s > 1$,如图 9-7(a)所示。这时,转子中电动势、电流和电磁转矩的方向仍与电动机运行时一样,作用在转子上的电磁转矩的方向仍与 n_1 转向一致,但转子的实际转向相反,电磁转矩是制动性转矩,电机处于电磁制动状态。此时,电机除了吸收拖动机械的机械功率外,还从电网吸收电功率,这两部分能量在电机内部均以热量损耗散发。

例 9.1 一台油泵用 8 极三相异步电动机在 115V/200V、400Hz 的三相交流电源下工作,其额定转速 $n_N = 5700 \text{r/min}$,空载转差率为 0.005,试计算电动机的空载转速和额定负载时的转差率。

解:异步电动机的同步转速为

$$n_1 = \frac{60 f_1}{P} = \frac{60 \times 400}{4} = 6000 (\text{r/min})$$

空载转速为

$$n_0 = n_1(1 - s_0) = 6000 \times (1 - 0.005) = 5970 (\text{r/min})$$

额定负载时的转差率为

$$s_N = \frac{n_1 - n_N}{n_1} = \frac{6000 - 5700}{6000} = 0.05$$

小　　结

1. 三相异步电动机的基本结构

三相异步电动机由定子和转子两部分组成。

（1）鼠笼式异步电动机的基本结构。定子由定子铁芯、定子绕组、机壳、端盖等部分组成。转子由转子铁芯、转子绕组、转轴等部分组成。

（2）绕线式异步电动机的基本结构。与普通三相异步电动机不同的是,绕线式异步电动机定子上安装有一套电刷装置。绕线式异步电动机的转子绕组也是三相绕组,可以是Y形或△形连接。通过集电环与定子上的电刷装置,可以将外界变阻器或其他装置串联到转子绕组回路中去,改善起动性能或调速性能。

2. 三相异步电动机的额定值

三相异步电动机的额定值主要有额定功率、额定电压、额定电流、额定频率、额定转速等。

3. 三相异步电动机的基本工作原理

三相异步电动机是通过定子三相绕组流过三相正弦交流电流,产生旋转磁场,与转子笼条相互作用,产生电势、电流和电磁转矩,使转子转动的。当定子绕组产生的磁场是圆形旋转磁场时,由这个磁场与转子笼条相互作用,产生电磁转矩,使电机转动;当定子绕组产生的磁场是椭圆形旋转磁场时,可以看成是两个独立的、转向相反的圆形旋转磁场分别与转子笼条相互作用,产生的合成电磁转矩使电机转动。

异步电机中"异步"的概念,指的是电机转子的旋转与旋转磁场的旋转不同步。

4. 异步电机的运行状态

取决于转差率 s 的大小和正、负：

（1）当 $s<0$ 时,为发电机运行,电磁转矩与转子的转向相反,为制动转矩；

（2）当 $0<s<1$ 时,为电动机运行,电磁转矩与转子的转向相同,为动力转矩；

（3）当 $s>1$ 时,为电磁制动运行,电磁转矩与转子的转向相反,为制动转矩。

思考题与习题

1. 异步电动机的定子、转子铁芯如用非磁性材料制成,会出现什么情况？

2. 三相异步电动机的定子三相绕组如果通入不对称三相交流电,可能会出现哪些现象？为什么？

3. 如将绕线式三相异步电动机的定子绕组短接,而把转子绕组接于电压为转子额定电压、频率为400Hz的对称三相交流电源,会发生什么现象（转子旋转磁场为顺时针方向）？

4. 什么是转差率？如何根据转差率来判断异步电机的运行状态？

第10章 异步电动机的基本电磁关系与运行分析

本章主要讲述三相异步电动机在两种运行状态下运行时的基本电磁关系及其分析方法。

在分析三相异步电动机中的电磁关系时,像分析变压器那样,着重分析异步电动机中的电势平衡、磁势平衡、等值电路图和相量图。为了循序渐进地分析问题,先分析转子不动时的情况,后分析转子转动时的情况。为了得到异步电动机的等值电路图,在转子不动时,将转子绕组折算成与定子绕组相同的绕组,这时的异步电动机相当于一个变压器;在转子转动时,将转动的转子折算成不动的转子,这时的异步电动机也相当于一个变压器。从而,可像分析变压器那样得到异步电动机的等值电路图。

为了分析方便,本章以转子在定子里面的情况来分析,所得的结论完全适用于转子在定子外面的情况。

10.1 转子不动时的异步电动机

10.1.1 定子磁势与磁通

当定子三相绕组中通以三相正弦交流电时,定子三相绕组中的电流在电机中共同产生一个旋转磁势。三相定子电流产生的基波旋转磁势为

$$\dot{F}_1 = 0.45 \dot{I}_1 \frac{m_1 W_1 K_{W1}}{p} \quad (10-1)$$

式中:p 为旋转磁场的极对数,取决于定子一相绕组通以(低压)直流电时,电机中显示的极对数,由定子绕组的结构决定。

$\dot{F}_1$ 在空间的转速为

$$n_1 = \frac{60 f_1}{p} \quad (10-2)$$

式中 f_1——定子电流的频率。

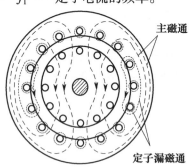

图 10-1 定子电流产生的磁通

定子基波旋转磁势 $\dot{F}_1$ 所产生的磁通分为两部分:绝大部分磁通穿过定子、转子间的气隙,同时与定子、转子绕组相交链,称为电机的主磁通;另一小部分磁通只与定子绕组交链,称为定子漏磁通,如图10-1所示。

10.1.2 定子绕组的电势平衡方程式

在定子三相绕组内通入三相对称电流时,就会产生主磁通,它以同步转速 n_1 旋转,同时切割定子、转子绕组,并在其中感应电势。

由于基波主磁通在空间按正弦规律分布,以转速 $n_1 = \dfrac{60f_1}{p}$ 在空间旋转,而每相绕组中的磁通以角频率 $\omega = 2\pi f_1$ 随时间按余弦规律变化,因而,像变压器那样,在定子每相绕组中产生的感应电势为

$$E_1 = 4.44 f_1 W_1 K_{W1} \Phi \qquad (10-3)$$

式中:Φ 为旋转磁场每极基波总磁通量;f_1 为定子基波电势的频率,$f_1 = \dfrac{pn_1}{60}$,其中 n_1 为旋转磁场的转速,p 为旋转磁场的极对数。显然,定子电势和定子电流的频率是相同的。

基波主磁通在转子每相绕组中的感应电势为

$$E_2 = 4.44 f_2 W_2 K_{W2} \Phi \qquad (10-4)$$

式中 f_2——转子绕组电势的频率。

当转子不动时,转子绕组与旋转磁场之间的相对转速为 n_1,因此

$$f_2 = \dfrac{pn_1}{60} = f_1$$

同样,与定子每相绕组相链的漏磁通也以电源频率 f_1 随时间变化,像变压器那样在每相绕组中产生漏磁电势 $E_{\sigma 1}$,其相位滞后于 $\dot{I}_1$ 的时间电角度为 90°,大小与 I_1 成正比。写成复数形式为

$$\dot{E}_{\sigma 1} = -\mathrm{j}\dot{I}_1 X_1 \qquad (10-5)$$

式中 X_1——定子每相绕组的漏感抗,其大小取决于漏磁路的磁阻。

由于定子绕组中还存在电阻,设每相绕组的电阻为 r_1,其电阻压降为 $\dot{I}_1 r_1$。根据电压平衡关系,定子一相绕组的电势平衡方程式为

$$\dot{U}_1 = -\dot{E}_1 + \mathrm{j}\dot{I}_1 X_1 + \dot{I}_1 r_1 = -\dot{E}_1 + \dot{I}_1 Z_1 \qquad (10-6)$$

式中 $\dot{U}_1$——每相绕组上所加的电源电压;

Z_1——定子一相绕组的漏阻抗,$Z_1 = r_1 + \mathrm{j}X_1$。

由于定子一相绕组的漏阻抗 Z_1 很小,漏阻抗压降 $\dot{I}_1(r_1 + \mathrm{j}X_1)$ 可以忽略不计,故

$$\dot{U}_1 \approx -\dot{E}_1 = 4.44 f_1 W_1 K_{W1} \Phi \qquad (10-7)$$

可见,主磁通 Φ 的多少主要由电源电压 U_1 的大小来决定。当电源电压不变时,主磁通也基本保持不变。

10.1.3 转子磁势与磁通

10.1.3.1 转子磁势

转子每相绕组的电势 $\dot{E}_2$ 在转子每相绕组中产生电流 $\dot{I}_2$,转子每相绕组中的电流 $\dot{I}_2$ 产生转子磁势。设转子绕组的相数为 m_2,m_2 相绕组中的电流产生的基波磁势相加得到电机中合成的基波转子磁势,即

$$\dot{F}_2 = 0.45 \dot{I}_2 \dfrac{m_2 W_2 K_{W2}}{p} \qquad (10-8)$$

式中 p——转子旋转磁势的极对数。

需要说明的是：

（1）转子电流产生的旋转磁场的极对数与定子电流产生的旋转磁场的极对数 p 是相等的。如图 10-2 所示，设定子电流产生的旋转磁场的极对数为 2，且转子电路为纯电阻电路，则转子电流与转子电势的方向相同，转子笼条中的电流经端环而形成闭合回路，全部转子电流形成两对极的磁场，即转子磁场的极对数自然地等于定子磁场的极对数 p。

（2）对于转子绕组的相数 m_2。设全电机的极对数为 p，转子笼条数为 N_2，当 $\dfrac{N_2}{p} \neq$ 整数时，每根笼条在空间彼此相差 $\dfrac{p2\pi}{N_2}$ 空间电角度，每根笼条中电流的时间相位彼此相差 $\dfrac{p2\pi}{N_2}$ 时间电角度，1 根笼条就是 1 相，即转子绕组的相数 m_2 等于笼条数 N_2，$m_2 = N_2$。

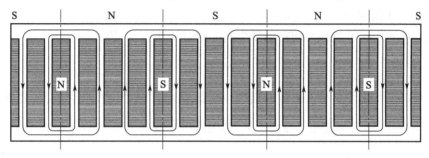

图 10-2 鼠笼转子的极对数

因为 1 根笼条就是一相，而 1 匝线圈必须有 2 根导体，故转子每相绕组的串联匝数 $W_2 = \dfrac{1}{2}$。同时，由于一相的"线圈"既不分布也不短距，所以转子绕组的绕组系数 $K_{W2} = 1$。

由此，m_2 相转子绕组中的电流 $\dot{I}_2$ 共同产生的合成基波旋转磁势为

$$\dot{F}_2 = 0.45 \dot{I}_2 \dfrac{m_2 W_2 K_{W2}}{p} = 0.45 \dot{I}_2 \dfrac{N_2 W_2 K_{W2}}{p} \qquad (10-9)$$

式中　$\dot{I}_2$——1 根笼条中的电流。

当 $\dfrac{N_2}{p} =$ 整数时，每对极下有 $\dfrac{N_2}{p}$ 根笼条，这时转子绕组的相数为

$$m_2 = \dfrac{N_2}{p} \qquad (10-10)$$

由于一对极下的笼条中的电势和电流依次与另一对极下的笼条中的电势和电流分别对应相同，它们经端环并联，因而每相绕组有 p 条并联支路，转子每相绕组的电流为 $p\dot{I}_2$，转子绕组的磁势为

$$\dot{F}_2 = 0.45 (p\dot{I}_2) \dfrac{\dfrac{N_2}{p} W_2 K_{W2}}{p} = 0.45 \dot{I}_2 \dfrac{N_2 W_2 K_{W2}}{p} \qquad (10-11)$$

所以，不论 $\dfrac{N_2}{p}$ 是否等于整数，转子的磁势均为

$$\dot{F}_2 = 0.45 \dot{I}_2 \dfrac{N_2 W_2 K_{W2}}{p} \qquad (10-12)$$

转子磁势 $\dot{F}_2$ 的转速以 n_2 表示,它取决于转子电流的频率 f_2 和转子旋转磁场的极对数 p,即

$$n_2 = \frac{60 f_2}{p} \quad (10-13)$$

转子电流的频率就是转子电势的频率。当转子不动时,$f_2=f_1$,故

$$n_2 = \frac{60 f_2}{p} = \frac{60 f_1}{p} = n_1 \quad (10-14)$$

转子磁势 $\dot{F}_2$ 的转向取决于转子电流达到正的最大值的空间顺序,即定子旋转磁场的转向,因此转子旋转磁场的转向与定子旋转磁场的转向是相同的。

可见,转子旋转磁场与定子旋转磁场转速相等、转向相同,它们在空间相对静止。好像变压器中副绕组的磁势与原绕组的磁势在空间是静止的一样。

10.1.3.2 转子电流产生的磁通

转子有电流流过,转子电流也要产生转子磁通。如图 10-3 所示,转子磁通也分为两部分:一部分穿过定子、转子铁芯之间的气隙,经定子、转子铁芯而闭合,同时与定子、转子绕组相交链;另一部分磁通不穿过定子、转子铁芯之间的气隙,仅与转子绕组相交链,这部分磁通称为转子漏磁通。

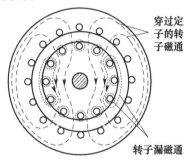

图 10-3 转子电流产生的磁通

10.1.4 转子不动时异步电动机的磁势平衡方程式

根据安培环路定律,产生气隙磁通密度 $\dot{B}_\delta$ 的磁势是作用在磁路上所有的磁势之和。转子不动时,在电机中同时存在定子磁势 $\dot{F}_1$ 和转子磁势 $\dot{F}_2$,应将它们矢量相加起来,得到合成磁势,用 $\dot{F}_0$ 表示,才是产生气隙磁通密度 $\dot{B}_\delta$ 和主磁通 Φ 的磁势,即

$$\dot{F}_1 + \dot{F}_2 = \dot{F}_0 \quad (10-15)$$

这就是转子不动时异步电动机的磁势平衡方程式。将式(10-15)写成

$$\dot{F}_1 = -\dot{F}_2 + \dot{F}_0 \quad (10-16)$$

从式(10-16)可以看出,定子磁势由 $-\dot{F}_2$ 分量和 $\dot{F}_0$ 分量两部分组成。其中 $-\dot{F}_2$ 分量大小与 $\dot{F}_2$ 一样,而方向与 $\dot{F}_2$ 相反,它的作用是抵消转子磁势 $\dot{F}_2$ 对气隙磁通密度 $\dot{B}_\delta$ 的影响,以使 Φ 保持不变;另一分量 $\dot{F}_0$ 才是产生气隙磁通密度 $\dot{B}_\delta$ 和主磁通的。

10.1.5 转子绕组的电势平衡方程式

和定子绕组一样,与转子每相绕组相交链的转子漏磁通也要在转子绕组中产生转子漏磁电势 $E_{\sigma 2}$,写成复数形式为

$$\dot{E}_{\sigma 2} = -\mathrm{j}\dot{I}_2 X_2 \quad (10-17)$$

式中:X_2 为转子一相绕组的漏感抗,其大小主要取决于与转子一相绕组相链的漏磁通所经路径的磁阻,即主要取决于转子槽形的几何尺寸。因转子绕组短路,$\dot{U}_2 = 0$,故转子一相绕组的

电势平衡方程式为

$$0 = \dot{E}_2 - j\dot{I}_2 X_2 - \dot{I}_2 r_2 = \dot{E}_2 - \dot{I}_2 Z_2 \qquad (10-18)$$

式中：Z_2 为转子一相绕组的漏阻抗，$Z_2 = r_2 + jX_2$。

由此可得转子电流 $\dot{I}_2$ 的大小为

$$I_2 = \frac{E_2}{\sqrt{r_2^2 + X_2^2}} \qquad (10-19)$$

转子电流 $\dot{I}_2$ 与转子电势 $\dot{E}_2$ 之间的相位差角为

$$\psi_2 = \arctan \frac{X_2}{r_2} \qquad (10-20)$$

从以上分析可见，转子不动时的异步电动机虽然定子、转子绕组在空间是静止的，定子、转子电路的频率也是相同的，但是，由于定子和转子绕组的相数、匝数、绕组系数均不相同，使主磁通 Φ 在定子、转子一相绕组中所产生的感应电势不但大小不等，而且相位不同。因而，不能直接将定子、转子电路连接起来，不能把异步电机定子、转子绕组间磁的耦合变为电的联系，不能像变压器那样得到异步电动机的等值电路图。

但是，如果用一个假想的、相数为 m_1、匝数为 W_1、绕组系数为 K_{W1}、极对数为 p 的转子绕组来代替实际的、相数为 m_2、匝数为 W_2、绕组系数为 K_{W2}、极对数为 p 的转子绕组，那么，如使转子各相绕组的轴线与定子各相绕组的轴线相重合，则由主磁通 Φ 在定子、转子一相绕组中所产生的感应电势不但大小相等，而且相位相同。于是，可以像变压器一样，将转子一相绕组与相应的定子一相绕组在电路上连接起来，从而得到异步电动机一相绕组的等值电路图。这种代替称为异步电动机的绕组折算。此时的三相异步电动机恰似一个 $K=1$ 的三相变压器。

10.1.6 绕组折算

这样的代替必须使代替后的转子绕组产生的磁势 $\dot{F}_2'$ 与实际的转子绕组产生的磁势 $\dot{F}_2$ 完全相等，即

$$\dot{F}_2' = \dot{F}_2 \qquad (10-21)$$

才能使代替前、后电机中的磁势和磁场保持不变，这是绕组折算的充要条件。

根据折算前后磁势不变的原则，可得到折算前后转子电路中各物理量之间的关系，折算后的量加上"/"，以区别于折算前的量。

1. 电流

因折算前后的转子磁势应完全相等，$\dot{F}_2' = \dot{F}_2$，即

$$0.45 \dot{I}_2' \frac{m_1 W_1 K_{W1}}{p} = 0.45 \dot{I}_2 \frac{m_2 W_2 K_{W2}}{p} \qquad (10-22)$$

故折算后的转子电流为

$$\dot{I}_2' = \frac{m_2 W_2 K_{W2}}{m_1 W_1 K_{W1}} \dot{I}_2 \qquad (10-23)$$

即

$$\dot{I}'_2 = \frac{1}{k_i}\dot{I}_2 \tag{10-24}$$

式中：k_i 为电流变比，且有

$$k_i = \frac{m_1 W_1 K_{W1}}{m_2 W_2 K_{W2}}$$

折算后的转子电流的相位必须相等，即

$$\psi'_2 = \psi_2$$

2. 电势

折算前后电机中的主磁通不变，故折算前后主磁通 Φ 所产生的转子电势分别为

$$E'_2 = 4.44 f_1 W_1 K_{W1} \Phi = E_1$$
$$E_2 = 4.44 f_1 W_2 K_{W2} \Phi \tag{10-25}$$

故

$$E'_2 = \frac{W_1 K_{W1}}{W_2 K_{W2}} E_2 = k_e E_2 \tag{10-26}$$

式中：k_e 为电势变比，且有

$$k_e = \frac{W_1 K_{W1}}{W_2 K_{W2}}$$

3. 阻抗

因为折算后转子电势变为 $\dot{E}'_2 = k_e \dot{E}_2$，要使转子电流变为 $\dot{I}'_2 = \frac{1}{k_i}\dot{I}_2$，必须使转子电路的阻抗变为

$$Z'_2 = r'_2 + jX'_2 = \frac{\dot{E}'_2}{\dot{I}'_2} = k_e k_i \frac{\dot{E}_2}{\dot{I}_2} = kZ_2 = k(r_2 + jX_2) \tag{10-27}$$

因为

$$\psi'_2 = \arctan \frac{X'_2}{r'_2} = \psi_2 \tag{10-28}$$

所以

$$r'_2 = kr_2$$
$$X'_2 = kX_2 \tag{10-29}$$

式中

$$k = k_i k_e = \frac{m_1}{m_2}\left(\frac{W_1 K_{W1}}{W_2 K_{W2}}\right)^2 \tag{10-30}$$

4. 功率

折算前后转子电路的有功功率为

$$m_1 I'^2_2 r'_2 = m_1 \left(\frac{1}{k_i} I_2\right)^2 kr_2 = m_2 I_2^2 r_2 \tag{10-31}$$

无功功率为

$$m_1 I'^2_2 X'_2 = m_1 \left(\frac{1}{k_i} I_2\right)^2 kX_2 = m_2 I_2^2 X_2 \tag{10-32}$$

5. 电势平衡方程式

$$0 = \dot{E}_2' - \dot{I}_2'(r_2' + jX_2') = k_e \dot{E}_2 - \frac{1}{k_i}\dot{I}_2(kr_2 + jkX_2) \quad (10-33)$$

$$0 = \dot{E}_2 - \dot{I}_2(r_2 + jX_2)$$

6. 磁势平衡方程式

$$\dot{F}_1 + \dot{F}_2' = \dot{F}_1 + \dot{F}_2 = \dot{F}_0 \quad (10-34)$$

可见，折算后的电势平衡、磁势平衡及功率平衡都和折算前相同，故一个相数为 m_2、匝数为 W_2、绕组系数为 K_{W2} 的转子绕组完全可以用一个假想的、相数为 m_1、匝数为 W_1、绕组系数为 K_{W1} 的转子绕组来代替。

10.1.7 等值电路

由于折算后的异步电动机的转子每相绕组的电势 $\dot{E}_2'$ 的大小、相位、频率与定子每相绕组的电势 $\dot{E}_1$ 相同，即

$$\dot{E}_2' = \dot{E}_1 \quad (10-35)$$

于是，转子绕组的各相便可和定子绕组的各相一一对应地在电路上连接起来，从而得到异步电动机转子不动时一相绕组的等值电路图，如图 10-4 所示。

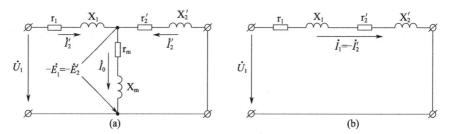

图 10-4 异步电动机转子不动时的等值电路图

10.2 转子转动时的异步电动机

我们将要说明：一个转子转动的异步电动机可以看作一个转子电路经过适当变换的转子不动的异步电动机，而一个转子不动的异步电动机可以看作一个变压器，因而也可以像变压器的等值电路图一样，得到异步电动机转子转动时的等值电路图。在分析转子转动的异步电动机时，认为转子绕组已经过绕组折算，是绕组数据和定子绕组相同的转子绕组。

10.2.1 转子转动对电机各物理量的影响

当异步电动机的转子转动起来之后，转子与旋转磁场之间就会存在转速差 $n_1 - n$ 和转差率 s，因此以脚注"s"表示异步电动机转子转动时的各量，以便和异步电动机转子不动时的各量相区别。

10.2.1.1 定子电势平衡方程式

因为定子不动，像转子不动时一样，定子绕组的电势的频率与定子电流 $\dot{I}_1$ 的频率相同，为 f_1，即

$$f_1 = \frac{pn_1}{60}$$

定子一相绕组的电势平衡方程式为

$$\dot{U}_1 = -\dot{E}_1 + \dot{I}_1(r_1 + jX_1) \tag{10-36}$$

式(10-36)中，$\dot{I}_1(r_1 + jX_1)$很小，可以忽略。当忽略$\dot{I}_1(r_1 + jX_1)$时，有

$$\dot{U}_1 \approx -\dot{E}_1 = j4.44 f_1 W_1 K_{W1} \dot{\Phi} \tag{10-37}$$

10.2.1.2 转子电势平衡方程式

因为转子以转速n沿旋转磁场n_1的方向转动，旋转磁场以转差n_1-n切割转子绕组，在转子绕组中产生的电势$\dot{E}'_{2s}$的频率为

$$f_2 = \frac{p(n_1-n)}{60} = \frac{p \cdot sn_1}{60} = sf_1 \tag{10-38}$$

其大小为

$$E'_{2s} = 4.44 f_2 W_1 K_{W1} \Phi = 4.44 sf_1 W_1 K_{W1} \Phi = sE'_2 \tag{10-39}$$

转子电流$\dot{I}'_{2s}$的频率为

$$f_2 = sf_1$$

转子电流产生的漏磁电势为

$$\dot{E}'_{\sigma 2s} = -j\dot{I}'_{2s} X'_{2s} \tag{10-40}$$

式中：X'_{2s}为转子转动时，转子一相绕组的漏感抗。

因为$f_2 = sf_1$，所以

$$X'_{2s} = \omega_{2s} L_1 = 2\pi f_2 L_1 = 2\pi sf_1 L_1 = sX'_2 \tag{10-41}$$

忽略转子电流频率的变化对转子电阻的影响，而认为转子转动时，转子一相绕组的电阻r'_{2s}与转子不动时转子一相绕组的电阻r'_2相等，即

$$r'_{2s} = r'_2 \tag{10-42}$$

转子一相绕组的电势平衡方程式为

$$0 = \dot{E}'_{2s} - \dot{I}'_{2s}(r'_{2s} + jX'_{2s}) = \dot{E}'_{2s} - \dot{I}'_{2s}(r'_2 + jsX'_2) \tag{10-43}$$

由此得到转子电流$\dot{I}'_{2s}$的大小为

$$I'_{2s} = \frac{E'_{2s}}{\sqrt{{r'_2}^2 + (sX'_2)^2}} \tag{10-44}$$

转子电流$\dot{I}'_{2s}$与转子电势$\dot{E}'_{2s}$的相位差为

$$\psi'_{2s} = \arctan \frac{X'_{2s}}{r'_{2s}} = \arctan \frac{sX'_2}{r'_2} \tag{10-45}$$

10.2.1.3 磁势平衡方程式

定子电流为$\dot{I}_1$，定子磁势为

$$\dot{F}_1 = 0.45 \dot{I}_1 \frac{m_1 W_1 K_{W1}}{p} \tag{10-46}$$

$\dot{F}_1$ 对定子的转速为

$$n_1 = \frac{60f_1}{p}$$

转子电流 $\dot{I}'_{2s}$ 产生的转子磁势为

$$\dot{F}'_{2s} = 0.45 \dot{I}'_{2s} \frac{m_1 W_1 K_{W1}}{p} \quad (10-47)$$

$\dot{F}'_{2s}$ 对转子的转速为

$$n_2 = \frac{60f_2}{p} = \frac{60sf_1}{p} = sn_1 \quad (10-48)$$

$\dot{F}'_{2s}$ 的转向与转子的转向相同,而转子本身以转速 n 在空间转动,故转子磁势 $\dot{F}'_{2s}$ 在空间的转速为

$$n_2 + n = sn_1 + (1-s)n_1 = n_1 \quad (10-49)$$

因而,转子转动时,转子电流产生的转子磁势和定子电流产生的定子磁势仍然在空间转速相等、转向相同,它们在空间相对静止。

由 $U_1 = E_1 = 4.44f_1 W_1 K_{W1} \Phi$,当电源电压不变时,电机中的主磁通 Φ 保持不变,因而

$$\dot{F}_1 + \dot{F}'_{2s} = \dot{F}_0 \quad (10-50)$$

这就是转子转动时,异步电动机的磁势平衡方程式。

从以上分析可见,转子转动的异步电动机与转子不动的异步电动机有很大的差别:转子转动的异步电动机,转子绕组与定子绕组间有相对运动。因而,虽然转子绕组与定子绕组有相同的绕组参数,但由主磁通 Φ 产生的转子电势不仅大小不等($E'_{2s} = sE_1$)、相位不同,而且转子电路的频率和定子电路的频率不同($f_2 = sf_1$)。这样,转子绕组和定子绕组在电路上根本不可能连接起来,不能像转子不动时那样,得到异步电动机转子转动时的等值电路。

但是,如果用一个假想的、转子不动的转子绕组来代替实际的、转子转动的转子绕组,那么,由于转子不动,$n=0$,$s=1$,则由主磁通所产生的转子绕组的电势的大小、相位、频率都和定子绕组的电势相同,转子绕组和定子绕组便可在电路上连接起来。这种代替称为异步电动机的频率折算。

10.2.2 频率折算

这种代替同样也必须使代替后的转子绕组产生的磁势 $\dot{F}''_2$ 与实际的转子绕组产生的磁势 $\dot{F}'_{2s}$ 完全相等,即

$$\dot{F}''_2 = \dot{F}'_{2s} \quad (10-51)$$

才能使代替前、后电机中的磁势和磁场保持不变,这是频率折算的充要条件。

根据折算前后磁势不变的原则,可得到折算前后转子电路中各物理量之间的关系。折算后的量加上"″",表示这是在第一次折算的基础上进行的第二次折算,以区别于第一次折算。同时折算后的量不再加脚注"s",以表明折算后的转子是不动的。

1. 电流

因折算前后的转子磁势应完全相等,$\dot{F}''_2 = \dot{F}'_{2s}$,即

$$0.45\dot{I}''_2 \frac{m_1 W_1 K_{W1}}{p} = 0.45 \dot{I}'_{2s} \frac{m_1 W_1 K_{W1}}{p} \tag{10-52}$$

故折算后的转子电流 $\dot{I}''_2$ 必须等于折算前的转子电流 $\dot{I}'_{2s}$，即

$$\dot{I}''_2 = \dot{I}'_{2s} \tag{10-53}$$

因而

$$I''_2 = I'_{2s}$$
$$\psi''_2 = \psi'_{2s} \tag{10-54}$$

2. 电势

因折算后的频率变为 $f_2 = f_1$，故

$$E''_2 = 4.44 f_1 W_1 K_{W1} \Phi = E_1 \tag{10-55}$$

而折算前的转子电势为

$$E'_{2s} = 4.44 f_2 W_1 K_{W1} \Phi = sE_1 \tag{10-56}$$

所以

$$E''_2 = \frac{1}{s} E'_{2s} \tag{10-57}$$

3. 阻抗

因为折算后转子电势变为 $E''_2 = \frac{1}{s} E'_{2s}$，而转子电流必须保持为 $\dot{I}'_{2s}$ 不变，因此必须使转子电路的阻抗变为

$$\begin{cases} Z''_2 = \dfrac{\dot{E}''_2}{\dot{I}''_2} = \dfrac{\frac{1}{s}\dot{E}'_{2s}}{\dot{I}'_{2s}} = \dfrac{1}{s}\dfrac{\dot{E}'_{2s}}{\dot{I}'_{2s}} = \dfrac{1}{s} Z'_{2s} \\ Z''_2 = r''_2 + jX''_2 = \dfrac{1}{s}(r'_{2s} + jX'_{2s}) = \dfrac{1}{s} Z'_{2s} \end{cases} \tag{10-58}$$

因为

$$\psi''_2 = \psi'_{2s} \tag{10-59}$$

所以

$$r''_2 = \frac{1}{s} r'_{2s} = \frac{1}{s} r'_2$$
$$X''_2 = \frac{1}{s} X'_{2s} = X'_2 \tag{10-60}$$

折算后的转子电路的电阻变为

$$r''_2 = \frac{1}{s} r'_{2s} = \frac{r'_2}{s} = r'_2 + \frac{r'_2}{s}(1-s) \tag{10-61}$$

可见，折算后的、等值的、转子不动的异步电动机的转子电阻应为折算前的、转子转动的异步电动机的转子电阻 $r'_{2s} = r'_2$ 与电阻 $\frac{r'_2}{s}(1-s)$ 相串联。

为了明白 $\frac{r'_2}{s}(1-s)$ 所代表的物理意义，先分析折算前后转子电路的有功功率。

折算后的、等值的、转子不动的异步电动机，转子电路的有功功率为

$$P'' = m_1 (I_2'')^2 \left[r_2' + \frac{r_2'}{s}(1-s) \right] = m_1 (I_2'')^2 r_2' + m_1 (I_2'')^2 \frac{r_2'}{s}(1-s) \quad (10-62)$$

折算前的、实际的、转子转动的异步电动机，除了转子电阻 $r_{2s}' = r_2'$ 所消耗的有功功率 $m_1 (I_2'')^2 r_{2s}' = m_1 (I_2'')^2 r_2'$ 外，转子还带动外部机械，转轴上还要输出机械功率 P_{mex}。这时，转子的全部有功功率为

$$P_{2s} = m_1 (I_2'')^2 r_2' + P_{\text{mex}} \quad (10-63)$$

折算后的异步电动机必须与折算前的异步电动机等值，则必须

$$P'' = P_{2s}$$

即

$$m_1 (I_2'')^2 r_2' + m_1 (I_2'')^2 \frac{r_2'}{s}(1-s) = m_1 (I_2'')^2 r_2' + P_{\text{mex}} \quad (10-64)$$

故

$$m_1 (I_2'')^2 \frac{r_2'}{s}(1-s) = P_{\text{mex}} \quad (10-65)$$

这样一来，$\frac{r_2'}{s}(1-s)$ 是代表转子转动的异步电动机转子上的机械功率 P_{mex} 的模拟电阻。

折算后的转子电路的电抗为

$$X_2'' = \frac{1}{s} X_{2s}' = \frac{1}{s} \cdot s X_2' = X_2' \quad (10-66)$$

4. 电势平衡

折算前后的电势平衡方程式相等

$$\begin{aligned} \dot{U}_1 &= -\dot{E}_1 + \dot{I}_1 (r_1 + jX_1) \\ 0 &= \dot{E}_2'' - \dot{I}_2'' (r_2'' + jX_2'') \end{aligned} \quad (10-67)$$

5. 磁势平衡

折算前后的磁势平衡方程式相等

$$\dot{F}_1 + \dot{F}_2'' = \dot{F}_1 + \dot{F}_{2s}' = \dot{F}_0 \quad (10-68)$$

可见，折算前后异步电动机的功率、电势、磁势都是等值的，即一个转子转动的异步电动机可以用一个等值的、转子不动的异步电动机来代替。

由式(10-68)可得

$$\begin{aligned} \dot{I}_1 W_1 + \dot{I}_2'' W_1 &= \dot{I}_0 W_1 \\ \dot{I}_1 + \dot{I}_2'' &= \dot{I}_0 \end{aligned} \quad (10-69)$$

当忽略 $\dot{I}_0$ 时，有

$$\dot{I}_1 = -\dot{I}_2'' = -\dot{I}_{2s}' \quad (10-70)$$

10.2.3 等值电路和时空向量图

转子转动的异步电动机可以用一个等值的、转子不动的异步电动机来代替，而一个转子不

动的异步电动机可以看作一个负载电阻为 $\dfrac{r_2'}{s}(1-s)$ 的三相变压器,因此,可以由变压器的等值电路图得到转子转动的异步电动机的等值电路图,如图 10-5(a)所示。

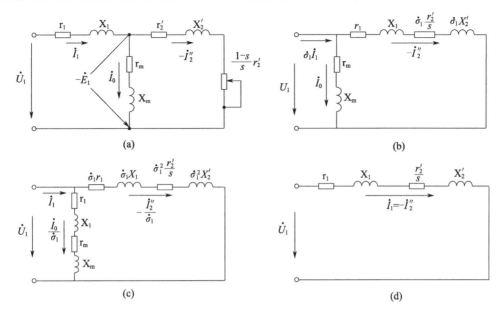

图 10-5　异步电动机的等值电路图

图 10-5(a)所示的转子转动的异步电动机的等值电路图具有普遍意义,而图 10-4 所示的等值电路图只是图 10-5 的一个特例。当 $n=0,s=1$ 时,$\dfrac{r_2'}{s}(1-s)=0$,便得到图 10-4 所示的转子真正不动时的异步电动机的等值电路图。此时,电机轴上没有机械功率输出,即 $P_{\text{mex}}=0$,它的模拟电阻 $\dfrac{r_2'}{s}(1-s)$ 自然应该等于零。

由图 10-5(a)所示的 T 形等值电路图,求用 $\dot{U}_1$ 表示的定子电流及转子电流时,运算较为复杂。如将图 10-5(a)变化成图 10-5(b)所示的 Γ 形等值电路图,可以使计算得到简化。

令

$$Z_2'' = \dfrac{r_2'}{s} + jX_2' \tag{10-71}$$

因为

$$\dot{I}_1 = \dot{I}_0 - \dot{I}_2'' = -\dfrac{\dot{E}_1}{Z_m} - \dfrac{\dot{E}_1}{Z_2''} \tag{10-72}$$

$$\dot{U}_1 = -\dot{E}_1 + \dot{I}_1 Z_1 = -\dot{E}_1\left(1 + \dfrac{Z_1}{Z_m} + \dfrac{Z_1}{Z_2''}\right) \tag{10-73}$$

令

$$\dot{\sigma}_1 = 1 + \dfrac{Z_1}{Z_m} \tag{10-74}$$

$\dot{\sigma}_1$ 称为校正系数,它是一个复量。由式(10-73)可得

$$\dot{U}_1 = -\dot{E}_1 \left(\dot{\sigma}_1 + \frac{Z_1}{Z_2''} \right) \qquad (10-75)$$

而

$$-\dot{E}_1 = \frac{\dot{U}_1}{\dot{\sigma}_1 + \frac{Z_1}{Z_2''}} = \dot{U}_1 - \dot{I}_1 Z_1 \qquad (10-76)$$

将式(10-76)代入式(10-72),可得

$$\dot{I}_1 = \frac{\dot{U}_1 - \dot{I}_1 Z_1}{Z_m} + \frac{\dot{U}_1}{\dot{\sigma}_1 Z_2'' + Z_1} \qquad (10-77)$$

即

$$\dot{I}_1 = \frac{\dot{U}_1}{Z_m} - \frac{Z_1}{Z_m} \dot{I}_1 + \frac{\dot{U}_1}{\dot{\sigma}_1 Z_2'' + Z_1} \qquad (10-78)$$

$$\dot{\sigma}_1 \dot{I}_1 = \frac{\dot{U}_1}{Z_m} + \frac{\dot{U}_1}{\dot{\sigma}_1 Z_2'' + Z_1} = \dot{I}_0 - \dot{I}_2'' \qquad (10-79)$$

或

$$\dot{I}_1 = \frac{\dot{I}_0}{\dot{\sigma}_1} - \frac{\dot{I}_2''}{\dot{\sigma}_1} \qquad (10-80)$$

式中

$$\dot{I}_0 = \frac{\dot{U}_1}{Z_m} \qquad (10-81)$$

$$-\dot{I}_2'' = \frac{\dot{U}_1}{\dot{\sigma}_1 Z_2'' + Z_1} = \frac{1}{\dot{\sigma}_1 Z_2'' + Z_1} \left[-\dot{E}_1 \left(\dot{\sigma}_1 + \frac{Z_1}{Z_2''} \right) \right] = -\frac{\dot{E}_1}{Z_2''} \qquad (10-82)$$

与式(10-79)相对应的等值电路图如图10-5(b)所示。而图10-5(c)与图10-5(b)显然是等值的。图10-5(c)中

$$\frac{\dot{I}_0}{\dot{\sigma}_1} = \frac{\dot{U}_1}{\dot{\sigma}_1 Z_m} = \frac{\dot{U}_1}{Z_1 + Z_m} \qquad (10-83)$$

通常,$Z_m \gg Z_1$, $\dot{\sigma}_1 \approx 1$;又因 $r_m \ll X_m$, $r_1 \ll X_1$,故可近似地认为

$$\dot{\sigma}_1 = 1 + \frac{X_1}{X_m} \qquad (10-84)$$

是一个实数,计算将进一步简化。

如果 $X_1 \ll X_m$,取 $\sigma_1 \approx 1$,并忽略励磁电流 $\dot{I}_0$,则可得到异步电动机简化的等值电路图,如图10-5(d)所示。

T形等值电路图(图10-5(a))是精确的。如果取 $\dot{\sigma}_1 = 1 + \frac{Z_1}{Z_m}$,则Γ形等值电路图(图

10-5(b)、(c))是同样精确的。如果取 $\sigma_1 \approx 1 + \dfrac{X_1}{X_m}$,则 Γ 形等值电路图是近似的,不过误差不大。而简化等值电路图(图 10-5(d))对小功率异步电动机来说会带来较大误差。

和变压器一样,取主磁通 $\dot{\Phi}$ 作为参考量,根据电势平衡方程式及磁势平衡方程式

$$\dot{U}_1 = -\dot{E}_1 + \dot{I}_1(r_1 + jX_1)$$

$$\dot{E}_2'' = \dot{I}_2''(\dfrac{r_2'}{s} + jX_2')$$

$$\dot{I}_1 = -\dot{I}_2'' + \dot{I}_0$$

并注意到:

(1) $\dot{E}_1 = \dot{E}_2''$ 滞后于 $\dot{\Phi}$ 的电角度为 90°;

(2) $\dot{I}_2''$ 滞后于 $\dot{E}_2''$ 的电角度为 ψ_2;

(3) $\dot{I}_0$ 超前于 $\dot{\Phi}$ 的电角度为 α;

(4) $\dot{I}_1$ 为 $\dot{I}_0$ 与 $-\dot{I}_2''$ 的相量和;

(5) $-\dot{E}_1$ 与 $\dot{E}_1$ 反向;

(6) $\dot{I}_1 r_1$ 与 $\dot{I}_1$ 同相;

(7) $-\dot{E}_{\sigma 1} = -(-jX_1\dot{I}_1) = jX_1\dot{I}_1$,超前于 $\dot{I}_1$ 的电角度为 90°。

可得到异步电动机的相量图如图 10-6 所示。

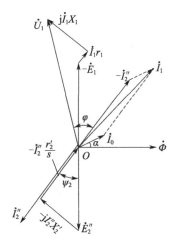

图 10-6 异步电动机的相量图

从图 10-6 可以看到,异步电动机定子绕组中的电流 $\dot{I}_1$ 滞后于端电压 $\dot{U}_1$ 的电角度为 φ,φ 称为异步电动机的功率因数角,$\cos\varphi$ 称为异步电动机的功率因数。异步电动机从电网吸取的有功功率为

$$P_1 = m_1 U_1 I_1 \cos\varphi$$

无功功率为

$$Q_1 = m_1 U_1 I_1 \sin\varphi$$

例 10.1 已知 1 台三相异步电动机,$P_N = 10\text{kW}, U_N = 380\text{V}, n_N = 1455\text{r/min}, W_1 = 108$ 匝,△形接法,$K_{W1} = 0.9, r_1 = 1.375\Omega, X_1 = 2.43\Omega$,转子槽数 $N = 28$ 槽,$r_2 = 1.26 \times 10^{-4}\Omega, X_2 = 0.542 \times 10^{-3}\Omega, r_m = 8.34\Omega, X_m = 82.6\Omega$。试用 T 形等值电路求:在额定转速下的定子、转子相电流 $\dot{I}_1$ 和 $\dot{I}_2$,相电势 $\dot{E}_1$ 和 $\dot{E}_2$,励磁电流 $\dot{I}_0$,功率因数 $\cos\varphi$。

解:三相异步电动机的额定转速为

$$n_N \approx \frac{60f}{p}$$

即

$$p \approx \frac{60f}{n_N} = \frac{60 \times 50}{1455} = 2.06$$

故

$$p = 2$$

三相异步电动机定子旋转磁场的转速为

$$n_1 = \frac{60f}{p} = \frac{3000}{2} = 1500(\text{r/min})$$

三相异步电动机的转差率为

$$s = \frac{n_1 - n_N}{n_1} = \frac{1500 - 1455}{1500} = 0.03$$

(1)把转子的参数折算到定子绕组。
电势变比为

$$k_e = \frac{W_1 K_{W1}}{W_2 K_{W2}} = \frac{108 \times 0.9}{\frac{1}{2} \times 1} = 194.4$$

电流变比为

$$k_i = \frac{m_1 W_1 K_{W1}}{m_2 W_2 K_{W2}} = \frac{3 \times 108 \times 0.9}{\frac{28}{2} \times \frac{1}{2} \times 1} = 41.7$$

所以

$$r_2' = k_e k_i r_2 = 194.4 \times 41.7 \times 1.26 \times 10^{-4} = 1.02(\Omega)$$
$$X_2' = k_e k_i X_2 = 194.4 \times 41.7 \times 0.542 \times 10^{-3} = 4.4(\Omega)$$

则

$$\frac{r_2'}{s} = \frac{1.02}{0.03} = 34(\Omega)$$

于是,由上述求得的参数,可用 T 形等值电路求解。

(2)求定子电流。

取电压 $\dot{U}_1$ 为参考相量,即

$$\dot{U}_1 = 380 e^{j0°} = 380(\text{V})$$

由等值电路求每相电流:

$$Z = \frac{Z_m Z_2'}{Z_m + Z_2'} = \frac{(34+j4.4)(8.34+j82.6)}{(34+j4.4)+(8.34+j82.6)} = 26.6+j14.2(\Omega)$$

$$\dot{I}_1 = \frac{\dot{U}_1}{Z_1+Z} = \frac{380}{(1.375+j2.43)+(26.6+j14.2)} = 11.7e^{-j31°}(A)$$

（3）转子电流 $\dot{I}_2''$

$$-\dot{I}_2'' = \frac{Z_m}{Z_m+Z_2'}\dot{I}_1 = \frac{Z}{Z_2'}\dot{I}_1 = \frac{26.6+j14.2}{34+j4.4}\dot{I}_1 = 9.7e^{-j9.8°}(A)$$

因为

$$\dot{I}_2'' = \dot{I}_{2s} = \frac{1}{k_i}\dot{I}_2$$

所以

$$\dot{I}_2 = k_i \dot{I}_2'' = -41.7 \times 9.7e^{-j9.8°} = 404.5e^{j170.2°}(A)$$

（4）励磁电流

$$\dot{I}_0 = \dot{I}_1 + \dot{I}_2'' = 11.7e^{-j31°} - 9.7e^{-j9.8°} = 4.47e^{-j87.5°} \quad (A)$$

（5）功率因数

$$\cos\varphi = \cos 31° = 0.857$$

（6）定子、转子相电势 $\dot{E}_1$ 和 $\dot{E}_2$

$$\dot{E}_1 = \dot{I}_0 Z_m = -\dot{I}_0(8.34+j82.6) = -4.47e^{-j87.5°} \times 83e^{j82°}$$

$$= -369e^{-j5.5°} = 369e^{j174.5°} = \dot{E}''$$

$$\dot{E}_2 = \frac{1}{k_e}\dot{E}_2' = \frac{1}{k_e} \cdot \frac{1}{s}\dot{E}_{2s}' = \frac{1}{k_e} \cdot \frac{1}{s}\cdot s\dot{E}_2'' = \frac{\dot{E}_2''}{k_e}$$

$$= \frac{-369e^{-j5.5°}}{194.4} = -1.9e^{-j5.5°}$$

小　　结

1. 转子不动时的异步电动机
（1）基本电磁关系：

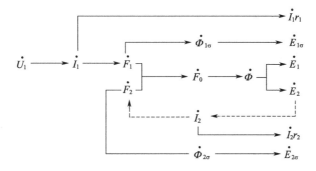

（2）绕组折算的充要条件：
$$\dot{F}'_2 = \dot{F}_2$$

（3）转子绕组折算后的各量：

① 电流
$$\dot{I}'_2 = \frac{1}{k_i}\dot{I}_2$$

式中：k_i 为电流变比，$k_i = \dfrac{m_1 W_1 K_{W1}}{m_2 W_2 K_{W2}}$。

② 电势
$$E'_2 = k_e E_2$$

式中：k_e 为电势变比，$k_e = \dfrac{W_1 K_{W1}}{W_2 K_{W2}}$。

③ 阻抗
$$r'_2 = k r_2$$
$$X'_2 = k X_2$$

式中
$$k = k_i k_e = \frac{m_1}{m_2}\left(\frac{W_1 K_{W1}}{W_2 K_{W2}}\right)^2$$

④ 功率：
有功功率
$$m_1 {I'}_2^2 r'_2 = m_1 \left(\frac{1}{k_i}I_2\right)^2 k r_2 = m_2 I_2^2 r_2$$

无功功率
$$m_1 {I'}_2^2 X'_2 = m_1 \left(\frac{1}{k_i}I_2\right)^2 k X_2 = m_2 I_2^2 X_2$$

⑤ 电势平衡方程式
$$0 = \dot{E}'_2 - \dot{I}'_2(r'_2 + jX'_2) = k_e \dot{E}_2 - \frac{1}{k_i}\dot{I}_2(kr_2 + jkX_2)$$

$$0 = \dot{E}_2 - \dot{I}_2(r_2 + jX_2)$$

⑥ 磁势平衡方程式
$$\dot{F}_1 + \dot{F}'_2 = \dot{F}_1 + \dot{F}_2 = \dot{F}_0$$

⑦ 等值电路图如图 10-4 所示。

2. 转子转动时的异步电动机

（1）转子转动对转子各物理量的影响：
$$f_2 = s f_1$$
$$E'_{2s} = s E'_2$$
$$X'_{2s} = s X'_2$$

$$I'_{2s} = \frac{E'_{2s}}{\sqrt{r'^2_2 + (sX'_2)^2}}$$

$$\psi'_{2s} = \arctan\frac{X'_{2s}}{r'_{2s}} = \arctan\frac{sX'_2}{r'_2}$$

（2）频率折算的充要条件：

$$\dot{F}''_2 = \dot{F}'_{2s}$$

（3）转子频率折算后的各量：

① 电流

$$\dot{I}''_2 = \dot{I}'_{2s}$$

② 电势

$$E''_2 = \frac{1}{s}E'_{2s}$$

③ 阻抗

$$Z''_2 = \frac{\dot{E}''_2}{\dot{I}''_2} = \frac{\frac{1}{s}\dot{E}'_{2s}}{\dot{I}'_{2s}} = \frac{1}{s}\frac{\dot{E}'_{2s}}{\dot{I}'_{2s}} = \frac{1}{s}Z'_{2s}$$

$$Z''_2 = r''_2 + jX''_2 = \frac{1}{s}(r'_{2s} + jX'_{2s}) = \frac{1}{s}Z'_{2s}$$

$$r''_2 = \frac{1}{s}r'_{2s} = \frac{1}{s}r'_2$$

$$X''_2 = \frac{1}{s}X'_{2s} = X'_2$$

$$r''_2 = \frac{1}{s}r'_{2s} = \frac{r'_2}{s} = r'_2 + \frac{r'_2}{s}(1-s)$$

式中：$\frac{r'_2}{s}(1-s)$ 为转子转动的异步电动机转子上的机械功率 P_{mex} 的模拟电阻。

④ 电势平衡方程式

$$\dot{U}_1 = -\dot{E}_1 + \dot{I}_1(r_1 + jX_1)$$

$$0 = \dot{E}''_2 - \dot{I}''_2(r''_2 + jX''_2)$$

⑤ 磁势平衡方程式

$$\dot{F}_1 + \dot{F}''_2 = \dot{F}_1 + \dot{F}'_{2s} = \dot{F}_0$$

⑥ 等值电路图如图 10-5 所示。
⑦ 相量图如图 10-6 所示。

思考题与习题

1. 将变压器的分析方法应用于异步电动机时，要注意哪些相同点和哪些不同点？如何推导异步电动机的电压变比和电流变比及阻抗变比?

2. 异步电动机正常运行时,定子、转子频率不同,为什么定子、转子的相量图可以画在一起?这时定子相量和转子相量的相位关系说明什么问题?

3. 异步电动机定子绕组与转子绕组没有电的直接联系,为什么负载增加时,定子电流和输入功率会自动增加?说明其物理过程。

4. 在分析异步电动机时,转子绕组要进行哪些折算?为什么要进行这些折算?折算的充要条件是什么?

5. 异步电动机的等值电路与变压器的等值电路有无差别?异步电动机等值电路中电阻 $\dfrac{r_2'}{s}(1-s)$ 代表什么?能不能不用电阻,而用电感和电容代替?为什么?

6. 异步电动机等值电路中的 Z_m 反映什么物理量?是否是一个变量?在额定电压下,电动机由空载到满载,Z_m 的大小是否变化?如果是变化的,如何变化?

7. 已知某异步电动机的额定频率 $f=50\text{Hz}$,额定转速 $n_N=970\text{r/min}$,试求该电机的极对数是多少?额定转差率是多少?

8. 将例题改用 Γ 形等值电路,试求:在额定转速下的定子、转子相电流 $\dot{I}_1$ 和 $\dot{I}_2$,励磁电流 $\dot{I}_0$,功率因数 $\cos\varphi$,相电势 $\dot{E}_1$ 和 $\dot{E}_2$。

第 11 章 异步电动机的特性和控制

异步电动机的机械特性是指在定子电压、频率和参数固定的条件下,电磁转矩 M 与转差率 s 之间的函数关系。异步电动机作为一种动力源,机械特性 $M=f(s)$ 是其最重要的特性,是研究异步电动机起动和调速的基础。因此,本章主要介绍异步电动机运行过程中的功率流程及其平衡关系、异步电动机的电磁转矩及其机械特性,讲述异步电动机起动和调速的基本方法及其原理。

11.1 异步电动机的功率平衡与转矩平衡

11.1.1 功率平衡方程式和效率

异步电动机通过定子、转子之间的电磁能量转换,将电网输入的电功率转换成转子输出的机械功率,其间必然会有能量损耗,如图 11-1 所示。输入、输出与损耗要符合能量守恒原理。

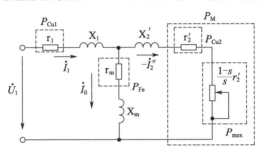

图 11-1 异步电动机的各种损耗

11.1.1.1 定子侧的功率和损耗

1. 输入功率为

$$P_1 = m_1 U_1 I_1 \cos\varphi_1 \tag{11-1}$$

式中 U_1 ——相电压;

I_1 ——相电流;

φ_1 ——$\dot{I}_1$ 滞后于 $\dot{U}_1$ 的时间相位。

2. 定子铜损耗为

$$P_{Cu1} = m_1 I_1^2 r_1 \tag{11-2}$$

3. 铁损耗 P_{Fe}

铁损耗是由励磁磁通在铁芯中引起的涡流损耗及磁滞损耗,对应于 F_0 的电流 I_0 在等效电阻 r_m 上产生的损耗,即

$$P_{Fe} = m_1 I_0^2 r_m \tag{11-3}$$

由于正常运行时,转子电流的频率极低,其所产生的铁芯损耗甚小,因此,铁损耗实际上是定子铁芯的损耗。由空载到满载,Φ_m 及 I_0 变化甚小,故铁损耗基本不变。

4. 电磁功率 P_M

穿过气隙的旋转磁通与电流相互作用产生电磁转矩 M，与电磁转矩 M 相应的功率称为电磁功率。它其实就是定子侧通过电磁耦合传到转子侧的输出功率，即

$$P_M = \Omega_1 M = m_1 (I_2'')^2 \frac{r_2'}{s} \tag{11-4}$$

11.1.1.2 转子侧的功率和损耗

1. 转子铜损耗为

$$P_{Cu2} = m_1 (I_2'')^2 r_2' = s P_M \tag{11-5}$$

2. 机械损耗

由于轴承摩擦、风阻等产生的损耗称为机械损耗，记为 P_{mec}。

3. 附加损耗

电机中难以计算的损耗，如高次谐波磁场引起的损耗等，统统计入附加损耗，记为 P_z。这些损耗必然消耗了从定子传入转子的功率。

4. 总机械功率为

$$P_{mex} = m_1 (I_2'')^2 \frac{1-s}{s} r_2' = (1-s) P_M = (1-s) \Omega_1 M = \Omega M \tag{11-6}$$

式中　Ω_1——电机的同步角速度；

　　　Ω——转子转动的机械角速度。

转子上的总的机械功率 P_{mex} 减去机械损耗 P_{mec} 及附加损耗 P_z 后，得到转子轴上输出的机械功率，即

$$\begin{aligned} P_2 &= P_{mex} - P_{mec} - P_z = (1-s) P_M - P_{mec} - P_z = P_M - P_{Cu2} - P_{mec} - P_z \\ &= P_1 - P_{Cu1} - P_{Fe} - P_{Cu2} - P_{mec} - P_z \end{aligned} \tag{11-7}$$

11.1.1.3 功率平衡方程式

由能量守恒原理可得到异步电动机的功率平衡方程式为

$$P_1 = P_2 + P_{Cu1} + P_{Fe} + P_{Cu2} + P_{mec} + P_z \tag{11-8}$$

11.1.1.4 效率

$$\eta = \frac{P_2}{P_1} = \frac{P_1 - \sum P}{P_1} \tag{11-9}$$

式中　$\sum P$——定子、转子的总损耗。

11.1.2 转矩平衡方程式

旋转电机的机械功率等于电机的转矩与它的机械角速度的乘积。异步电动机输出功率为

$$P_2 = M_2 \Omega = \frac{2\pi n}{60} M_2 \tag{11-10}$$

由式（11-7）两边除以转子角速度 Ω，得到转矩平衡方程式

$$M_2 = M - M_{mec} - M_z = M - M_0 \tag{11-11}$$

式中：$M_2 = \dfrac{P_2}{\Omega}$，为电动机轴上的输出机械转矩，即负载转矩；

$$M = \frac{P_{mex}}{\Omega} = \frac{(1-s) P_M}{\dfrac{2\pi n}{60}} = \frac{P_M}{\dfrac{1}{1-s} \cdot \dfrac{2\pi n}{60}} = \frac{P_M}{\Omega_1} \tag{11-12}$$

为电动机轴上的总机械转矩,即电磁转矩;

$M_0 = M_{\text{mec}} + M_z$,为电动机空载制动转矩;

$M_{\text{mec}} = \dfrac{P_{\text{mec}}}{\Omega}$,为机械损耗转矩;

$M_z = \dfrac{P_z}{\Omega}$,为附加损耗转矩。

11.2 异步电动机的电磁转矩和机械特性

异步电动机的电磁转矩 M 随转差率 s 变化的关系曲线 $M = f(s)$ 称为异步电动机的机械特性,它是异步电动机最重要的特性。

11.2.1 电磁转矩

异步电动机中的旋转磁场,以转速 $n_1 = \dfrac{60 f_1}{p}$ 在空间旋转。转子笼条切割旋转磁势,产生感应电势和电流。载有电流的转子笼条在磁场中要产生电磁力,全部转子笼条所产生的电磁力对转子轴形成的力矩,称为电磁转矩 M,它是使电动机转动的力矩。

由式(11-4)和式(11-12)可知

$$M = \frac{P_M}{\Omega_1} = \frac{m_1 (I_2'')^2 \dfrac{r_2'}{s}}{\dfrac{2\pi f_1}{p}} = \frac{m_1}{\Omega_1} E_2'' I_2'' \cos\psi_2'' \tag{11-13}$$

又由式(10-82)可知

$$I_2'' = \frac{U_1}{\sigma_1 Z_2'' + Z_1} = \frac{U_1}{\sqrt{\left(r_1 + \sigma_1 \dfrac{r_2'}{s}\right)^2 + (X_1 + \sigma_1 X_2')^2}} \tag{11-14}$$

将式(11-14)代入式(11-13),可得异步电动机电磁转矩为

$$M = \frac{m_1 p U_1^2 \dfrac{r_2'}{s}}{2\pi f_1 \left[\left(r_1 + \sigma_1 \dfrac{r_2'}{s}\right)^2 + (X_1 + \sigma_1 X_2')^2\right]} \tag{11-15}$$

11.2.2 机械特性

异步电动机的机械特性 $M = f(s)$ 也代表了异步电动机的电磁转矩 M 与转速 $n = (1-s) n_1$ 之间的关系。

根据式(11-15),对于一定的 s 值,可以求出一定的电磁转矩 M,作出异步电动机的机械特性曲线 $M = f(s)$,如图 11-2(a)所示。

异步电动机的机械特性 $M = f(s)$ 为什么有这样的变化规律呢?

由式(11-13)可得

$$M = \frac{m_1}{\Omega_1} E_2'' I_2'' \cos\psi_2'' \tag{11-16}$$

由式(11-16)可知,电磁转矩 M 的大小不仅取决于转子电流 I_2'' 的大小,而且取决于转子

电路的功率因数 $\cos\psi_2''$ 的大小，即取决于转子电流的有功分量 $I_2''\cos\psi_2''$。而由

$$I_2'' = \frac{E_1}{\sqrt{\left(\dfrac{r_2'}{s}\right)^2 + X_2'^2}} \tag{11-17}$$

$$\cos\psi_2'' = \frac{\dfrac{r_2'}{s}}{\sqrt{\left(\dfrac{r_2'}{s}\right)^2 + X_2'^2}} = \frac{r_2'}{\sqrt{r_2'^2 + (sX_2')^2}} \tag{11-18}$$

可知，I_2'' 及 $\cos\psi_2''$ 都随 s 的变化而变化，其变化规律如图 11-2(b) 所示。

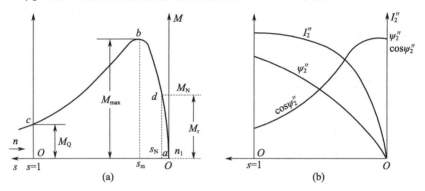

图 11-2 异步电动机的机械特性

当 $s=0$ 时，由于 $n=n_1$，转子笼条不切割旋转磁通，转子中没有电势，$I_2''=0$，$M=0$。

如图 11-2(b) 所示，当 s 增加，即 n 减小时，转子笼条切割磁力线的速度增大，笼条中感应电势增大，转子电流 I_2'' 增大，使电磁转矩 M 增大；另外，转子中电流的频率 $f_2=sf_1$ 增加，转子漏感抗 $X_{2s}'=sX_2'$ 增大，功率因数降低，使电磁转矩 M 减小。随着转差率 s 增大，电磁转矩究竟是增大还是减小，取决于转子电流 I_2'' 的增大使电磁转矩增大的作用大，还是 $\cos\psi_2''$ 减小使电磁转矩减小的作用大。

当 s 较小时，$\dfrac{r_2'}{s}$ 很大，X_2' 可以忽略不计，s 增加，转子电流 I_2'' 几乎呈直线增加，而功率因数 $\cos\psi_2''$ 几乎不变，如图 11-2(b) 所示。因而，随着 s 的增加，转子电流 I_2'' 增大而使电磁转矩增加的作用大于功率因数 $\cos\psi_2''$ 减小使电磁转矩减小的作用。故随着 s 的增加，电磁转矩增加，如图 11-2(a) 中 ab 段所示。

随着 s 的不断增加，当 s 很大时，$\dfrac{r_2'}{s}$ 的数值较小，X_1+X_2' 不能忽略。因而，随着 s 的增加，转子电流 I_2'' 增加的速度变慢，而转子漏抗 $X_{2s}'=sX_2'$ 随 s 的增加呈直线增加。故随着 s 的增加，功率因数 $\cos\psi_2''$ 减小的速度变快。因此，随着 s 的增加，转子电流 I_2'' 增加使电磁转矩增加的作用逐渐减弱，而功率因数 $\cos\psi_2''$ 减小使电磁转矩减小的作用逐渐增强。当 s 增加到某一数值 s_m 时，两个作用相互抵消，电磁转矩 M 不再增加，如图 11-2(a) 中 b 点所示。因为 b 点对应的电磁转矩 $M_{\max}$ 为异步电动机能够输出的最大电磁转矩，故此时的转差率 s_m 称为最大转差率。需要注意的是，s_m 不是转差率的最大值，而是对应于最大电磁转矩的转差率。

当 $s>s_m$ 时，s 增加使转子电流 I_2'' 增加，而使电磁转矩增加的作用小于 s 增加使功率因数

$\cos\psi_2''$ 减小而使电磁转矩减小的作用,故随着 s 增加,电磁转矩减小,如图 11-2(a)中 bc 段所示。

当 $s=1$,即 $n=0$ 时,转子切割磁力线的速度最大,转子中产生的感应电势最大,转子电流最大,但此时转子漏抗 $X_{2s}'=X_2'$ 最大,功率因数 $\cos\psi_2''$ 最小,故电动机所产生的电磁转矩并不大。$s=1$,$n=0$ 时,电动机所产生的电磁转矩,称为起动转矩,以 M_Q 表示。

11.2.3 最大电磁转矩和过载能力

由异步电动机的机械特性 $M=f(s)$ 曲线可见,异步电动机有一个最大电磁转矩 M_{max},它是异步电动机在额定条件下稳态运行时所能产生的电磁转矩的最大值。最大电磁转矩 M_{max} 的数值,可令 $\dfrac{dM}{ds}=0$ 而求得

$$\frac{dM}{ds}=\frac{d}{ds}\frac{m_1pU_1^2\dfrac{r_2'}{s}}{2\pi f_1\left[\left(r_1+\sigma_1\dfrac{r_2'}{s}\right)^2+(X_1+\sigma_1X_2')^2\right]}=0 \qquad (11-19)$$

求得对应于最大电磁转矩的转差率

$$s_m=\pm\frac{\sigma_1r_2'}{\sqrt{r_1^2+(X_1+\sigma_1X_2')^2}}\approx\frac{\sigma_1r_2'}{X_1+\sigma_1X_2'} \qquad (11-20)$$

式(11-20)中:$s_m>0$ 对应异步电机的电动机运行状态;$s_m<0$ 对应异步电机的发电机运行状态。将式(11-20)代入式(11-15)中,忽略 r_1,求得最大电磁转矩

$$M_{max}=\frac{m_1pU_1^2}{4\pi f_1\sigma_1\left[\pm r_1+\sqrt{r_1^2+(X_1+\sigma_1X_2')^2}\right]}$$

$$\approx\frac{m_1pU_1^2}{4\pi f_1\sigma_1\left[\pm r_1+(X_1+\sigma_1X_2')\right]} \qquad (11-21)$$

对于式(11-21)中的"±":当对象为异步电动机时,取"+";对象为异步发电机时,取"-"。

由上述公式可得下列结论:

(1) 最大转矩与 $\dfrac{U_1^2}{f_1}$ 成正比,与漏抗 $(X_1+\sigma_1X_2')$ 成反比;

(2) 最大转差率 s_m 与转子电阻 r_2' 有关,当转子电阻 r_2' 增大时,最大转差率 s_m 增大;

(3) 最大转矩 M_{max} 的数值与转子电阻 r_2' 无关。

电动机正常运行时,负载转矩必须小于最大电磁转矩 M_{max},否则电动机将停转。因此,最大电磁转矩 M_{max} 又称为停转转矩。

电动机带动负载运行时,最大电磁转矩 M_{max} 比负载转矩大得越多,电动机承受短时过载的能力越强。定义最大电磁转矩与额定电磁转矩之比为异步电动机的过载能力,用 K_M 表示,即

$$K_M=\frac{M_{max}}{M_N} \qquad (11-22)$$

为保证电动机不会因为短时过载而停转,要求电动机具有一定的过载能力。但是,如果 K_M 取得过大,则电动机得不到充分利用;如果 K_M 取得过小,则电动机工作可靠性差。一般异步电动机的 K_M 取 1.6~2.2;航空异步电动机为了提高工作可靠性,连续工作的异步电动机的

K_M 取 2.0~2.5,断续周期的异步电动机的 K_M 取 3 左右。

需要注意的是不能让电动机长期工作在最大电磁转矩状态。这样,一方面电流过大,温升超过允许值,将会烧毁电动机;另一方面,电动机在最大电磁转矩状态下运行不稳定。

11.2.4 起动转矩和起动转矩倍数

起动转矩是指电动机接入电网,而转子尚未转动瞬间,电动机轴上输出的电磁转矩,又称为堵转转矩,其大小决定了异步电动机的起动性能。

当 $n=0$,即 $s=1$ 时,异步电机的电磁转矩为

$$M = \frac{m_1 p U_1^2 r_2'}{2\pi f_1[(r_1+\sigma_1 r_2')^2 + (X_1+\sigma_1 X_2')^2]} = M_Q \tag{11-23}$$

由式(11-23)可见:

(1) 当电源频率和电机参数不变时,起动转矩与电源电压的平方 U_1^2 成正比。

(2) 当电源的频率和电压不变时,起动转矩与漏抗 $X_1+\sigma_1 X_2'$ 成反比,与转子电阻 r_2' 成正比。要增大起动转矩,可在转子回路中串联电阻。随着所串电阻的增大,起动转矩也增大。但是,随着转子电阻增大,转子铜耗也将增大。

对于绕线式异步电动机,转子电阻 r_2' 是可变的。要使电动机在起动时获得最大转矩,即 $M_Q = M_{max}$,可改变转子电阻 r_2',使最大转差率 $s_m = 1$。因而,由

$$s_m = \frac{\sigma_1 r_2'}{\sqrt{r_1^2+(X_1+\sigma_1 X_2')^2}} = 1 \tag{11-24}$$

可知,为了在起动时获得最大转矩,应使

$$\sigma_1 r_2' = \sqrt{r_1^2+(X_1+\sigma_1 X_2')^2} \tag{11-25}$$

式中:r_2' 包括转子绕组本身的电阻及附加的起动电阻。

起动转矩与额定转矩的比值称为起动转矩倍数,用 K_Q 表示,即

$$K_Q = \frac{M_Q}{M_N} \tag{11-26}$$

式中:M_N 为 $s=s_N$(额定转差率)时的电磁转矩。

电动机在额定电压和额定频率下起动时的定子电流称为起动电流 I_Q,起动电流与额定电流 I_N 的比值称为起动电流倍数,用 K_{Qi} 表示,即

$$K_{Qi} = \frac{I_Q}{I_N} \tag{11-27}$$

K_Q 和 K_{Qi} 是衡量异步电动机起动性能的重要指标。航空异步电动机要求起动转矩较大,以缩短起动过程,连续工作的异步电动机的 $K_Q \approx 2$,断续周期的异步电动机的 $K_Q \approx 3$。同时,由于航空异步电动机均采用直接起动,因此限制 $K_{Qi} \leq 8$。

11.2.5 稳定工作范围

异步电动机作为原动机用以驱动机械负载,其稳定运行是极其重要的。定义总的机械负载转矩为 M_r,其作用方向总是与电磁转矩 M 的方向相反的,异步电动机转子上的转矩平衡方程式为

$$M - M_r = M_J = J\frac{d\Omega}{dt} \tag{11-28}$$

式中 M_J——加速转矩;

J——电机旋转部件的转动惯量;

Ω——转子角速度。

当 $M>M_r$ 时,$M_J>0$,电动机加速;当 $M<M_r$ 时,$M_J<0$,电动机减速;当 $M=M_r$ 时,$M_J=0$,电动机处于转矩平衡状态,转速才能维持不变。

由图11-3所示的异步电动机的机械特性 $M=f(s)$ 曲线可以看出,对于变负载转矩的异步电动机,对应同一个负载转矩 M_r,异步电动机可能有两个工作点满足 $M=M_r$。以转差率 s_m 为分界点,一个在 $0<s<s_m$ 范围内,即 ab 段,另一个在 $1>s>s_m$ 范围内,即 bc 段。

如异步电动机运行在 ab 段,即在 $0<s<s_m$ 范围内,如因任何原因使电动机的转速 n 降低、s 增大 ds 时,将引起电磁转矩增加 dM,使转速又自动升高到原来的数值。反之,当转速升高、s 减小 ds 时,将引起电磁转矩减小 dM,使电动机转速自动降低至原来的数值。所以,异步电动机在 ab 段,即 $0<s<s_m$ 范围内能够稳定运行。

而在 bc 段,即在 $1>s>s_m$ 范围内,如由于任何原因使电动机的转速 n 降低、s 增大 ds 时,将引起电磁转矩降低 dM,使电动机的转速继续降低……直到 $s=1$,即电动机停转时为止。反之,如电动机的转速升高、s 减小 ds 时,将使电磁转矩增加 dM,使电动机转速进一步升高,直到越过 b 点,到达另一转矩平衡点。所以,异步电动机不会稳定工作在 $1>s>s_m$ 范围内。

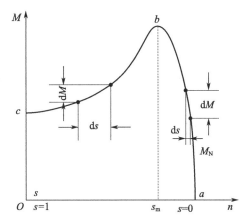

图11-3 异步电动机的稳定工作范围

可见,异步电动机只有在 $0<s<s_m$ 范围内才能稳定运行。s_m 是异步电动机稳定工作范围的转折点。因此,s_m 又称为临界转差率。

一般情况下,鼠笼转子三相异步电动机的稳定工作范围都很小($s_m \approx 0.02$),即阻转力矩变化时,异步电动机的转速变化不大。三相异步电动机的转速 n 很稳定,非常接近于旋转磁场的转速 n_1。所以,三相异步电动机可以用作陀螺电机。

那么,异步电动机从 $n=0$,$s=1$,即如图11-3所示的 c 点开始起动运行后,是如何经过不稳定运行区 $1>s>s_m$ 到达稳定运行区 $0<s<s_m$ 的稳定工作点的呢?

在飞机上,异步电动机所带负载一般可分为恒转矩负载和离心式负载两类。恒转矩负载的特点是负载转矩的大小与转速无关,转速 n 变化时,负载转矩 M_r 保持恒定,如电动机构的负载;离心式负载的特点是负载转矩的大小随转速 n 的变化而变化,转速上升,负载转矩 M_r 增大,如油泵、散热风扇等的负载。电动机所带机械负载的性质不同,系统稳定运行的区域也不相同。

由于选用异步电动机作为驱动电机时,对其起动转矩倍数是有要求的,起动转矩 M_Q 必须

大于负载转矩 M_r，异步电动机才能正常起动。这样，异步电动机从如图 11-3 所示的 c 点，即 $s=1$ 开始起动运行，在 $1>s>s_m$ 范围内，随着转速的增大，转差率 s 减小，电动机输出的电磁转矩 M 增大，电动机加速运行，转速进一步增大，转差率 s 进一步减小，电磁转矩 M 继续增大……如果在此过程中，负载转矩 M_r 一直小于电磁转矩 M，则此过程将一直持续直到 b 点，电磁转矩达到最大值 M_{max}。b 点以后，电动机将运行在稳定运行区 $0<s<s_m$，由于依然满足 $M>M_r$，转速将继续增大，电动机输出的电磁转矩 M 则开始不断减小，直到满足 $M=M_r$，电动机在稳定工作区 $0<s<s_m$ 的某一点稳定运行。

需要指出的是：如果在电动机从 c 点向 b 点加速运行的过程中发生某种意外，由于某种原因使得负载转矩 M_r 增大到等于电动机输出的电磁转矩 M，电动机将暂时稳定运行在非稳定运行区 $1>s>s_m$ 内的某一点；如果负载转矩增大到大于电动机输出的电磁转矩，将使电动机的转速 n 降低，转差率 s 增大，输出转矩 M 减小，n 继续降低，M 继续减小……直到 $s=1$，即电动机停转时为止，使电动机处于堵转运行状态。这是非常危险的。

11.2.6 转子电阻对机械特性的影响

由异步电动机的最大电磁转矩和临界转差率公式

$$M_{max} = \frac{m_1 p U_1^2}{4\pi f_1 \sigma_1 [\pm r_1 + \sqrt{r_1^2 + (X_1 + \sigma_1 X_2')^2}]} \tag{11-29}$$

$$s_m = \pm \frac{\sigma_1 r_2'}{\sqrt{r_1^2 + (X_1 + \sigma_1 X_2')^2}} \tag{11-30}$$

可知：异步电动机的最大转差率 s_m 与转子电阻 r_2' 有关，而最大转矩 M_{max} 的数值与转子电阻 r_2' 无关。转子电阻增大后，电动机机械特性的变化规律如图 11-4 所示。

由图 11-4 可见，转子电阻 r_2' 增加，异步电动机的最大转差率 s_m 及机械特性曲线 $M=f(s)$ 向 $s>1$ 的方向移动，而最大转矩的数值保持不变。

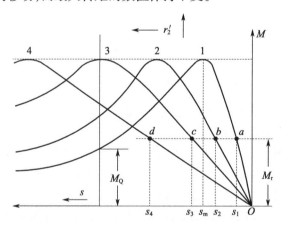

图 11-4 转子电阻对异步电动机机械特性的影响

因而，转子电阻 r_2' 的大小，对异步电动机的机械特性及性能有很大的影响。分析图 11-4 所示的转子电阻不同时的机械特性，可得如下重要结论：

(1) 转子电阻 r_2' 小的异步电动机，稳定运行转速范围很窄，基本上是恒速的，其工作转速非常接近于旋转磁场的转速。但起动力矩小，调速性能差。

(2) 转子电阻 r_2' 增大时，异步电动机的最大转矩及机械特性向 s_m 增大的方向移动。

(3) 转子电阻 r_2' 大的异步电动机,起动力矩大,稳定运行转速范围宽,机械特性线性程度高。但工作转速远低于旋转磁场转速。

11.3 三相异步电动机的起动

当异步电动机定子加上三相对称电压,且电磁转矩 M_Q 大于负载转矩 M_f 时,电动机就开始转动,并加速到某一转速下稳定运行。异步电动机从静止状态过渡到稳定运行状态的过程称为异步电动机的起动过程。

11.3.1 对异步电动机起动的要求

1. 起动电流不能太大

当异步电动机直接与电源接通的瞬间,由于转子有机械惯性而不能立即转动。这时,转子中的电流很大,相应地,定子绕组中的电流也很大。异步电动机的起动电流倍数 $K_{Qi} \approx 4 \sim 7$。过大的起动电流会使电机过热,并使电网电压下降,这不仅会影响其他用电设备的正常工作,而且会使电机的起动转矩降低,甚至使电机起动不起来。一般要求起动电流对电网造成的电压降不得超过 10%,偶尔起动时不得超过 15%。

2. 能产生足够大的起动转矩

起动时,异步电动机转子的功率因数很低,约为 0.2,转子电流的有功分量 $I_2'' \cos\varphi_2$ 较小,同时,由于电流较大,定子漏抗压降增大,电动势 E_1 减小,主磁通也会相应减小。所以起动转矩并不大,起动转矩倍数 $K_Q = 0.8 \sim 2.2$。如果起动转矩不足,将使起动时间拖长,电动机绕组严重发热,降低其绝缘寿命。对于重载起动,这一情况将更为突出。

此外,还要求起动设备简单、成本低、便于操作和维护。

一台普通的鼠笼式异步电动机,当不采取任何措施而直接接到电网起动时,因为它的起动电流很大,而起动转矩并不是很大,因而,有时是不能满足上述要求的,必须根据电源容量、电动机容量的大小等不同的因素合理选择不同的起动方式。

11.3.2 决定异步电动机起动方法的原则

在决定异步电动机的起动方法时,必须根据供电系统的容量、负载对起动转矩的要求和起动的频繁程度等具体情况进行具体分析。电源容量越大,起动电流对电网的影响越小;电动机的容量越小,起动电流对电网的影响越小。如电网容量很大,就可以不顾虑起动电流大的影响;如果负载所要求的转矩不大,而电源容量相对电机来说又不很大,则主要考虑如何减小起动电流;对于既要求起动转矩大,又希望限制起动电流的场合,则需进一步考虑改善起动性能的措施,如采用绕线式异步电动机等。

11.3.3 鼠笼式异步电动机的起动

鼠笼式异步电动机的起动方法有直接起动和降压起动两种。

11.3.3.1 接线方法

三相异步电动机有三相绕组,每一相绕组有两个头,分别引出在电动机的接线盒上,如图 11-5 所示。其中,A、B、C 为绕组首端,X、Y、Z 为绕组的末端。

三相绕组可以接成 Y 形,如图 11-5(a)所示;也可以接成 △ 形,如图 11-5(b)所示。电机采用 Y 形接法还是 △ 形接法由铭牌数据规定。

如果调换任意两相与电源的连接,则电动机的转向将改变。

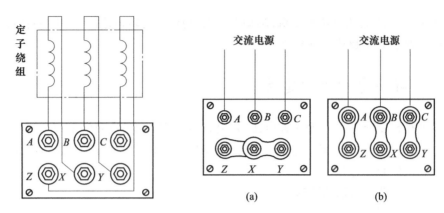

图 11-5 三相异步电动机的接线
(a)Y形连接;(b)△形连接。

11.3.3.2 直接起动

小功率的电动机,起动电流的数值较小,机械惯性较小,电机加速到正常转速的时间较短,当电机转动起来后,电流很快下降。所以小功率电动机起动时,起动电流对电网的影响不大,可以直接将电动机接到电网上,全部电源电压直接加在电动机的定子绕组上。这种起动方法称为直接起动或全压起动。

一台电动机能否用直接起动主要取决于电动机功率的大小。一般来说,7kW 以下的电动机都可以采用直接起动。但这也没有严格的规定,电动机功率的大小是相对于电源功率的大小来说的。一般来说,直接起动的电动机容量,按电源系统容量 0.1kW/(kV·A)计算,也就是说,容量 1kV·A 的电源系统,只能使 0.1kW 的电动机直接起动。由变压器供电时,不经常起动的电动机,直接起动的容量应小于变压器容量的30%;对于经常起动的电动机,容量不应超过变压器容量的20%。

最简单的起动设备由三相开关和保险组成,保险用来保护电动机短路或大量过载故障。10kW 以下的电动机,保险的额定电流一般比电动机的额定电流大 3.5 倍。

航空上使用的异步电动机由于容量都比较小,一般采用直接起动。

11.3.3.3 降压起动

为了减小电动机的起动电流,大容量的电动机采用降低电压的方法起动。电动机起动时定子绕组上所加的电压低于额定电压,从而减小起动电流。但是,因为起动转矩按所加电压成二次方关系下降,降压起动在减小起动电流的同时,起动转矩也会减小得更多。因此,降压起动适用于对起动转矩要求不太高的场合,如空载或轻载起动。

常用的降压起动的方法有定子串电抗器起动、Y-△形起动和自耦变压器起动三种。

1. 定子串电抗器起动

可采用定子回路串联电阻、电抗器降压,如图 11-6 所示。起动时,异步电动机的定子串电抗器 RX;起动后,切除电抗器,进入正常运行。电阻、电抗器对电源电压起分压作用。这种起动方法损耗大、成本高。

2. Y-△形起动

Y-△形起动,就是起动时将电动机接成 Y 形,而在电动机起动起来,到达一定转速后,将电动机改接成△形,原理电路如图 11-7 所示。

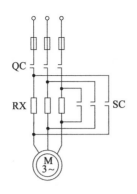

图 11-6 串电抗器降压起动

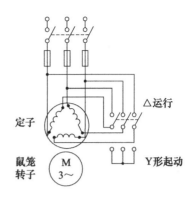

图 11-7 Y-△形起动

当电动机接成 Y 形时,每相绕组的电压只有接成 △ 形时的 $\frac{1}{\sqrt{3}}=57.7\%$,电机每相绕组中的电流,也只有接成 △ 形时的 57.7%。

当电动机接成 △ 形时,线路上的电流为每相绕组中电流的 $\sqrt{3}$ 倍;而接成 Y 形时,线路上的电流就等于每相绕组中的电流。这样,当电机接成 Y 形时,线路上的电流只有接成 △ 形时的 1/3。因而,线路上的电流比每相绕组中的电流减少得更多,从而大大减小了线路上的电压降,也减少了电机本身的发热。

但是,由于电机的转矩与电压的平方成正比,当电机接成 Y 形时,电机电压减小到接成 △ 形的 $1/\sqrt{3}$,电机的起动转矩减小到接成 △ 形时的 $\left(\frac{1}{\sqrt{3}}\right)^2=\frac{1}{3}$。

3. 自耦变压器起动

自耦变压器起动的原理线路图如图 11-8 所示。

起动时,将控制开关投向"起动"的一边,电动机的三相定子绕组通过自耦变压器接到三相电源上,自耦变压器的高压侧接到电网,低压侧接到电动机,执行降压起动。当电动机的转速升高到一定程度后,将控制开关投向"运行"的一边,将自耦变压器从电网切除,电动机定子直接与电网连接,电动机进入正常运行。

自耦变压器上通常备有几个抽头,可以按照容许的起动电流倍数和起动转矩倍数来选择。

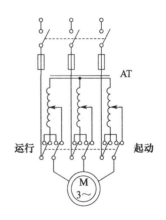

图 11-8 自耦变压器降压起动

11.3.3.4 起动时应注意的问题

(1) 如果合上电源后,电机不转,应立即切断电源,查找原因,而不能等着电机转动;否则,电机将因电流过大而烧毁。

(2) 连续起动次数一般不能超过 3 次,以免温升过高。

(3) 不能几台电动机同时起动,以免电网电压下降太多。

11.3.4 改善异步电动机起动性能的方法

一般的鼠笼式异步电动机,转子电阻小,起动力矩小,起动性能不好。为了改善异步电动机的起动性能(减小起动电流,增大起动转矩),希望异步电动机起动时转子电阻大,使电动机起动性能好;又希望在正常运行时,转子电阻变小,使转子铜耗降低,电动机运行效率高。常采用下述三种电机。

11.3.4.1 绕线式异步电动机

绕线式异步电动机的转子绕组是三相绕组,可以通过电刷和滑环在转子电路中外接附加的转子电阻。起动时,接入的附加转子电阻最大,起动力矩大;起动完毕后,将附加电阻去掉,转子电阻减小,机械特性曲线向 $s_m < 1$ 的方向移动。对于一定的负载阻转矩,转子电阻不同时,电机稳定工作时的转速也不同(图11-4)。改变附加电阻的大小,就可以调节异步电动机的转速。所以,绕线式异步电动机的起动性能和调速性能都很好,但成本高。

11.3.4.2 深槽式异步电动机

深槽式异步电动机的转子槽深而窄,利用电流的集肤效应,使电机在起动时转子电阻增大,转子漏抗减小,因而使最大转差率 s_m 及起动转矩 M_Q 增大,改善了电机的起动性能。

如图11-9所示,由于深槽式异步电动机的转子槽深而窄,而磁通总是力图走最短的路径,故转子导体中的电流产生的漏磁通分布如图11-9(b)所示,槽的下部漏磁通多,槽的上部漏磁通少。当转子导体中的电流随时间变化时,漏磁通也随时间变化。漏磁通随时间变化,要在导体中产生感应电势,即转子漏磁电势。与下部导体相连接的漏磁通多,产生的感应电势大,感应电流大;与上部导体相连接的漏磁通少,感应电势小,感应电流小。按照变压器原理,感应电流的相位几乎滞后于导体中的电流180°时间电角度,即感应电流几乎与导体中的电流方向相反,等于对导体中的电流的流通起阻碍作用。下部导体中的感应电流大,阻碍作用大;上部导体中的感应电流小,阻碍作用小。因而,导体中的电流都往导体上部移动,即趋于集中在导体的上表面,如图11-9(c)、(d)所示。这样,相当于下部导体中没有电流流通,电流都经导体上部流通。由于电流流通的截面减小,电阻增大,使转子电阻增大;由于电流向上移动,使漏磁通的磁路增长,磁阻增大,转子漏抗变小。起动时,电流频率高,感应电势大,集肤效应强,转子电阻增大很多,转子漏抗减小很多,使电机的转动力矩增大。

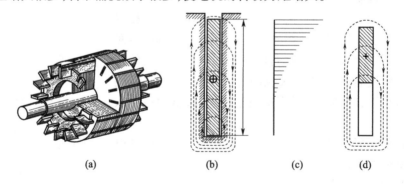

图11-9 深槽式异步电动机

当电机起动完毕,正常运行时,电流的频率低,感应电势小,集肤效应弱,导体中的电流又趋于均匀分布。转子电阻和转子漏抗恢复正常值。

11.3.4.3 双鼠笼式异步电动机

双鼠笼式异步电动机有两个独立的鼠笼,其转子槽形如图11-10所示。上笼截面小,笼条用黄铜做成,电阻大;下笼截面大,用铝或铜做成,电阻小;上笼漏磁通少(单独与上笼相链的漏磁通,需两次穿过气隙,遇到的磁阻很大,漏磁通极少,可忽略不计),转子漏抗小;下笼漏磁通多,转子漏抗大。起动时,电流频率高,下笼漏抗很大,电流很小,上笼电抗小,电流几乎都集中在上笼,这时,上笼起主要作用,起动力矩大,上笼称为起动笼。

电机起动完毕转入正常运行时,电流频率低,下笼漏抗减小,电流增大,而上笼电阻大,电流小,电流几乎都集中在下笼,下笼起主要作用,下笼称为运行笼。

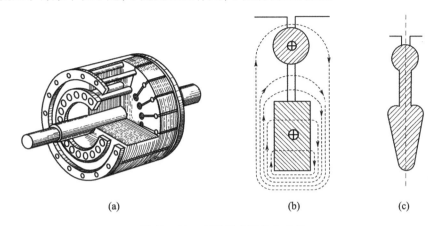

图 11-10 双鼠笼式异步电动机

11.4 三相异步电动机的调速

电动机的调速是指在负载转矩一定的条件下,人为地或自动地调节转子转速,使其从在一个转速下稳定运行过渡到在另一个转速下稳定运行的过程。一般的鼠笼式异步电动机的转速 n 略低于同步转速 n_1,且在负载变化时,转速接近于保持稳定,其本身的调速性能不佳,制约了其在调速系统中的应用。当前,随着电力电子、微电子和计算机控制等技术的飞速发展,交流调速系统的应用越来越广泛。

由异步电动机的转速公式

$$n = (1-s)n_1 = (1-s)\frac{60f_1}{p} \tag{11-31}$$

可知,异步电动机的调速方法有:

(1) 改变转差率 s 调速;

(2) 改变电机定子绕组的极对数 p 调速;

(3) 改变电机供电电源的频率 f_1 调速。

其中,改变转差率 s 调速是用改变定子绕组电压和绕线式异步电动机转子回路串联电阻等方法实现的。

11.4.1 改变电源电压调速

当定子绕组电压 U_1 改变时,异步电动机的最大转矩 M_{max} 将随 U_1 的平方而变化,但最大转差率 s_m 保持不变。对于恒负载异步电动机来说,由图 11-11 可知,当定子绕组的电压改变时,其稳定工作点发生改变(图 11-11 中的 a、b、c 点),即降低电源电压,电动机的转速将下降,可达到调速的目的。但由于电动机在稳定工作范围内的 $M=f(s)$ 曲线很陡,即 s_m 值较小,故其调速范围很小,因此,这种调速方法多用于具有高电阻转子绕组的鼠笼式异步电动机。

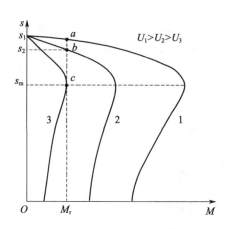

图 11-11　改变电源电压调速

11.4.2　转子回路串接电阻调速

转子回路串可变电阻调速只适用于绕线式异步电动机。当负载转矩 M_r 保持不变时，串入电阻越大，最大转差率 s_m 越大，$M=f(s)$ 曲线中的 s_m 越向 s 值大的方向偏移，由图 11-12 可知，工作点由 a 变为 b，s 值增大，转速 n 降低。

串入转子回路的电阻尽管要消耗功率，影响电动机效率，但这种调速方法简单，调速平滑，常用于中、小型绕线式异步电动机。

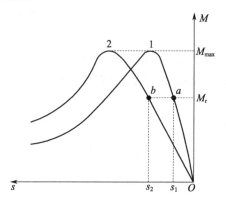

图 11-12　转子回路串可变电阻调速

11.4.3　变极调速

改变三相异步电动机的极对数 p，可以改变同步转速 n_1，从而使转速 $n=(1-s)\dfrac{60f_1}{p}$ 得到调节。鼠笼式异步电动机极对数的改变，是通过改变定子绕组线圈端部的连接方式来实现的。但是，由于电动机的极数只能跃变，故变极调速不是平滑的，而是分级的。

需要指出的是，定子绕组极对数改变的同时，要求转子绕组极对数也有相应的变化。对鼠笼式异步电动机来说，在定子极对数改变时，转子极对数能自动地与定子极对数保持相等，而绕线式异步电动机却不能，故变极调速只适用于鼠笼式异步电动机。

另外，为了确保变极前后转子的转向不变，变极的同时必须改变定子三相绕组的相序。因为，对于极对数为 p 的电动机来说，其电角度为机械角度的 p 倍。变极前，如果极对数为 p 的定子三相组在空间互差 120°电角度，即 A、B、C 三相依次为 0°、120°、240°电角度；变极后，极对数为2p的定子三相绕组空间就互差240°电角度,即A、B、C三相依次为0°、240°、120°电角度。显然,变极前后定子三相绕组的相序发生了变化。因此,为了确保电动机变极前后的转向不变,在改变定子每相绕组接线的同时,必须改变定子三相绕组的相序,然后将定子三相绕组与三相电源连接。

11.4.4 变频调速

连续地改变电动机供电电源频率f_1,就可以连续平滑地调节电动机的转速,这种调速方法称为变频调速。异步电动机的变频调速具有调速范围广、平滑性较高、机械特性较硬等优点,是现代交流调速中具有重要意义的一种调速方法。随着一些新理论、新技术在异步电动机变频调速中的应用,如矢量控制、直接转矩控制、解耦控制、无速度传感器技术等,近年来,形成了一系列性能上可与直流调速系统相媲美的高性能、智能化的交流调速系统。

变频调速时,通常希望电动机的主磁通Φ保持不变。因为当Φ增大时,将引起磁路过分饱和,励磁电流大大增加;而当Φ减小时,将使最大转矩和过载能力下降,电动机的利用率降低。

由$U_1 \approx E_1 = 4.44 f_1 W_1 K_{W1} \Phi$可知,当$W_1 K_{W1}$恒定时,调速时要保持$\Phi$不变,必须在变频的同时,按比例变压,这样才能保证在任何频率下具有恒定的磁通,从而得到恒定转矩的调速性能。所以,变频调速实际上是变频变压调速。

例11.1 三相异步电动机的额定功率为60kW,额定转速为1440r/min,额定电压为380V,Y形接法,额定电流为130A。已知该电机轴上的额定输出转矩为电磁转矩的96%,定子、转子绕组的铜损耗相等,铁损耗是总损耗的23%。试求:

(1)电动机的机械损耗和附加损耗、定子绕组铜损耗、转子绕组铜损耗、铁损耗;
(2)输出机械功率、电机的电磁功率和输入功率;
(3)额定运行时的效率和功率因数。

解:因额定转速$n=1440\text{r/min}$,可知$p=2$,则有

$$n_1 = 1500\text{r/min}, s_N = \frac{n_1 - n_N}{n_1} = \frac{1500-1440}{1500} = 0.04$$

轴上的额定输出转矩为

$$M_2 = \frac{P_N}{\Omega_N} = \frac{P_N}{2\pi n_N/60} = \frac{60 \times 60 \times 10^3}{2\pi \times 1440} = 397.89(\text{N}\cdot\text{m})$$

电磁功率为

$$P_M = M\Omega_1 = \frac{M_2}{0.96} \times \frac{2\pi n_1}{60} = 414.5 \times \frac{2\pi \times 1500}{60} = 65.1(\text{kW})$$

转子绕组铜损耗为

$$P_{Cu1} = s_N P_M = 0.04 \times 65.1 = 2.6(\text{kW})$$

机械损耗和附加损耗为

$$P_{mec} + P_z = P_M - P_N - P_{Cu2} = 65.1 - 60 - 2.6 = 2.5(\text{kW})$$

定子绕组铜损耗为

$$P_{Cu1} = P_{Cu2} = 2.6\text{kW}$$

总损耗为

$$\sum P = P_{Cu1} + P_{Cu2} + P_z + P_{mec} + P_{Fe} = 2.6 + 2.6 + 2.5 + P_{Fe} = 7.7 + P_{Fe}$$

因为

所以
$$P_{Fe} = 0.23 \sum P$$
$$P_{Fe} = 0.23(7.7 + P_{Fe})$$
$$P_{Fe} = 2.3 \text{kW}, \quad \sum P = \frac{P_{Fe}}{0.23} = 10(\text{kW})$$

（2）输出机械功率为
$$P_2 = P_N = 60(\text{kW})$$
电磁功率为
$$P_M = 65.1(\text{kW})$$
输入功率为
$$P_1 = P_N + \sum P = 60 + 10 = 70(\text{kW})$$

（3）效率为
$$\eta = \frac{P_2}{P_1} = \frac{60}{70} \times 100\% = 85.7\%$$
功率因数为
$$\cos\varphi = \frac{P_1}{\sqrt{3}U_{1N}I_{1N}} = \frac{70 \times 10^3}{\sqrt{3} \times 380 \times 130} = 0.818$$

例 11.2　一台三相异步电动机的额定功率 $P_N = 500\text{kW}$，额定电压 $U_{1N} = 3000\text{V}$（Y 形接法），额定电流 $I_{1N} = 111\text{A}$，额定频率 $f_N = 50\text{Hz}$，同步转速 $n_1 = 1000\text{r/min}$。定子的电阻 $r_1 = 0.173\Omega$，漏抗 $X_1 = 1.4\Omega$，励磁电阻 $r_m = 1.5\Omega$，励磁电抗 $X_m = 58\Omega$。转子的电阻 $r_2' = 0.19\Omega$，漏抗 $X_2' = 1.63\Omega$。试求：

（1）校正系数 σ_1；
（2）电磁转矩 M 与转差率 s 的关系曲线；
（3）电动机状态和发电机状态的最大电磁转矩 M_{max}。

解：（1）校正系数为
$$\sigma_1 = 1 + \frac{X_1}{X_m} = 1 + \frac{1.4}{58} = 1.024$$

（2）电磁转矩表达式为
$$M = \frac{m_1 p U_1^2 \dfrac{r_2'}{s}}{2\pi f_1 \left[\left(r_1 + \sigma_1 \dfrac{r_2'}{s}\right)^2 + (X_1 + \sigma_1 X_2')^2\right]}$$

$n_1 = 1000\text{r/min}, f_1 = f_N = 50\text{Hz}, p = 60\dfrac{f_1}{n_1} = \dfrac{3000}{1000} = 3, U_1 = \dfrac{U_{1N}}{\sqrt{3}} = \dfrac{3000}{\sqrt{3}} = 1732(\text{V})$

将这些数据和所给参数代入电磁转矩表达式，即
$$M = \frac{3 \times 3 \times 1732^2 \times 0.19/s}{2\pi \times 50\left[\left(0.173 + 1.024 \times \dfrac{0.19}{s}\right)^2 + (1.4 + 1.024 \times 1.63)^2\right]}$$
$$= \frac{16328s}{9.45s^2 + 0.067s + 0.0379}$$

由上式选定 s 值,求出对应的 M 值,得到下面的表

s	1	0.9	0.8	0.7	0.6	0.5	0.4	0.3	0.2	0.1
$M/(\text{N}\cdot\text{m})$	1709	1895	2107	2424	2815	3354	4142	5391	7606	11738

由上表作曲线,即为 $M-s$ 关系曲线(略)。

(3) $s_m = \pm \dfrac{r'_2}{\sqrt{r_1^2 + (X_1 + X')^2}} = \pm \dfrac{0.19}{\sqrt{0.173^2 + (1.4 + 1.63)^2}} = \pm 0.0626$

$$M_{\max} = \pm \frac{m_1}{\Omega_1} \cdot \frac{U_1^2}{2[\pm r_1 + \sqrt{r_1^2 + (X_1 + X')^2}]}$$

$$= \pm \frac{3 \times 60}{2\pi \times 1000} \cdot \frac{1732^2}{2[\pm 0.173 + \sqrt{0.173^2 + (1.4 + 1.63)^2}]}$$

$$= \begin{cases} 13428(\text{N}\cdot\text{m}), & \text{发电机状态时} \\ -15013(\text{N}\cdot\text{m}), & \text{电动机状态时} \end{cases}$$

小　　结

1. 异步电动机的功率平衡与转矩平衡

(1) 异步电动机的功率平衡方程式为

$$P_1 = P_2 + P_{Cu1} + P_{Fe} + P_{Cu2} + P_{mec} + P_z$$

式中　P_1——电网输入电动机的功率;

　　　P_2——转子轴上输出的机械功率;

　　　P_{Cu1}、P_{Cu2}——定子、转子绕组的铜损耗;

　　　P_{Fe}——定子铁芯的铁损耗;

　　　P_{mec}——机械损耗;

　　　P_z——附加损耗。

(2) 异步电动机的转矩平衡方程式为

$$M_2 = M - M_0$$

式中　M_2——电动机轴上的输出机械转矩,即负载转矩;

　　　M——电动机轴上的总机械转矩,即电磁转矩;

　　　M_0——电动机空载制动转矩。

2. 异步电动机的电磁转矩和机械特性

(1) 异步电动机电磁转矩的表达式为

$$M = \frac{m_1 p U_1^2 \dfrac{r'_2}{s}}{2\pi f_1 \left[\left(r_1 + \sigma_1 \dfrac{r'_2}{s}\right)^2 + (X_1 + \sigma_1 X'_2)^2\right]}$$

由上式可得出异步电动机的机械特性曲线 $M = f(s)$,如图 11-2 所示。

由异步电动机的机械特性 $M = f(s)$ 曲线可以看出,异步电动机只有在 $0 < s < s_m$ 范围内才能稳定运行。

（2）最大电磁转矩和过载能力：
对应于最大电磁转矩的转差率为

$$s_\mathrm{m} = \pm \frac{\sigma_1 r_2'}{\sqrt{r_1^2 + (X_1 + \sigma_1 X_2')^2}} \approx \frac{\sigma_1 r_2'}{X_1 + \sigma_1 X_2'}$$

最大电磁转矩为

$$M_\mathrm{max} = \frac{m_1 p U_1^2}{4\pi f_1 \sigma_1 [\pm r_1 + \sqrt{r_1^2 + (X_1 + \sigma_1 X_2')^2}]}$$

当对象为异步电动机时，取"＋"；为对象为异步发电机时，取"－"。
定义最大电磁转矩与额定电磁转矩之比为异步电动机的过载能力，用 K_M 表示，即

$$K_\mathrm{M} = \frac{M_\mathrm{max}}{M_\mathrm{N}}$$

（3）起动转矩和起动转矩倍数 K_Q：当 $s=1$ 时，异步电机的电磁转矩称为起动转矩，即

$$M = \frac{m_1 p U_1^2 r_2'}{2\pi f_1 [(r_1 + \sigma_1 r_2')^2 + (X_1 + \sigma_1 X_2')^2]} = M_\mathrm{Q}$$

当电源频率和电机参数不变时，起动转矩与电源电压的平方 U_1^2 成正比；当电源的频率和电压不变时，起动转矩与漏抗 $(X_1 + \sigma_1 X_2')$ 成反比，与转子电阻 r_2' 成正比。
起动转矩倍数定义为

$$K_\mathrm{Q} = \frac{M_\mathrm{Q}}{M_\mathrm{N}}$$

式中：M_N 为 $s=s_\mathrm{N}$（额定转差率）时的电磁转矩。
（4）异步电动机的过载能力定义为

$$K_\mathrm{M} = \frac{M_\mathrm{max}}{M_\mathrm{N}}$$

3. 转子电阻对机械特性的影响

（1）最大转矩与 $\dfrac{U_1^2}{f_1}$ 成正比，与漏抗 $(X_1 + \sigma_1 X_2')$ 成反比。

（2）最大转差率 s_m 与转子电阻 r_2' 有关。当转子电阻 r_2' 增大时，最大转差率 s_m 增大。

（3）最大转矩 M_max 的数值与转子电阻 r_2' 无关。

转子电阻增大后，电动机机械特性的变化规律如图 11-4 所示。

4. 三相异步电动机的起动

异步电动机的起动方法有直接起动和降压起动两种。

5. 改善异步电动机起动性能的方法

（1）绕线式异步电动机：利用在转子回路中串起动变阻器或频敏变阻器，保持足够大的起动转矩。

（2）双鼠笼式异步电动机：基于集肤效应，起动主要靠上笼，故称起动笼。正常运行时，下笼电磁转矩较大，因此下笼为运行笼。

（3）深槽式异步电动机：起动时，$s=1$，转子频率最大，集肤效应强，导条的电阻增大，起动转矩增大。正常运行时，s 很小，转子频率很小，集肤效应消失，导条中电流均匀分布，转子电阻自然减小，转子损耗降低。

6. 三相异步电动机的调速

异步电动机的调速方法有：

（1）改变转差率 s 调速；

（2）改变电机定子绕组的极对数 p 调速；

（3）改变电机供电电源频率 f_1 调速。

思考题与习题

1. 试分析异步电动机的各种参数变化如何影响最大转矩？如何影响出现最大转矩时的临界转差率？如在转子回路中串接电阻会产生什么影响？如在定子回路中串接电阻会产生什么影响？

2. 异步电动机的气隙大小对电机什么性能起主要作用？

3. 漏抗的大小对异步电动机的运行性能，包括起动电流、起动转矩、最大转矩等有何影响？为什么？

4. 异步电动机带额定负载运行时，若电源电压下降过多，将会产生什么严重后果？

5. 普通鼠笼式异步电动机在额定电压下起动时，为什么起动电流很大，但起动转矩并不大？但深槽式或双鼠笼电动机在额定电压下起动时，为什么起动电流较小而起动转矩较大？

6. 绕线式异步电动机在转子回路中串入电阻起动时，为什么既能降低起动电流又能增大起动转矩？

7. JO2-11-4（4极，$f=50\text{Hz}$）三相鼠笼式异步电动机，额定功率 $P_N=0.6\text{kW}$，额定电压为380V，额定转速1384r/min，电网频率为50Hz。电机的定子电阻 $r_1=14.5\Omega$，定子电抗 $X_1=14\Omega$，转子电阻 $r_2'=11.13\Omega$，转子电抗 $X_2'=18.2\Omega$，励磁电阻 $r_m=22.2\Omega$，励磁电抗 $X_m=320\Omega$。试求：

（1）该电机的功率因数和效率；

（2）该电机的过载能力。

8. 为什么三相异步电动机的电磁转矩既可用电磁功率除以同步角速度来计算，又可用转子的总机械功率除以转子的机械角速度来计算？

9. 为什么异步电动机空载时功率因数 $\cos\varphi$ 很低，负载增大则 $\cos\varphi$ 随之增大，在负载增大到一定程度后 $\cos\varphi$ 又开始下降？

10. 在应用降压起动来限制异步电动机的起动电流时，起动转矩将受到什么影响？比较各种降压起动的方法，着重指出起动电流倍数和起动转矩倍数之间的关系。

11. 有一台鼠笼式三相异步电动机，额定功率 $P_N=20\text{kW}$，起动电流倍数 $K_{Qi}=6.5$，如果变压器容量为560kV·A，问可否直接起动？当 $P_N=75\text{kW}$ 时，可否直接起动？

12. 变频调速时，通常为什么要求电源电压随频率成正比变化？若电源频率降低，而电压的大小不变，将会出现什么后果？

第12章　飞机用特种异步电动机

飞机上除大量应用普通三相鼠笼式异步电动机外,还在陀螺仪表、供油系统、作动系统、控制系统等场合广泛采用一些特种异步电机。本章主要介绍三相陀螺电机、单相异步电动机、单相整流子异步电动机等飞机上常见的特种异步电机,重点介绍它们的结构特点和基本工作原理。

12.1　三相陀螺电机

12.1.1　结构特点

三相陀螺电机是鼠笼式三相异步电动机的一种,它同样也由定子和转子两部分组成。与一般异步电动机不同的是三相陀螺电机的定子在转子里面,如图12-1所示。

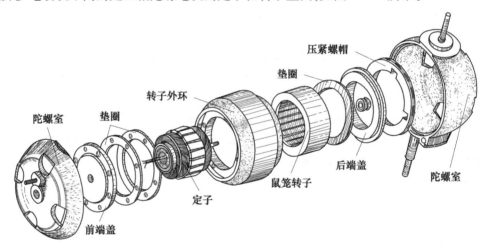

图12-1　三相陀螺电机的结构图

三相陀螺电机的定子结构上与普通三相异步电动机相似,其主要由定子铁芯、定子绕组、固定轴、前后陀螺室、端盖等部分组成,如图12-2所示。

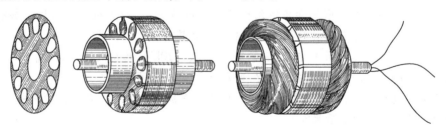

图12-2　陀螺电机的定子

在陀螺电机中,为了增大转子的转动惯量,以提高陀螺的稳定性,陀螺电机的转子放在定子外面,并套上一个较重的铜环或钢环,如图 12-3 所示。

12.1.2 应用

由三相陀螺电机构成的陀螺装置,可以用来测量物体相对惯性空间的转角或角速度。在飞机上,陀螺广泛应用于地平仪、罗盘、航向姿态系统等陀螺仪表以及导弹的控制系统。在惯性导航或惯性制导系统中,陀螺是极其重要的敏感元件,由高精度陀螺构成的三轴陀螺稳定平台是惯导系统工作的基础。

由于异步电动机的实际转速是由阻转力矩的大小来决定的,阻转力矩越大,转速越低。陀螺电机的阻转力矩主要由轴承的摩擦和转子与空气的摩擦(风阻)决定。当轴承缺油时,阻转力矩增大,转速降低。当飞行高度和转速变化时,空气的密度及空气的摩擦系数都要发生变化,陀螺电机的阻转力矩及转速都要随之变化,而不能保持恒定。所以,在精度要求高的陀螺仪中,陀螺电机放在真空中运转。在罗盘的陀螺机体中,陀螺电机是密封在氮气中运转的。

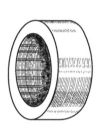

图 12-3 陀螺电机的转子

12.2 单相异步电动机

单相异步电动机结构简单、工作可靠,使用方便。在飞机上,单相异步电动机用于温度控制阀门电动机构、应急开锁电动机构、应急放油电动机构、涡轮风扇排气阀门电动机构等装置中。在地面,单相异步电动机应用更为广泛。

12.2.1 结构特点

单相异步电动机除定子为单相绕组外,其余部分结构与三相鼠笼式异步电动机相同。

12.2.2 基本工作原理

如图 12-4(a)所示,设单相异步电动机定子上只有一相绕组,由单相电源供电。一相绕组的磁势是一个脉振磁势,它可以分解成两个幅值相等、转速相同、转向相反的旋转磁势。

正转磁势及逆转磁势各自分别切割鼠笼转子笼条,在笼条中产生相应的电势和电流。转子电流与旋转磁场相互作用,分别产生电磁转矩。

12.2.2.1 等值电路

为了便于分析单相异步电动机的工作原理,假想用图 12-4(b)所示的三相异步电动机来代替图 12-4(a)所示的单相异步电动机。在图 12-4(b)中,一相定子绕组分成相等的两个部分 A_1、B_1、C_1 及 A_2、B_2、C_2,B 相及 C 相两半部分绕组交叉连接。这样,A_1、B_1、C_1 绕组产生正转磁场,A_2、B_2、C_2 绕组产生逆转磁场。两个磁场幅值相等、转速相同、转向相反。定子的两半部分绕组分别对应着转子的两半部分绕组。定子一相绕组的参数为 r_1、X_1、X_m,转子一相绕组

的参数为 r_2、X_2，则每半部分绕组的参数为

$$\begin{cases} r_1^+ = r_1^- = \frac{1}{2}r_1 \\ X_1^+ = X_1^- = \frac{1}{2}X_1 \\ X_m^+ = X_m^- = \frac{1}{2}X_m \\ r_2^+ = r_2^- = \frac{1}{2}r_2 \\ X_2^+ = X_2^- = \frac{1}{2}X_2 \end{cases} \qquad (12-1)$$

式中：上标"＋""－"分别表示属于正转磁场、逆转磁场的量。

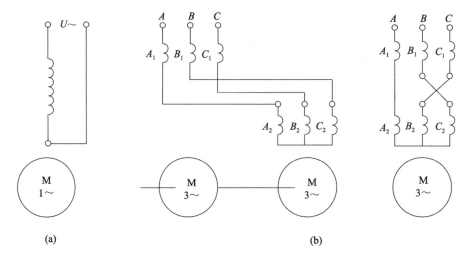

图 12－4 单相异步电动机的原理接线
(a)单相异步电动机；(b)等值的三相异步电动机。

设单相异步电动机转子的转速为 n，旋转磁场的转速为 n_1，则转子正转磁场的转差率为

$$s^+ = \frac{n_1 - n}{n_1} = s \qquad (12-2)$$

逆转磁场的转差率为

$$s^- = \frac{n_1 - (-n)}{n_1} = 2 - s \qquad (12-3)$$

设定子每相绕组的电压为 U_1，产生正转磁场的电压为 U_1^+，产生逆转磁场的电压为 U_1^-，两部分绕组串联，故

$$\dot{U}_1^+ + \dot{U}_1^- = \dot{U}_1 \qquad (12-4)$$

图 12－4(b)代表两个对称的三相异步电动机串联工作，每个三相异步电动机每相绕组的固有参数均为 $\frac{1}{2}r_1$、$\frac{1}{2}X_1$、$\frac{1}{2}X_m$、$\frac{1}{2}r_2$、$\frac{1}{2}X_2$。根据三相异步电动机的等值电路图可以作出图 12－4(b)所示的两个三相异步电机串联工作时一相绕组的等值电路，如图 12－5 所示。它也就是单相异步电动机的等值电路图。

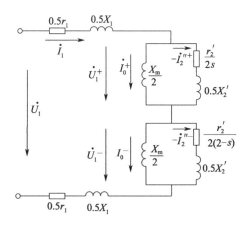

图 12-5 单相异步电动机的等值电路图

12.2.2.2 机械特性

当每相绕组的参数及相电压的有效值均相同时,图 12-4(b)所示的三相绕组的合成磁势仍为一个脉振磁势,其幅值的最大值为图 12-4(a)所示的单相绕组的脉振磁势幅值的 3 倍,因而,图 12-4(b)所示的三相异步电动机所产生的力矩也为图 12-4(a)所示的单相异步电动机所产生的力矩的 3 倍。根据对称的三相异步电机的转矩公式,单相异步电动机的正转磁场及逆转磁场产生的电磁力矩 M^+ 及 M^- 分别为

$$\begin{cases} M^+ = \dfrac{1}{\Omega_1}(I_2''^+)^2 \dfrac{r_2'^+}{s^+} = \dfrac{1}{\Omega_1}(I_2''^+)^2 \dfrac{r_2'}{2s} \\ M^- = \dfrac{1}{\Omega_1}(I_2''^-)^2 \dfrac{r_2'^-}{s^-} = \dfrac{1}{\Omega_1}(I_2''^-)^2 \dfrac{r_2'}{2(2-s)} \end{cases} \tag{12-5}$$

式中:$I_2''^+$、$I_2''^-$ 分别为正转磁场和逆转磁场在转子中产生的电流折算至定子的电流值。

由于逆转磁场的转向与正转磁场的转向相反,M^- 与 M^+ 的方向相反,合成转矩为

$$M = M^+ - M^- \tag{12-6}$$

其 $M = f(s)$ 曲线如图 12-6 所示。

由图 12-6 可见,由于存在逆转磁场,使单相异步电动机的转矩较只有正转磁场存在时的转矩为小。

当 $s = 1$,即转子不动时,$M^+ = M^-$,合成转矩 $M = 0$。因此,单相异步电动机没有起动力矩,不能自行起动。

当 $s \neq 1$ 时,$M \neq 0$,单相异步电动机有电磁转矩产生,其方向与转子的转向相同。因而,如果电磁转矩等于制动转矩,那么单相异步电动机可以在任意方向稳定运行。

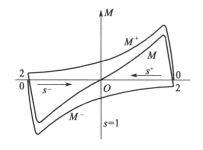

图 12-6 单相异步电动机的机械特性

从等值电路图来看,当 $s = 1$ 时,$\dfrac{r_2'}{2s} = \dfrac{r_2'}{2(2-s)}$,$I_2''^+ = I_2''^-$,$U_1^+ = U_1^-$,正转磁场等于逆转磁场,它们互相抵消,故不产生电磁转矩;当 $0 < s < 1$ 时,$\dfrac{r_2'}{2s} > \dfrac{r_2'}{2(2-s)}$,使 $U_1^+ > U_1^-$,故正转磁场

大于逆转磁场,正转力矩大于反转力矩。

可见,要使单相异步电动机能正常工作,必须首先解决它的起动问题。

12.2.3 起动方法

解决单相异步电动机起动问题的基本方法是设法使电动机至少在起动时能产生旋转磁场。一般可用下述方法来使单相异步电动机在起动时产生旋转磁场。

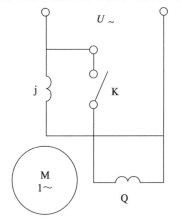

12.2.3.1 加装起动绕组

如图12-7所示,在单相异步电动机的定子上装有工作绕组j和起动绕组Q,两个绕组的轴线彼此在空间相差近于90°的空间电角度,两个绕组的匝数不等、阻抗不等。两绕组接于同一单相电源,两绕组中的电流大小不等、相位不同,于是在电机中产生旋转磁场,其所产生的电磁转矩使电机转动。当电机起动完毕后达到一定的转速时,可用离心开关K将起动绕组Q断开。

12.2.3.2 加装起动电容

电机装有两个绕组,两绕组的轴线彼此在空间相差近于90°空间电角度。起动时在起动绕组

图12-7 连接有起动绕组的单相异步电动机

中接入起动电容C,如图12-8所示。由于电容的移相作用,即两相绕组的总阻抗不同,两相绕组中电流的相位差不同,因而在电机中产生旋转磁场。起动完毕后,可通过离心开关将起动绕组断开。

图12-8(b)中,利用开关K可改变电容C与绕组的连接,借以改变电机的转向。

起动完毕后,也可以不将电容C与绕组断开。不过,由于转子阻抗随转速变化,起动时和正常运转时转子的阻抗不同、电路参数不同,起动和运转时,为获得圆形旋转磁场所需的电容也不同。为此,可用两个电容,如图12-8(c)所示,一个在起动时接通,当电机转动后,再换接到与另一个电容连接。

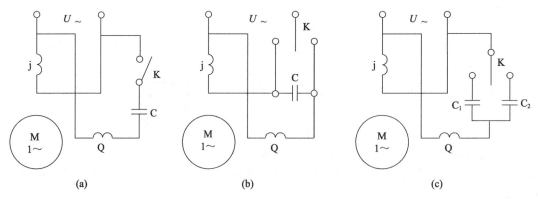

图12-8 连接有电容的单相异步电动机

对于已制成的三相异步电动机,也可以利用在电路中接入适当的电容而将它接于单相电源,如图12-9所示。KJ-3自动驾驶仪中的三相异步电动机,就是采用图12-9所示的接线。

12.2.3.3 罩极电动机

罩极电动机的结构如图12-10所示。

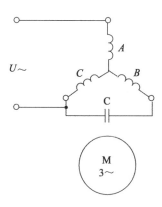

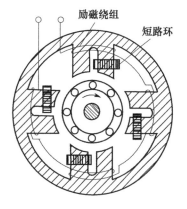

图12-9 三相异步电动机接于单相电源　　图12-10 罩极电动机的结构

在每个磁极上装有一个绕组,称为励磁绕组。磁极上开有槽,将磁极分为大齿和小齿两部分。在小齿部分装有自行短路的铜环(由1匝或几匝短路的铜线构成),好像小齿部分的磁极被铜环罩起来了一样,因此称为罩极电动机。

当励磁绕组接于单相交流电源时,励磁绕组中的电流产生的磁通分为两部分:一部分磁通 Φ_1 不穿过短路环;另一部分磁通 Φ_m 穿过短路环。根据楞次定律,穿过短路环的磁通 Φ_m,要在短路环中产生电势 E_s 和电流 I_s。根据变压器原理,短路环中的电流 I_s 在时间上滞后于励磁磁通 Φ_m 的角度为 $90°+\psi_2$,如图12-11所示。短路环中的磁通为励磁磁通 Φ_m 与短路环中的电流产生的磁通 Φ_s 的向量和,如图12-11(b)中 Φ_2 所示。由图12-11(b)可见,短路环中的磁通 Φ_2 在时间上滞后于大齿部分的磁通 Φ_1 一个 ψ_1 角。

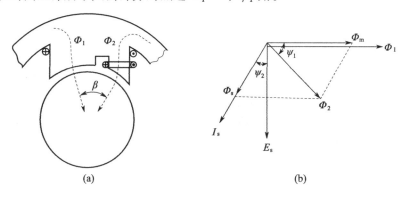

图12-11 罩极电动机中的磁通

由于大齿下面的磁通 Φ_1 与小齿下面的磁通 Φ_2 在时间上相差 ψ_1 角,在空间上相差 β 角,如图12-11(a)所示,电机中便产生旋转磁场,使电机转动。

实际上短路环也可以看作是电机的起动绕组。

12.2.4 单相整流子异步电动机

单相整流子异步电动机的基本结构和直流串励电动机相同。实际上,一个单相整流子异步电动机,不仅能用于单相交流电源,而且能用于直流电源,所以又称为"万用电机"。

装在磁极上的励磁绕组与电枢绕组串联后接于单相交流电源,如图12-12所示。

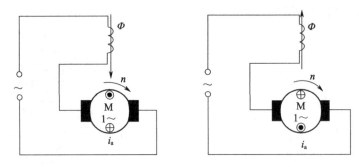

图12-12 单相整流子异步电动机的基本工作原理

励磁绕组中的电流产生的磁通 Φ 与电枢绕组中的电流 i_a 相互作用产生电磁力矩,使电机转动。当励磁绕组中的电流所产生的磁通的方向随时间变化时,电枢绕组中的电流的方向也相应地随时间变化,因此,能使电动机产生的电磁力矩的方向保持不变,使电机能继续沿一定的方向转动。

单相整流子异步电动机的特性类似于串激直流电动机,转速可以达到很高的数值。

小 结

1. 三相陀螺电机

三相陀螺电机的结构特点:为了增大转子的转动惯量,以提高陀螺的稳定性,陀螺电机的转子放在定子外面,并套有一个较重的铜环或钢环。其余部分结构与普通三相鼠笼式异步电动机相同。

2. 单相异步电动机

单相异步电动机除定子为单相绕组外,其余部分结构与三相鼠笼式异步电动机相同。

(1) 基本工作原理。定子单相绕组通以单相正弦交流电流产生的脉振磁势,可分解成幅值相等、转速相同、转向相反的两个旋转磁势,而三相异步电动机在不对称电压作用下,也产生转向相反、转速相同的两个旋转磁势(椭圆形旋转磁场),只是这两个磁势的幅值不相等,因此它们的电磁情况十分相似。

正转旋转磁势产生正向电磁转矩为

$$s^+ = \frac{n_1 - n}{n_1} = s, \quad M^+ = f(s^+)$$

反转旋转磁势产生反向电磁转矩为

$$s^- = \frac{n_1 - (-n)}{n_1} = 2 - s, \quad M^- = f(s^-)$$

合成转矩为

$$M = M^+ - M^-$$

其机械特性曲线如图12-6所示。

当转子不转时,$n=0$,$s=1$,则 $M^+ = M^-$,$M=0$,因此单相异步电动机本身无起动转矩。

只要 $n\neq0, M\neq0$。且 $n>0, M>0; n<0, M<0$，即电动机一旦转动，其电磁转矩就不再为零。

（2）起动方法。

① 加装起动绕组；

② 加装起动电容；

③ 罩极电动机；

④ 单相整流子异步电动机。

思考题与习题

1. 陀螺电机为什么要放在真空中或密封在氮气中运转？
2. 三相异步电动机起动时，如电源一相断线，能否起动？如三相绕组中一相断路，电动机能否起动？Y形、△形接线情况是否一样？
3. 单相异步电动机的起动方法主要有哪几种？它们的原理分别是什么？

第 5 篇　航空同步电机

同步电机主要用作交流发电机。现代工农业生产所需的交流电能几乎都是由同步发电机产生的。目前,地面用同步发电机的单机容量已达数百兆瓦。在飞机上,航空同步发电机由飞机发动机或辅助动力装置传动,是飞机交流电源系统的主要设备之一,用于将飞机发动机或辅助动力装置提供的机械能转换为交流电能,供机上交流用电设备使用。目前,航空同步发电机的单机容量已达数百千瓦。

交流电机的同步转速 n_1 与频率 f_1 和电机极对数 p 之间有着严格的关系,即 $n_1 = 60f_1/p$。可见,当同步发电机的极对数一定时,其发出的交流电动势的频率取决于转子的转速。

早期的飞机电源都是由直流发电机供给的。随着飞机用电设备的增加,飞行速度增大,飞行高度增高,飞机直流发电机越来越难以适应航空技术飞速发展的要求。同步发电机在飞机上迟迟未能采用主要是由于飞机发动机的转速是变化的,而要产生恒定频率的交流电必须设法使同步发电机的转速严格保持不变。

同步电机也可用作电动机。同步电动机可以通过调节励磁电流来改变功率因数。正因为如此,同步电机还可以用作同步补偿机(或称为同步调相机),同步补偿机实际上是一台接在交流电网上空载运行的同步电动机,通过调节转子绕组中的励磁电流向电网发出所需的感性或容性无功功率,对电网进行无功补偿,提高电网功率因数,改善电能质量。此外,随着现代功率电子器件技术的发展,由电力电子变频器供电的同步电动机拖动系统已经发展成一种新型的调速系统,并逐渐得到广泛应用。

第 13 章　同步发电机的基本结构和原理

同步发电机是基于电磁感应原理将机械能转换为交流电能的电机。按照电磁感应原理,导体在磁场中做切割磁力线运动,导体中就会产生感应电势。基于此,一台电机只要具有产生恒定磁场的部分和能够在磁场中做连续切割磁力线运动的部分,就能构成一台基本的同步发电机。但是,由于同步发电机的励磁要求比较特别,为了满足不同的励磁要求,通常需要由一台以上的基本的同步发电机构成一台实用的同步发电机。如航空无刷同步发电机通常由 3 台同轴连接的基本的同步发电机构成,其中 1 台作为主发电机,向用电设备提供交流电能,另外 2 台主要用于解决主发电机的无刷励磁问题。尽管每台基本的同步发电机在一台实用的同步发电机中的作用不同,但其遵循相同的电磁运动规律。因此,在后面章节的分析中,如不特别说明,同步发电机一般是指基本的同步发电机。

本章主要介绍同步发电机的基本结构型式及其特点、基本工作原理及其额定值,并重点介绍航空用无刷同步发电机的基本工作原理和基本结构。

13.1 同步发电机的基本结构型式和工作原理

13.1.1 基本结构型式

同步发电机和其他旋转电机一样也是由定子和转子两部分组成的。同步发电机中,将产生电动势的部件称为电枢,电枢是电机实现机电能量转换的关键部件。按照旋转部件不同,同步发电机可以分为旋转磁极式和旋转电枢式两类,如图 13-1 所示。

对于旋转磁极式同步发电机,转子是磁极,定子是电枢,如图 13-1(a)所示;对于旋转电枢式同步发电机,转子是电枢,定子是磁极,如图 13-1(b)所示。

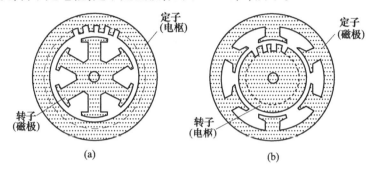

图 13-1 旋转磁极式和旋转电枢式同步发电机
(a)旋转磁极式;(b)旋转电枢式。

按转子结构形式的不同,旋转磁极式同步发电机又分为凸极式和隐极式两种,如图 13-2 所示。

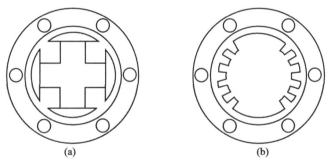

图 13-2 凸极式与隐极式同步发电机的基本构造
(a)凸极式;(b)隐极式。

凸极式同步发电机,转子的磁极铁芯是凸出来的,励磁绕组安放在极间的空隙中。隐极式同步发电机,在转子铁芯上有一部分开槽,形成大齿和小齿,励磁绕组安放在槽中。无论是凸极转子还是隐极转子,当励磁绕组中通以直流电时,转子上就会相间出现 N 极和 S 极的磁场。只不过从外形上看,凸极转子的磁极很明显,而隐极转子的磁极不那么明显。

从基本工作原理上来说,凸极转子和隐极转子没有本质的区别。地面的水轮发电机,因转速较低,采用凸极转子;而汽轮发电机转速较高,采用隐极转子,因为隐极转子比凸极转子有更高的机械强度。由于凸极同步发电机的凸极效应也能传递能量,使得凸极同步发电机比隐极同步发电机有更好的电气性能,因此航空同步发电机都采用凸极转子。

凸极机与隐极机的转子结构不同,其性能及分析方法也不同,这是由于二者的气隙不同所造成的。隐极机的气隙可以认为是均匀的,而凸极机的气隙是不均匀的;沿转子励磁绕组轴线的气隙小,转子极间的气隙较大。

同步发电机按照有无电刷和滑环可分为有刷电机和无刷电机。现在飞机上广泛采用旋转整流器式无刷同步发电机。本篇将重点对无刷同步发电机加以分析和论述。

为分析方便,规定:与励磁绕组轴线相重合的轴线称为纵轴或 d 轴,而与纵轴或 d 轴相差 $90°$ 空间电角度的轴线称为横轴或 q 轴,且 q 轴滞后于 d 轴 $90°$ 空间电角度。

13.1.2 基本工作原理

如图 13-3 所示,同步发电机的定子上装有对称的三相绕组,转子上装有励磁绕组。励磁绕组由直流电源供电,转子磁极产生一定极性的磁场。当转子被原动机带动沿一定的方向转动时,在对称的定子三相绕组中产生对称的三相电势。设转子的转速为 n,转子的极对数为 p,则定子三相绕组中的电势的频率为

$$f_1 = \frac{pn}{60} \tag{13-1}$$

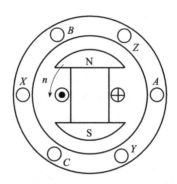

图 13-3 同步发电机的结构

航空同步发电机的频率规定为 400Hz。

将定子三相绕组与用电设备接通,则电机供给用电设备所需的三相交流电,电机作为发电机工作。如三相定子绕组接于对称的三相负载,则在三相绕组中流过对称的三相电流。定子三相绕组中的对称电流将在电机中产生旋转磁场。由于定子三相绕组中电流达到正的最大值的空间次序与转子转向相同,故三相定子电流产生的旋转磁场的转向与转子的转向相同。三相定子电流产生的旋转磁场的转速 n_1,取决于定子电流的频率 f_1 及定子绕组的极对数 p_1,即

$$n_1 = \frac{60f_1}{p_1} \tag{13-2}$$

由式(13-1)可知,转子的转速为

$$n = \frac{60f_1}{p} \tag{13-3}$$

因定子绕组的极对数 p_1 一定做成与转子的极对数 p 相等,故

$$n = n_1 \tag{13-4}$$

这就是说,转子的转速 n 与定子三相绕组中的电流产生的旋转磁场的转速 n_1 相等,且转

向相同,所以这种电机称为同步电机,旋转磁场的转速 n_1 称为同步转速。

13.2 同步电机的额定值

同步电机的额定值如下:

(1) 额定电压 U_N:额定运行时,定子三相绕组上的线电压。(V 或 kV)。航空同步发电机的额定电压为 120V/208V。

(2) 额定电流 I_N:额定运行时,流过定子绕组的线电流。(A)。

(3) 额定功率 P_N:额定运行时,电机输出的有功功率(kW)。对于发电机是指输出的电功率;对于电动机是指输出的机械功率。它们与额定电压和额定电流之间有如下关系:

发电机
$$P_N = \sqrt{3}\, U_N I_N \cos\varphi_N \tag{13-5}$$

电动机
$$P_N = \sqrt{3}\, U_N I_N \eta \cos\varphi_N \tag{13-6}$$

式中 η——电动机的效率;

$\cos\varphi_N$——交流电机的功率因数。

对于同步发电机,额定功率也可用额定容量来表示。额定容量是指发电机输出的视在功率(kV·A),计算公式为

$$S_N = \sqrt{3}\, U_N I_N \tag{13-7}$$

(4) 相数 m:一般 $m=3$。

(5) 额定频率 f_N:我国规定额定工业频率 $f_N = 50$Hz,额定航空频率 $f_N = 400$Hz。

(6) 额定转速 n_N:即为电机的同步转速,在一定极数及频率时,它的转速也是定值,即

$$n_N = \frac{60 f_N}{p} \tag{13-8}$$

例 13.1 一台三相同步发电机 $S_N = 60$kV·A,$\cos\varphi_N = 0.8$(滞后),$U_N = 200$V。试求其额定电流 I_N 和额定运行时发出的有功功率 P_N 和无功功率 Q_N。

解:$I_N = \dfrac{S_N}{\sqrt{3}\, U_N} = \dfrac{60 \times 10^3}{\sqrt{3} \times 200} = 173.2$(A)

$P_N = S_N \cos\varphi_N = 60 \times 0.8 = 48$(kW)

$Q_N = S_N \sin\varphi_N = 60 \times 0.6 = 36$(kV·A)

13.3 航空同步发电机的基本工作原理和结构

由于飞机发动机的转速是随飞行条件不同而变化的,而要产生恒定频率的交流电,则要求同步发电机的转速必须严格保持不变。要解决这个困难,必须要有能够把发动机变化的转速转变为恒定转速的中间装置,这种装置称为恒速传动装置,简称为恒装。但制造符合要求的恒装,却并非易事。经过几十年的努力,目前实用的恒装有机械液压式恒装和电磁式恒装两种类型。

随着电力电子技术的发展,已出现了几种不用恒装的飞机电源系统的方案,如变速恒频系

统、高压直流系统等,如图13-4所示。它们的主电源发电机都是航空同步发电机,只不过通过变频器、逆变器、整流器等将同步发电机输出的变频交流电变换为恒频交流电或直流电,或再将直流电逆变为恒频交流电。

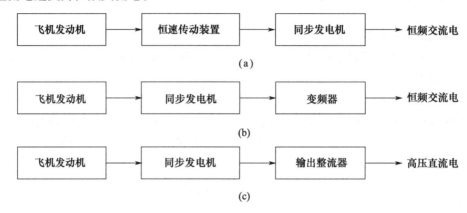

图13-4 同步发电机在飞机电源系统中的主要应用形式
(a)恒速恒频方案;(b)变速恒频方案;(c)高压直流方案。

早期的航空同步发电机采用有刷励磁系统,即由外部的直流电源通过电刷和滑环供给同步发电机励磁绕组所需的直流电流。外部的直流电源可以由它激式或并激式的直流发电机提供,或由同步发电机输出的电压经整流后得到。现代航空同步发电机大都采用无刷励磁系统。

13.3.1 基本工作原理

航空无刷同步发电机的结构不同于一般的同步发电机,主要由副励磁机、主励磁机、旋转整流器、主发电机等组成,如图13-5所示。这种结构组成主要是为了使主发电机的转子励磁绕组得到无刷、自励、可调的直流励磁。其中,无刷是指不依赖电刷和滑环,自励是指不依赖外部设备而自行提供励磁,可调是指主发电机的转子励磁应该是可以调节的。

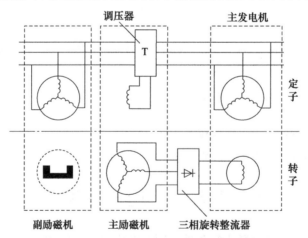

图13-5 航空无刷同步发电机的原理图

在航空无刷同步发电机的转子上安装有副励磁机的永磁转子、主励磁机的三相电枢绕组、三相旋转整流器、主发电机的励磁绕组;在定子上安装有副励磁机的三相定子绕组、主励磁机的励磁绕组、主发电机的三相定子绕组。

当发动机带动转子旋转时,副励磁机的永磁转子产生的磁通,在副励磁机的三相定子绕组中产生感应电势。副励磁机定子绕组产生的三相交流电经电压调节器(简称调压器)T整流后,供给主励磁机的励磁绕组所需的直流电。主励磁机的转子电枢绕组产生的三相交流电经同轴安装的三相旋转整流器整流后,供给主发电机的励磁绕组所需的直流电。主发电机的三相定子绕组供给用电设备所需的三相交流电。调压器根据主发电机输出电压的变化调整主励磁机的励磁电流,以保证主发电机的输出电压恒定。

由于副励磁机的转子是永磁转子,保证主发电机不会失磁;电网短路时,副励磁机仍能提供保护装置所需的电源,同时,副励磁机及主励磁机都仍能正常工作,可以使主发电机产生足够大的短路电流,以使保护装置能可靠地把主发电机自电网断开。

由于整个发电机组没有电刷和滑环,可以用油来冷却发电机内部,从而大大地改善了发电机的冷却条件。目前,航空同步发电机的冷却方式主要有循油冷却和喷油冷却,喷油冷却的冷却效果相对更佳。

13.3.2 航空无刷同步发电机的结构

航空无刷同步发电机的原理结构如图13-6所示。副励磁机、主励磁机、主发电机都是同步发电机,它们的电枢绕组都是三相对称绕组,它们的励磁是永久磁铁或直流励磁。因此,航空无刷同步发电机实质上是一个同步发电机组。

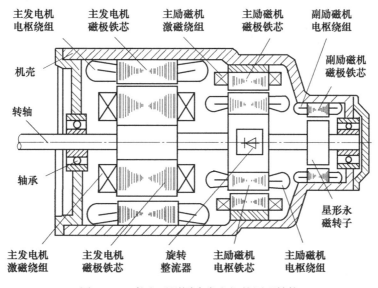

图13-6 航空无刷同步发电机的原理结构

13.3.2.1 电枢

3个同步发电机的电枢基本结构是相同的,电枢铁芯由硅钢片叠压而成,硅钢片上冲有槽,在槽中安放着三相电枢绕组。为了改善电势的波形,提高分布效果,均采用分数槽绕组。为了减小铁损耗,电枢铁芯采用厚度为0.35mm的D32电工钢冲片。冲片进行退火处理后,双面涂绝缘胶,然后将冲片叠压在一起。绝缘胶使冲片彼此绝缘又互相黏住。叠压后的电枢铁芯压装在机壳内(副励磁机、主发电机)或支架上(主励磁机)。安装在槽内的电枢绕组用矩形或圆形截面的高强度(H级)漆包线绕成,并用绝缘材料使绕组与槽间、各层绕组间妥善绝缘。铁芯中的绕组用绝缘材料制成的槽楔压紧,旋转电枢的绕组端部固定在绕组支架上。嵌绕后的电枢绕组进行浸漆,以提高导热性能和机械强度。

13.3.2.2 磁极

1. 副励磁机的磁极

副励磁机的磁极是用永磁材料做成的,如图13-7所示。因为永磁合金属于硬磁材料,又硬又脆,不便于进行机械加工,所以采用精密铸造(如蜡模铸造)后研磨而成。

为防止电枢绕组短路时电枢电流产生的去磁作用使转子去磁,在星形转子周围铸铝。电枢绕组短路时,铝中产生的涡流抵消了电枢电流产生的去磁作用。否则,因为永磁材料的电阻大、涡流小、阻尼作用弱,不能有效地抵消电枢电流的去磁作用,永磁转子的磁性将被削弱。同时,转子铸铝后,也增加了转子的机械强度。

永磁星形转子虽然结构简单,但永磁材料磁阻很大,充磁困难。同时,要铸造各部分磁性相同的永久磁铁也不容易。而且,永久磁铁产生的磁通不能随意调节。所以,永磁转子只用于小容量的同步发电机,如副励磁机中。

2. 主励磁机磁极

主励磁机的磁极铁芯材料为硅钢片,其冲片形状如图13-8所示。

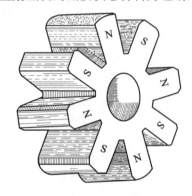
图13-7 永磁转子

图13-8 磁极铁芯冲片

因为主励磁机的磁极放在定子上,有较大的空间来安放磁极及励磁绕组,可以制成较多的极对数(如$2p=10$),提高电枢电势的频率,减小整流输出电压的脉动程度。

3. 主发电机磁极

主发电机磁极用导磁性能好的钴钢片制成,全部磁极铁芯冲片叠装起来后压在轴上,形成一个整体,如图13-9所示。整体结构的磁极铁芯能承受较大的离心力。励磁绕组安放在磁极铁芯间的空隙内,为防止励磁绕组受离心力甩出,磁极间用非磁性金属槽楔将励磁绕组固紧。

在主发电机和主励磁极的磁极铁芯上冲有槽,槽内安装着裸铜条,好像鼠笼式异步电动机转子上的笼条一样。笼条的两端用铜板连接起来。每极上的笼条构成纵轴阻尼绕组(又称极栅)。如果每两个极上的笼条也连接起来,则又构成横轴阻尼绕组。连接笼条的铜板形状一般和磁极铁芯冲片的形状相同。纵轴及横轴都有阻尼绕组的电机,称为全阻尼电机。安装阻尼绕组的目的是削弱电机在不对称状态(如发电机单相运行)时产生的逆转磁场,削弱逆转磁场引起的过电压及交变力矩,减小交变力矩引起的振动,降低损耗。更重要的是,阻尼绕组对同步发电机的振荡能起抑制(或阻尼)作用,提高同步发电机工作的动态稳定性。

图 13-9　主发电机的磁极

13.3.2.3　机壳与转轴

机壳用来安装和固定主发电机的电枢、主励磁机的磁极、副励磁机的电枢。为减轻电机的质量和便于制造,机壳用铝合金制成,它不是电机磁路的组成部分。

转轴用来安装和传动主发电机的磁极、主励磁机的电枢、副励磁机的磁极等。如图 13-10 所示,转轴采用由空心轴和柔性轴组成的组合轴。空心轴用来支承转子部件,柔性轴用来传递扭矩。空心轴与柔性轴靠半月键啮合。

图 13-10　转轴

转子一端支承在机壳前端盖(非传动端)轴承室内的轴承上;另一端支承在后端盖(传动端),即结合盘上轴承室内的轴承上。结合盘靠连接螺钉与机壳固紧,将电机组合成一个整体。结合盘上有安装孔,以把发电机与恒速传动装置安装在一起。在组合电源装置中,发电机的机壳直接与恒装的外壳连接在一起,这样可以省去结合盘及轴承,以减轻整个装置的质量。由无刷交流发电机和恒速传动装置组合而成的航空同步发电机称为组合传动发电机,国内代号为 ZCF。如 ZCF-30A,表示额定容量为 30kV·A、改型代号为 A 的组合传动发电机。

小　结

按照旋转部件不同,同步发电机基本结构型式可以分为旋转磁极式和旋转电枢式两种;按照磁极的结构形式不同,旋转磁极式同步发电机又可以分为凸极式和隐极式两种。

同步电机转子的转速 n 与定子三相绕组中的电流产生的旋转磁场的转速 n_1 相等,它们的转向相同,这就是"同步"的概念。

同步发电机的额定值包括额定电压、电流、功率、频率、相数、转速、功率因数和接线方式等。航空同步发电机的额定电压为120V/208V,星形带中线接地,额定频率为400Hz。

航空无刷同步发电机由副励磁机、主励磁机、旋转整流器、主发电机等组成。副励磁机、主励磁机和主发电机是同轴安装的三相同步发电机;副励磁机和主发电机是旋转磁极式同步发电机;主励磁机是旋转电枢式同步发电机;旋转整流器是实现无刷发电的关键部件。

思考题与习题

1. 什么是同步的概念?
2. 旋转磁极式同步发电机和旋转电枢式同步发电机中哪一种应用更广泛些,为什么?
3. 凸极式同步电机和隐极式同步电机各有什么特点,分别适用于哪些场合?
4. 同步电机和异步电机在结构上有哪些异同之处?
5. 同步发电机的转速为什么必须为常数?频率为400Hz、转速为12000r/min的航空同步发电机的极数为多少?
6. 当频率$f=400$Hz,极对数为2时,同步发电机的转速是多少?
7. 一台三相同步发电机的$S_N=2000$kV·A,$U_N=6000$V,Y形接法,$\cos\varphi=0.8$(滞后),求其额定电流I_N和额定有功功率P_N。
8. 试述航空无刷同步发电机的基本结构。
9. 试述航空无刷同步发电机的基本工作原理。

第14章　同步发电机的基本电磁关系与运行分析

同步发电机的对称负载运行是指同步发电机的定子各相绕组对称，每相绕组所接的负载阻抗的大小和相位角都相同。这时，每相绕组中的电势、电流的有效值大小相等，而各相绕组中的电势、电流的瞬时值彼此在时间相位上相差120°时间电角度。

本章讨论对称负载运行时同步发电机中的基本电磁关系，主要包括磁势平衡方程式、电势平衡方程式、等值电路图、时空向量图。它们是分析同步发电机的基础。

首先讨论隐极机，然后讨论凸极机，并以两极电机($p=1$)为例进行分析。

鉴于时间和空间的概念对于了解同步发电机中的电磁关系有着特别重要的意义，在本篇中，将空间向量及时间相量加以严格的区别。按照习惯，空间向量**上加**"→"表示，而时间相量上加"·"表示。

14.1　电枢反应与磁势平衡方程式

同步发电机空载运行时，定子绕组开路，气隙中只有一个由转子励磁绕组中的励磁电流产生的磁势在气隙中建立磁场。对称负载运行时，同步发电机中存在着励磁电流产生的磁势和电枢电流产生的磁势，它们共同作用的结果，在同步发电机中产生合成磁势，由合成磁势在气隙中建立磁场。在一般情况下，每个磁势中都包含着基波及各次谐波，但其中的基波占主要成分。所以，以下只讨论各磁势的基波，而各次谐波均不在讨论之列。如不特别指明，各磁势均指基波而言。

14.1.1　励磁磁势

转子励磁绕组中的电流产生的磁势称为励磁磁势。励磁磁势的基波用空间向量 $\vec{F}_0$ 代表。$\vec{F}_0$ 的大小、方向和位置分别代表励磁磁势的基波幅值的大小、幅值处 $\vec{F}_0$ 的方向和幅值所在的空间位置。$\vec{F}_0$ 永远位于励磁绕组轴线上，即 d 轴上。

14.1.2　电枢磁势

定子三相绕组中的电流在电机中共同产生的磁势称为电枢磁势。电枢磁势的基波用空间向量 $\vec{F}_a$ 代表。$\vec{F}_a$ 的大小、方向和位置分别代表电枢磁势的基波幅值的大小、幅值处 $\vec{F}_a$ 的方向和幅值所在的空间位置。当某相绕组中的电流到达正的最大值时，$\vec{F}_a$ 便转到和该相绕组轴线相重合的位置上。

14.1.3　电枢反应与磁势平衡方程式

励磁磁势 $\vec{F}_0$ 与电枢磁势 $\vec{F}_a$ 以相同的转速和转向在空间旋转，它们在空间相对静止。$\vec{F}_a$ 与 $\vec{F}_0$ 共同作用的结果，在电机中产生合成磁势 $\vec{F}_\delta$，$\vec{F}_\delta$ 又称为气隙磁势，即

$$\vec{F}_0 + \vec{F}_a = \vec{F}_\delta \tag{14-1}$$

式(14-1)即为同步发电机的磁势平衡方程式。

可见，同步发电机负载运行时，随着电枢磁势的产生，气隙中的磁势从空载时的励磁磁势

改变为负载时的合成磁势。因此,电枢磁势的存在将使气隙中磁场的大小和位置发生变化,这一现象称为电枢反应。

电枢反应会对同步发电机的运行性能产生重大的影响。电枢反应的性质有去磁、助磁和交磁(使电机的磁场分布发生畸变)。电枢反应的性质取决于电枢磁势幅值和励磁磁势幅值的相对位置,而这一相对位置与励磁电势 $\dot{E}_0$ 和负载电流 $\dot{I}$ 之间的时间相位差角 ψ 有关,即电枢反应的性质取决于负载的性质。

14.1.4 磁势的空间向量图

表明磁势空间向量 F_0、F_a、F_δ 的大小及彼此之间的空间位置关系的图形称为磁势的空间向量图。它对于分析同步发电机中的电磁关系非常重要。

由于三相绕组是对称的,以 A 相绕组为例分析磁势的空间向量图。

励磁磁势 F_0 始终位于励磁绕组轴线上。如图 14-1(a) 所示,当 F_0 超前于 A 相绕组轴线 90°空间电角度时,A 相绕组中由 F_0 产生的励磁磁通 Φ_0 在 A 相绕组中产生的感应电势 e_0(称为励磁电势)到达正的最大值。如果此时 A 相绕组中的电流 i 也同时到达正的最大值,即 $\dot{E}_0$ 与 $\dot{I}$ 同相,这时 $\dot{E}_0$ 与 $\dot{I}$ 之间的时间相位角 $\psi=0°$,电枢电路为纯电阻电路,在此瞬间,电枢磁势 F_a 位于 A 相绕组轴线上。此时,F_a 滞后于 F_0 空间电角度 90°,F_a 位于转子的横轴上,F_a 与 A 相绕组的轴线相重合。

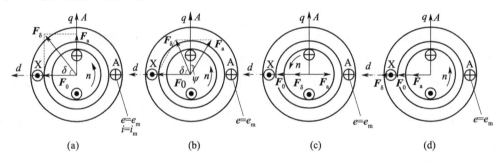

图 14-1 磁势的空间向量图

(a) $\psi=0°$;(b) $0°<\psi<90°$;(c) $\psi=90°$;(d) $\psi=-90°$。

在一般情况下,定子电路并不是纯电阻电路,$\dot{I}$ 与 $\dot{E}_0$ 不同相,即内功率因数角 $\psi\neq0°$。当某相绕组中的励磁电势 e_0 到达正的最大值时,该相绕组中的电流 i 并不同时到达正的最大值。如果 $0°<\psi<90°$,则当 A 相绕组产生的电势 e_0 到达正的最大值时,A 相绕组中的电流 i 尚未到达正的最大值,要经过 ψ 时间电角度后,A 相绕组中的电流才到达正的最大值,即要经过 ψ 时间电角度后,F_a 才转到和 A 相绕组轴线相重合的位置上,此时,F_a 正位于滞后 A 相绕组轴线 ψ 空间电角度的地方,如图 14-1(b) 所示。

由此可见,电枢电流 $\dot{I}$ 在时间上滞后于励磁电势 $\dot{E}_0$ 一个时间电角度,使得 F_a 在空间滞后于该相绕组轴线一个空间电角度,时间电角度与空间电角度二者数值相等。这是很自然的,因为 $\omega_0 t=\omega t$,即时间电角度等于空间电角度。

如果 $\dot{I}$ 滞后于 $\dot{E}_0$ 的时间电角度 $\psi=90°$,则当 A 相绕组中的电势 e_0 到达正的最大值时,F_a 位于滞后 A 相绕组轴线 90°空间电角度的地方,如图 14-1(c) 所示。

相反,如果 $\dot{I}$ 超前于 $\dot{E}_0$ 的时间电角度为90°,即 $\psi = -90°$,则当 A 相绕组中的电势到达正的最大值时,F_a 位于超前 A 相绕组轴线90°空间电角度的地方,如图14-1(d)所示。

14.1.5 负载性质对电枢反应的影响

F_0 的大小与励磁电流的大小有关,F_a 的大小与电枢电流的大小有关,F_0 及 F_a 的大小及空间位置一经确定后,根据磁势平衡方程式 $F_0 + F_a = F_\delta$,即可确定 F_δ 的大小和方向,图14-1(a)~(d)中画出了 F_δ 的大小和方向。

再次指出,F_0、F_a、F_δ 在空间的位置一经确定后,任何瞬间它们都以同一转速沿同一方向转动。而彼此在空间的位置都相对静止,彼此在空间的相对位置始终保持不变。

由以上分析可以清楚地看到 F_a 对 F_0 的作用,即电枢反应的情况:

(1) 当 $\psi = 90°$ 时,为纯感性负载。F_0 与 F_a 的方向相反,F_a 沿转子纵轴的反方向,电枢磁势为纵轴去磁磁势,F_a 对 F_0 起去磁作用。这种情况虽然很简单,却十分重要。

(2) 当 $\psi = -90°$ 时,为纯容性负载。F_a 与 F_0 的方向相同,F_a 沿转子纵轴,电枢磁势为纵轴助磁磁势。

(3) 当 $\psi = 0°$ 时,为纯阻性负载。F_a 沿转子横轴,为横轴电枢磁势。其作用是使电机的磁场增强,并使电机的磁场分布发生畸变,使电机的磁场轴线逆电机转向偏离纵轴。

(4) 当 $0° < \psi < 90°$ 时,为阻感性负载。F_a 在空间滞后于 F_0 的空间电角度为 $90° + \psi$,即滞后于 q 轴的空间电角度为 ψ。此时,电枢磁势既有横轴电枢磁势存在,又有纵轴电枢磁势存在。

F_a 相对于 F_0 的空间位置是通过电枢电流 $\dot{I}$ 与励磁电势 $\dot{E}_0$ 之间的时间相位角 ψ 联系起来的。F_a 在空间的位置取决于 $\dot{E}_0$ 与 $\dot{I}$ 之间的时间相位差角 ψ,ψ 称为内功率因数角。它取决于电枢电路的全部参数,既包括电枢绕组本身的电阻和电抗,又包括负载的电阻和电抗。

14.2 同步电抗与电势平衡方程式

电机中的各个磁势在电机中产生相应的磁通。由于隐极电机的气隙是均匀的,在空间按正弦规律分布的基波磁势 F_0、F_a、F_δ,在气隙中产生按正弦规律分布的相应的磁通 Φ_0、Φ_a、Φ_δ。由于 F_0、F_a、F_δ 在空间旋转,它们产生的相应的磁通波也在空间旋转,与一相绕组相交链的磁通便随时间按余弦规律变化,在定子一相绕组中产生的感应电势便随时间按正弦规律变化。因为各相绕组是对称的,所以只需要讨论一相绕组中的感应电势。

14.2.1 一相绕组中的电势

14.2.1.1 励磁电势

励磁电流产生的基波磁势 F_0,在电机中产生穿过气隙与定子、转子绕组相交链的基波磁通 Φ_0,Φ_0 在一相绕组中产生的感应电势称为励磁电势,以 $\dot{E}_0$ 表示。

14.2.1.2 电枢电势

三相绕组中的电流在电机中共同产生基波电枢磁势 F_a,F_a 在电机中产生穿过气隙而与定子、转子绕组相交链的基波磁通 Φ_a,称为电枢反应磁通(简称电枢磁通)。电枢磁通 Φ_a 在一相绕组中产生的感应电势称为电枢电势,以 $\dot{E}_a$ 表示。

由于 F_a 与电枢电流 I 成正比,当磁路不饱和时,F_a 产生的电枢反应磁通 Φ_a 与电枢电流 I 成正比,E_a 便与电枢电流 I 成正比,即

$$E_a \propto \Phi_a \propto F_a \propto I \tag{14-2}$$

或

$$E_a = KI \tag{14-3}$$

将比例系数 K 用 X_a 表示,则

$$E_a = X_a I \tag{14-4}$$

X_a 称为电枢反应电抗。在电枢电流 I 一定的情况下,如果 X_a 越大,电枢反应电势 E_a 也越大,说明电枢磁势所产生的电枢反应磁通 Φ_a 越多。因此,X_a 的大小可以反映电枢反应的强弱。

由于当某相电枢绕组的电流 i 到达正的最大值时,F_a 便转到和该相绕组轴线相重合的位置上,此时,与该相绕组相交链的电枢反应磁通 Φ_a 也达到正的最大值(Φ_a 全部穿过该相绕组)。如将 Φ_a 用时间相量 $\dot{\Phi}_a$ 表示,则 $\dot{\Phi}_a$ 与 $\dot{I}$ 同相。而 Φ_a 产生的感应电势 $\dot{E}_a$,在时间上滞后于 $\dot{\Phi}_a$ 的时间电角度为 $90°$,即滞后于 $\dot{I}$ 的时间电角度为 $90°$。用复数形式表示,则为

$$\dot{E}_a = -jX_a \dot{I} \tag{14-5}$$

14.2.1.3 气隙电势

F_0 与 F_a 共同产生合成磁势 F_δ,F_δ 在电机中产生穿过气隙而与定子、转子绕组相交链的磁通,以 Φ_δ 表示。Φ_δ 在一相绕组中产生的感应电势,称为气隙电势,以 $\dot{E}_\delta$ 表示。

14.2.1.4 漏磁电势

F_a 产生的磁通除大部分穿过气隙与定子、转子绕组相交链的电枢反应磁通 Φ_a 外,还有一部分磁通不穿过气隙,不与转子绕组相交链,只与定子绕组相交链,这部分磁通称为电枢漏磁通,以 $\Phi_{\sigma a}$ 表示。

由于 F_a 在空间旋转,它产生的与一相绕组相交链的电枢漏磁通随时间按余弦规律变化,在一相绕组中产生随时间按正弦规律变化的感应电势称为漏磁电势,以 $\dot{E}_{\sigma a}$ 表示。

当某相绕组的电流到达正的最大值时,电枢磁势 F_a 便转到和该相绕组的轴线相重合的位置上,此时,与一相绕组相交链的电枢漏磁通也达到正的最大值。故电枢漏磁通 $\dot{\Phi}_{\sigma a}$ 与电枢电流 $\dot{I}$ 同相,其所产生的感应电势 $\dot{E}_{\sigma a}$ 在时间上滞后于电枢电流 $\dot{I}$ 的时间电角度为 $90°$。由于电枢磁势 F_a 与电流 I 成正比,又因为电枢漏磁通所经过的磁路的磁阻主要是定子齿、槽间的气隙的磁阻,故电枢漏磁通与电枢电流 I 成正比,漏磁电势的大小与电枢电流 I 的大小成正比。于是

$$\dot{E}_{\sigma a} = -jX_{\sigma a} \dot{I} \tag{14-6}$$

其比例系数 $X_{\sigma a}$ 称为电枢漏抗。

14.2.2 同步电抗

电枢反应电抗和电枢漏抗之和称为隐极同步发电机的同步电抗,即

$$X_s = X_a + X_{\sigma a} \tag{14-7}$$

它是同步发电机中一个极为重要的电路参数,对它的物理意义必须有较为全面和深入的理解。

由 $E_a = X_a I$ 可得

$$X_a = \frac{E_a}{I} \tag{14-8}$$

由此式可见,X_a代表三相绕组中的电流的有效值为单位电流时,三相绕组中的电流共同产生的电枢反应磁通Φ_a在一相绕组中产生的感应电势E_a的大小。对一定的电机,E_a的大小取决于Φ_a的大小,因而它也代表三相绕组中的电流的有效值为单位电流时,三相绕组中的电流共同产生的电枢反应磁通Φ_a的多少和电枢反应的强弱。Φ_a的多少取决于Φ_a所经过的磁路的磁阻,即定子、转子之间的气隙的磁阻和电枢铁芯、磁极铁芯的磁阻。在磁路不饱和时,X_a的大小主要取决于气隙的磁阻;在磁路饱和时,X_a的大小还与铁芯的磁阻有关,即与磁路的饱和程度有关。气隙越大,单位电流产生的磁通越少,X_a越小;磁路的饱和程度越高,磁路的磁阻越大,单位电流产生的磁通越少,X_a越小。反之亦然。

应该注意:X_a是一相绕组的电路参数,但它由三相绕组中的电流所共同产生的电枢反应磁通所经过的磁路的磁阻来决定。在磁路饱和程度一定时,X_a的大小与电枢绕组中的电流的大小无关。

电枢漏磁通的数值很小,分布却很复杂。它既有本相绕组电流产生的、与本相绕组相交链的漏磁通,又有由其他各相绕组的电流产生的、与本相绕组相交链的漏磁通。此外,还有由电枢电流产生的各种高次谐波磁势所产生的各种漏磁通,它们的分布也极为复杂,难于精确计算,而其数值又小,一般也将其归入电枢漏磁通之内,统一用$\Phi_{\sigma a}$表示。因而,$\Phi_{\sigma a}$应视为三相绕组中的电流共同产生的等效漏磁通。

14.2.3 电势平衡方程式

由于F_0、F_a、F_δ产生的相应的磁通Φ_0、Φ_a、Φ_δ、$\Phi_{\sigma a}$在空间以相同的转速和转向旋转,它们在一相绕组中产生的感应电势$\dot E_0$、$\dot E_a$、$\dot E_\delta$、$\dot E_{\sigma a}$到达正的最大值的时间相位差角取决于相应的磁通波的波幅在空间的位置差角。由于F_δ是F_0与F_a共同产生的合成磁势,因此,在$\dot E_0$、$\dot E_a$、$\dot E_\delta$中只存在$\dot E_0$和$\dot E_a$或者只存在$\dot E_\delta$。

选定$\dot E_0$的正方向作为感应电势的正方向,对任一相绕组所构成的闭合电路,根据基尔霍夫电压定律可得

$$\dot E_0 + \dot E_a + \dot E_{\sigma a} = \dot U + \dot I r_a \tag{14-9}$$

式中 $\dot U$——一相绕组的引出端对中点的电压;

r_a——一相绕组本身的电阻。

将式(14-9)改写为

$$\begin{aligned}\dot U &= \dot E_0 + \dot E_a + \dot E_{\sigma a} - \dot I r_a \\ &= \dot E_0 - jX_a \dot I - jX_{\sigma a}\dot I - \dot I r_a \\ &= \dot E_0 - [r_a + j(X_a + X_{\sigma a})]\dot I \\ &= \dot E_0 - (r_a + jX_s)\dot I\end{aligned} \tag{14-10}$$

式(14-10)称为隐极同步发电机的电势平衡方程式。

例14.1 有一台三相同步发电机,$P_N = 2500\text{kW}$,$U_N = 10.5\text{kV}$,Y形接法,$\cos\Phi_N = 0.8$(滞

后)。已知同步电抗 $X_s = 7.52\Omega$,不计电枢电阻 r_a。每相励磁电势为 7520V。求下列几种负载下的电枢电流,并说明电枢反应的性质:

(1)相值为 7.52Ω 的三相对称纯电阻负载;
(2)相值为 7.52Ω 的三相对称纯电感负载;
(3)相值为 15.04Ω 的三相对称纯电容负载;
(4)相值为 $(7.52 - j7.52)\Omega$ 的三相对称电阻电容负载。

解:(1)纯电阻负载时的电枢电流为

$$\dot{I}_a = \frac{\dot{E}_0}{R + jX_s} = \frac{7520\angle 0°}{7.52 + j7.52} = 707\angle -45°(\text{A})$$

$\psi = 45°$ 时,电枢反应的性质为纵轴去磁兼横轴电枢反应。

(2)纯电感负载时的电枢电流为

$$\dot{I}_a = \frac{\dot{E}_0}{jX + jX_s} = \frac{7520\angle 0°}{j7.52 + j7.52} = 500\angle 90°(\text{A})$$

$\psi = 90°$ 时,电枢反应的性质为纵轴去磁电枢反应。

(3)纯电容负载时的电枢电流为

$$\dot{I}_a = \frac{\dot{E}_0}{jX_s - jX} = \frac{7520\angle 0°}{j7.52 - j15.04} = 1000\angle -90°(\text{A})$$

$\psi = -90°$ 时,电枢反应的性质为纵轴助磁电枢反应。

(4)电阻电容负载,且 $X = X_s$ 时的电枢电流为

$$\dot{I}_a = \frac{\dot{E}_0}{R + jX_s - jX} = \frac{7520\angle 0°}{7.52} = 1000\angle 0°(\text{A})$$

$\psi = 0°$ 时,电枢反应的性质为横轴电枢反应。

14.2.4 等值电路图及电势相量图

根据隐极同步发电机一相绕组的电势平衡方程式可以作出隐极同步发电机的等值电路图和电势的时间相量图,如图 14-2 所示。图中 $\dot{U}$ 与 $\dot{I}$ 之间的时间相位差角 φ,称为功率因数角。θ 及 δ 的名称及意义将在 14.3 节中说明。

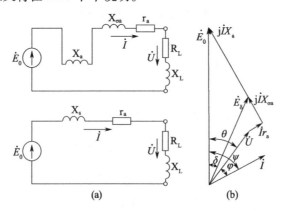

图 14-2 隐极同步发电机的等值电路图和相量图
(a)等值电路图;(b)相量图。

14.3 隐极同步发电机的电磁关系——时空向量图

前面已经分别得出了隐极同步发电机磁势的空间向量图和电势的时间相量图。磁势的空间向量图和电势的时间相量图是有区别的，但彼此之间又是有联系的。在一定条件下，可以把磁势的空间向量图和电势的时间相量图作在同一图中，使磁势的空间向量和电势的时间相量紧密地联系起来，得到统一的时空向量图，这对于清楚地了解和掌握同步发电机中的电磁关系、分析电机的运行情况是十分重要的。

14.3.1 磁势向量与电势相量

如用空间向量 F 代表在空间按正弦规律分布的磁势波一样，也可以用空间向量 $\varPhi$ 代表在空间按正弦规律分布的磁通波。空间向量 F 或 $\varPhi$ 与时间相量 $\dot{E}$ 或 $\dot{I}$ 主要区别如下：

（1） F 或 $\varPhi$ 代表电机气隙中在空间按正弦规律分布的磁势波或磁通波，$\dot{E}$ 或 $\dot{I}$ 代表导体中随时间按正弦规律变化的电势或电流。

（2）磁势或磁通的空间向量图代表全电机中各磁势或磁通的大小、方向及彼此在空间的相互位置关系，电势或电流的时间相量图代表电机一相绕组中的电势或电流的大小、方向和彼此之间的时间相位关系。

（3）磁势或磁通的空间向量所在的平面是电机的横断面，电势或电流的时间相量所在的平面是复平面。

（4）磁势或磁通的空间向量旋转的方向取决于电机转子的转向，电势或电流的时间相量的转向总是规定为反时针方向。

（5）磁势或磁通的空间向量在空间的旋转角速度取决于转子的旋转角速度 ω_θ，电势或电流的时间相量在复平面上的转速取决于电势或电流随时间变化的角频率 ω。

（6）磁势或磁通的空间向量在空间不同轴线（如转子的纵轴、横轴、某相绕组的轴线等）上的投影，代表着不同的物理意义；电势或电流的时间相量只有沿虚轴上的投影才有确定的物理意义，即任何瞬间，电势或电流的时间相量在虚轴上的投影代表电势或电流的瞬时值。

因而，F 或 $\varPhi$ 与 $\dot{E}$ 或 $\dot{I}$ 各自代表着本质上各不相同的物理量。尽管如此，时间相量 $\dot{E}$ 或 $\dot{I}$ 与空间向量 $\varPhi$ 或 F 在客观上又有着不可分割的紧密联系。从客观的物理情况来看，电势是由磁通产生的，磁通是由磁势产生的，磁势是由电流产生的。它们彼此之间存在着客观的物理联系。磁势的空间向量在空间的旋转角速度 ω_θ 等于电势随时间变化的角频率 ω，即 $\omega_\theta t = \omega t$。时间与空间应该是可以统一的。

尽管如此，如不作特殊的处理，仍然无法具体而明确地表示出电机中全部空间向量与全部时间相量彼此之间的联系。

要把时间相量和空间向量紧密地联系起来，必须做到以下三点：

（1）选择复平面与电机的横断面相重合。

（2）选择所考查的相绕组的轴线与虚轴相重合。

（3）选择电机转子的转向为反时针方向。

显然，这些人为的选择完全是合理的、可行的。

经过这样的选择并根据客观存在的规律可得出以下的结果：

(1) F 与 Φ 重合(或平行)。因为气隙是均匀的、恒定的,磁势基波的波幅与磁通基波的波幅在空间相重合。

(2) Φ 与 $\dot{\Phi}$ 相重合(或平行)。因为当磁通波的波幅位于某相绕组的轴线上时,与该相绕组相交链的磁通也达到正的最大值,磁通的时间相量 $\dot{\Phi}$ 与虚轴相重合。

(3) F_a 与 $\dot{I}$ 相重合(或平行)。因为当某相绕组中的电流到达正的最大值时,电流的时间相量 $\dot{I}$ 位于虚轴上,而此时 F_a 也位于该相绕组轴线上。

(4) $\dot{\Phi}$ 超前 $\dot{E}$ 的电角度为 90°。

(5) Φ 超前 $\dot{E}$ 的电角度为 90°。

(6) F 超前 $\dot{E}$ 的电角度为 90°。

根据以上关系,时间相量与空间向量之间的联系是确定的、唯一的。

14.3.2 时空向量图

根据以上关系,把隐极同步发电机磁势的空间向量图与电势的时间相量图联系在一起,作出统一的时空向量图,如图 14-3 所示。

由图 14-3 可见,由于 $\dot{E}_0$ 滞后于 $\dot{\Phi}_0$ 的时间电角度为 90°, $\dot{E}_\delta$ 滞后于 $\dot{\Phi}_\delta$ 的时间电角度为 90°, $\dot{E}_0$ 与 $\dot{E}_\delta$ 之间的时间相位角相差 δ,等于 $\dot{\Phi}_0$ 与 $\dot{\Phi}_\delta$ 之间的空间位置差角 δ。Φ_0 与 Φ_δ 之间的空间位置差角 δ 就是 $\dot{\Phi}_0$ 的波幅所在的空间位置与 $\dot{\Phi}_\delta$ 的波幅所在的空间位置之间相差的空间电角度,也是励磁磁场轴线与气隙合成磁场轴线之间的空间夹角。同理,$\dot{E}_0$ 与 $\dot{U}$ 之间的时间相位差角 θ 也约等于 $\dot{\Phi}_0$ 与 $\dot{\Phi}_R$ 之间的空间位置差角 θ,即等于励磁磁场轴线与电机的合成磁场轴线的空间夹角。这一点对于理解同步发电机的能量转换及功率调节的物理实质十分重要。由于同步发电机的功率与 θ 角密切相关,所以把 θ 称为功角。通常,由于 $\dot{\Phi}_{\sigma a}$ 数值甚小,θ 角与 δ 角的差别不大。为把 δ 与 θ 相区别,将 δ 称为内功角。

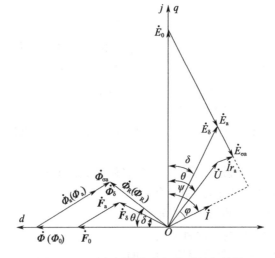

图 14-3 隐极同步发电机的时空向量图

14.4 凸极同步发电机的电磁关系——时空向量图

14.4.1 凸极同步发电机的特点

在隐极同步发电机中定子、转子之间的气隙是均匀的,在空间按正弦规律分布的磁势波必然产生在空间按正弦规律分布的磁通波。F 与 Φ 相重合(或平行);F_a 在空间滞后于 F_0 的空间电角度为 $90°+\psi$,而 $\psi=\theta+\varphi$,当负载的大小和性质变化时,ψ 随之变化,F_a 相对于 F_0 的空间位置随之变化。但无论 ψ 如何变化,无论 F_a 处于什么位置,F_a 所遇到的气隙仍然是均匀的,磁势波产生的相应的磁通波仍然是正弦形的,F_a 始终与 Φ_a 相重合(或平行)。

在凸极同步发电机中,情况就大不一样了。由于凸极同步发电机中定子、转子之间的气隙是不均匀的,在空间按正弦规律分布的电枢磁势波,产生的电枢磁通波在空间的分布却是非正弦形的。将非正弦形的电枢磁通波分解成基波及各次谐波后,F_a 不一定与 Φ_a 相重合(或平行);而且,随着负载的大小和性质发生变化,F_a 在空间的位置随之变化,它所遇到的气隙随之变化,它所产生的非正弦形的磁通波的波形随之变化,F_a 与 Φ_a 在空间的相对位置也随之变化。这样,便无法作出统一的时空向量图,也就难于分析电机的运行情况。

为了解决这个困难,勃朗德(Blondel)提出了著名的双反应理论。

14.4.1.1 双反应理论

双反应理论就是把电枢磁势 F_a 分解成两个分量,一个分量沿转子的纵轴(d 轴),另一个分量沿转子的横轴(q 轴),如图 14-4 所示。F_a 为

$$F_a = F_{ad} + F_{aq} \tag{14-11}$$

式中 F_{ad}——纵轴电枢磁势;

F_{aq}——横轴电枢磁势。

如图 14-5 所示,纵轴电枢磁势波 F_{ad} 的波幅与转子纵轴(d 轴)相重合,横轴电枢磁势波 F_{aq} 的波幅与转子横轴(q 轴)相重合。而各自的波幅的大小分别为

$$F_{ad} = F_a \sin\psi \tag{14-12}$$

$$F_{aq} = F_a \cos\psi \tag{14-13}$$

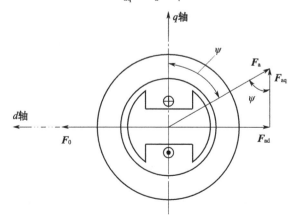

图 14-4 电枢磁势 F_a 分解为 F_{ad} 及 F_{aq}

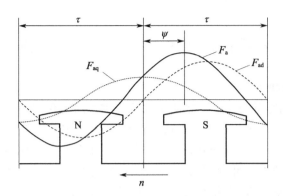

图 14-5 电枢磁势波分解为沿纵轴及横轴的磁势波

做了这样的分解以后,F_{ad} 及 F_{aq} 虽然是正弦形的,但它们所遇到的气隙仍然是不均匀的,它们所产生的相应的磁通波仍然是非正弦形的,如图 14-6 所示。

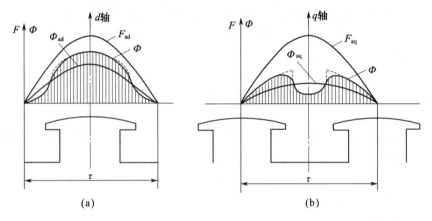

图 14-6 沿纵轴及横轴的磁通波的波形
(a)纵轴;(b)横轴。

对 F_{ad} 来说,所遇到的气隙虽然是不均匀的,但沿纵轴两边各点的气隙长度对称地相等;对 F_{aq} 来说,所遇到的气隙虽然是不均匀的,但沿横轴两边各点的气隙长度也对称地相等。F_{ad} 产生的磁通波虽然是非正弦形的,但波形对称于纵轴。将这个非正弦形的磁通波分解成基波及各次谐波后,其基波 Φ_{ad} 的波幅在纵轴上,于是,F_{ad} 与 Φ_{ad} 在空间重合。同理,F_{aq} 与 Φ_{aq} 在空间重合。当负载的大小和性质发生变化时,只是 Φ_{ad} 及 Φ_{aq} 的波幅的大小发生变化,而波幅所在的空间位置却固定不变,F_{ad} 始终与 Φ_{ad} 相重合,F_{aq} 始终与 Φ_{aq} 相重合。于是,前面关于隐极电机的分析方法仍然适用于凸极电机。

把电枢磁势 F_a 分解为 F_{ad} 及 F_{aq},相当于把电枢电流 $\dot{I}$ 分解成沿实轴(纵轴)的分量 $\dot{I}_d$ 及沿虚轴(横轴)的分量 $\dot{I}_q$(图 14-7),即

$$\dot{I} = \dot{I}_d + \dot{I}_q \tag{14-14}$$

$\dot{I}_q$ 的时间相位超前于 $\dot{I}_d$ 的时间电角度为 90°。它们的大小分别为

$$I_d = I\sin\psi \tag{14-15}$$
$$I_q = I\cos\psi \tag{14-16}$$

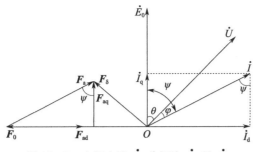

图 14-7 电枢电流 $\dot{I}$ 分解为 $\dot{I}_d$ 及 $\dot{I}_q$

这相当于把全部电枢绕组用两个等效的整距线圈来表示：一个线圈的轴线与转子的 d 轴相重合，其中的电流为 I_d，它所产生的磁势等于 F_{ad}；另一个线圈的轴线与转子的 q 轴相重合，其中的电流为 I_q，它所产生的磁势等于 F_{aq}。它们共同产生的磁势仍等于 F_a。

14.4.1.2 磁势平衡方程式

凸极同步发电机的磁势平衡方程式为

$$F_\delta = F_0 + F_a = F_0 + F_{ad} + F_{aq} \tag{14-17}$$

14.4.1.3 电势平衡方程式

F_{ad} 产生的纵轴电枢磁通基波 Φ_{ad}，在一相绕组中产生的感应电势称为纵轴电枢电势，以 $\dot{E}_{ad}$ 表示；F_{aq} 产生的横轴电枢磁通基波 Φ_{aq}，在一相绕组中产生的感应电势称为横轴电枢电势，以 $\dot{E}_{aq}$ 表示。仿照与隐极同步发电机同样的分析方法，可得

$$\dot{E}_{ad} = -\mathrm{j}X_{ad}\dot{I}_d \tag{14-18}$$

$$\dot{E}_{aq} = -\mathrm{j}X_{aq}\dot{I}_q \tag{14-19}$$

式中 X_{ad}——凸极同步发电机的纵轴电枢反应电抗；

X_{aq}——凸极同步发电机的横轴电枢反应电抗。

它们是凸极同步发电机的重要电路参数，可仿照前面关于隐极同步发电机的电枢反应电抗 X_a 的意义理解这两个重要参数的物理意义。

与电枢磁势相应的电枢电势为

$$\dot{E}_a = \dot{E}_{ad} + \dot{E}_{aq} \tag{14-20}$$

凸极同步发电机的电势平衡方程式为

$$\begin{aligned}
\dot{U} &= \dot{E}_0 + \dot{E}_a + \dot{E}_{\sigma a} - \dot{I}r_a \\
&= \dot{E}_0 + \dot{E}_{ad} + \dot{E}_{aq} + \dot{E}_{\sigma a} - \dot{I}r_a \\
&= \dot{E}_0 - \mathrm{j}X_{ad}\dot{I}_d - \mathrm{j}X_{aq}\dot{I}_q - \mathrm{j}X_{\sigma a}\dot{I} - \dot{I}r_a \\
&= \dot{E}_0 - [r_a + \mathrm{j}(X_{ad} + X_{\sigma a})]\dot{I}_d - [r_a + \mathrm{j}(X_{aq} + X_{\sigma a})]\dot{I}_q \\
&= \dot{E}_0 - (r_a + \mathrm{j}X_d)\dot{I}_d - (r_a + \mathrm{j}X_q)\dot{I}_q
\end{aligned} \tag{14-21}$$

式中：$X_d = X_{ad} + X_{\sigma a}$，称为纵轴同步电抗；$X_q = X_{aq} + X_{\sigma a}$，称为横轴同步电抗。

14.4.1.4 等值电路图

凸极同步发电机的等值电路图分别为纵轴等值电路图和横轴等值电路图，如图 14-8 所示。

14.4.1.5 电势的时间相量图

根据电势平衡方程式可作出凸极同步发电机一相绕组的时间相量图,如图 14-9 所示。由图 14-9 可见,凸极同步发电机的相量图与隐极同步发电机的相量图有很大的不同。在图 14-9 中,电枢电势 $\dot{E}_a$ 并不与电枢电流 $\dot{I}$ 垂直。

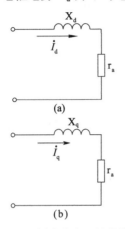

图 14-8 凸极同步发电机的等值电路图　　图 14-9 凸极同步发电机的时间相量图

凸极同步发电机的相量图根据不同的需要还有许多不同的形式。不过,它们都是根据图 14-9 所示的相量图变换出来的。所以,图 14-9 所示的相量图是最基本的,也是最常用的,应该很好地理解和熟悉它。

需要说明的是,图 14-9 所示的凸极同步发电机一相绕组的时间相量图是在假设内功率因数角 ψ 和功角 θ 均为已知的情况下作出的。因为要作出 I_d 和 I_q 需要知道 ψ 角。在凸极同步发电机的参数、端电压 U、电枢电流 I 和功率因数 $\cos\varphi$ 已知的情况下,凸极机的 ψ 角和 θ 角可分别依据图 14-10(a)、(b) 中的三角函数关系由下两式分别求出(求 θ 角时,忽略电枢电阻上的压降 $\dot{I}r_a$):

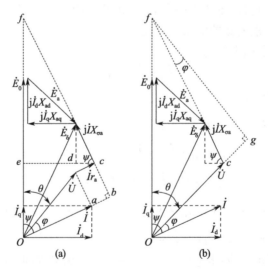

图 14-10　凸极同步发电机中 ψ 和 θ 的求法
(a)求 ψ 时的相量图;(b)求 θ。

$$\tan\psi = \frac{IX_q + U\sin\varphi}{Ir_a + U\cos\varphi} \tag{14-22}$$

$$\tan\theta = \frac{IX_q\cos\varphi}{U + IX_q\sin\varphi} \tag{14-23}$$

例 14.2 有一台三相凸极同步发电机,电枢绕组 Y 形接法,每相额定电压 $U=230\text{V}$,额定相电流 $I=9.06\text{A}$,$\cos\varphi_N=0.8$(滞后)。已知该电机运行于额定状态,每相励磁电势 $E_0=410\text{V}$,内功率因数角 $\psi=60°$,不计电阻压降,试求 I_d、I_q、X_d 和 X_q 各为多少?

解: 利用如图 14-9 所示的相量图中的几何关系求解

$I_d = I\sin\psi = 9.06 \times \sin60° = 7.8462(\text{A})$

$I_q = I\cos\psi = 9.06 \times \cos60° = 4.53(\text{A})$

$\varphi = \arccos 0.8 = 36.87°$

$\delta = \psi - \varphi = 60° - 36.87° = 23.13°$

$X_q = \dfrac{U\sin\delta}{I_q} = \dfrac{230 \times \sin23.13°}{4.53} = 19.944(\Omega)$

$X_d = \dfrac{E_0 - U\cos\delta}{I_d} = \dfrac{410 - 230 \times \cos23.13°}{7.85} = 25.285(\Omega)$

14.4.2 时空向量图

凸极同步发电机的时空向量图如图 14-11 所示。在凸极同步发电机中,由于气隙不均匀,沿纵轴每单位磁势或电流产生的基波磁通的幅值大于沿横轴每单位磁势或电流产生的基波磁通的幅值,故 F_{ad} 产生的 Φ_{ad} 远大于 F_{aq} 产生的 Φ_{aq},如图 14-11 所示。因此由 F_{ad}、F_{aq}、F_a 所构成的三角形与由 Φ_{ad}、Φ_{aq}、Φ_a 所构成的三角形既不相等又不相似。由 Φ_{ad} 和 Φ_{aq} 相加后所得的电枢磁通 Φ_a 并不与 F_a 相重合(或平行)。因而,在图 14-10 中虽然 $\dot{E}_a$ 仍然滞后于 Φ_a 的电角度为 90°,但 $\dot{E}_a$ 并不与 F_a 垂直,也不与 $\dot{I}$ 垂直。这是凸极同步发电机的时空向量图与隐极同步发电机的时空向量图的显著差别。

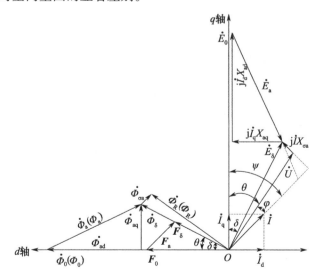

图 14-11 凸极同步发电机的时空向量图

小　　结

本章主要讨论了对称负载运行时同步发电机中的基本电磁关系,主要包括磁势平衡方程式、电势平衡方程式、等值电路图、时空向量图。

(1) 励磁磁势 F_0 与电枢磁势 F_a 以相同的转速和转向在空间旋转,它们在空间相对静止。F_a 与 F_0 共同作用的结果,在电机中产生合成磁势 F_δ,即

$$F_0 + F_a = F_\delta$$

磁势的空间向量图可以表明 F_0、F_a、F_δ 的大小及彼此之间的空间位置关系。

(2) 负载性质不同时的电枢反应:

① 当 $\psi = 90°$ 时,为纯感性负载,F_a 为纵轴去磁磁势,F_a 对 F_0 起去磁作用。

② 当 $\psi = -90°$ 时,为纯容性负载,F_a 为纵轴助磁磁势。

③ 当 $\psi = 0°$ 时,为纯阻性负载,F_a 为横轴电枢磁势。其作用是使电机的磁场增强,并使电机的磁场分布发生畸变,使电机的磁场轴线逆电机转向偏离纵轴。

④ 当 $0° < \psi < 90°$ 时,为阻感性负载,F_a 既有横轴电枢磁势存在,又有纵轴电枢磁势存在。

(3) 电枢反应电抗 X_a 和同步电抗 X_s 是同步发电机中两个极为重要的电路参数。X_a 代表三相绕组中的电流的有效值为单位电流时,三相绕组中的电流共同产生的电枢反应磁通 Φ_a 在一相绕组中产生的感应电势 E_a 的大小。

隐极同步发电机的电势平衡方程式为

$$\dot{U} = \dot{E} - (r_a + jX_s)\dot{I}$$

(4) 磁势的空间向量图和电势的时间相量图是有区别的,但彼此之间又是有联系的。在一定的条件下,可以把磁势的空间向量图和电势的时间相量图作在同一图中,将两者紧密地联系起来,得到统一的时空向量图,可以清楚地了解和掌握同步发电机中各电磁量之间的联系,成为分析同步发电机性能的有力工具。

(5) 对于凸极机,根据双反应理论,把电枢磁势 F_a 分解成

$$F_a = F_{ad} + F_{aq}$$

式中:F_{ad} 为纵轴电枢磁势;F_{aq} 为横轴电枢磁势。

凸极同步发电机的磁势平衡方程式为

$$F_\delta = F_0 + F_a = F_0 + F_{ad} + F_{aq}$$

凸极同步发电机的电势平衡方程式为

$$\dot{U} = \dot{E}_0 - (r_a + jX_d)\dot{I}_d - (r_a + jX_q)\dot{I}_q$$

根据凸极同步发电机的磁势、电势平衡方程式也可以画出相应的等值电路和时空向量图。

思考题与习题

1. 同步发电机在对称负载下稳定运行时,电枢电流产生的磁场是否与励磁绕组相匝链?它会在励磁绕组中感应电势吗?

2. 什么叫同步发电机的电枢反应?

3. 对称负载时,同步发电机的气隙磁场是由哪些磁势合成的?

4. 隐极同步发电机的电枢反应电抗与异步电机的什么电抗具有相同的物理意义?

5. 同步发电机的电枢反应的性质取决于什么?纵轴和横轴电枢反应对同步发电机的磁场有何影响?

6. 在凸极同步发电机中,为什么要采用双反应理论来分析电枢反应?应用双反应理论有什么条件?

7. 同步电抗的物理意义是什么?为什么说同步电抗是与三相有关的电抗,而它的值又是每相的值?

8. 分析下面四种情况对同步电抗有何影响:①铁芯饱和程度增加;②气隙增大;③电枢绕组匝数增加;④励磁绕组匝数增加。

9. 同步发电机单机运行时,内功率因数角 ψ 是由什么决定的?

10. 分别说明隐极同步发电机在纯电阻负载、纯电感负载、纯电容负载和阻感性负载时的电枢反应的性质?

11. 有一台三相隐极同步发电机,电枢绕组 Y 形接法,额定功率 $P_N = 25000$ kW,额定电压 $U_N = 10500$ V,额定转速 $n_N = 3000$ r/min,额定电流 $I_N = 1720$ A,同步电抗 $X_S = 2.3\Omega$,不计定子电枢绕组电阻。试求:

(1) $I_a = I_N, I\cos\varphi = 0.8$(滞后)时的 E_0 和 δ;

(2) $I_a = I_N, I\cos\varphi = 0.8$(超前)时的 E_0 和 δ。

12. 一台三相凸极同步发电机,$U_N = 380$ V,$I_N = 10$ A,$\cos\varphi_N = 0.9$(滞后),定子绕组 Y 形接法,同步电抗 $X_d = 24.8\Omega, X_q = 16.4\Omega$,不计电阻压降,求额定运行时的 E_0、I_d 和 I_q。

13. 一台三相凸极同步发电机,$P_N = 400$ kW,$U_N = 400$ V,$\cos\varphi_N = 0.8$(滞后),定子绕组 Y 形接法,同步电抗 $X_d = 1.2\Omega, X_q = 0.67\Omega$,不计电阻压降,试求:

(1) 额定负载下的 E_0;

(2) $\dot{E}_0$ 与 $\dot{U}$ 的夹角 θ。

14. 分别画出隐极同步发电机在纯电阻负载、阻容性负载和阻感性负载时的时空相量图。

15. 分别画出凸极同步发电机在纯电阻负载、阻容性负载和阻感性负载时的时空相量图。

第15章 同步发电机的特性

同步发电机的特性可分为两类:一类是对称运行时的特性,称为运行特性;一类是试验特性,它们是为了某一目的(如检验电机的性能,求电机的参数)而在实验室里按一定的特殊条件来求取的特性,不是同步发电机正常运行时的特性。运行特性是最基本的特性,试验特性对于进一步深入理解电机内部的电磁现象及电机各稳态参数的物理本质有重要的理论价值及实用意义。本章所述的各种特性都是指对称状态下的特性。

15.1 同步发电机的运行特性

同步发电机有空载及负载两种典型的运行状态,现分别讨论这两种运行状态下的特性。

15.1.1 空载特性

同步发电机的空载特性是指 n_1 = 常数,$I=0$ 时,励磁电势 E_0 与励磁电流 i_e 之间的关系 $E_0 = f(i_e)$。

励磁电势 E_0 是指励磁磁势 F_f 的基波磁势 F_0 所产生的基波电势。相应地,空载时发电机的端电压 U_0 也是指空载时端电压的基波。而实际上,所能量取的是由励磁电流 i_e 及其所产生的全部磁势 F_f 所产生的全部电势或电压(包括基波及各次谐波)。对一个设计良好的发电机,其谐波电势(或电压)的含量是很小的,因而空载时的电势或电压非常接近于 E_0 或 U_0。如果有必要加以区别,那么对一定的电机,其比例系数也是一个常数,这个常数称为波形系数 K_f。而励磁磁势的基波 F_0 与全部励磁磁势 F_f 之间的关系由 $F_0 = K_f F_f$ 确定,它们之间的比例系数也是 K_f。对于任何一个给定的磁路饱和程度,它们之间的关系都成立。因而,将全部励磁电势与全部励磁磁势换一个比例尺就得到 $E_0 = f(F_0)$,即 $E_0 = f(i_e)$。而全部励磁磁势与它所产生的全部励磁电势之间的关系实际上就是电机的磁化曲线。所以同步发电机的空载特性 $E_0 = f(i_e)$ 的关系曲线实际上就是把电机的磁化曲线换一个比例尺,如图 15-1 所示。

空载特性虽然简单,但非常重要。下面讨论与空载特性有关的几个问题。

15.1.1.1 气隙线

当磁路不饱和时,铁芯的磁阻可以忽略不计。这时,磁路的磁阻取决于定子、转子间的气隙的磁阻。当气隙一定时,磁路的磁阻是一个常数。这时,磁势与磁通的关系是一条直线,如图 15-1 中的空载特性的直线部分 OA 所示。空载特性的直线部分的延长线称为气隙线。

15.1.1.2 饱和系数 K_μ

由图 15-2 可见,当磁路不饱和时,励磁电流 Og 所产生的电势为 gd;当磁路饱和时,Og 所产生的电势为 gc,$gc < gd$,这个电压差值,是由磁路饱和而引起的。因而,$dc = gd - gc$ 可衡量磁路的饱和程度。另外,产生同一电压 gc 所需的励磁电流,磁路不饱和时为 Oh,磁路饱和时为 Og,$Og > Oh$,差值 bc 也是由磁路饱和而引起的,bc 也可以用来衡量磁路的饱和程度。现定义:磁路饱和时产生额定电压所需的励磁电流(Og)与磁路不饱和时产生额定电压所需的励磁电流(Oh)之比称为磁路的饱和系数,即

$$K_\mu = \frac{Og}{Oh} \tag{15-1}$$

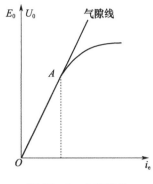

图 15-1 空载特性

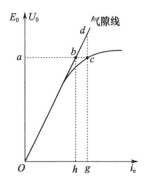

图 15-2 磁路饱和系数 K_μ 的定义

显然,磁路饱和时,$K_\mu > 1$;磁路不饱和时 $K_\mu = 1$。一般情况下 $K_\mu = 1.1 \sim 1.2$。

15.1.1.3 标么空载特性 $E_0^* = f(i_e^*)$

1. 标么值

标么值是实际值与基准值之比,即

$$\text{标么值} = \frac{\text{实际值}}{\text{基准值}} \tag{15-2}$$

例如,空载时,励磁电流的实际值为 i_e,空载电压的实际值为 U_0;取额定电压 U_N 为电压的基准值,取空载时产生额定电压所需的励磁电流 i_{eoN} 为励磁电流的基准值。则

$$i_e^* = \frac{i_e}{i_{eoN}} \tag{15-3}$$

$$U_0^* = \frac{U_0}{U_N} \tag{15-4}$$

显然,当 $U_0 = U_N$ 时,$i_e^* = 1$,$U_0^* = 1$,即空载特性曲线通过(1,1)点。因为这两个量都为1,即为"么",故称为"标么值"。其余各量(如电枢电流、电阻、电抗等),都可以用标么值表示。为区别实际值与标么值,在标么值的右上端,加上"*"号。

可见,用标么值来表示物理量,是非常简便而明确的。因为标么值总是一个不大的数(如0.5,1,2.03,…),它可以使运算大为简化。不仅如此,用标么值表示物理量时,它可以给人一个清晰而明确的数量概念,如 $U^* = 1.5$,它立即告诉我们,现在发电机的端电压已达额定电压的1.5倍。

2. 标么空载特性 $E_0^* = f(i_e^*)$

电机设计所积累的大量数据表明,任何一个设计良好的电机,它们用标么值表示的空载特性是相同的。由国际电工学会给出的标准的标么空载特性的数据如下:

i_e^*	0.5	1.0	1.5	2.0	2.5	3.0	3.5
E_0^*	0.58	1.0	1.21	1.33	1.4	1.46	1.51

其相应的标么空载特性如图15-3所示。

标准的标么空载特性可以用来衡量电机设计的好坏。如果一个电机的标么空载特性离标

193

准的标么空载特性太远,则说明这个电机要么设计得不对,要么是电机的利用率低,要么是电机的性能不好。

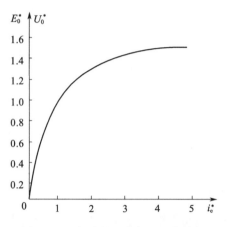

图 15-3 标准的空载标么空载特性

15.1.1.4 负载时的励磁电势

电机空载时,其空载电势是在空载特性上量取的。给定一个励磁磁势 F_0,相应地有一个励磁磁通 Φ_0 及励磁电势 E_0。

电机有负载时,励磁磁势 F_0 产生的励磁电势是否还由空载特性上量取呢?答复是否定的。电机空载时,电机中只有一个磁势 F_0,磁路的饱和程度仅由 F_0 的大小来决定。电机负载时,电机中除有励磁磁势 F_0 外,还有电枢磁势 F_a。F_a 可能对 F_0 去磁,也可能对 F_0 助磁,从而改变磁路的饱和程度。这时,电机磁路的饱和程度由 F_a 与 F_0 的合成磁势 F_δ 的大小来决定。

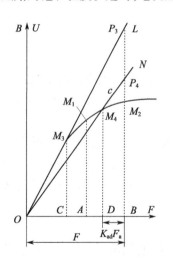

图 15-4 负载时的励磁电势

如图 15-4 所示,当 $\psi=90°$ 时,如果由于 F_a 对 F_0 去磁的结果,使磁路的工作点由 M_2 点变为 M_3 点。这时,磁路由饱和变为不饱和,F_0 产生的励磁电势应由过 M_3 点与原点的直线 OL(气隙线)上的 P_3 点来量取,而不是由空载特性曲线上的 M_2 点来量取。

同样,当 $\psi=90°$ 时,如果 F_a 产生的去磁磁势为 $K_{ad}F_a$ = F_{BD},则磁路的工作点由 M_2 点变为 M_4 点,F_0 产生的励磁电势 E_0,应由过 M_4 点与原点的直线 ON 上的 P_4 点来量取,而不是由空载特性上的 M_2 点来量取。

这是因为过 M_4 点的直线 ON 决定了 M_4 点的磁路饱和程度及磁路的磁阻。当磁路的磁阻一定时,磁势与磁通的关系是一条直线,称为等效气隙线。

如果 $\psi\neq90°$,则磁路的工作点应由 F_0 与 F_a 的向量和 F_δ 决定。

15.1.2 外特性

当同步发电机的转速、励磁电流、功率因数不变时,发电机的端电压 U 随负载电流(电枢电流)I 变化的规律 $U=f(I)$ 称为同步发电机的外特性。

图 15-5 示出了空载电压为额定电压,即 $U_0=U_N$ 时,几种典型的功率因数下的外特性。

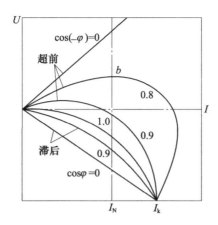

图 15-5 同步发电机的外特性

当 $\varphi=90°$，$\cos\varphi=0$，即负载为纯电感负载时，由于电枢绕组本身的电阻很小，可以近似地认为 $r_a=0$，$\psi=90°$，$F_a=F_{ad}$，$F_{aq}=0$，电枢磁势完全为沿转子纵轴的去磁磁势。当负载阻抗减小时，电枢电流 I 增大，去磁磁势增大，发电机的端电压降低。在开始阶段，磁路较饱和，$U=f(I)$ 为曲线。随着 I 不断增大，去磁作用不断增强，磁路逐渐由饱和变为不饱和，$U=f(I)$ 为直线。当负载阻抗减小至零时，即电机处于短路状态，端电压 $U=0$，这时的电枢电流为短路电流 I_k。

当 $\varphi=37°$，$\cos\varphi=0.8$（滞后）时，负载为阻感性负载。减小负载阻抗时，电枢电流增大，其所产生的纵轴电枢磁势 F_{ad} 对 F_0 起去磁作用，随着负载电流增大，发电机的端电压降低。由于磁路饱和程度、ψ 角、横轴电枢磁势 F_{aq} 等随着负载阻抗的变化而变化，$U=f(I)$ 是一条曲线。

当 $\varphi=-37°$，$\cos\varphi=0.8$（超前）时，负载为阻容性负载。减小负载阻抗时，由于 ψ 角变化，$F_{ad}=F_a\sin\psi$ 及 $F_{aq}=F_a\cos\psi$ 的变化有很大不同。

接通负载时，负载阻抗很大，电枢电流很小。由于负载容抗 X_c 大于电机本身的电抗 X_s，ψ 角为负值。F_{ad} 及 F_{aq} 对 F_0 起助磁作用，使发电机端电压高于空载电压。

继续减小负载阻抗，如果端电压保持不变，则电枢电流增大。电枢电流增大，F_{ad} 及 F_{aq} 增大，助磁作用增强，使端电压进一步升高，电枢电流进一步增大。由于磁路越来越饱和，单位电枢电流增加使端电压增加的数值越来越小，电枢电流不会无止境地增加，而是稳定在某一数值。另外，随着负载阻抗减小，ψ 角减小，使 F_{ad} 减小，但使 F_{aq} 增加，故 ψ 角对 F_{ad} 及 F_{aq} 的影响不起主要作用。因而在 b 点以前，随着负载阻抗减小，电枢电流增大，端电压升高。

当到达某一点 b 时，负载容抗 X_c 减小到等于 X_s（饱和值），$\psi=0°$，$F_{ad}=0$。F_{ad} 产生的助磁作用消失，而 F_{aq} 达到最大值，端电压仍高于空载电压。此后，继续减小 X_c，则 $X_c<X_s$，ψ 变为正值，F_{ad} 对 F_0 起去磁作用，而 ψ 随 X_c 的减小而增大，ψ 增大使 F_{ad} 增大，F_{aq} 减小。即，去磁作用增大，而助磁作用减小，故 b 点为端电压最高点。在 b 点后，继续减小负载阻抗，随着负载电流增大，端电压降低。

继续减小负载阻抗，则在最初瞬间，由于端电压未变，负载阻抗减小，电枢电流增大。但电枢电流增大后，去磁磁势增大，使端电压降低。由于端电压降低，反过来使电枢电流减小。当电枢电流不是很大时，磁路较为饱和，单位电枢电流引起的电压降低不多，减小负载阻抗使电枢电流增大的作用大于端电压下降使电枢电流减小的作用，负载阻抗减小时，电枢电流增大。

随着电枢电流增大,去磁磁势增大,磁路饱和程度降低,单位电枢电流引起的端电压下降量大。减小负载阻抗时,电枢电流不但不增大反而减小。当负载阻抗减小至零,即发电机处于短路状态($U=0$)时,电枢电流就等于短路电流。

电枢电流为额定电流 I_N 时的端电压 U 与额定电压 U_N 的差值 $U_N - U$ 与额定电压的比值 ΔU^*,称为电压变化率,即

$$\Delta U^* = \frac{U_N - U}{U_N} \times 100\% \tag{15-5}$$

15.1.3 调节特性

由同步发电机的外特性 $U = f(I)$ 可见,当 I 变化时,发电机的端电压 U 也随之变化。为保持发电机的端电压不变,必须随 I 的变化而相应地调节励磁电流 i_e。

当同步发电机的转速及功率因数一定时,为保持发电压 U 不变,励磁电流 i_e 随着负载电流 I 变化的规律 $i_e = f(I)$ 称为同步发电机的调节特性。与外特性相应的几种典型的功率因数时的调节特性如图15-6所示。

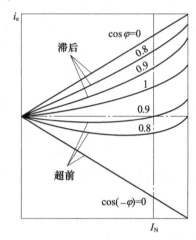

图 15-6 同步发电机的调节特性

15.2 同步发电机的试验特性及稳态参数

隐极同步发电机的稳态参数有 X_a、$X_{\sigma\alpha}$、X_s,凸极同步发电机的稳态参数有 X_{ad}、X_{aq}、$X_{\sigma\alpha}$、X_d、X_q。此外,同步发电机在过渡过程中还有许多参数。同步发电机的稳态参数是其在过渡过程中的参数的基础。掌握同步发电机的稳态参数有十分重要的意义。

同步发电机的稳态参数可通过试验的方法来求取,通过这些试验可以进一步理解同步发电机各稳态参数的物理本质。

电机的电抗大小取决于相应的磁通所经过路径的磁阻的大小。磁路可能饱和,也可能不饱和,因而电抗有饱和值及不饱和值之分。事实上,正是通过参数的饱和值或不饱和值来考虑磁路的饱和程度对电机性能的影响。

在一般情况下,电机有负载时,不但励磁磁势 $\boldsymbol{F}_0$ 的大小可能发生变化,而且电枢磁势 $\boldsymbol{F}_a$ 会随负载的大小和性质不同而变化,$\boldsymbol{F}_a$ 与 $\boldsymbol{F}_0$ 的合成磁势 $\boldsymbol{F}_\delta$ 的大小和方向也随之变化,由 $\boldsymbol{F}_\delta$

所决定的磁路的饱和程度也随之变化,电机的参数也随之变化。所以,电机的参数实际上并不是一个恒定的数值。但对于一定的磁路饱和程度,电机的参数仍然是一个恒定的数值。

15.2.1 短路特性

短路特性是指当电机的转速为常数时,励磁电流 i_e 与短路电流 I_k 之间的关系 $I_k = f(i_e)$。短路特性可以通过短路试验来求得。

15.2.1.1 短路试验

短路试验时的试验电路如图 15-7 所示。短路试验时,先将励磁绕组开路,电枢绕组的三个引出端直接连在一起,然后起动同步发电机,使其转速上升至额定转速。接通励磁电路,使励磁电流 i_e 逐渐增大。随着励磁电流逐渐增大,电枢绕组中的电流(即短路电流 I_k)逐渐增大,逐点记录与 i_e 相应的 I_k 值,直至 $I_k = I_N$ 时为止。可见,短路试验时同步发电机的短路,是先短路电枢绕组,再接通励磁电路,这种短路称为同步发电机的稳定短路。

15.2.1.2 短路特性 $I_k = f(i_e)$

由短路试验所得到短路特性 $I_k = f(i_e)$ 是一条直线,如图 15-8 所示。

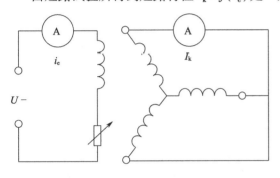

图 15-7 短路试验电路

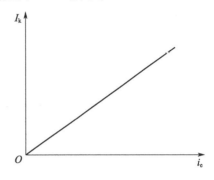

图 15-8 短路特性

15.2.1.3 短路时的物理情况

由于电枢电路的电阻 $r_a \approx 0$,因而在短路时可以认为 $r_a = 0$,$\psi = 90°$。因此

$$F_{ad} = F_a \sin\psi = F_a, \quad F_{aq} = F_a \cos\psi = 0$$

这就是说,短路时的电枢磁势 F_a 全部为沿纵轴的电枢磁势 F_{ad},它所产生的电枢磁通全部为沿纵轴的电枢磁通,即电枢磁通 Φ_a 全部沿电机纵轴通过,如图 15-9(a)所示。这时电机的合成磁势为 F_a 与 F_0 直接代数相减,即

$$F_\delta = F_0 - F_a$$

同理,由于 $\psi = 90°$,故

$$I_d = I\sin\psi = I, \quad I_q = I\cos\psi = 0$$

即电枢电流只有沿纵轴的分量 I_d。因而,电势平衡方程式

$$\dot{U} = \dot{E}_0 - (r_a + jX_d)\dot{I}_d - (r_a + jX_q)\dot{I}_q$$

变为

$$0 = \dot{E}_0 - jX_d \dot{I}_d$$

故

$$\dot{E}_0 = jX_d \dot{I}_d = jX_d \dot{I} \tag{15-6}$$

与磁势平衡方程式及电势平衡方程式相对应的时空向量图如图 15-9(b)所示。

由短路时的时空向量图可见,由于 $F_a = F_{ad}$,F_{ad} 与 F_0 方向相反,F_{ad} 对 F_0 起去磁作用,F_0 与 F_a 共同产生的合成磁势 F_δ 很小,因而这时电机的磁路处于不饱和状态。故 $E_0 \propto i_e$,而 $E_0 = X_d I_k$,由于磁路不饱和,X_d 为常数,故 $E_0 \propto I_k$,因而 $I_k \propto i_e$,所以短路特性 $I_k = f(i_e)$ 为直线。

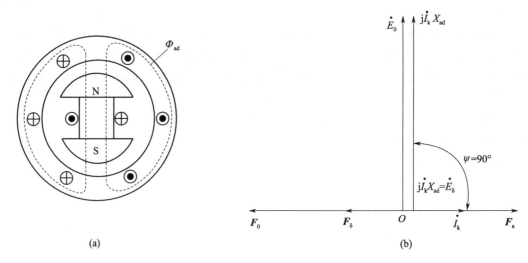

图 15-9 稳定短路时电枢反应磁通的路径及时空向量图
(a)电枢反应磁通 Φ_{ad} 的路径;(b)时空向量图。

由于短路时的电枢反应磁通 $\Phi_a = \Phi_{ad}$,即电枢反应磁通全部沿纵轴通过,如图 15-9(a)所示,它所遇到的磁阻为沿纵轴的磁阻,它所产生的电势为纵轴电枢电势 E_{ad},它所对应的电抗为纵轴电枢反应电抗 X_{ad}。短路电流所遇到的电抗为纵轴同步电抗 X_d。

由于

$$E_0 = X_d I_k$$

故

$$X_d = \frac{E_0}{I_k} \tag{15-7}$$

因而,可以由 E_0 及 I_k 求出 X_d。

由于短路时磁路处于不饱和状态,这时所求得的电抗为 X_d 的不饱和值。

15.2.2 X_d 的不饱和值的求法

将空载特性 $E_0 = f(i_e)$ 与短路特性 $I_k = f(i_e)$ 画在同一坐标内,如图 15-10 所示。取同一励磁电流 i_e 相应的 E_0 及 I_k,即可求得 X_d。

由于短路时 F_δ 很小,电机磁路处于不饱和状态,E_0 值应该由通过空载特性曲线的直线部分的延长线所决定的气隙线上来量取,而不应该由空载特性曲线上来量取。例如,在图 15-10 中,取励磁电流为 i_{eoN},在气隙线上取 $E_0 = AC$,在短路特性上取相应的短路电流 $I_k = DC$,则 X_d 的不饱和值为

$$X_d = \frac{E_0}{I_k} = \frac{AC}{DC} \tag{15-8}$$

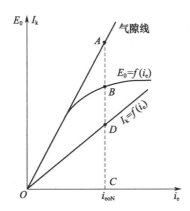

图 15-10 由气隙线及短路特性求 X_d 的不饱和值

15.2.3 零功率因数负载特性

可以用不同的方法来求取纵轴同步电抗 X_d 的饱和值,下面介绍由零功率因数负载特性及空载特性来求取 X_d 的饱和值。

零功率因数负载特性,是指电机的转速一定、负载功率因数 $\cos\varphi$ 为 0、电枢电流保持一定(如 $I = I_N$)时,发电机端电压 U 随励磁电流 i_e 变化的关系曲线 $U = f(i_e)$。

15.2.3.1 零功率因数负载特性试验

零功率因数负载特性试验电路如图 15-11 所示。发电机的三相定子绕组接于对称的三相可变纯电感负载。试验时,首先将发电机励磁回路的电阻调至最大,负载电感调至最小,然后将发电机的转速调至额定转速。

调节发电机的励磁电流,使电枢电流达到额定值,记下此时的端电压 U 及励磁电流 i_e,得到零功率因数负载特性的第一点。然后增大励磁电流。这时,电枢电流将大于额定电流。为了保持电枢电流为额定值,必须增大负载的电抗,使电枢电流回到额定值。此时,由于励磁电流较前增大,发电机的端电压 U 也较前增大,记下此时的 U 及 i_e 值,得到零功率因数负载特性上的第二点。继续增大励磁电流及负载电抗,保持电枢电流为额定值,测量相应的端电压 U 及励磁电流 i_e 值,即得到零功率因数负载特性 $U = f(i_e)$,如图 15-12 所示。

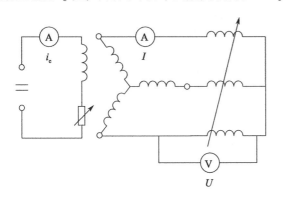

图 15-11 零功率因数负载特性试验线路

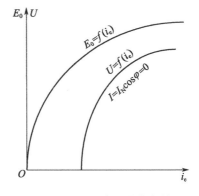

图 15-12 零功率因数负载特性

15.2.3.2 零功率因数负载时的物理情况

与短路试验时相似,由于电枢电路的电阻很小,故可以认为 $r_a = 0$;由于负载为纯电感负载,故电枢电路为纯电感电路,因而 $\psi = 90°$。

由于 $\psi = 90°$,与短路时相同:这时的电枢磁势全部为沿纵轴的电枢磁势,$\boldsymbol{F}_a = \boldsymbol{F}_{ad}$;电枢磁通全部为纵轴电枢磁通,$\boldsymbol{\Phi}_a = \boldsymbol{\Phi}_{ad}$;电枢磁通全部沿电机纵轴通过,其所遇到的磁路的磁阻为沿电机纵轴磁路的磁阻;其所产生的电势全部为纵轴电枢电势,$\dot{E}_a = \dot{E}_{ad}$;其所对应的电抗为纵轴电枢反应电抗 X_{ad};电枢电流全部为纵轴电枢电流,$I = I_d$;它所遇到的电抗为纵轴同步电抗 X_d。

与短路时不同:这时电枢电流保持恒定,电枢磁势 $\boldsymbol{F}_a$ 保持恒定,而励磁电流不断增大,$\boldsymbol{F}_0$ 不断增大,它们共同产生的合成磁势为

$$\begin{cases} \boldsymbol{F}_\delta = \boldsymbol{F}_0 + \boldsymbol{F}_a \\ F_\delta = F_0 - F_{ad} \end{cases} \quad (15-9)$$

由于 $\boldsymbol{F}_0$ 不断增大,$\boldsymbol{F}_\delta$ 不断增大,由 $\boldsymbol{F}_\delta$ 所决定的磁路饱和程度不断提高。另外,与短路时 $U = 0$ 不同,这时发电机的端电压 $U \neq 0$,电势平衡方程式为

$$\begin{cases} \dot{U} = \dot{E}_0 + \dot{E}_{ad} + \dot{E}_{\sigma a} \\ U = E_0 - X_d I_d = E_0 - X_d I \end{cases} \quad (15-10)$$

当 U 上升到 $U = U_N$ 时,励磁电流 i_e 已增至相当大的数值,$\boldsymbol{F}_\delta$ 也已增至相当大的数值,$\boldsymbol{F}_\delta$ 远大于短路时的数值,$\boldsymbol{F}_\delta$ 已使磁路处于饱和状态。$\boldsymbol{\Phi}_a = \boldsymbol{\Phi}_{ad}$ 所遇到的磁阻不仅包括气隙的磁阻,而且包括定子、转子铁芯的磁阻,相应的电抗 X_{ad} 为饱和值,纵轴同步电抗也为饱和值。这时的时空向量图如图 15-13 所示。

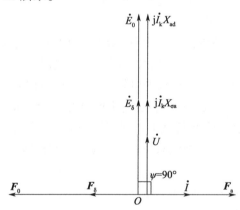

图 15-13 零功率因数负载时的时空向量图

15.2.4 X_d 的饱和值的求法

由

$$U = E_0 - X_d I$$

可得

$$X_{d(饱)} = \frac{E_0 - U}{I} \quad (15-11)$$

其中的 E_0 及 U 按下列方法求取。

把零功率因数负载特性 $U = f(i_e)$ 及空载特性 $E_0 = f(i_e)$ 画在同一坐标系内,如图 15-14 所示。

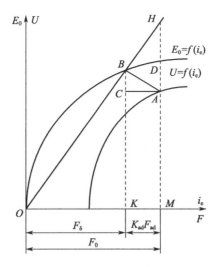

图 15-14 X_d 的饱和值的求法

由于
$$F_\delta = F_0 - F_a = F_0 - F_{ad}$$

将横坐标的励磁电流的比例尺换成励磁磁势的比例尺 F_0，即换为 $F_0 = K_f F_f$，将 F_{ad} 换为等效的励磁磁势 $K_{ad} F_{ad}$，然后将它们直接相减，即由 $F_0 = OM$ 减去 $K_{ad} F_{ad} = MK$，就得到合成磁势 $F_\delta = OK$，得到由 F_δ 所决定的磁路的工作点 B，过 B 点及原点作直线 OH（等效气隙线），从直线 OH 上量取励磁电势 $E_0 = MH$，从零功率因数特性上量取 $U = AM$，得差值 AH，再除以电流 I，可得 X_d 的饱和值，即

$$X_{d(饱)} = \frac{E_0 - U}{I} = \frac{HM - AM}{I} = \frac{AH}{I} \tag{15-12}$$

显然，对一定的电枢电流 $I = I_N$，励磁电流不同，U 也不同，X_d 的饱和值也不同；对于不同的电枢电流 I，零功率因数特性不同，X_d 的饱和值也不同。这是很自然的，因为它们所处的磁路的饱和状态不同。正是这种不同，才正确地反映出 X_d 的值随励磁电流及负载电流的变化而变化。

这样，X_d 的饱和值不是一个值，而是由不同的励磁电流及负载电流所确定的相应的一组值，通常所说的 X_d 的饱和值是指额定电枢电流及额定电压下的 X_d 值（饱和值）。

15.2.5 $X_{\sigma a}$ 的测定

电枢漏抗 $X_{\sigma a}$ 的数值很小，但难准确地计算或测定。一般用以下两种方法测定。

15.2.5.1 取出转子法

试验时，将转子取出，在三相定子绕组上加上一个很小的对称三相电压，使其在定子绕组中产生一个很小的、对称的三相电流。这时，由于定子内腔的气隙很大，三相定子电流产生的磁通主要经定子齿、槽间的气隙而闭合，电枢电流产生的磁通主要是漏磁通，它在定子绕组中产生的电势为漏磁电势，电枢电流所遇到的电抗为电枢漏抗 $X_{\sigma a}$。如略去电枢电路的电阻，则根据电势平衡方程

$$U = X_{\sigma a} I \tag{15-13}$$

即可求出 $X_{\sigma a}$。

15.2.5.2 短路三角形法

由短路试验时的分析可知：

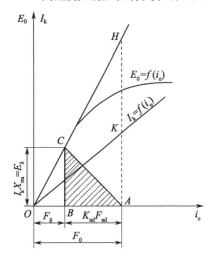

图 15-15 由短路三角形求 $X_{\sigma a}$

$$\begin{cases} F_\delta = F_0 - F_{ad} \\ \dot{U} = \dot{E}_0 + \dot{E}_a + \dot{E}_{\sigma a} \\ 0 = \dot{E}_\delta + \dot{E}_{\sigma a} \\ \dot{E}_\delta = jX_{\sigma a}\dot{I}_k \\ X_{\sigma a} = \dfrac{E_\delta}{I_k} \end{cases} \quad (15-14)$$

所以，由短路试验所得的 $I_k = f(i_e)$ 及空载试验所得的 $E_0 = f(i_e)$ 即可求出 $X_{\sigma a}$，如图 15-15 所示。取短路电流 $I_k = I_N = AK$，其所对应的励磁电流换一个比例尺（K_f）就代表励磁磁势 $F_0 = OA$，将 F_0 减去等值的电枢磁势 $K_{ad}F_{ad} = AB$ 就得到合成磁势 $F_\delta = OB$。由 B 点向气隙线作垂线 BC 与气隙线交于 C 点，则得到 $E_\delta = X_{\sigma a}I_K = BC$，连接 C 点与 A 点得到 $\triangle ABC$。$\triangle ABC$ 称为短路三角形，又称蒲梯（poter）三角形。由短路三角形所求得的漏抗 $X_{\sigma a}$，称为蒲梯电抗，以 X_p 表示：

$$X_p = X_{\sigma a} = \dfrac{E_\delta}{I_k} \quad (15-15)$$

显然，短路三角形的各边均与短路电流 I_k 成正比。当电枢电流不变时，短路三角形的各边保持不变。

求出 X_d 及 $X_{\sigma a}$ 后，就可以由 $X_d = X_{ad} + X_{\sigma a}$ 求出纵轴电枢反应电抗 X_{ad}。

15.2.6 X_q 的求法

横轴同步电抗 X_q 可以通过小滑差试验求得。

做小滑差试验时，励磁绕组经一个很大的电阻而闭合；在定子绕组上加上一个不大的电压，使定子绕组产生的电流不超过额定值。调整电机的转速，使转子的转速与定子电流产生的旋转磁场的转速相差很小。这时，定子旋转磁场缓慢地滑过转子，故称为小滑差试验。

小滑差试验时，定子旋转磁场一会与转子横轴相重合，一会与转子纵轴相重合。当定子旋转磁场轴线与转子横轴相重合时，电枢磁通沿转子横轴两边的气隙通过，其所遇到的磁阻为横轴磁路的磁阻，其所产生的电势为横轴电枢电势 E_{aq}，其相应的电抗为横轴电枢电抗 X_{aq}。由于横轴磁路的磁阻最大，电抗最小，电枢电流最大，外电路产生的压降最大，端电压最小，其波形图如图 15-16 所示。故由

$$X_q = \dfrac{U_{\min}}{i_{\max}} \quad (15-16)$$

即可求出横轴同步电抗 X_q。

相应地，由

$$X_d = \dfrac{U_{\max}}{i_{\min}} \quad (15-17)$$

也可求出纵轴同步电抗 X_d。

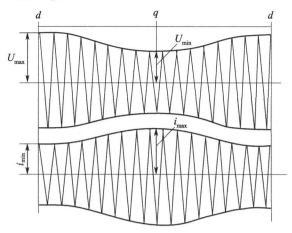

图 15-16 小滑差试验时的电压、电流

15.2.7 短路比

一台同步发电机，在空载时，端电压 $U_0 = E_0 = U_N$，其励磁电流为 i_{eoN}。如果发电机在这样的空载条件下发生短路，那么发电机产生的短路电流有多大？这是人们所关心的一个重要问题。这时的短路电流可由短路比来求出。

空载时产生额定电压 U_N 所需的励磁电流 i_{eoN}，在短路时产生的短路电流与额定电流的比值称为短路比，以 K_D 表示。

用图 15-17 来解释短路比的含义。图 15-17 只不过是图 15-10 的重复。由图 15-17 可见，空载时产生额定电压 $U_N = oa$ 所需的励磁电流 $i_{eoN} = od$，这个励磁电流在短路时产生的短路电流 $I_k = de$。设额定电流 $I_N = oh = fg$，则

$$K_D = \frac{I_k}{I_N} = \frac{de}{fg} = I_k^* \qquad (15-18)$$

所以，短路比代表一个短路电流倍数。

由图 15-17 可见，短路时要使短路电流 (fg) 等于额定电流 (oh)，则所需的励磁电流为 $i_{ek} = of$。因为 $\triangle ode \backsim \triangle ofg$，所以

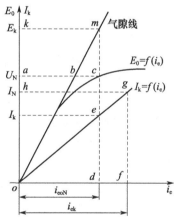

图 15-17 短路比的定义

$$\frac{de}{fg} = \frac{od}{of} = \frac{i_{eoN}}{i_{ek}}$$

$$K_D = I_k^* = \frac{i_{eoN}}{i_{ek}} \qquad (15-19)$$

故短路比也是空载时产生额定电压所需的励磁电流 i_{eoN} 与短路时产生的短路电流为额定电流时所需的励磁电流 i_{eK} 的比值。

短路时，$E_0 = E_K = X_d I_k$，故

$$K_D = \frac{I_K}{I_N} = \frac{(E_K/X_d)}{I_N} = \frac{E_K}{X_d I_N} = \frac{E_K/U_N}{(X_d I_N/U_N)} = \frac{E_K}{U_N} \cdot \frac{1}{(X_d/Z_N)} = \frac{E_K}{U_N} \cdot \frac{1}{X_d^*} \qquad (15-20)$$

式中　Z_N——阻抗的基准值，$Z_N = \dfrac{U_N}{I_N}$。

因为△okm∽△oab,所以有

$$\frac{E_\text{K}}{U_\text{N}} = \frac{ok}{oa} = \frac{km}{ab} = \frac{ac}{ab} = K_\mu$$

故

$$K_\text{D} = I_\text{K}^* = K_\mu \frac{1}{X_\text{d}^*} \tag{15-21}$$

式(15-21)清楚地表明:短路电流倍数等于纵轴同步电抗 X_d 的不饱和值的标么值 X_d^* 的倒数乘以饱和系数 K_μ,即额定励磁电流 i_eoN 在短路时产生的短路电流倍数等于纵轴同步电抗的标么值的倒数乘以饱和系数。

短路比越小,短路电流倍数越小,X_d^* 越大,电压变化率越大,并联运行的稳定度越差;X_d^* 越大,即气隙越小,产生一定的励磁磁通所需的励磁绕组匝数越少,电机的体积质量越小,造价越便宜;短路比越大,X_d^* 越小,气隙越大,电机的体积质量越大,造价越贵。所以,电机设计时,必须权衡利弊来选择短路比。

航空同步发电机,为了缩小电机的体积和减轻电机的质量,短路比一般都选择得比较小,为 0.5~0.7。

小 结

同步发电机的运行特性包括空载特性、外特性和调节特性。

(1) 空载特性是指 n_1 = 常数,I = 0 时,励磁电势 E_0 与励磁电流 i_e 之间的关系 $E_0 = f(i_\text{e})$。标么空载特性可以用来衡量电机设计的好坏。

(2) 外特性是指当同步发电机的转速、励磁电流、功率因数不变时,发电机的端电压 U 随负载电流 I 变化的规律 $U = f(I)$。

(3) 调节特性是指当同步发电机的转速及功率因数一定时,为保持发电压 U 不变,励磁电流 i_e 随负载电流 I 变化的规律 $i_\text{e} = f(I)$。

同步发电机的稳态参数是同步发电机过渡过程中的参数的基础。隐极同步发电机的稳态参数有 X_a、$X_{\sigma\text{a}}$、X_s;凸极同步发电机的稳态参数有 X_ad、X_aq、$X_{\sigma\text{a}}$、X_d、X_q。同步发电机的稳态参数可通过试验的方法来求取。电机的电抗的大小取决于相应的磁通所经路径的磁阻大小。磁路可能饱和,也可能不饱和,因而电抗有饱和值及不饱和值之分。

同步发电机的试验特性包括短路特性和零功率因数负载特性。

通过空载特性与短路特性可求得 X_d 的不饱和值。

由零功率因数负载特性及空载特性可求取 X_d 的饱和值。

电枢漏抗 $X_{\sigma\text{a}}$ 的数值很小,但难于准确地计算或测定,一般用取出转子法和短路三角形法来求取。横轴同步电抗 X_q 可以通过小滑差试验求得。

思考题与习题

1. 为什么同步发电机的稳态短路电流不大? 短路特性为何是一直线? 如果将电机转速降到 $0.5n_1$ 测量短路特性,测量结果有何变化?

2. 什么叫短路比？它与哪些因素有关？

3. 为什么 X_d 在正常运行时应采用饱和值，而在短路时采用不饱和值？为什么 X_q 总是采用不饱和值？

4. 一台同步发电机如因制造误差使气隙偏大，试问 X_d 将如何变化？

5. 从保持稳定的观点看，同步发电机的短路比大一些好，还是小一些好，为什么？

6. 为什么从空载特性和短路特性不能测定横轴同步电抗？

7. 为什么同步电机的空气隙要比容量相当的异步电机的空气隙大，如把同步电机的空气隙做得和异步电机的空气隙一样小，有什么不好？如把异步电机的空气隙做得和同步电机的空气隙一样大，又有什么不好？

8. 试比较变压器的励磁阻抗、异步电机的励磁阻抗和同步电机的同步阻抗，并说明为什么有差别？

9. 为什么零功率因数特性曲线和空载特性曲线的形状相似？

10. 一台三相同步发电机，$U_N = 15.75\text{kV}$，$I_N = 8652\text{A}$，$\cos\varphi_N = 0.8$，定子绕组 Y 形接法。空载试验：$U = 15.75\text{kV}$ 时，$I_{e0} = 630\text{A}$；由气隙线查得 $U = 15.75\text{kV}$ 时，$I_e = 560\text{A}$；

短路试验数据如下表所列：

I_K/A	4720	4810	8652
I_e/A	560	630	1130

试求：这台同步发电机的纵轴同步电抗的不饱和值和饱和值及短路比。

第16章 同步发电机的并联运行

随着飞机用电设备增多,用电量增大,要求电源系统的容量也相应增大。由一台大功率同步发电机来满足飞机的用电需求,不但发电机,尤其是恒速传动装置制造困难,而且从整个飞机系统来说也是不合理的。由一台发动机传动一台大功率的发电机,必将使这台发动机的推力减少,一台发电机损坏,必使整个电源系统断电等,因此,在有几台发动机的飞机上都装有几台同容量的发电机,每台发电机由各自的发动机来传动,共同满足全机用电设备的供电需求。由几台同步发电机供电的飞机,有的采用每台发电机独立向各自的用电设备供电的单独供电方式;有的采用将几台发电机并联起来向全机所有用电设备供电的并联供电方式。

本章讨论同步发电机的并联问题,首先讨论发电机接入并联的条件和方法,然后讨论负载的均衡分配和转移,最后讨论调节励磁电流对发电机运行的影响。

16.1 接入并联的条件和方法

16.1.1 容量相同的两台同步发电机并联运行

飞机上的各台发电机既可以单独工作,也可以并联工作。各台发电机并联工作时,如一台发电机发生故障,则可以将它自电网切除,转由其他的发电机继续供电,从而提高了供电的可靠性;当负载变化时,对电网电压和频率的影响极小,从而提高了供电的质量;各台发电机的负载可以均衡分配,不致一台发电机过载时,另一台发电机欠载,从而提高了电机的利用率。

但是,发电机的并联运行也带来了一些复杂问题:必须满足一定的条件,才能把发电机投入并联;各台发电机的负荷必须均衡分配;一台发电机运行情况发生变化将对其他的发电机产生影响;并联运行所需的控制保护设备较单机运行为多,可靠性降低,操作也较为复杂等。

飞机上并联工作的同步发电机容量都是相同的,所以只讨论两台同容量的发电机并联的有关问题。为简化分析,设两台发电机的结构及参数完全相同;电枢绕组的电阻忽略不计;1号发电机的各量以脚注"1"表示,2号发电机的各量以脚注"2"表示。

16.1.2 接入并联的条件

要使两台同步发电机投入并联,必须使两台同步发电机满足:电压的大小相等;电压的相位相同;电压的频率相同;电压的相序相同;电压的波形相同。

由于两台发电机的结构及参数相同,两台发电机的电压波形可以认为是相同的。而电压的相序,因为发电机的转向相同,发电机的出线端都有明显的标志,只要正确地连接线路,也不难满足相序相同的条件。所以,只着重讨论前三个条件。

两台发电机接入并联的原理电路如图 16-1 所示。为便于分析,假设两台发电机的中性点也是连接在一起的。事实上,航空同步发电机的中性点都是接在飞机的机壳上的。

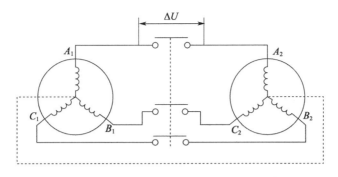

图 16-1 两台同步发电机并联的原理电路

可以用图 16-2 所示的原理电路来分析不满足并联接入条件时所发生的情况。

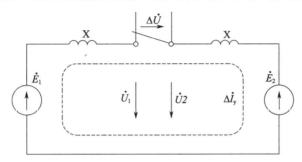

图 16-2 接入并联的原理电路

图 16-2 中的电压 U_1 和 U_2 实际上是空载电势 $\dot{E}_1$ 及 $\dot{E}_2$，即 $\dot{U}_1 = \dot{E}_1$，$\dot{U}_2 = \dot{E}_2$。
在未接入并联前

$$\Delta \dot{U} = \dot{U}_1 - \dot{U}_2$$

$\Delta \dot{U}$ 的正方向自 1 号发电机指向 2 号发电机。

当

$$\dot{U}_1 \neq \dot{U}_2$$

即

$$\Delta \dot{U} \neq 0$$

时，如果接入并联，则在两台发电机相应的绕组中流过的环流（又称为均衡电流）为

$$\Delta \dot{I}_y = \frac{\Delta \dot{U}}{2X} \tag{16-1}$$

式中 X——一台同步发电机的电抗。

环流 $\Delta \dot{I}_y$ 的方向自 1 号发电机流出，流入 2 号发电机。

$\dot{U}_1 \neq \dot{U}_2$ 可能有三种情况：

(1) $U_1 > U_2$。即两台同步发电机的空载电压大小不等，则

$$\Delta \dot{U} = \dot{U}_1 - \dot{U}_2 \tag{16-2}$$

$$\Delta \dot{I}_y = \frac{\Delta \dot{U}}{2X} \tag{16-3}$$

其相应的相量图如图 16-3 所示。

由图 16-3 可见,此时,$\Delta \dot{I}_y$ 滞后于 $\dot{U}_1$ 为 90°电角度,即 1 号发电机流出一个感性电流,使 1 号发电机去磁,$\dot{U}_1$ 降低;1 号发电机的感性电流流入 2 号发电机,相当于 2 号发电机流出一个容性电流,使 2 号发电机助磁,$\dot{U}_2$ 升高。结果,使 $\Delta U = 0$。

(2) $U_1 = U_2, \dot{U}_1 \neq \dot{U}_2$。设 $\dot{U}_2$ 滞后于 $\dot{U}_1$ 的相位差角为 α,如图 16-4 所示。

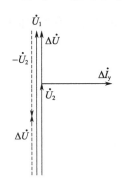

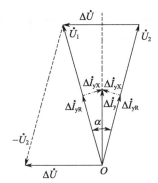

图 16-3 $U_1 > U_2$ 时的相量图　　图 16-4 $U_1 = U_2, \dot{U}_1 \neq \dot{U}_2$ 时的相量图

这时,如图 16-4 所示,$\Delta \dot{I}_y$ 可以分成两个分量:与 $\dot{U}_1$ 及 $\dot{U}_2$ 同相的分量,称为有功分量,以 $\Delta \dot{I}_{yR}$ 表示;与 $\dot{U}_1$ 及 $\dot{U}_2$ 相差 90°电角度的分量,称为无功分量,以 $\Delta \dot{I}_{yX}$ 表示。现分别考查它们的作用。

① $\Delta \dot{I}_{yR}$ 的作用:对 1 号发电机,由于 $\Delta \dot{I}_y$ 滞后于 $\dot{U}_1$,1 号发电机输出有功功率,使 1 号发电机瞬时地减速;对 2 号发电机,由于 $\Delta \dot{I}_y$ 超前于 $\dot{U}_2$,2 号发电机输入有功功率,使 2 号发电机瞬时地加速。结果,使 $\dot{U}_1$ 与 $\dot{U}_2$ 互相靠近,使它们之间的相位差角 $\alpha = 0°$。

② $\Delta \dot{I}_{yX}$ 的作用:对 1 号发电机,$\Delta \dot{I}_{yX}$ 滞后于 $\dot{U}_1$ 为 90°电角度,使 1 号发电机去磁,$\dot{U}_1$ 降低;对 2 号发电机,$\Delta \dot{I}_{yX}$ 超前于 $\dot{U}_2$ 为 90°电角度,对 2 号发电机助磁,使 $\dot{U}_2$ 升高。结果,使 $U_1 < U_2$,如图 16-5 所示。

由于 $U_1 < U_2$,所产生的 $\Delta \dot{U}$ 及 $\Delta \dot{I}_y$ 与 $U_1 > U_2$ 时相反,$\Delta \dot{I}_y$ 使 1 号发电机助磁,U_1 升高;$\Delta \dot{I}_y$ 使 2 号发电机去磁,U_2 降低。结果,使 $U_1 = U_2$,$\Delta U = 0$。

(3) $U_1 = U_2, f_1 \neq f_2$。设 $f_1 > f_2$,则 $\dot{U}_2$ 滞后于 $\dot{U}_1$ 的相位差角为 α,如图 16-6 所示。

由图 16-6 可见,这时的向量图与 $U_1 = U_2, \dot{U}_1 \neq \dot{U}_2$ 时(图 16-4)相同。由相同的分析方法可知:这时 $\Delta \dot{I}_y$ 的有功分量 $\Delta \dot{I}_{yR}$ 使 1 号发电机减速,f_1 降低;使 2 号发电机加速,f_2 升高。结果,使 $f_1 = f_2$,重新使 $\dot{U}_1 = \dot{U}_2$。

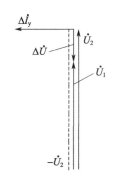

图 16-5 $U_1 < U_2$ 时的相量图

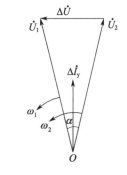

图 16-6 $U_1 = U_2, f_1 \neq f_2$ 时的相量图

由以上分析可见,如果 $U_1 = U_2$,但 $\dot{U}_1 \neq \dot{U}_2$,$f_1 \neq f_2$,则在 $\alpha < 180°$ 时,由于所产生的环流 $\Delta \dot{I}_y$ 作用的结果,总是使得 $\dot{U}_1 = \dot{U}_2$,$f_1 = f_2$,即自动满足并联接入条件。$\Delta \dot{I}_y$ 的这种作用,称为自整步。

一般来说,如果 $\dot{U}_1$ 与 $\dot{U}_2$ 相差不大,并且 $f_1 \approx f_2$ 时,在环流的自整步作用下,同步发电机可以自动满足并联接入条件。

但是,如果在 $\dot{U}_1$ 与 $\dot{U}_2$ 相差很大,且 f_1 与 f_2 相差很大时接入并联,则在 $\Delta \dot{U}$ 的作用下,它所产生的环流很大。例如,在极端情况下,当 $U_1 = U_2$,而 $\dot{U}_1$ 与 $\dot{U}_2$ 相差 180° 时,有

$$\Delta \dot{I}_y = \frac{\Delta \dot{U}}{2X} = \frac{2U}{2X} = \frac{U}{X}$$

在接入并联的瞬间,相当于两个发电机突然相互短接。这时的情况和突然短路时一样,电机的电抗 X 为纵轴超瞬变同步电抗 X''_d,即

$$\Delta \dot{I}_y = \frac{\dot{U}}{X_d} \tag{16-4}$$

其值可达超瞬变电流 i''_* 的幅值。如果 $\alpha < 180°$ 时的自整步作用不足以使电机自动满足并联接入条件,则不能使 f_1 永远等于 f_2;当 $\alpha > 180°$ 时,$\Delta \dot{I}_y$ 的作用将与 $\alpha < 180°$ 时相反,即破坏整步,则这个电流周而复始地产生,将发生电压、电流和功率的周期振荡,其所产生的后果甚至比突然短路时更为严重。

由上述分析可知,只有符合接入并联的理想条件,即两台发电机的电压大小相等、相位相同、频率相同,投入并联才不会产生环流。但理想条件是很难满足的,而且从实际出发,投入并联时有一定限度的冲击和振荡也是允许的。因此,发电机并联时,只要电压差、频率差和相位差不大,在允许范围内就可以投入并联,且可以自动牵入同步。一般要求电压差不超过额定电压的 5%～10%,频率差不超过额定频率的 0.5%～1%,相位差不超过 90° 就可以投入并联。那么,怎样才能知道电压差、频率差和相位差在允许范围内呢?在飞机上,这个任务是由自动并联装置完成的。当电压差、频率差和相位差在允许范围之内时,自动并联装置自动地使发电机投入电网。反之,自动并联装置将不允许发电机并联。自动并联装置的工作原理将在后续的"飞机供电系统"课程中专门介绍。

16.1.3 接入并联的方法

飞机交流发电机是用自动并联装置使发电机自动投入并联的。一般来说,自动并联装置

由自动并联检测电路、电网电压检测电路和投入并联执行电路三部分组成。为了弄明白投入并联的物理概念,这里介绍用暗灯法和旋转灯光法投入并联,这些方法在航空同步发电机的地面试验中比较常用。

16.1.3.1 暗灯法

如图16-7(a)所示,在两台发电机对应的出线端之间接入三个灯泡1、2、3,加在各灯泡上的电压就是两台发电机的相应相间的电压差。

用暗灯法投入并联的步骤如下:

先将两台发电机的电压调至额定电压,转速调至接近额定转速。由于两台发电机的频率不可能绝对相等,设1号发电机的转速高于2号发电机的转速,$f_1 > f_2$。1号发电机的电压向量以两台发电机的角频率差 $\Delta\omega = \omega_1 - \omega_2$ 相对于2号发电机的电压向量转动。因而,两台发电机的相应相间存在着电压差 $\Delta\dot{U}$,如图16-7(b)所示。随着 $\dot{U}_1$ 相对于 $\dot{U}_2$ 转动,相应相间的电压差 ΔU 忽大忽小,接在相应相间的3个灯泡同时一闪一闪地发光。两台发电机的频率差越大,灯泡闪亮的频率越高。两台发电机的频率差越小,灯泡闪亮的频率越低。调节两台发电机的转速,使灯泡闪亮的速度越来越慢,当灯泡闪亮很慢(说明两台发电机的频率差很小),在灯泡熄灭(说明两台发电机的电压相差很小)的瞬间,迅速将两台发电机投入并联。两台发电机投入并联后,靠自整步作用产生的力矩拉入同步。

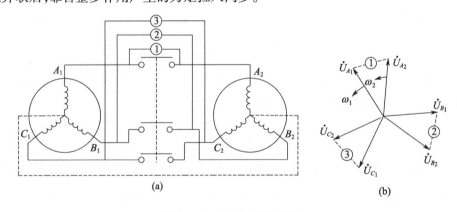

图16-7 暗灯法接线原理

因为用这种方法时应在灯泡熄灭时投入并联,所以称为暗灯法。

一般灯泡在电压低于灯泡的额定电压的1/3时就不亮了,所以在灯泡熄灭时两台发电机的电压不一定相等。最好同时用一只电压表测量相间电压,当电压表指示为零时,投入并联。

16.1.3.2 旋转灯光法

采用旋转灯光法时,灯的接法如图16-8(a)所示。设两台发电机的电压已调至大小相等,但两台发电机的频率不等,$f_1 > f_2$。1号发电机的电压相对于2号发电机的电压向量以角频率差 $\Delta\omega = \omega_1 - \omega_2$ 转动。这时,加于各灯泡的电压不等,从而各灯泡的亮度也不一样,如图16-8(b)所示。

在图16-9(a)所示的瞬间,灯泡1最亮,其他灯泡半亮。当1号发电机的电压相量相对于2号发电机的电压相量转过120°时,灯泡2最亮,如图16-9(b)所示;再转过120°时,灯泡3最亮,如图16-9(c)所示。随着1号发电机的电压向量不断转动,看到好像灯光在旋转,其转向为顺时针。两台发电机的频率差越大,灯光旋转的转速越快。调节两台发电机的转速,使频率差越来越小,灯光旋转的速度越来越慢。当灯光旋转很慢(频率差很小)、相灯1熄灭(相位差很小)、相灯2和3等亮时,迅速将两台发电机接入并联。这种方法称为旋转灯光法。如果灯泡1接上电压表,当电压表指示为零时投入并联,则更为准确。

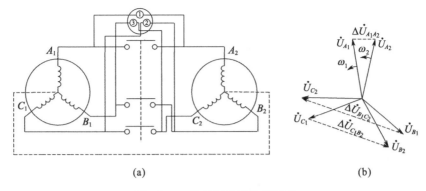

图 16-8　旋转灯光法接线原理

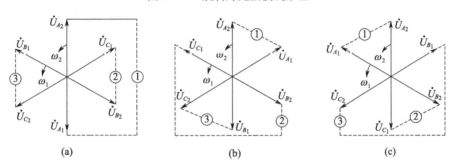

图 16-9　旋转灯光法的灯光旋转过程

按图 16-8(a)所示的接线,用旋转灯光法接入并联时,应该注意以下三个方面:

(1) 当减少1号发电机的转速时,如灯光旋转的速度越来越快,说明频差越大,应增大1号发电机的转速。

(2) 如果灯光旋转的方向相反,则说明 $f_1 < f_2$。

(3) 如果灯光不旋转,则说明相序不对。

以上各点,只有在确实按照图 16-8(a)接线时,才能作为判断的依据。

16.2　隐极同步发电机的功率平衡和功角特性

为了分析两台并联运行的同步发电机的功率分配和转移,有必要先分析同步发电机的转矩和功率与哪些因素有关。

并联运行的航空同步发电机一般采用由恒速传动装置和交流发电机组合的组合式航空同步发电机,恒速传动装置可以将由飞机发动机经传动机匣输入的变化的转速变换为恒定的转速传动交流发电机,使发电机输出电压的频率恒定;飞机电源系统都装有电压调节器,用于保证发电机输出恒定的电压;发电机控制保护装置中的自动并联功能模块能够调节电网的电压及频率,使其保持不变。因此,可以认为任何一台发电机并联到电网以后,这台发电机的端电压及频率必与电网的相同,成为不变的数值。所以,同步发电机并联运行与单独运行时的情况不同,它的端电压及频率是不能自由变化的,由此决定了同步发电机性能上的一些特点。

同步发电机并联运行时,电机向电网输出有功功率,即 $P>0$,同时也可向电网输出无功功率或吸收无功功率。这时,电机气隙磁场中 $\boldsymbol{F}_0$ 超前 $\boldsymbol{F}_\delta$,即 $\boldsymbol{F}_0$ 与 $\boldsymbol{F}_\delta$ 的夹角 $\theta>0$。这里,θ 称为功率角(简称功角)。显而易见,$\dot{E}_0$ 与 $\dot{E}_\delta$ 之间的夹角也等于 θ。由于漏阻抗压降 $\dot{I}(r_a+\mathrm{j}X_{\sigma a})$ 很小,相量 $\dot{E}_\delta$ 与 $\dot{U}$ 之间的夹角非常小,故 θ 既是矢量 $\boldsymbol{F}_0$ 与 $\boldsymbol{F}_\delta$ 之间的夹角,也是相量 $\dot{E}_\delta$ 与 $\dot{U}$ 之间的夹角。对于并联运行的同步发电机来说,由于 $\dot{U}$ 不变,$\boldsymbol{F}_\delta$ 的转速不变,因此功角 θ 的大小取决于 $\boldsymbol{F}_0$ 的转速,即电机转子的转速。电机转子的转速不变时,θ 的大小不变;电机转子的转速增大,则 θ 随之增大;电机转子的转速减小,则 θ 随之减小。

16.2.1 同步发电机的功率平衡方程

16.2.1.1 功率平衡方程

同步发电机将转轴上输入的机械功率通过电磁感应作用转换为定子电枢绕组上输出的电功率。如果不考虑励磁功率,转轴上输入的机械功率 P_1 的一部分为机械损耗 P_Ω 所消耗,另一部分为定子上的铁芯损耗 P_{Fe} 所消耗。从输入功率 P_1 中减去这两部分损耗功率以后,剩下部分则通过电磁感应作用转换为定子上的电功率 P_M。P_M 是因为电磁感应作用而产生的功率,因此称为电磁功率。于是可得

$$P_1 = P_M + P_\Omega + P_{\mathrm{Fe}} \tag{16-5}$$

P_M 是定子电枢绕组中所产生的全部电功率,从其中减去电枢绕组的铜耗 P_{Cu} 以后,便是输出的电功率 P_2,因此有

$$P_M = P_2 + P_{\mathrm{Cu}} \tag{16-6}$$

由式(16-5)及式(16-6)可得

$$P_1 = P_2 + P_{\mathrm{Cu}} + P_\Omega + P_{\mathrm{Fe}} + P_\Delta \tag{16-7}$$

式(16-7)便是同步发电机的功率平衡方程。式中 P_Δ 为电机的杂散损耗。

16.2.1.2 电磁功率

在同步发电机中,电磁功率是通过电磁感应作用由机械功率转换而来的全部电功率,因此电磁功率是电机能量形态变换的基础。

在一般同步发电机中,电枢绕组中的铜损耗是极小的一部分,通常 $P_{\mathrm{Cu}}<0.01P_N$,为了分析简单起见,可以把它略去。于是从式(16-6)可知,电磁功率 P_M 就等于输出的电功率 P_2,即

$$P_M = P_2 = m_1 UI\cos\varphi \tag{16-8}$$

这是同步发电机电磁功率用外部端点电量(如 U、I、$\cos\varphi$)的表示式。为了进一步了解电机参数及励磁电流对电磁功率的影响,将式(16-8)做如下变换。

由图 16-10 所示的隐极同步发电机的时空向量图可知 $\psi = \theta + \varphi$,因此有

$$\begin{aligned} P_M &= m_1 UI\cos\varphi = m_1 UI\cos(\psi-\theta) \\ &= m_1 UI\cos\psi\cos\theta + m_1 UI\sin\psi\sin\theta \end{aligned} \tag{16-9}$$

由图 16-10 可知,忽略电枢绕组电阻 r_a 上的压降时,有

$$U\sin\theta = IX_s\cos\psi$$

$$E_0 - U\cos\theta = IX_s\sin\psi$$

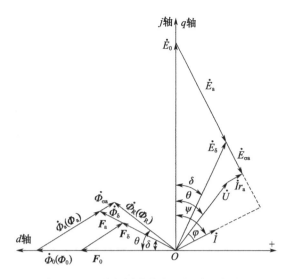

图 16-10 隐极同步发电机的时空向量图

因此有

$$\begin{cases} I\cos\psi = \dfrac{U\sin\theta}{X_s} \\ I\sin\psi = \dfrac{E_0 - U\cos\theta}{X_s} \end{cases} \tag{16-10}$$

将式(16-10)代入式(16-9)得

$$P_M = m_1 U^2 \sin\theta\cos\theta \dfrac{1}{X_s} + m_1 U\sin\theta(E_0 - U\cos\theta)\dfrac{1}{X_s} = m_1 \dfrac{E_0 U}{X_s}\sin\theta \tag{16-11}$$

同理,可推出同步发电机的无功功率 Q 用功角 θ 的表达式为

$$Q = \dfrac{m_1 E_0 U}{X_s}\cos\theta - \dfrac{m_1 U^2}{X_s} \tag{16-12}$$

16.2.1.3 电磁转矩

由式(16-11)可以决定电磁转矩与功角间的关系。因为同步发电机总是运行在同步转速下,具有不变的机械角速度 Ω_1,所以电磁转矩为

$$M = \dfrac{P_M}{\Omega_1} = \dfrac{m_1 U E_0}{\Omega_1 X_s}\sin\theta \tag{16-13}$$

式中:P_M 的单位为 W;Ω_1 的单位为 rad/s;M 的单位为 N·m。

16.2.2 隐极同步发电机的功角特性

如前所述,并联运行的同步发电机的端电压 U 及频率 f 应为定值,因此在式(16-11)中,电压 U 及同步电抗 X_s 均为常数。如果不调节励磁电流,则 E_0 也为常数,于是电磁功率 P_M 随功角 θ 作正弦变化。由 $P_M = f(\theta)$ 画出的曲线称为功角特性,如图 16-11 所示。

同步发电机输出功率的大小以及它是否能稳定运行与功角 θ 密切相关。

由图 16-10 可见,如果略去定子绕组漏磁通所产生的感应电势 $\dot{E}_{\sigma a}$,隐极同步发电机的电势平衡方程应为

$$\dot{E}_0 + \dot{E}_a = \dot{U} \tag{16-14}$$

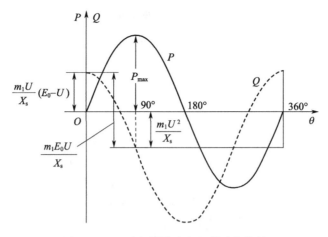

图 16 – 11 隐极同步发电机的功角特性

$\dot{E}_0$ 是转子励磁磁通 $\boldsymbol{\Phi}_0$ 在定子绕组中的感应电势，$\dot{E}_0$ 应滞后 $\dot{\boldsymbol{\Phi}}_0$ 的电角度为 90°。定子电流 $\dot{I}_a$ 产生电枢反应磁通 $\boldsymbol{\Phi}_a$，$\dot{\boldsymbol{\Phi}}_a$ 在定子绕组中的感应电势为 $\dot{E}_a$，$\dot{E}_a$ 应滞后 $\dot{\boldsymbol{\Phi}}_a$ 的电角度为 90°。$\dot{E}_0$ 和 $\dot{E}_a$ 的合成量 $\dot{U}$，可以看成是定子绕组中总的感应电势，它是由转子磁通 $\boldsymbol{\Phi}_0$ 和电枢反应磁通 $\boldsymbol{\Phi}_a$ 相加以后的合成磁通 $\boldsymbol{\Phi}_\delta$ 所产生的，当然 $\dot{U}$ 滞后于 $\dot{\boldsymbol{\Phi}}_\delta$ 的电角度也为 90°。在忽略漏磁通的情况下，$\boldsymbol{\Phi}_\delta$ 就是定子绕组所匝链的总磁通。由于 $\boldsymbol{\Phi}_0$ 垂直于 $\dot{E}_0$，$\boldsymbol{\Phi}_\delta$ 垂直于 $\dot{U}$，因此 $\dot{E}_0$ 和 $\dot{U}$ 之间的夹角 θ 也可以看成是磁通 $\boldsymbol{\Phi}_0$ 与 $\boldsymbol{\Phi}_\delta$ 之间的夹角。在发电机运行时，$\dot{E}_0$ 永远超前于 $\dot{U}$，也就是说，转子磁极轴线永远超前合成磁场轴线一个 θ 角度。

电势 $\dot{E}_0$ 与 $\dot{E}_a$ 的合成量 $\dot{U}$ 可以看成是定子绕组中总的感应电势，它应该等于电网电压 $\dot{U}_1$。由于电网频率 f_1 是固定不变的，因此电压 $\dot{U}$ 的频率也不改变。在图 16 – 10 中，与电压 $\dot{U}$ 相对应的合成磁场 $\boldsymbol{\Phi}_\delta$，永远以同步转速 $\omega_1 = 2\pi f_1$ 旋转，因此，功角 θ 的大小只取决于转子的角速度 ω。在稳定运行时，转子也以同步转速旋转，即 $\omega = \omega_1$，因此转子磁极与合成磁场之间没有相对运动，θ 便为定值。

16.2.3　静态稳定性分析

发电机工作时，当输入的有功功率突然变化或受到偶然的扰动，当扰动消失后，发电机能否恢复到原来的稳定工作状态呢？

如图 16 – 12 所示，设发电机原来稳定工作在功角特性上的 A 点，输入的有功功率等于输出的有功功率，$\theta = \theta_1$。如输入的有功功率突然增加 ΔP，则因输出的有功功率小于输入的有功功率，转子必将加速，θ 角增大，输出的有功功率增大；当输入的有功功率的扰动消失后，由于输出的有功功率大于输入的有功功率，转子必然减速，θ 角减小，输出的有功功率减小，直到输出的有功功率重新等于输入的有功功率时，θ 仍然等于 θ_1，电机仍然回到稳定的工作点 A。当输入的有功功率突然减小时，电机同样也能回到 A 点稳定工作。所以，当 $\theta < 90°$ 时，电机的工作是稳定的。

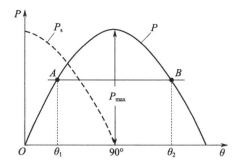

图 16-12 同步发电机的稳定工作范围及静态稳定性

当 $\theta>90°$ 时,设电机原来工作在 B 点,$\theta=\theta_2$,输入的有功功率等于输出的有功功率。如果输入的有功功率突然增加 ΔP,则因输入有功功率大于输出有功功率,转子必然加速,θ 角增大。但 θ 增大的结果,使输出的有功功率进一步减小,多余的有功功率使转子进一步加速,θ 进一步增大……即使输入的有功功率的扰动消失后,发电机输出的有功功率仍然小于输入的有功功率,转子仍然加速,θ 仍然增大,不可能回到原来的稳定工作点 B。这样,当 $\theta>90°$ 时,输入的有功功率发生微小的扰动,就将使发电机失步。同样,如果输入的有功功率突然减小,则因输出的有功功率大于输入的有功功率,θ 角减小。由于 θ 角减小,输出的有功功率更为增大,θ 角进一步减小。即使输入的有功功率扰动消失后,发电机输出的有功功率仍然大于输入的有功功率,θ 角还要继续减小……当 θ 角小于 $90°$ 时,θ 角减小,输出的有功功率减小,直至输出的有功功率减小到重新和输入的有功功率相等时,电机稳定工作在 A 点,$\theta=\theta_1$,而不能回到原来 $\theta=\theta_2$ 的 B 点工作。所以,当 $\theta>90°$ 时,电机的工作是不稳定的。

电机受到突然输入的有功功率变化或扰动后,能否恢复稳定工作的能力,可以用整步功率来判断。整步功率定义为

$$P_s = \frac{dP}{d\theta} = \frac{m_1 E_0 U}{X_s}\cos\theta \tag{16-15}$$

整步功率 P_s 随功角 θ 变化的规律 $P_s=f(\theta)$,如图 16-12 所示。

由图 16-11 可见,当 $\theta<90°$ 时,$P_s=\frac{dP}{d\theta}>0$,电机的工作是稳定的;当 $\theta=90°$ 时,$P_s=\frac{dP}{d\theta}=0$,电机已没有整步功率,也没有整步转矩;当 $\theta>90°$ 时,$P_s=\frac{dP}{d\theta}<0$,整步功率为负值,电机的工作是不稳定的。所以,要使发电机稳定工作,不致失步,其整步功率必须为正值,即 $P_s=\frac{dP}{d\theta}>0$。

16.2.4 功率极限

从以上分析可以看出,逐渐增加输入到发电机的机械功率,转子转速瞬时变快,使功角 θ 变大。随着 θ 的增大,电磁功率增大,当机械功率与电磁功率相等时,发电机便在新的功角下稳定运行。当输入的机械功率增大到使 θ 到达 $90°$ 电角度时,电磁功率出现最大值,即

$$P_{max} = m_1\frac{UE_0}{X_s} \tag{16-16}$$

这是同步发电机能够稳定运行的极限值,它正比于 E_0,反比于同步电抗 X_s。如果再增加输入功率,转子得到加速功率,继续增加转速,使得 $\theta>90°$。此时,从图 16-12 可以看出电磁功率反而下降,输入的机械功率一直大于输出的电磁功率,转子不断加速,结果转子转速便高

于同步转速,这个现象称为失去同步。失去同步时,转子转速升高,定子绕组中感应电势的频率 f 将大于电网频率 f_1。当频率不等时,进行并联会产生很大的环流,对电机是不利的,因此失去同步后,装在电网与发电机间的保护开关产生动作,将发电机从电网上断开。

例 16.1 一台隐极三相同步发电机并网运行,电网电压 $U_N = 400\text{V}$,发电机每相同步电抗 $X_s = 1.2\Omega$,电枢绕组采用 Y 形接法,当发电机输出的有功功率为 80kW 时,$\cos\varphi = 1$。若保持励磁电流不变,减少输出的有功功率到 20kW,不计电阻压降,试求:

(1) 功角 θ。
(2) 功率因数。
(3) 电枢电流。
(4) 输出的无功功率是超前还是滞后?

解:当 $P_M = 80\text{kW}$,$\cos\varphi = 1$ 时,有

$$I_a = \frac{P_M}{\sqrt{3}\,U_N} = \frac{80 \times 10^3}{\sqrt{3} \times 400} = 115.4\,(\text{A})$$

$$U = \frac{400}{\sqrt{3}} = 230.94\,(\text{V})$$

$$\dot{E}_0 = \dot{U} + \text{j}\dot{I}_a X_a = 230.9 + \text{j}115.4 \times 1.2 = 269.32\angle 30.96°\,(\text{V})$$

$$\theta = 30.96°$$

当 $P'_M = 20\text{kW}$ 时,$P'_M = \frac{1}{4}P_M$,即

$$P'_M = \frac{m_1 U E_0}{X_s}\sin\theta' = \frac{1}{4}\frac{m_1 U E_0}{X_s}\sin\theta$$

$$\sin\theta' = \frac{1}{4}\sin\theta = \frac{1}{4}\sin 30.96° = 0.1286$$

$$\theta' = 7.39°$$

$$\dot{I}'_a = \frac{\dot{E}'_0 - \dot{U}}{\text{j}X_s} = \frac{269.32\angle 7.39° - 230.94\angle 0°}{\text{j}1.2} = 41.72\angle -46.21°\,(\text{A})$$

$$\cos\varphi' = \cos 46.21° = 0.692\,(\text{滞后})$$

$$Q' = \sqrt{3}\,U_N I'_a \sin\varphi' = \sqrt{3} \times 400 \times 41.72 \times \sin 46.21° = 20.87\,(\text{kV}\cdot\text{A})\,(\text{滞后})$$

16.3 凸极同步发电机的功角特性

从原理上来说,凸极同步发电机与隐极同步发电机没有根本上的区别,只是由于凸极同步发电机的气隙不均匀,因而其有功功率和无功功率也有一些差别。如同隐极电机功角特性推导方法一样,可以得到凸极同步发电机的功角特性。如果略去电阻损耗,式(16-8)对凸极电机也能成立。参照式(16-9)可得

$$\begin{aligned} P_M &= m_1 UI\cos\varphi = m_1 UI\cos(\psi - \theta) \\ &= m_1 UI\cos\psi\cos\theta + m_1 UI\sin\psi\sin\theta \\ &= m_1 UI_q\cos\theta + m_1 UI_d\sin\theta \end{aligned} \quad (16-17)$$

如图 16-13 所示，从凸极同步发电机的相量图可以看出

$$\begin{cases} I_q X_q = U\sin\theta \\ I_d X_d = E_0 - U\cos\theta \end{cases} \quad (16-18)$$

或

$$\begin{cases} I_q = \dfrac{U\sin\theta}{X_q} \\ I_d = \dfrac{E_0 - U\cos\theta}{X_d} \end{cases} \quad (16-19)$$

将式(16-18)代入式(16-17)，可得

$$\begin{aligned} P_M &= m_1 U \dfrac{U\sin\theta}{X_q}\cos\theta + m_1 U \dfrac{E_0 - U\cos\theta}{X_d}\sin\theta \\ &= m_1 \dfrac{UE_0}{X_d}\sin\theta + m_1 \dfrac{U^2}{2}\left(\dfrac{1}{X_q} - \dfrac{1}{X_d}\right)\sin2\theta \\ &= P_M' + P_M'' \end{aligned} \quad (16-20)$$

式中：P_M'——基本电磁功率，$P_M' = m_1 \dfrac{UE_0}{X_d}\sin\theta$；

P_M''——附加电磁功率，也称为磁阻电磁功率，$P_M'' = m_1 \dfrac{U^2}{2}\left(\dfrac{1}{X_q} - \dfrac{1}{X_d}\right)\sin2\theta$。

同理，可推出凸极同步发电机无功功率的表达式为

$$\begin{aligned} Q &= m_1 UI\sin\varphi = m_1 UI\sin(\psi - \theta) \\ &= m_1 \dfrac{UE_0}{X_d}\cos\theta + \dfrac{m_1 U^2}{2}\left(\dfrac{1}{X_q} - \dfrac{1}{X_d}\right)\cos2\theta - \dfrac{m_1 U^2}{2}\left(\dfrac{1}{X_q} + \dfrac{1}{X_d}\right) \end{aligned} \quad (16-21)$$

图 16-14 为凸极同步发电机的功角特性曲线，显然它不再按正弦规律变化。

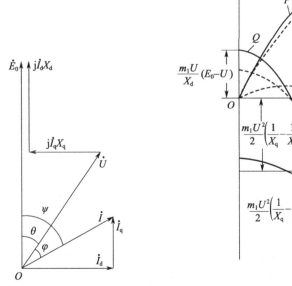

图 16-13 凸极同步发电机的相量图　　图 16-14 凸极同步发电机的功角特性

由于附加电磁功率的存在,使最大电磁功率值增大,而出现最大电磁功率时的功角则变小,为45°~90°,具体位置须视该两项功率的振幅而定。从式(15-20)可以看出附加电磁功率的两个特点:

(1) 当励磁去掉后,即 $E_0=0$ 时,P''_M 仍然存在。

(2) 附加电磁功率的大小正比于 $\frac{1}{X_q}-\frac{1}{X_d}$,这是由于纵轴与横轴磁阻不相等而引起的电磁功率,因此又称为磁阻功率。附加电磁功率与电机的励磁状态无关,只要 $X_d \neq X_q$,它就存在。这种由于纵轴磁路和横轴磁路的磁阻不同而能传递能量的现象,称为凸极效应。在隐极电机中,由于纵轴与横轴磁阻相等,即 $X_d=X_q=X_s$,所以 $P''_M=0$,可以看作是凸极电机的一种特例。

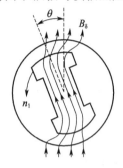

图 16-15 凸极效应

顺便指出的是,在某种特殊情况下,若电机无励磁,但转子为凸极结构,也可以传递能量,这种电机称为反应式电机或磁阻式电机。这是由于转子纵轴磁路的磁阻比横轴磁路的磁阻小,因此气隙磁场试图沿纵轴路径闭合。这样,转子旋转时,转子磁场就有可能带动气隙磁场旋转,即凸极效应也能传递能量,如图16-15所示。对于电动机而言,则因为先有电枢磁场,而使电枢旋转磁场带动转子旋转输出机械能。应用凸极效应可以发展出一类新型电机——磁阻电机,新型磁阻电机在航空工业中有着广阔的应用前景,在第23章中详细介绍。

凸极同步发电机的电磁转矩和隐极发电机的推导方法一样,在恒定转速 Ω_1 下,转矩和功率成正比,于是得

$$M=\frac{P_M}{\Omega_1}=\frac{m_1UE_0}{\Omega_1 X_d}\sin\theta+\frac{m_1U^2}{2\Omega_1}\left(\frac{1}{X_q}-\frac{1}{X_d}\right)\sin2\theta=M'+M'' \qquad (16-22)$$

式中:M'——基本电磁转矩,$M'=\frac{m_1UE_0}{\Omega_1 X_d}\sin\theta$。

M''——附加电磁转矩,又称磁阻转矩,$M''=\frac{m_1U^2}{2\Omega_1}\left(\frac{1}{X_q}-\frac{1}{X_d}\right)\sin2\theta$。

16.4 功率的均衡分配与转移

对于单独运行的同步发电机,它所发出的功率(有功功率和无功功率)的多少取决于负载所需功率的多少。负载需要多少,它就(也只能)发出多少,只要发电机的电流不超过允许值即可。

对于并联运行的两台或多台同步发电机,它所发出的有功功率及无功功率的多少除取决于负载外,还与多台发电机本身输入的有功功率及励磁电流的多少有关。在总负载一定时,多台电机所承担的功率(或简称为负荷),可以根据需要进行适当的分配。例如,两台(或多台)容量不同的同步发电机并联运行,应让容量大的发电机承担的负荷多,容量小的发电机承担的负荷小;两台(或多台)容量相同的同步发电机并联运行,可以让它们所承担的负载相等。这样,不致使一台发电机过载而另一台发电机欠载。在必要时,还可以将一台发电机的负荷全部转由其他发电机承担,而把这台发电机自电网去除。并联运行的同步发电机的功率能够根据

需要来灵活地调配,这正是同步发电机并联的突出优点。

下面以两台容量相同、参数相同的隐极同步发电机为例说明同步发电机功率的均衡分配和负载转移的物理过程。

发电机供给负载的有功功率和无功功率分别为

$$P_L = m_1 UI\cos\varphi = \frac{m_1 E_0 U}{X_s}\sin\theta \tag{16-23}$$

$$Q_L = m_1 UI\sin\varphi = \frac{m_1 E_0 U}{X_s}\cos\theta - \frac{m_1 U^2}{X_s} \tag{16-24}$$

并联运行的同步发电机,$\dot{U}$ 为常数。

要调节同步发电机供给负载的有功功率,就必须调节

$$\frac{m_1 E_0 U}{X_s}\sin\theta$$

要调节同步发电机供给负载的无功功率,就必须调节

$$\frac{m_1 E_0 U}{X_s}\cos\theta$$

或者说,调节 P 及 Q,就是调节供给负载的有功功率 P_L 及无功功率 Q_L。

第一台同步发电机的各量,以脚注"1"表示;第二台同步发电机的各量,以脚注"2"表示。

要使两台同步发电机的有功功率及无功功率相等,即

$$P_1 = P_2 \tag{16-25}$$

$$Q_1 = Q_2 \tag{16-26}$$

即

$$\frac{m_1 E_{01} U}{X_s}\sin\theta_1 = \frac{m_1 E_{02} U}{X_s}\sin\theta_2 \tag{16-27}$$

$$\frac{m_1 E_{01} U}{X_s}\cos\theta_1 = \frac{m_1 E_{02} U}{X_s}\cos\theta_2 \tag{16-28}$$

则必须使

$$E_{01} = E_{02}$$
$$\theta_1 = \theta_2$$

下面以 $P_1 = P_2, Q_1 > Q_2$ 及 $P_1 > P_2, Q_1 = Q_2$ 为例来说明功率调节的物理过程。

16.4.1 无功功率的均衡分配

设

$$P_1 = P_2$$
$$Q_1 > Q_2$$

则必有

$$E_{01} > E_{02}$$
$$\theta_1 < \theta_2$$

由于并联运行的同步发电机,m、U、X_s 均为常数;并考虑到发电机的功率平衡,在不调节两台发电机输入的有功功率时,两台发电机输出的有功功率应保持相等,于是有

$$P = \frac{m_1 E_0 U}{X_s}\sin\theta = m_1 UI\cos\varphi = 常数 \qquad (16-29)$$

即

$$E_0\sin\theta = 常数$$
$$I\cos\varphi = 常数 \qquad (16-30)$$

其相量图如图 16-16(a)所示。

要使两台发电机的无功功率相等,必须使

$$E_{01} = E_{02}$$
$$\theta_1 = \theta_2$$

则必须使 E_{01} 减少,E_{02} 增加,并且使 θ_1 增大,θ_2 减小。

当两台发电机输出的无功功率不同时,电枢反应的去磁(或助磁)作用就不同,为了维持发电机端电压相等,就必须调节它们的励磁电流,以补偿电枢反应的影响。因此,无功功率的调节依赖于励磁电流的变化。可以通过调节两台发电机的励磁电流来达到无功功率均衡的目的。

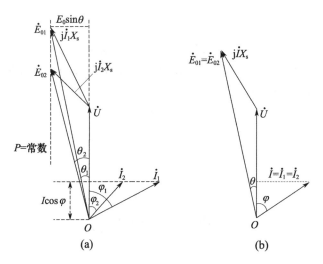

图 16-16 调节无功功率时的相量图

当减小第一台同步发电机的励磁电流时,第一台同步发电机的电势 E_{01} 减小。

在最初瞬间,由于转子的惯性,转子的转速来不及变化,由于 n_1 为常数,$\dot{U}$ 为常数,$\boldsymbol{\Phi}_0$ 与 $\boldsymbol{\Phi}_R$ 之间的空间夹角 θ_1 为常数。当 E_{01} 减小时,发电机输出的有功功率 P_1 减小,但发电机输入的有功功率仍然保持不变(因为并没有调节发电机输入的有功功率),多余的有功功率 ΔP_1 产生的电磁转矩,将使发电机的转子瞬时地加速。由于 $\dot{U}$ 为常数,而 $\boldsymbol{\Phi}_R$ 固定不变,$\boldsymbol{\Phi}_0$ 由于转子瞬时地加速而相应地瞬时向前移动,使这两个磁场轴线之间的夹角 θ_1 瞬时地增大。因而,当励磁电流减小时,θ_1 随之自动增大。

与此相反,可以得出结论:对第二台发电机来说,随着励磁电流增大,θ_2 自动随之减小。

如果同时调节两台同步发电机的励磁电流,E_{01} 减小到 E_0,使 θ_1 增大到 θ;E_{02} 增大到 E_0,使 θ_2 减小到 θ,则必有 $Q_1 = Q_2$,$P_1 = P_2$,如图 16-16(b)所示。

这样,当同时调节两台发电机的励磁电流时,可以使两台发电机的无功功率相等,将第一台发电机的无功功率部分地转由第二台发电机负担,从而实现无功功率的均衡。

由上述分析可知,当调节励磁而不调节发电机输入的有功功率时,发电机输出的有功功率不会改变,即调节无功功率时,不会影响有功功率。

16.4.2 有功功率的均衡分配

设
$$P_1 > P_2$$
$$Q_1 = Q_2$$

则必有
$$E_{01} > E_{02}$$
$$\theta_1 > \theta_2$$

且,由 $Q_1 = Q_2$ 可知
$$E_{01}\cos\theta_1 = E_{02}\cos\theta_2$$
$$I_1\sin\varphi_1 = I_2\sin\varphi_2$$

其相应的相量图如图 16-17(a)所示。

要使两台发电机的有功功率相等,必须使
$$E_{01} = E_{02}$$
$$\theta_1 = \theta_2$$

或
$$E_{01}\sin\theta_1 = E_{02}\sin\theta_2$$

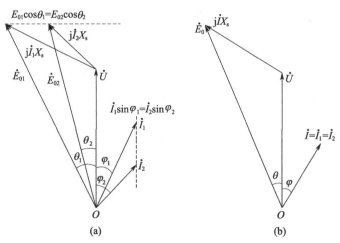

图 16-17 调节有功功率时的相量图

为此,必须减小第一台发电机的励磁,同时增加第二台发电机的励磁。并且,必须使第一台发电机的 θ_1 减小,第二台发电机的 θ_2 增加。

如果只减小第一台发电机的励磁,同时增加第二台发电机的励磁,而不调节原动机输入的有功功率。那么,当 E_{01} 减小时,θ_1 会随之自动增大;当 E_{02} 增大时,θ_2 会随之自动减小,使 $\theta_1 \gg \theta_2$,这与我们的要求背道而驰。这样,虽然能够使两台发电机的励磁电势相等,即 $E_{01} = E_{02}$,但不能使两台发电机的功角相等。另外,从功率平衡的角度看,要增大或减小一台发电机输出的有功功率,也只有相应地增大或减小其输入的有功功率。因此,绝不能用调节励磁的方法来调节有功功率;要使两台发电机的有功功率相等,必须调节两台发电机输入的有功功率。

如果两台发电机的励磁不变,当第一台发电机输入的有功功率减小时,在最初瞬间,由于转子的惯性,转子的转速来不及变化,n 为常数,$\dot{U}$ 为常数,$\boldsymbol{\Phi}_0$ 与 $\boldsymbol{\Phi}_R$ 之间的夹角 θ_1 为常数,发电机输出的有功功率不变。而由于发电机输入的有功功率减小,小于输出的有功功率,转动力矩小于制动力矩,转子瞬时地减速。由于 $\dot{U}$ 为常数,$\boldsymbol{\Phi}_R$ 固定不变,而 $\boldsymbol{\Phi}_0$ 由于转子瞬时地减速而相应地向后移动,使这两个磁场轴线之间的夹角 θ_1 瞬时地减小。故第一台发电机输入的有功功率减少时,使 θ_1 减小。

同理,当增加第二台发电机输入的有功功率时,则使 θ_2 增大。

使
$$\theta_1' = \theta_1 - \Delta\theta_1 = \theta$$
$$\theta_2' = \theta_2 - \Delta\theta_2 = \theta$$

但因
$$E_{01} > E_{02}$$
$$\theta_1' = \theta_2' = \theta$$

故
$$P_1 > P_2$$
$$Q_1 > Q_2$$

这样,两台发电机有功功率的差值虽然减小了,但仍然不相等。并且,两台发电机的无功功率由相等变为不相等。

可见,调节有功功率时,要影响无功功率。

为使两台发电机的有功功率相等,必须进一步减小它们之间的差值。即进一步减小第一台发电机输入的有功功率,使 θ_1 进一步减小;同时,进一步增加第二台发电机输入的有功功率,使 θ_2 进一步增大。从而使得

$$E_{01} > E_{02}$$
$$\theta_1 < \theta_2$$

然而,通过适当调节两台发电机输入的有功功率,使

$$P_1 = \frac{m_1 E_{01} U}{X_s}\sin\theta_1 = \frac{m_1 E_{02} U}{X_s}\sin\theta_2 = P_2 \tag{16-31}$$

时,两台发电机的无功功率的差值则进一步增大,即
$$Q_1 \gg Q_2$$

但
$$P_1 = P_2$$

这时的情况与讨论无功功率的均衡分配时的情况相同。由于调节励磁只影响无功功率而不影响有功功率,可以用调节励磁的方法来使两台发电机的无功功率相等。

这样,同时调节两台发电机输入的有功功率和励磁电流,就可以使两台发电机的有功功率由不相等变为相等,而无功功率仍然保持相等。其相应的相量图如图 16-17(b)所示。

以上分别讨论了两台同步发电机并联时有功功率或无功功率的均衡分配以及负载转移的

方法。根据同样的道理,可以分析两台同步发电机的有功功率和无功功率都不相等时,功率的均衡分配和负载转移的方法,不再赘述。

16.4.3 将发电机自电网退出

要将一台并联运行的同步发电机退出并联,必须使其所承担的有功功率及无功功率全部转由另外的发电机负担,使其处于空载状态,然后才能自电网断开。其功率调节过程如下。

设并联时,$P_1 = P_2$,$Q_1 = Q_2$,$\dot{E}_{01} = \dot{E}_{02} = \dot{E}_0$,$\theta_1 = \theta_2 = \theta$,$\dot{I}_1 = \dot{I}_2 = \dot{I}$,$\varphi_1 = \varphi_2 = \varphi$,其相应的相量图如图16-18(a)所示。

现在,欲把2号发电机自电网断开。

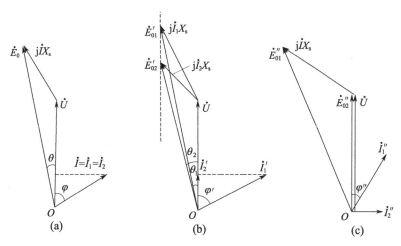

图 16-18 发电机自电网断开时,功率调节的相量图

先调节两台发电机的无功功率。使2号发电机的励磁减小,$\dot{E}_{02}$减小,θ_2增大;相应地增加1号发电机的励磁,使$\dot{E}_{01}$增大,θ_1减小。于是,2号发电机的无功功率减小,1号发电机的无功功率增大,而两台发电机的有功功率保持不变,如图16-18(b)所示。当2号发电机输出给负载的无功功率为零时,由于

$$m_1 U I \sin\varphi_2 = 0$$
$$m_1 \frac{U^2}{X_s} \neq 0$$

而发电机输出的无功功率为

$$Q_2 = \frac{m_1 E_{02} U}{X_s}\cos\theta_2 - \frac{m_1 U^2}{X_s} = 0$$

故

$$\frac{m_1 E_{02} U}{X_s}\cos\theta_2 \neq 0$$

所以,这时由图16-18(b)可见

$$\theta_2 \neq 90°$$

但2号发电机输出的无功功率已全部由1号发电机承担,1号发电机输出的无功电流增

大了1倍。

为将2号发电机的有功功率转移到由1号发电机负担,可减小2号发电机的输入的有功功率,使 θ_2 减小,增加1号发电机输入的有功功率,使 θ_1 增加。当 θ_2 减小到零,即 $\dot{E}_{02}$ 转到与 $\dot{U}$ 重合时,1号发电机输出的有功功率增大了1倍,即2号发电机输出的有功功率已全部转由1号发电机承担。

应当注意:调节两台发电机的有功功率时,会使它们的无功功率重新改变。如励磁不变,则增加1号发电机输入的有功功率使 θ_1 增加时,将使1号发电机输出的无功功率减小,而减小2号发电机输入的有功功率使 θ_2 减小时,将使2号发电机输出的无功功率增加。为了保证两台发电机输出的无功功率保持不变,1号发电机仍承担全部负载所需的无功功率,2号发电机仍不向负载输出无功功率,必须在增加1号发电机输入的有功功率使 θ_1 增大($\cos\theta_1$ 减小)的同时,增大1号发电机的励磁;相应地,在减小2号发电机输入的有功功率使 θ_2 减小($\cos\theta_2$ 增大)的同时,减小2号发电机的励磁。

由于1号发电机的励磁增大,使 $E''_{01} > E'_{01}$,2号发电机的励磁减小,使 $E''_{02} < E'_{02}$,如图16-18(c)所示。当2号发电机的励磁减小到 $\dot{E}_{02} = \dot{U}$ 时,2号发电机的电枢电流 $\dot{I}_2 = 0$,即2号发电机完全处于空载状态。于是,可将2号发电机自电网断开。

综上所述,对并联运行的两台同容量的同步发电机,可得如下结论:

(1) 要使两台发电机的有功功率及无功功率相等,必须使两台发电机的励磁电势相等,功角相等,即 $E_{01} = E_{02} = E_0$,$\theta_1 = \theta_2 = \theta$。

(2) 改变两台发电机的励磁,则两台发电机的无功功率及功角改变,但两台发电机的有功功率保持不变。励磁电流减小的发电机无功功率减小、功角增大。励磁电流增大的发电机,无功功率增大、功角减小。因而,改变两台发电机的励磁,可使两台发电机输出的无功功率均衡分配。

(3) 改变两台发电机输入的有功功率,则不仅改变两台发电机输出的有功功率及功角,而且会改变两台发电机输出的无功功率。输入有功功率减小的发电机,功角减小、输出有功功率减小、输出无功功率增大;输入有功功率增大的发电机,功角增大、输出有功功率增大、输出无功功率减小。因而,改变两台发电机输入的有功功率可以使两台发电机输出的有功功率均衡分配。但必须同时改变两台发电机的励磁才能使两台发电机输出的无功功率也均衡分配。

(4) 改变一台发电机的励磁及有功功率时,必须同时地、协调一致地改变另一台发电机的励磁及有功功率,才能使电网电压及频率不变。

以上原理,可以推广到多台、不同容量的同步发电机并联运行时的功率的调节。

16.5 调节励磁电流对发电机运行状况的影响

发电机正常运行时,为了保持发电机的端电压不变,以及调节发电机的无功功率,发电机的励磁电流是经常变化的。由16.4节的分析可知:调节发电机的励磁电流时,发电机的无功功率及功角 θ 将随之改变,但发电机的有功功率保持不变。因而,调节励磁电流时,发电机的无功功率、功角、功角特性、功率因数、电枢电流等都将随之改变。

16.5.1 对功角特性的影响

由

$$P = \frac{m_1 E_0 U}{X_s}\sin\theta \qquad (16-32)$$

$$Q = \frac{m_1 E_0 U}{X_s}\cos\theta - \frac{m_1 U^2}{X_s} \qquad (16-33)$$

可知,当励磁电流增大时,功角特性的幅值增大,如图 16-19 中的曲线 2 所示。因励磁电流增大时功角 θ 减小,发电机的有功功率保持不变,故发电机的稳定工作点由曲线 1 上 a 点变为曲线 2 上的 b 点,稳定工作时的 θ 减小,无功功率增大,发电机的过载能力 $K_m = 1/\sin\theta$ 增大、功率极限提高,因而静态稳定度提高。因此,在电网受到大扰动时,采用强行励磁是提高发电机稳定度的重要措施之一。

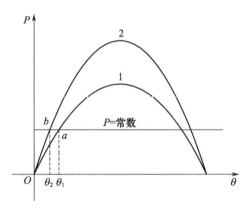

图 16-19 调节励磁电流对功角特性的影响

16.5.2 对电枢电流的影响

因调节励磁电流时,发电机的有功功率保持不变,即 $E_0\sin\theta = $ 常数,$I\cos\varphi = $ 常数,故调节励磁电流时,励磁电势 $\dot{E}_0$ 的端点沿 $\dot{U}$ 的平行线 CD 变化,如图 16-20 所示,而电枢电流 $\dot{I}$ 向端点沿直线 AB 变化。

当 $\dot{E}_0$ 末端位于 N 点时,$\varphi = 0°$,$\cos\varphi = 1$。这时,电枢电流全为有功分量,这种状态称为发电机的"正常励磁"状态。当正常励磁时,发电机不向外输出无功功率。励磁电流产生的无功功率,全部为抵消电枢反应磁通,维持端电压不变。这时的电枢电流 $\dot{I}$ 最小。

当 $\dot{E}_0$ 末端高于 N 点时,$\varphi > 0°$,$\cos\varphi < 1$。这时,电枢电流除有功分量外,还有无功分量,发电机向外输出无功功率。这种状态称为"过励"状态。发电机处于过励状态时,电枢电流较大。

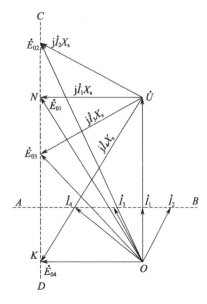

图 16-20 调节励磁时的相量图

当 $\dot{E}_0$ 末端低于 N 点时，$\varphi<0°$，$\cos\varphi<1$。这时，电枢电流由滞后变为超前，$\sin\theta$ 为负值，即发电机不但不向外输出无功功率，反而要从电网吸取无功功率。这时，发电机正是靠电枢电流的助磁作用才能维持端电压恒定的。这种状态称为"欠励"状态。

当发电机处于欠励状态时，θ 角较大，过载能力低，整步功率小，稳定性差。当 $\dot{E}_0$ 的末端位于 K 点时，$\varphi=90°$，处于极限状态，其工作是不稳定的。因此，发电机不宜工作于欠励状态。

16.5.3 对功率因数的影响

每台同步发电机，都规定了额定功率、额定电流、额定电压及额定功率因数 $\cos\varphi$（如 $\cos\varphi=0.85$，滞后）。如果发电机的电压过高，可能危及绝缘；如果电流过大，可能导致定子绕组过热；如果电压和电流都为额定值，但 $\cos\varphi$ 过低，输出的无功功率过大，则可能使励磁电流超过额定值过多，导致转子绕组过热。

单独运行的同步发电机，其功率因数 $\cos\varphi$ 的大小是由负载的性质决定的。负载的性质一定，发电机的功率因数也就一定，而无法随意改变。调节发电机励磁电流的大小，只能改变发电机端电压的高低和负载电流的大小，而不能改变发电机的功率因数。

并联运行的同步发电机，电网电压保持不变。调节励磁时，发电机输出的无功功率随之改变，发电机的功率因数随之改变。发电机输出的无功功率可以增加或减少，甚至可以从电网吸收无功功率；功率因数可以减小或增大，甚至可以由滞后变为超前。发电机增加或减少的无功功率，可以调节电网中另外的同步发电机的励磁，减少或增加另外的同步发电机输出的无功功率，而使整个电网的无功功率仍然保持不变，即负载所需的无功功率仍然保持不变，整个电网的功率因数仍然保持不变。

16.5.4 V形曲线

由以上分析可见：当 $\cos\varphi=1$，即发电机处于正常励磁时，其电枢电流最小；当 $\varphi>0°$，即发电机有滞后的功率因数时，随着电枢电流增大，必须相应地增大励磁电流，发电机处于过激状态；$\varphi<0°$，即发电机具有超前的功率因数时，随着电枢电流增大，必须相应地减小励磁电流，发电机处于欠激状态。

当有功功率一定时，发电机的励磁电流 I_e 随电枢电流 I 变化，或反过来说，发电机的电枢电流随励磁电流变化，$I=f(I_e)$ 的曲线如图 16-21 所示。该曲线的形状类似于字母 V，故称发电机的 V 形曲线。

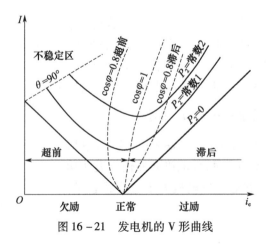

图 16-21 发电机的 V 形曲线

对于不同的有功功率,可以作出相应的 V 形曲线,因此 V 形曲线是一个特性曲线族。每条 V 形曲线,对应着一定的有功功率。有功功率越大,曲线越往上移。

由于欠激状态的发电机,其工作是不稳定的。当励磁电流减小到一定值时,$\varphi = 90°$,处于极限状态,等于或小于这个励磁电流,发电机的功角特性处于不稳定区。因此,对于一定的有功功率,励磁电流的减小有一个极限值。

小 结

两台同步发电机投入并联的条件:
(1)电压的大小相等;
(2)电压的相位相同;
(3)电压的频率相同;
(4)电压的相序相同;
(5)电压的波形相同。

一般来说,如果 U_1 与 U_2 相差不大,并且 $f_1 \approx f_2$ 时,在环流的自整步作用下,同步发电机可以自动满足并联接入条件。飞机交流发电机,是用自动并联装置使发电机自动投入并联的。地面电机或航空同步发电机地面试验时常用暗灯法和旋转灯光法判断发电机是否满足并联条件。

同步发电机的功率平衡方程式为

$$P_1 = P_2 + P_{Cu} + P_\Omega + P_{Fe}$$

隐极同步发电机的电磁功率为

$$P_M = m \frac{E_0 U}{X_s} \sin\theta$$

电磁转矩为

$$M = \frac{P_M}{\Omega_1} = \frac{mUE_0}{\Omega_1 X_s} \sin\theta$$

同步发电机输出功率的大小以及它是否能稳定运行,与功角密切有关。功角特性 $P_M = f(\theta)$ 反映了功角与输出功率的关系。从功角特性可以得到电磁功率极限值,即

$$P_{max} = m_1 \frac{UE_0}{X_s}$$

同步发电机的静态稳定性可以用整步功率 P_s 来判断,当 $\theta < 90°$ 时,$P_s > 0$,电机的工作是稳定的;当 $\theta = 90°$ 时,$P_s = 0$,电机已没有整步功率,也没有整步转矩;当 $\theta > 90°$ 时,$P_s < 0$,整步功率为负值,电机的工作是不稳定的。

凸极同步发电机的功角特性和电磁功率为

$$P_M = m \frac{UE_0}{X_d} \sin\theta + m \frac{U^2}{2} \left(\frac{1}{X_q} - \frac{1}{X_d} \right) \sin 2\theta = P_M' + P_M''$$

凸极同步发电机的电磁转矩为

$$M = \frac{P_M}{\Omega_1} = \frac{mUE_0}{\Omega_1 X_d} \sin\theta + \frac{mU^2}{2\Omega_1} \left(\frac{1}{X_q} - \frac{1}{X_d} \right) \sin 2\theta = M' + M''$$

在总负载一定时,多台并联运行的发电机所承担的功率可以根据需要进行适当的分配。

每台发电机所发出的有功功率及无功功率除取决于负载外,还与多台电机本身输入的有功功率及励磁电流的多少有关。

无功功率的均衡可以通过调节两台发电机的励磁电流来调节,调节无功功率时,不会影响有功功率。有功功率的均衡可以通过调节两台发电机输入的有功功率来调节,调节有功功率时,要影响无功功率。因此,要同时地调节两台发电机输入的有功功率和励磁电流,使两台发电机的有功功率由不相等变为相等而无功功率也保持相等。

把一台并联运行的同步发电机自电网切除,必须将被退出的发电机的有功功率及无功功率全部转移到由另外的发电机负担,使被退出的发电机处于空载状态,然后才能将其自电网断开。

调节发电机的励磁电流时,发电机的无功功率、功角、功角特性、功率因数、电枢电流等都将随之改变。

思考题与习题

1. 三相同步发电机投入并联时应满足哪些条件?怎样检查发电机是否已经满足并联条件?如不满足某一条件,并网时会发生什么现象?

2. 两台同定量同步发电机并联瞬间,其他并联条件均已满足,仅两台发电机的电压相差一点,此时如果合闸,发电机会产生什么性质的电流?

3. 两台同定量同步发电机并联瞬间,其他并联条件均已满足,仅两台发电机的频率相差一点,此时如果合闸,发电机会产生什么性质的电流?

4. 功角在时间及空间上各表示什么含义?功角改变时,有功功率如何变化?无功功率会不会变化?为什么?

5. 同步发电机的功率因数在并网运行时,由什么因素决定?在单机运行时,由什么因素决定?

6. 与无穷大容量电网并联的同步发电机,在欠励时减小其励磁电流,其发出的无功功率和功角 θ 将怎么变化?

7. 一台三相隐极同步发电机并联在无穷大电网上运行,额定线电压 $U_N = 380V$,定子绕组 Y 接法,每相同步电抗 $X_s = 1.2\Omega$,当每相励磁电势 $E_0 = 270V$,功率因数 $\cos\varphi = 0.8$(滞后)时,发电机向电网输出电流 $I = 69.51A$。忽略定子电阻,试求:

(1) 发电机输出的有功功率和无功功率;

(2) 功角 θ。

8. 一台三相凸极同步发电机并联在无穷大电网上运行,定子绕组 Y 形接法,额定线电压 $U_N = 230V$,每相同步电抗 $X_d = 1.2\Omega$,$X_q = 0.9\Omega$,额定运行时功角 $\theta_N = 24°$,每相励磁电势 $E_0 = 225.5V$。忽略定子电阻,求发电机额定运行时的电磁功率和不调节励磁时其所能发出的最大电磁功率。

9. 有一台三相同步发电机,额定功率 $P_N = 12000kW$,额定电压 $U_N = 6300V$,电枢绕组 Y 形接法,$\cos\varphi_N = 0.85$(滞后),$X_S = 4.5\Omega$,发电机并网在额定状态下运行,输出额定频率 f_N 为 50Hz 时,不计电阻压降,试求:

(1) 每相空载电势 E_0;

(2) 额定运行时的功角 θ;

（3）最大电磁功率 P_{Mmax}；

（4）过载能力 K_M。

10. 一台凸极三相同步发电机，$U_N = 400V$，每相空载电势 $E_0 = 370V$，电枢绕组 Y 形接法，每相纵轴同步电抗 $X_d = 3.5\Omega$，横轴同步电抗 $X_q = 2.4\Omega$，该发电机并网运行，不计电阻压降，试求：

（1）额定功角 $\theta_N = 24°$ 时，输向电网的有功功率是多少？

（2）能向电网输送的最大电磁功率是多少？

（3）过载能力为多大？

11. 一台隐极三相同步发电机并联于无穷大电网运行，额定运行时功角 $\theta = 30°$，若因故障电网电压降为 $0.8U_N$，假定电网频率仍不变，试求：

（1）若保持输出有功功率及励磁不变，此时发电机能否继续稳定运行，功角 θ 为多少？

（2）在（1）的情况下，若采用加大励磁的办法，使 E_0 增大到原来的 1.6 倍，这时的功角 θ 为多大？

12. 并联在电网上运行的同步发电机过励状态发出什么性质的无功功率？欠励状态发出什么性质的无功功率？

13. 为什么 V 形曲线的最低点随有功功率增大而右移？

14. 并联运行的同步发电机，若保持原动机输入的有功功率不变，调节其励磁电流时，试问：功角是否变化？输出的有功功率是否变化？

15. 一台并联在大电网上运行的隐极同步发电机，如果调节其有功功率而保持无功功率不变，试说明其电枢电流 I 和空载电势 E_0 的变化规律。

16. 并联运行的同步发电机，总输出功率的功率因数 $\cos\varphi = 1$，试问：此时发电机的电枢反应的性质是什么？

第 17 章 同步发电机的三相突然短路

本章主要说明突然短路的物理本质及其基本特征。首先分析突然短路时所发生的物理现象,然后分析突然短路时,电机的各个参数及突然短路电流衰减的规律,最后得出突然短路电流的表达式。突然短路的严密的数学分析将在另外的专门课程中讨论。

在分析稳定短路时,是先将定子三相绕组短路,再逐步增大励磁电流。当励磁电流增大到 i_{eoN} 时,它所产生的短路电流仅为额定电流的 0.5 倍左右。

突然短路与稳定短路截然不同。突然短路是指先励磁,后短路。例如,在励磁绕组中通以额定励磁电流 i_{eoN},产生的空载电压 $U_0 = E_0 = U_N$,电机处于空载状态,然后突然同时将电机的三相绕组的三个引出端短路。分析表明,这时所产生的实际短路电流的峰值,有可能达到额定电流的 20 倍左右。经过一定的时间以后,短路电流逐渐衰减到和稳定短路时相同的数值 I_K。

突然短路电流衰减至稳定短路电流的时间虽然很短,但巨大的冲击电流所产生的电磁力和电磁转矩,可能使电机完全毁坏,是不允许发生的。如果发生,也应采取相应的保护措施,立即切断发电机与电网的连接。突然短路之所以危害极大,主要是突然短路过程中电机内部的物理现象与稳定短路时相比有很大不同。所以,对突然短路的研究无论对于电机的设计或运行都有着重大的实际意义。

突然短路电流的衰减实际上是一个过渡过程。三相突然短路时,电枢电流和电枢磁场的幅值会发生突然变化,从而在转子绕组中感应出大的感应电势和电流,而这些转子电流又会反过来影响定子绕组中的电流变化。这种定子、转子绕组之间的相互影响使突然短路后的过渡过程变得非常复杂。然而,虽然实际上并不经常发生突然短路,但在系统中工作的同步发电机都经常处于过渡过程。例如,自动电压调节器的工作、负荷的增减、功率的调配等都是过渡过程。因而,对同步发电机突然短路的分析是分析整个交流电源系统的基础和工具,具有很大的理论与实用意义。

突然短路电流的峰值为什么很大?突然短路电流为什么会衰减?怎样衰减?突然短路电流最后为什么衰减到与稳定短路时相同的数值?回答这些问题,必须分析突然短路时所发生的物理现象。要理解突然短路时所发生的物理现象,首先说明超导体回路磁链守恒原理。

17.1 超导体回路磁链守恒原理

超导体回路磁链守恒原理是分析突然短路的基础和工具。

超导体是电阻为零的导体。在一般情况下,任何导体或多或少总有一定的电阻,但在超低温条件下,某些导电材料的电阻可以变成零。

1911 年,荷兰物理学家昂内斯(Onnes)把水银放在 -269℃ 的液体氦中冷却,这时测得水银的电阻为零。后来,他把通电的水银环在液体氦中冷却,当温度到达 -269℃ 时,切断电源,保持冷却温度不变,1年后,水银环中的电流仍然保持原来的数值。由于超导体没有电阻,没有损耗,电流一经产生,便永远不会衰减。由于这个发现,昂内斯在1913年获得诺贝尔奖。

此后,超导技术引起了世界各国科研人员的极大兴趣。现在,已经发现了许多种材料在不同的温度(0K附近)下具有超导性能。日本、美国、法国、俄罗斯、中国等国家的超导发电机已投入运行。日本和法国的高速列车就是用超导电动机驱动的。超导发电机也是满足具有极大容量需求的未来飞机用主电源发电机的努力方向。

17.1.1 超导体回路磁链守恒原理

超导体回路永远保持其原始磁链不变,这就是超导体回路磁链守恒原理。

超导体回路的电流永远保持不变,则其产生的磁链自然就永远保持不变。

超导体回路磁链守恒原理说明:如果一个超导体回路中原来没有磁链,即原始磁链为零,则回路中的磁链永远为零;如果回路中原来有磁链,则永远保持这个磁链不变。超导体回路磁链守恒原理,可以根据楞次定律及基尔霍夫第二定律来证明。

图17-1所示的超导体回路,原来没有磁链。当用一个永久磁铁接近超导体回路时,则它所产生的磁通就要穿过超导体回路。按照楞次定律 $e = -\mathrm{d}\psi/\mathrm{d}t$,回路中磁链的变化必然要在回路中产生感应电势 e,感应电势 e 要在回路中产生感应电流 i,感应电流 i 要在回路中产生磁链 ψ_L,ψ_L 的方向和 ψ_0 的方向相反,即抵制回路中的磁链发生变化,可能使回路中的磁链仍然保持为零。

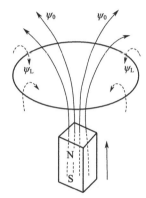

图17-1 超导体回路磁链原理

在一般情况下,如果回路中有电阻 r,设在 $t=0$ 时,回路中的磁链为 ψ_0。此后的任何瞬间,即 $t>0$ 时,如由于任何原因使回路中的磁链发生变化,回路中的磁链变化率为 $\mathrm{d}\psi/\mathrm{d}t$。设任意瞬间 t 时,回路中的磁链为 ψ_t,则根据基尔霍夫第二定律,有

$$-\frac{\mathrm{d}\psi}{\mathrm{d}t} = ir \qquad (17-1)$$

如果回路为超导体回路,则 $r=0$,故

$$-\frac{\mathrm{d}\psi}{\mathrm{d}t} = 0 \qquad (17-2)$$

即回路中的磁链保持不变。但回路中的磁链是否为原来的呢?

对一般 $r \neq 0$ 的回路,任何瞬间,有

$$\begin{cases} -\dfrac{\mathrm{d}\psi}{\mathrm{d}t} = ir \\ -\int \mathrm{d}\psi = \int ir\mathrm{d}t \\ -\int_{\psi_0}^{\psi_\mathrm{t}} \mathrm{d}\psi = r\int_0^t i\mathrm{d}t \end{cases} \qquad (17-3)$$

对于超导体回路,因 $r=0$,故

$$-\int_{\psi_0}^{\psi_t} d\psi = 0$$

因而

$$\psi_t = \psi_0 \tag{17-4}$$

这就是说,任何瞬间,超导体回路中的磁链永远等于原始磁链。

17.1.2 回路中的电流随时间变化的规律

在一般情况下,如果回路的电阻 $r \neq 0$,则根据

$$-\frac{d\psi}{dt} = ir$$

$$-L\frac{di}{dt} = ir$$

$$\frac{di}{i} = -\frac{r}{L}dt$$

$$\ln i + c = -\frac{r}{L}t$$

当 $t=0$ 时,$i = I_0$,可得

$$\ln I_0 + c = 0, c = -\ln I_0$$

故

$$\ln i - \ln I_0 = -\frac{r}{L}t$$

$$\frac{i}{I_0} = e^{-\frac{r}{L}t}$$

$$i = I_0 e^{-\frac{r}{L}t} = I_0 e^{-\frac{t}{T}} \tag{17-5}$$

式中:$T = L/r$,称为电路的时间常数,简称时间常数。

可见,当 $r \neq 0$ 时,线圈中的感应电流是按指数规律衰减的。其衰减的速度取决于时间常数 $T = L/r$。回路的电阻越大,衰减的时间常数越小,电流衰减得越快;回路的电感 L 越大,电流衰减的时间常数越大,电流衰减得越慢。

由于超导体回路 $r = 0$,当 $T = \infty$ 时,$i = I_0$,即超导体回路中的电流永不衰减。

回路中的电阻有可能等于零,但电感 L 绝不可能等于零。电感就是 $L = \psi/I$,即单位电流产生的磁链。即使在真空中,单位电流产生的磁链也不可能等于零,因而电感不可能等于零。回路中的电感不等于零,则由 $i = I_0 e^{-\frac{t}{T}}$ 可见,无论回路有无电阻,当 $t = 0$ 时,$i = I_0$。这就是说,回路中的电流,在 $t = 0_+$ 的瞬间,仍然等于 $t = 0_-$ 时的电流 I_0,即回路中的电流在 $t = 0$ 时不能突变。这是分析三相突然短路的一个非常重要的认识基础。

因此,超导体回路磁链守恒原理包含着两方面的含义:一是回路中的总磁链永远保持原始磁链不变;二是回路中的电流,一经产生,便永远不会衰减。这两方面的含义是完全统一的:正因为回路中的磁链要保持不变,才会产生感应电流;正因为感应电流不会衰减,才能永远保持回路的总磁链不变。

17.2 突然对称短路时的物理过程分析

突然短路时,定子绕组及转子绕组中会产生电流的周期分量和非周期分量,它们是相互联

系、相互影响的。本节将说明定子绕组及转子绕组中的电流的周期分量和非周期分量是如何产生的。

为了便于分析,假设定子、转子各绕组回路都是超导体回路,即定子、转子绕组的电阻都等于零。定子、转子绕组的电阻对突然短路的影响将在以后各节中专门分析。

因为本章讨论的是三相突然短路,各相绕组中的电势、电流、磁链都是对称的,所以只着重分析定子 A 相绕组中的电势、电流和磁链,其余各相绕组中的量不难依据对称关系得出。

需要特别明确的是,我们研究的是发生于空载情况下的三相定子绕组出线端的突然短路,各相电流的初始值均应等于零。这是在分析定子各相电流变化规律时必须遵循的约束条件。

17.2.1 定子电流的周期分量

设突然短路前,电机处于空载状态,励磁绕组中的励磁电流为 i_{eoN},它在电机中产生按正弦规律分布的磁通 Φ_0。由于转子在空间以恒定的转速转动,定子各相绕组中的励磁磁链随时间按余弦规律变化,在定子各相绕组中产生按正弦规律变化的电势,称为励磁电势,以 $\dot{E}_0$ 表示。突然短路后,定子电路因短路而形成闭合回路,励磁电势 $\dot{E}_0$ 在定子各相绕组中产生随时间按余弦规律变化的电流,称为定子电流的周期分量,其瞬时值以 i''_n 表示,其有效值以 I'' 表示。I'' 称为超瞬变电流,以区别于稳定短路时的电流 I_K。因为定子绕组的电阻 $r_a = 0$,故 I'' 滞后于 $\dot{E}_0$ 的时间电角度 $\psi = 90°$。

设在突然短路的最初瞬间,即 $t = 0$ 时,转子励磁绕组的轴线(d 轴)与定子 A 相绕组的轴线相重合,即它们之间的空间夹角 $\alpha_0 = 0°$,如图 17-2 所示。这时,A 相绕组中的励磁磁链 ψ_{Aeo} 将达到最大值 ψ_{Aem},即 $\psi_{Aeo} = \psi_{Aem}$。当 $t > 0$ 时,A 相绕组中的励磁磁链 ψ_{Ae} 将随时间变化,它所产生的电势及电流 $i''_{A\sim}$ 将随时间变化,如图 17-3 所示。

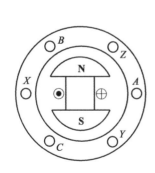

图 17-2 突然短路的初始位置

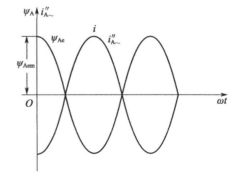

图 17-3 A 相定子绕组中的磁链和电流

17.2.2 转子电流的非周期分量

定子三相绕组中的电流的周期分量 i''_n,共同在电机中产生电枢磁势 $F_\sim$,它所产生的电枢反应磁通,以 Φ''_{ad} 表示,它所产生的电枢漏磁通,以 $\Phi''_{\sigma a}$ 表示。与稳定短路时相似,由于电枢绕组的电阻 $r_a = 0$,$\psi = 90°$,电枢反应磁通 Φ''_{ad} 全部沿转子纵轴通过,Φ''_{ad} 为沿纵轴的电枢反应磁通,其方向与励磁磁通 Φ_0 的方向相反,如图 17-4 所示。

Φ''_{ad} 穿过转子各绕组时,由于转子各绕组也是超导体回路,它们也要保持原始磁链不变。于是,在励磁绕组中产生感应电流 $i_{e=}$,在阻尼绕组中产生感应电流 $i_{y=}$,它们产生相应的磁通 $\Phi_{\sigma e}$ 及 $\Phi_{\sigma y}$ 与 Φ''_{ad} 的方向相反、大小相等,抵消了 Φ''_{ad} 的作用,使转子各绕组中的总磁链仍然保持不变。

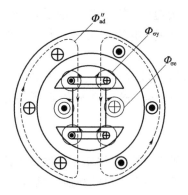

图17-4 突然短路初瞬,电机各绕组中的磁通及电流

由于 Φ''_{ad} 始终与转子相对静止,其大小及方向也不变,故产生 $\Phi_{\sigma e}$ 及 $\Phi_{\sigma y}$ 的 $i_{e=}$ 及 $i_{y=}$ 的大小和方向也不变。$i_{e=}$ 称为励磁绕组的电流的非周期分量,如图17-5所示;$i_{y=}$ 称为阻尼绕组的电流的非周期分量,如图17-6所示。

由图17-4可见,$i_{e=}$ 及 $i_{y=}$ 的方向与励磁电流 i_{eoN} 的方向相同。

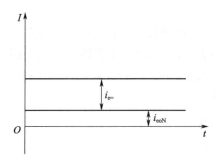

图17-5 励磁绕组中电流的非周期分量

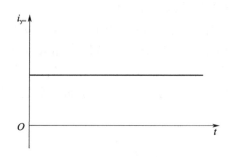

图17-6 阻尼绕组中电流的非周期分量

17.2.3 定子电流的非周期分量

定子绕组中,除存在电流的周期分量 i'' 外,还存在电流的非周期分量 $i_=$。

为了说明定子绕组中为什么存在电流的非周期分量,先考查突然短路时定子绕组中的磁通,再考察定子绕组中的电流。

17.2.3.1 定子绕组中的磁通

在突然短路后,由于 $\boldsymbol{\Phi}_0$、$\boldsymbol{\Phi}''_{ad}$、$\boldsymbol{\Phi}''_{\sigma a}$ 在空间旋转,它们与一相定子绕组相匝链的磁链随时间按余弦规律变化。如将磁通的空间向量 $\boldsymbol{\Phi}_0$、$\boldsymbol{\Phi}''_{ad}$、$\boldsymbol{\Phi}''_{\sigma a}$ 用相应的时间相量 $\boldsymbol{\Phi}_0$、$\boldsymbol{\Phi}''_{ad}$、$\boldsymbol{\Phi}''_{\sigma a}$ 表示,则与一相绕组相链的相应的磁通的时间相量为 $\boldsymbol{\Phi}_0$、$\boldsymbol{\Phi}''_{ad}$、$\boldsymbol{\Phi}''_{\sigma a}$,它们在一相定子绕组中产生的随时间按正弦规律变化的相应的电势为 $\dot{E}_0$、$\dot{E}''_{ad}$、$\dot{E}''_{\sigma a}$。由于 $U=0$,定子绕组为超导体回路,$r_a=0$,则与稳定短路时相似,有

$$\dot{E}_0 + \dot{E}''_{ad} + \dot{E}''_{\sigma a} = 0$$

因而

$$\dot{\Phi}_0 + \dot{\Phi}''_{ad} + \dot{\Phi}''_{\sigma a} = 0$$

或

$$\dot{\Phi}_0 = -(\dot{\Phi}''_{ad} + \dot{\Phi}''_{\sigma a}) \tag{17-6}$$

式(17-6)表明,在突然短路后,任何瞬间,在定子一相绕组中,由励磁电流 i_{eoN} 产生的磁通 Φ_0,与由三相定子电流的周期分量 $i''_\sim$ 共同在一相绕组中产生的磁通 $\dot{\Phi}''_{ad} + \dot{\Phi}''_{\sigma a}$ 大小相等、方向相反,它们互相抵消,定子一相绕组中的磁链始终为零。A 相绕组中的磁链如图 17-7 所示。

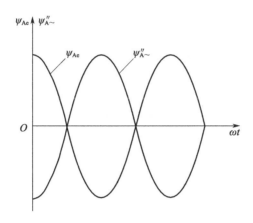

图 17-7 定子 A 相绕组中的磁链

但是,在突然短路前的最初瞬间,即 $t=0_-$ 时,定子一相绕组中的磁链却不一定为零。例如,当 $\alpha_0 = 0°$ 时,发生突然短路,则 $t=0_-$ 时,A 相绕组中的磁链为 $\psi_{Aeo} = \psi_{Aem}$。它是一个大小和方向都一定的恒定磁链。

这样,如果在 $\alpha_0 = 0°$ 时发生突然短路,则在突然短路前,即 $t=0_-$ 时刻,A 相绕组中的磁链为 $\psi_{Aeo} = \psi_{Aem}$,而在突然短路后,A 相绕组中的磁链却为零,没有保持原始磁链不变。

那么,定子绕组中没有保持原始磁链不变,这必然是定子绕组中还有一个磁通没有被揭示出来。这个磁通必然是一个恒定的磁通,其大小和方向一定与突然短路前相同,即其磁链一定为励磁磁链 ψ_{Aeo}。

17.2.3.2 定子绕组中的电流

当 $\alpha_0 = 0°$ 时,发生突然短路,在突然短路前,即 $t=0_-$ 时刻,定子绕组中的电流为零;而在突然短路后的最初瞬间,即 $t=0_+$ 时刻,定子绕组中的电流为 $i''_{A\sim} = i''_{A\sim m}$,如图 17-8 所示。

这样,在 $t=0$ 瞬间,A 相绕组中的电流发生了突变,由零变为 $i''_{A\sim m}$。这必然是定子绕组中还有一个电流没有被揭示出来,这个电流在 $t=0$ 时一定与 $i''_{A\sim m}$ 大小相等、方向相反。

那么,这个电流是如何产生的呢?

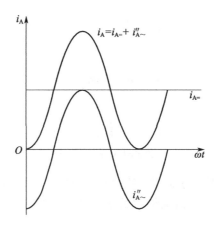

图 17-8 定子 A 相绕组中的电流

17.2.3.3 定子电流的非周期分量

事实上,正由于突然短路前,$t=0_-$时,定子绕组中的磁链不等于零,而突然短路后,定子绕组中的磁链为零,即磁链发生了变化。定子绕组中的磁链发生变化,必然要在定子绕组中产生感应电势和电流。

由于 A 相绕组的磁链变化的大小和方向是一定的(由 $\psi_{Ao}=\psi_{Aem}$ 变为零),这个磁链的变化产生的感应电流的大小和方向也必然是一定的。这个感应电流的大小和方向,一定是使它产生的 A 相绕组的磁链,反对 A 相绕组中的总磁链由 $\psi_{Ao}=\psi_{Aem}$ 变为零,即它产生的 A 相绕组磁链为 $\psi_{Ao}=\psi_{Aem}$,保持 A 相绕组中的总磁链在 $t=0_+$ 时与在 $t=0_-$ 时相同,即 A 相绕组中的总磁链保持原始磁链不变。这样,这个感应电流的方向必然与 $t=0_-$ 时的 $i''_{A\sim}=i''_{A\sim m}$ 大小相等、方向相反。这就同时也使 $t=0_+$ 时 A 相绕组中的电流仍然与 $t=0_-$ 时相同,即仍然为零。

因为定子回路是超导体回路,这个电流一经产生,便永不衰减,称为定子电流的非周期分量,以 $i_=$ 表示。

当 $\alpha_0=0$ 时,发生突然短路,则定子 A 相绕组中的电流的非周期分量如图 17-8 所示。

综上所述,定子电流的非周期分量的出现,使定子绕组既满足 $t=0$ 时电流不能突变,又满足超导体回路永远保持其原始磁链守恒。定子电流的非周期分量永远维持着突然短路前的原始磁通(励磁磁通)。

显然,各相定子绕组在突然短路前的原始磁链各不相同。各相定子电流的非周期分量的大小和方向也不同。各相定子绕组中原始磁链的大小和方向取决于突然短路时磁极轴线与该相绕组轴线之间的夹角。如这个夹角为 90°,则该相绕组的原始磁链为零,该相绕组的电流的非周期分量 $i_=$ 也为零(此时,其他绕组中的电流的非周期分量一定不为零)。

图 17-8 同时示出了 A 相定子绕组中的全部电流 i_A。由图可见,i_A 的峰值 i_{Amax} 为定子电流的周期分量的幅值的 2 倍。由于定子电流的周期分量的幅值 i''_m 本来就很大,突然短路时,定子绕组中的电流的冲击值,可以达到很大(为额定电流的 10 倍以上)的数值。

关于定子电流的周期分量 i''_m 及其相应的 I'' 为什么会很大将在 17.3 节中分析。

17.2.4 转子电流的周期分量

定子三相绕组中的电流的非周期分量共同在电机中产生一个大小和方向都不随时间变化的恒定磁场。

恒定磁场在空间是静止的,但由于转子在不断转动,转子绕组中由恒定磁场产生的磁通随时间按余弦规律变化,在转子绕组中产生随时间按正弦规律变化的电势和电流。于是,在励磁绕组中产生电流的周期分量 $i_{e\sim}$,在阻尼绕组中产生电流的周期分量 $i_{y\sim}$,它们产生的磁通恰好和各自绕组中的、由定子恒定磁场产生的交变磁通大小相等、方向相反,保持转子绕组中的磁链不变。

在 $t=0_+$ 时,三相定子绕组的电流的非周期分量产生的、穿过转子绕组的磁通与定子三相绕组中的电流的周期分量产生的、穿过转子绕组的电枢反应磁通 $\varPhi''_{ad}$ 大小相等、方向相反。所以,转子电流的周期分量 $i_{e\sim}$ 及 $i_{y\sim}$ 与转子电流的非周期分量 $i_{e=}$ 及 $i_{y=}$ 大小相等、方向相反,转子各绕组中的电流保持不变,如图 17-9 和图 17-10 所示。同时,图中并示出了合成的各转子总电流。

由式(17-6)可知,由于 $\varPhi_{\sigma a}$ 很小, $\varPhi''_{ad} \approx \varPhi_0$。转子电流的非周期分量产生的磁通,主要经过转子绕组的漏磁路而闭合。转子漏磁路的磁阻很大,要产生同样大小的磁通,所需的电流很大,所以励磁绕组中的电流的非周期分量 $i_{e=} \gg i_{eoN}$。由于阻尼绕组的匝数很少,故 $i_{y=}$ 比 $i_{e=}$ 大得多。各转子绕组电流的峰值,可达很大的数值。

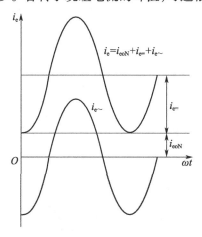

图 17-9 励磁绕组中的电流

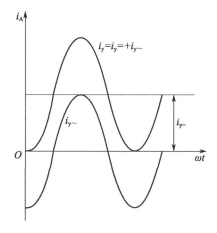

图 17-10 阻尼绕组中的电流

需要说明的是,以上分析都是在假设定子、转子各绕组回路都是超导体回路的前提下,按照超导体回路磁链守恒原理进行的,因此,分析结果只适合于短路瞬间各电流初始值的确定,并不能反映各电流的实际变化规律。实际上,由于各绕组回路都是有电阻的,磁链不可能守恒,各回路电流都将以不同的时间常数衰减,并最终到达稳态值。

17.3 超瞬变电抗及瞬变电抗

试验表明,突然短路时,定子绕组中的电流 I'' 比稳定短路时的短路电流大很多倍。这是为什么呢?

由前面的分析可知,转子励磁绕组中的电流 i_{eoN} 产生的励磁磁通 Φ_0 在空间以同步转速旋转,它在定子绕组中产生感应电势 E_0。突然短路时,E_0 在定子各绕组回路中产生定子电流的周期分量 I''。突然短路时与稳定短路时一样,电机的磁路都处于不饱和状态,同样的励磁电流 i_{eoN} 所产生的感应电势 E_0 都是一样的。在这两种状态下,定子绕组的电阻 r_a 都等于零,端电压 U 也都等于零,电枢电流 I 的大小仅取决于电抗的大小,即

$$I = \frac{E_0}{X} \tag{17-7}$$

可见,两种状态下定子电流的大小有很大的差别是由突然短路时的电抗与稳定短路时的电抗的大小不相同所造成的。研究电机过渡过程中的电抗有着十分重要的理论价值和实用价值。

电抗 $X = \omega W^2 \Lambda$(W 为绕组的串联匝数)的大小取决于相应的磁通所经过路径的磁阻

$$R = \frac{1}{\Lambda}$$

或磁导

$$\Lambda = \frac{1}{R}$$

突然短路时的电抗与稳定短路时的电抗有很大的不同,一定是相应的磁通所经路径的磁阻有很大的不同。因此,了解突然短路时电枢反应磁通所经路径的磁阻及其相应的电抗的变化是理解突然短路时所发生物理现象的关键。

下面着重对同步电机过渡过程中的超瞬变电抗及瞬变电抗进行讨论。

17.3.1 纵轴超瞬变同步电抗

由 17.2 节可知,在突然短路时,由三相定子电流的周期分量 I'' 共同产生的电枢反应磁通 Φ''_{ad} 穿过阻尼绕组及励磁绕组。而阻尼绕组及励磁绕组中的磁链要保持不变,在阻尼绕组及励磁绕组中就要产生电流的非周期分量 $i_{y=}$ 及 $i_{e=}$,它们产生相应的磁通为 $\Phi_{\sigma y}$ 及 $\Phi_{\sigma e}$,其与 Φ''_{ad} 大小相等、方向相反,如图 17-11(a)所示。

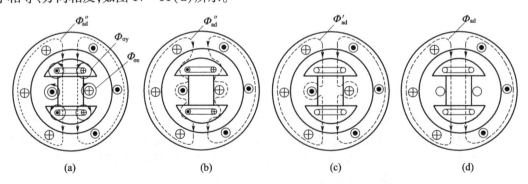

图 17-11 突然短路时,电枢反应磁通的路径

因为 $\Phi_{\sigma y}$ 及 $\Phi_{\sigma e}$ 的方向与 Φ''_{ad} 的方向相反,它们互相排斥,所以 $\Phi_{\sigma y}$ 及 $\Phi_{\sigma e}$ 实际上只能经过阻尼绕组及励磁绕组的漏磁路而闭合,$\Phi_{\sigma y}$ 及 $\Phi_{\sigma e}$ 实际上是转子绕组的漏磁通。

由图 17-11(a)可见,在阻尼绕组内,Φ''_{ad} 与 $\Phi_{\sigma y}$ 大小相等,它们互相抵消,在阻尼绕组外部,Φ''_{ad} 与 $\Phi_{\sigma y}$ 方向相同。根据磁通连续性原理,在阻尼绕组内部"断"了的磁通,在阻尼绕组的外部又"接"了起来;同样,在励磁绕组内部,Φ''_{ad} 与 $\Phi_{\sigma e}$ 大小相等、方向相反,它们互相抵消;在

励磁绕组外部,Φ''_{ad}与$\Phi_{\sigma e}$的方向相同,可以认为在励磁绕组内部"断"了的磁通,在励磁绕组外部"接"了起来。结果,电枢反应磁通Φ''_{ad}实际上并不经转子铁芯而闭合,而是被迫经过阻尼绕组及励磁绕组的漏磁路而闭合,如图17-11(b)所示。

可见,在突然短路时,电枢反应磁通Φ''_{ad}所经过的路径与稳定短路时电枢反应磁通Φ_{ad}所经过的路径是根本不同的。在突然短路时,电枢反应磁通Φ''_{ad}由于受到$\Phi_{\sigma y}$及$\Phi_{\sigma e}$的抵制,被迫经阻尼绕组及励磁绕组的漏磁路而闭合,即Φ''_{ad}所经过的磁路的磁阻比Φ_{ad}所经过的磁路的磁阻R_{ad}增加了阻尼绕组漏磁路的磁阻$R_{\sigma y}$及励磁绕组漏磁路的磁阻$R_{\sigma e}$,Φ''_{ad}所经过的磁路总磁阻为

$$R''_{ad} = R_{ad} + R_{\sigma y} + R_{\sigma e}$$
$$\frac{1}{\Lambda''_{ad}} = \frac{1}{\Lambda_{ad}} + \frac{1}{\Lambda_{\sigma y}} + \frac{1}{\Lambda_{\sigma e}} \tag{17-8}$$

Φ''_{ad}所对应的磁导为

$$\Lambda''_{ad} = \frac{1}{\frac{1}{\Lambda_{ad}} + \frac{1}{\Lambda_{\sigma y}} + \frac{1}{\Lambda_{\sigma e}}}$$

相应的电抗为

$$X''_{ad} = \frac{1}{\frac{1}{X_{ad}} + \frac{1}{X_{\sigma y}} + \frac{1}{X_{\sigma e}}} \tag{17-9}$$

因而,这时一相绕组的总电抗为

$$X''_d = X''_{ad} + X_{\sigma a} \tag{17-10}$$

X''_d称为纵轴超瞬变电抗。其等值电路如图17-12所示。

由于阻尼绕组及励磁绕组的漏磁通$\Phi_{\sigma y}$及$\Phi_{\sigma e}$所经路径的气隙很大,Φ''_{ad}所遇到的磁阻R''_{ad}很大,磁导Λ''_{ad}很小,电抗X''_{ad}很小。

每相绕组为抵消励磁磁链所需的电枢反应磁通Φ''_{ad}是一定的。由于Φ''_{ad}所遇到的磁阻很大,要产生一定的Φ''_{ad}所需的电枢磁势$F_\sim$很大。因而,每相绕组中的电流的周期分量很大。这就是突然短路时定子各相绕组中的电流的周期分量很大的主要原因。

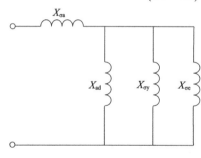

图17-12 X''_d的等值电路

从电路的观点来看。由于励磁磁通Φ_0是一定的,它在各相绕组中产生的电势E_0是一定的。在突然短路初瞬,由于每相绕组的纵轴超瞬变同步电抗X''_d很小,E_0在每相绕组中产生的电流的周期分量

$$I'' = \frac{E_0}{X''_d} \tag{17-11}$$

很大。I''称为定子电流超瞬变分量的有效值。

17.3.2 纵轴瞬变同步电抗

考虑阻尼绕组及励磁绕组中的电阻时,阻尼绕组及励磁绕组中的直流电流分量$i_{y=}$及$i_{e=}$都要衰减。由于阻尼绕组的L_y/r_y一般都设计得很小,阻尼绕组中的直流电流分量$i_{y=}$首先迅速衰减。当阻尼绕组中的电流的直流分量$i_{y=}$衰减完毕,或电机没有阻尼绕组时,电枢反应磁

通 Φ'_{ad} 所经过的磁路如图 17-11(c)所示。这时，Φ'_{ad} 所遇到的磁阻为

$$R'_{ad} = R_{ad} + R_{\sigma e} \quad (17-12)$$

即

$$\frac{1}{\Lambda'_{ad}} = \frac{1}{\Lambda_{ad}} + \frac{1}{\Lambda_{\sigma e}}$$

Φ'_{ad} 所遇到的磁导为

$$\Lambda'_{ad} = \frac{1}{\frac{1}{\Lambda_{ad}} + \frac{1}{\Lambda_{\sigma e}}}$$

相应的电抗为

$$X'_{ad} = \frac{1}{\frac{1}{X_{ad}} + \frac{1}{X_{\sigma e}}}$$

而

$$X'_d = X'_{ad} + X_{\sigma a} \quad (17-13)$$

X'_d 称为纵轴瞬变同步电抗，其等值电路图如图 17-13 所示。

相应地，定子绕组的电流变为

$$I' = \frac{E_0}{X'_d} \quad (17-14)$$

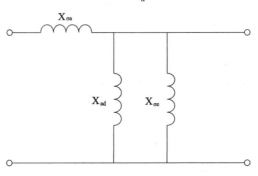

图 17-13 X'_d 的等值电路

I' 称为定子瞬变电流的有效值。

17.3.3 纵轴同步电抗 X_d

如果励磁绕组中的非周期电流分量 $i_{e=}$ 也已经衰减完毕，根据图 17-11(d)，Φ_{ad} 所经过的路径便和电机稳定短路时完全一样，一相绕组的电抗变为纵轴同步电抗，即

$$X_d = X_{ad} + X_{\sigma a} \quad (17-15)$$

相应地，定子电流也变为稳定持续短路电流，即

$$I_K = \frac{E_0}{X_d} \quad (17-16)$$

可见，在突然短路过程中，随着转子绕组中的非周期电流分量 $i_{y=}$ 及 $i_{e=}$ 的衰减，三相绕组的电流所产生的电枢反应磁通所经过的路径不断变化，电枢反应磁通所经过的路径的磁阻也随之不断变化，一相绕组的纵轴电枢反应电抗随之不断变化：由 X''_{ad} 增大为 X'_{ad}，再增大为 X_{ad}。

一相绕组的纵轴电抗也由纵轴超瞬变同步电抗 X_d'' 增大为纵轴瞬变同步电抗 X_d'，再增大为纵轴同步电抗 X_d，即

$$X_d'' < X_d' < X_d \tag{17-17}$$

随着电枢反应磁通所遇到的磁阻不断变化，每相绕组中的电枢电流所遇到的电抗不断变化，每相绕组中的电枢电流也不断变化：由 I'' 减小为 I'，再减小到 I_K，即

$$I'' = \frac{E_0}{X_d''} > I' = \frac{E_0}{X_d'} > I_K = \frac{E_0}{X_d} \tag{17-18}$$

17.3.4 横轴同步电抗

对于凸极同步发电机来说，由于气隙是不均匀的，沿纵轴的电抗不等于沿横轴的电抗。沿横轴的同步电抗为

$$X_q = X_{aq} + X_{\sigma a} \tag{17-19}$$

17.3.5 横轴超瞬变同步电抗

由于沿横轴没有励磁绕组，沿横轴的超瞬变电枢反应电抗为

$$X_{aq}'' = \frac{1}{\dfrac{1}{X_{aq}} + \dfrac{1}{X_{\sigma y}}} \tag{17-20}$$

沿横轴的超瞬变同步电抗为

$$X_q'' = X_{aq}'' + X_{\sigma a} \tag{17-21}$$

其等值电路如图 17-14 所示。

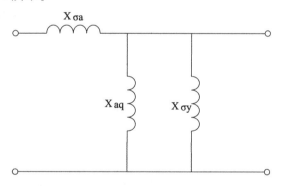

图 17-14 X_{aq}'' 的等值电路

17.3.6 横轴瞬变同步电抗

沿横轴的瞬变电枢反应电抗为

$$X_{aq}' = \frac{1}{\dfrac{1}{X_{aq}}} = X_{aq} \tag{17-22}$$

故沿横轴的瞬变同步电抗为

$$X_q' = X_{aq}' + X_{\sigma a} = X_{aq} + X_{\sigma a} = X_q \tag{17-23}$$

因而

$$X_q'' < X_q' = X_q \tag{17-24}$$

在突然短路时，定子电流的周期分量 $i_\sim$ 只取决于沿纵轴的电抗 X_d''、X_d'、X_d，而与沿横轴的 X_q''、$X_q' = X_q$ 无关。因为突然短路时，电枢反应磁通完全是沿纵轴的去磁磁通。

某型飞机同步发电机实验测得电抗标幺值如下表：

$X_d''^*$	$X_d'^*$	X_d^*	$X_q''^*$	$X_q'^* = X_q^*$
0.123	0.188	2.08	0.137	0.94

17.4 突然短路时各电流的衰减

分析了突然短路时的物理过程，就可以分析突然短路时各相定子绕组中电流的衰减情况。因为三相绕组都是对称的，只需分析一相绕组中的电流即可。

17.4.1 定子电流的衰减

定子电流的周期分量 $i_\sim$ 是随着转子绕组中电流的非周期分量 $i_{y=}$ 及 $i_{e=}$ 的衰减而衰减的。当阻尼绕组中电流的非周期分量还未衰减时，定子电流的周期分量的有效值 I'' 由超瞬变同步电抗 X_d'' 决定，即

$$I'' = \frac{E_0}{X_d''} \tag{17-25}$$

当阻尼绕组中电流的非周期分量 $i_{y=}$ 已经衰减完毕时，定子电流的周期分量的有效值 I' 由瞬变同步电抗 X_d' 决定，即

$$I' = \frac{E_0}{X_d'} \tag{17-26}$$

当励磁绕组中电流的非周期分量 $i_{e=}$ 衰减完毕时，定子电流的周期分量为稳定短路电流 I_K，由同步电抗 X_d 决定，即

$$I_K = \frac{E_0}{X_d} \tag{17-27}$$

因为

$$X_d'' < X_d' < X_d \tag{17-28}$$

故

$$I'' > I' > I_K \tag{17-29}$$

即定子电流的周期分量的有效值，是自 $I'' = \frac{E_0}{X_d''}$ 衰减到 $I' = \frac{E_0}{X_d'}$，再衰减到 $I_K = \frac{E_0}{X_d}$ 的。

当定子电流的非周期分量 $i_= \neq 0$ 时，定子电流的周期分量围绕着定子电流的非周期分量变化，定子电流的包络线还要随着定子电流的非周期分量 $i_=$ 以定子绕组的时间常数 T_a 衰减，如图 17-15 所示。

如果励磁绕组轴线与定子 A 相绕组轴线间的夹角为 α_0 时发生突然短路，则定子 A 相绕组中总电流的表达式为

$$\begin{aligned} i_A &= i_{A\sim} + i_{A=} \\ &= -\sqrt{2}\left[(I''-I')e^{-\frac{t}{T_d''}} + (I'-I_K)e^{-\frac{t}{T_d'}} + I_K\right]\cos(\omega t + \alpha_0) + \sqrt{2}I''\cos\alpha_0 e^{-\frac{t}{T_a}} \\ &= -\sqrt{2}E_0\left\{\left[\left(\frac{1}{X_d''}-\frac{1}{X_d'}\right)e^{-\frac{t}{T_d''}} + \left(\frac{1}{X_d'}-\frac{1}{X_d}\right)e^{-\frac{t}{T_d'}} + \frac{1}{X_d}\right]\cos(\omega t + \alpha_0) - \frac{1}{X_d''}\cos\alpha_0 e^{-\frac{t}{T_a}}\right\} \end{aligned} \tag{17-30}$$

式中 T_d''——阻尼绕组的时间常数，又称为纵轴超瞬变短路时间常数，因为阻尼绕组的 X_{yd}'' 很小，故阻尼绕组的时间常数 T_d'' 很小，一般为百分之几秒；

T'_d——励磁绕组的短路时间常数,又称为纵轴瞬变短路时间常数;
T_a——定子绕组的时间常数。

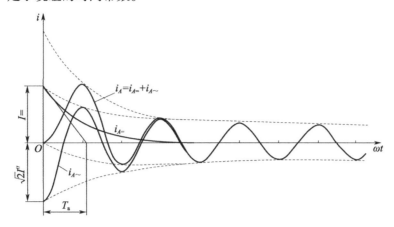

图 17-15 $\alpha_0=0$ 时,定子 A 相绕组中的电流的衰减

由于三相绕组是对称的,B 相、C 相定子绕组中的电流的表达式,仅需将上式中的 α_0 分别换成 $\alpha_0-120°$ 及 $\alpha_0+120°$即可。

17.4.2 阻尼绕组及励磁绕组中电流的衰减

同样,阻尼绕组中的电流也是衰减的,如图 17-16(a)所示。其非周期分量以超瞬变短路时间常数 T''_d 衰减,其周期分量以定子绕组的时间常数 T_a 衰减。励磁绕组中的电流也是衰减的,如图 17-16(b)所示。其非周期分量以瞬变短路时间常数 T'_d 衰减,周期分量同样以定子绕组的时间常数 T_a 衰减。

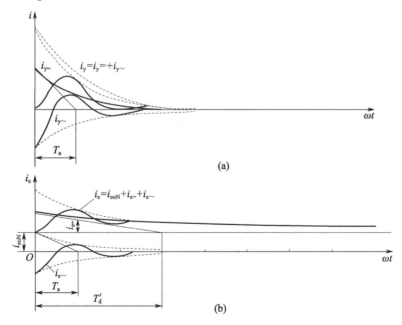

图 17-16 阻尼绕组及励磁绕组中的电流的衰减
(a)阻尼绕组中的电流的衰减;(b)励磁绕组中的电流的衰减。

小　结

超导体回路磁链守恒原理是指超导体回路永远保持其原始磁链不变。如果回路的电阻 $r \neq 0$，那么回路中的感应电流是按指数规律衰减的。

突然短路时，定子绕组及转子绕组中会产生电流的周期分量和非周期分量，它们是相互联系、相互影响的：

（1）定子电流的周期分量，产生转子电流的非周期分量，即

$$i''_\sim \to i_{e=}, i_{y=}$$

（2）定子电流的非周期分量，产生转子电流的周期分量，即

$$i_= \to i_{e\sim}, i_{y\sim}$$

（3）电流的周期分量，是绕组中的磁链随时间按正弦规律变化而产生的；

（4）电流的非周期分量，是绕组中的磁链要保持原始磁链不变而产生的；

（5）当 $t=0$ 时，电流的周期分量与非周期分量大小相等、方向相反。

X''_d 为纵轴超瞬变同步电抗，X'_d 为纵轴瞬变同步电抗，X_d 为纵轴同步电抗，它们的大小关系为

$$X''_d < X'_d < X_d$$

X''_q 为横轴超瞬变同步电抗，X'_q 为横轴瞬变同步电抗，X_q 为横轴同步电抗，它们的大小关系为

$$X''_q < X'_q = X_q$$

定子绕组、励磁绕组和阻尼绕组中的瞬变电流会按照各自的时间常数衰减。

思考题与习题

1. 同步发电机发生突然短路时，短路电流中为什么会出现非周期分量？什么情况下非周期分量最大？

2. 比较一台同步发电机纵轴同步电抗 X''_d、X'_d、X_d 的大小。

3. 突然短路后，同步发电机电枢电流为什么会衰减？

4. 为什么同步发电机突然短路比稳态短路电流要大许多倍？有阻尼绕组与无阻尼绕组相比，三相突然短路电流哪个大？为什么？

5. 一台三相同步发电机，$S_N = 300000 \text{kV} \cdot \text{A}$，$X_d = 2.27\Omega$，$X'_d = 0.2733\Omega$，$X''_d = 0.204\Omega$，标幺值时间常数 $T_a = 0.246\text{s}$，$T'_d = 0.993\text{s}$，$T''_d = 0.317\text{s}$，该电机在空载电压为额定值时发生三相短路，试求：

（1）在最不利的情况下突然短路时，电枢 A 相短路电流的表达式；

（2）A 相的最大瞬间冲击电流。

第18章 航空用特种同步电机

永磁电机已广泛用于各种微控系统中,永磁直流电机的制造容量可达数百瓦甚至数千瓦,永磁交流发电机的制造容量自数百伏安至 75kV·A。早期的飞机就是用永磁电机产生的高压来点火的,现在广泛用永磁电机来作为航空直流电动机、同步发电机组的副励磁机以及高压直流系统中的同步发电机。

本章介绍主要的永磁材料及其性能,并简要介绍永磁同步电机的典型结构和性能特点。

18.1 同步电动机

根据电机的可逆原理,同步发电机也可以作为同步电动机运行。

当同步电机作为同步电动机运行时,同步电机的三相定子绕组上外加对称的三相电源,三相电枢绕组中的电流在电机中产生旋转磁场,旋转磁场与转子磁极相互作用产生电磁转矩。作用在转子上的电磁转矩使转子沿旋转磁场旋转的方向转动。转子的转速永远等于旋转磁场的转速,故称这种电动机为同步电动机。

同步电动机在对称稳定运行状态时,电机中的电磁关系和同步发电机对称稳定运行状态基本上是相同的。

如图 18-1 所示,如果按照电动机惯例,取电势 $\dot{E}_0$ 的反方向,即电位降的方向作为电流的正方向。把端电压 U 看作是电位升,电流 I 是由端电压 U 驱使的,而把电势 $\dot{E}_0$ 看作是反电势,那么由于电流方向与前述相反,则电势平衡方程式为

$$\dot{U} = -\dot{E}_0 + j\dot{I}X_a + j\dot{I}\dot{X}_{\sigma a} + \dot{I}r_a = -\dot{E}_0 + \dot{I}(r_a + jX_s) \tag{18-1}$$

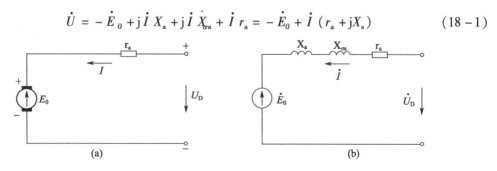

图 18-1 按电动机惯例的同步电动机的等值电路

根据电势平衡方程式,当忽略电枢电阻及漏抗时,有

$$\dot{U} = -\dot{E}_0 + j\dot{I}X_a \tag{18-2}$$

在一般情况下,$0° < \varphi < +90°$,根据电势平衡方程可作出隐极同步电动机的电势相量图,如图 18-2(a)所示。在图 18-2(a)中,同时作出了与电势相量图相联系的磁势的空间向量图。

由图 18-2(a)可见,当忽略电枢电阻及漏抗时,励磁电势 $-\dot{E}_0$ 与端电压 $\dot{U}$ 之间的时间相位差角 δ 等于励磁磁势 F_0 与合成磁势 F_δ 在空间的夹角 δ。注意:在空间 F_0 滞后于 F_δ 一个 δ 角,这是同步电动机与同步发电机的本质区别。与同步发电机相比,$\delta<0°$ 说明电机自电网吸收电功率。

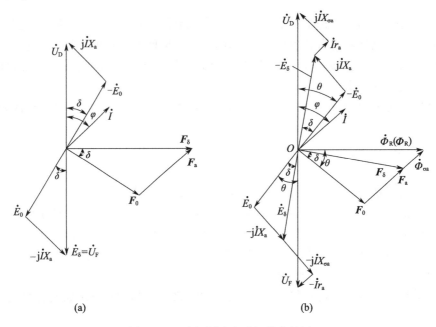

(a)　　　　　　　　　(b)

图 18-2　隐极同步电动机的向量图

当考虑电枢漏抗及电枢电阻 r_a 时,可作出隐极同步电动机的时空向量图,如图 18-2(b)所示。由图可见,$-\dot{E}_0$ 滞后于 $\dot{U}$ 的时间电角度 θ,等于励磁磁通 Φ_0 滞后于合成磁通 Φ_R 的空间电角度 θ。

与发电机状态相似,当忽略电枢电阻时,由向量图可得隐极同步电动机的电磁转矩及电磁功率为

$$M = \frac{m_1 E_0 U}{\Omega_1 X_s}\sin\theta \tag{18-3}$$

$$P_M = \frac{m_1 E_0 U}{X_s}\sin\theta \tag{18-4}$$

如果规定 $\dot{E}_0$ 超前于 $\dot{U}$ 时的功角 θ 为正,而 $\dot{E}_0$ 滞后于 $\dot{U}$ 时的功角 θ 为负,则同步电动机的电磁转矩的方向与同步发电机的电磁转矩的方向相反,为转动转矩,而同步电动机的电磁功率为自电网吸取的有功功率。

同样,隐极同步电动机的无功功率为

$$Q = \frac{m_1 E_0 U}{X_S}\cos\theta - \frac{m_1 U^2}{X_S} \tag{18-5}$$

仿照隐极同步电动机和凸极同步发电机作向量图的方法,不难作出凸极同步电动机的向量图。可以求出凸极同步电动机电磁转矩及功率为

$$M = \frac{m_1}{\Omega_1}\frac{E_0 U}{X_d}\sin\theta + \frac{m_1 U^2}{2\Omega_1}\left(\frac{1}{X_q} - \frac{1}{X_d}\right)\sin 2\theta \tag{18-6}$$

$$P_M = P = \frac{m_1 E_0 U}{X_d}\sin\theta + \frac{m_1 U^2}{2}\left(\frac{1}{X_q} - \frac{1}{X_d}\right)\sin 2\theta \tag{18-7}$$

$$Q = \frac{m_1 E_0 U}{X_d}\cos\theta + \frac{m_1 U^2}{2}\left(\frac{1}{X_q} - \frac{1}{X_d}\right)\cos 2\theta - \frac{m_1 U^2}{2}\left(\frac{1}{X_q} + \frac{1}{X_d}\right) \tag{18-8}$$

可见,凸极同步电动机的电磁转矩较隐极机大 $\frac{m_1 U^2}{2\Omega_1}\left(\frac{1}{X_q} - \frac{1}{X_d}\right)\sin 2\theta$。这是由于凸极机沿纵轴及横轴的磁阻不等而产生的,故称磁阻转矩,如图18-3所示。由式(18-6)可见,当 $E_0 = 0, U \neq 0$ 时,有

$$M = \frac{m_1 U^2}{2\Omega_1}\left(\frac{1}{X_q} - \frac{1}{X_d}\right)\sin 2\theta$$

也就是说,即使电机不励磁,但接于电网时,这部分转矩也会存在。磁阻转矩产生的原因很容易由图18-3得到解释。

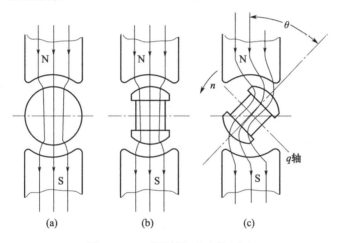

图 18-3 磁阻转矩产生的原因

利用沿纵轴及横轴的磁阻不等而产生转矩的原理可以制成磁阻电动机。磁阻转矩又称为反应转矩,磁阻电动机又称为反应式电动机。

同步电动机的主要缺点是不能像异步电动机那样一通电就转起来。当定子旋转磁场快速地旋转时,由于转子有惯性而不能立即跟着旋转磁场一起旋转,这样,转子始终处于失步状态而不能转动。

同步电动机主要优点是转子的转速与旋转磁场的转速相同。当电源频率不变时,转子的转速也保持不变,所以它可以应用于需要恒速传动的装置中。为了解决起动问题,可以在转子上装上像异步电动机那样的鼠笼转子,它产生异步的起动转矩,或在转子上再装上磁滞转子,产生磁滞转矩及异步转矩,在这些转矩的作用下,把转子带动到接近于旋转磁场的转速,然后加上励磁,靠转子磁极与旋转磁场间产生的同步转矩,把转子拉入同步。

由于同步电动机起动很困难,需要加装起动装置,在飞机上除少数场合(如转速表指示器中)外,很少用它来作为电动机拖动机械负载。

同步电动机还有一个重要的优点,是可以用调节它的励磁来改变它吸收电网的无功功率,

甚至可以让它向电网输出无功功率,因而,可以用它来改变电网的功率因数。这种同步电动机称为调相机或同步补偿机。在地面电力系统及大型工矿企业中常装有大型的同步电动机,它主要并不是用来拖动机械负载,而是用来改善电网的功率因数的。这时,它的起动问题可用专门的起动设备来解决。

18.2 永磁同步电机

18.2.1 永磁材料

永磁材料有马氏体钢、铸造型铝镍和铝镍钴系列永磁合金、可塑性变形(可加工的)永磁合金、粉末冶金永磁合金、单畴粉末永磁材料、铁氧体永磁材料、稀土钴永磁材料等多种。目前,电机中用得最多的是铸造型铝镍和铝镍钴系列永磁合金和稀土钴永磁材料两种,下面简要介绍这两种永磁材料。

18.2.1.1 铸造型铝镍和铝镍钴系列永磁合金

这类材料是以铁镍铝为基础,采用浇铸法制造的合金。这种合金磁性能较好,又很稳定。这种合金的成分主要是铁、镍、铝。如果分别加入钴、铜、硅、钴钛,则形成不同的合金种类。

合金的成分对磁性能的影响很大,例如:在低镍合金中加入铜,可使矫顽磁力 H_c 升高,最大磁能积 BH_{max} 增大;在高镍合金中加入铜后,也可使 H_c 增大,但剩磁感应强度 B_r 降低,磁积无明显变化;在高镍合金中加入少量的硅后,可使临界冷却速度(使合金具有最优磁性能的热处理的冷却速度和温度,分别称为临界加热温度和临界冷却速度)大大降低;合金中加入钴后,可以提高 H_c、B_r 和饱和磁感应强度 B_s,同时也能降低合金的临界冷却速度;含钛合金可以提高 H_c,但 B_r 较低,虽然磁能积无明显变化,但可以细化晶粒,使合金表面光洁,棱角不易剥落。

如果合金在分解反应过程中施加外磁场,则可使凸度系数明显增大,这称为磁场热处理。经过磁场热处理的合金,其磁性带有方向性,顺磁场方向磁性最大,垂直于磁场方向磁性最小。

除采用磁场热处理外,还可以采用晶体定向化的方法来提高磁性能。采用定向结晶的方法,使磁钢在磁化方向上长成平行排列的粗大晶体,使磁钢的磁能积增加。由于结晶状态不同,磁钢的磁性能有很大的差异。

这种合金的特点是 H_c 和 B_r 都比较高(H_c 为 200~900Oe,$1O_e = 79.6$A/m,B_r 为 4000~13500Gs,$1Gs = 10^{-4}$T),最大磁能积可达 13.5×10^6Gs·Oe。其主要缺点是材料硬而脆,除了磨加工和电加工外,不能进行其他机械加工。

这种合金的典型去磁曲线如图 18-4 所示。图中示出了两种不同型号的铝-镍-钴磁钢的去磁曲线。

18.2.1.2 稀土钴永磁材料

稀土钴永磁合金(简称稀土永磁合金)是由不同的稀土族元素和钴组成的金属间的化合物,是近年来得到迅速发展的一种新的永磁材料。

稀土元素一般是指化学元素周期表中原子系数从 57~71 的 15 个元素。稀土元素和过渡金属(如 Fe、Co、Ni 等)可以形成多种金属化合物。其中稀土金属与钴形成的 RCo(R 代表稀土元素)型化合物,具有很高的晶体各向异性和饱和磁化强度,并有很高的居里点。符合制成性能优异的永磁材料的条件,是目前永磁材料中综合磁性能最为理想的永磁材料之一。

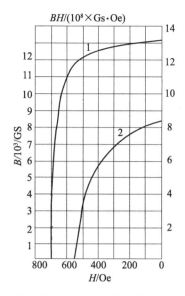

图 18-4　铸造型铝-镍-钴系永磁合金的去磁曲线
1—AlNiCo5-3；2—AlNiCo-4。

稀土永磁合金具有以下主要优点：

（1）去磁曲线基本上是一条直线。如图 18-5 所示，其斜率接近于可逆磁导率，回复直线近似与去磁曲线重合。因而，去磁曲线上的任何一点都是稳定工作点，不需进行特别的稳定处理。电机工作时，工作点将沿去磁曲线变化。

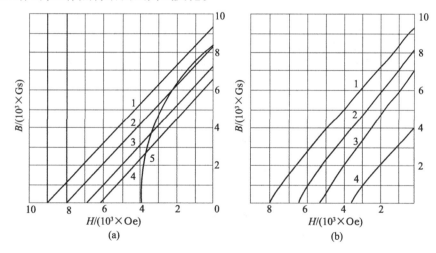

图 18-5　稀土永磁合金的去磁曲线

（2）具有极大的矫顽磁力。H_c 高达 5000～10000Oe，有的甚至可以超过 10000Oe。因而它有很强的抗去磁能力。

（3）最大磁能积 BH_{max} 很大。其实验值可达 60×10^6 Gs·Oe。

（4）温度稳定性较好。

对于永磁电机来说，采用稀土钴合金后可以大大提高磁铁的抗去磁能力。尤其对于突然短路、堵转和突然反转等运行条件，采用稀土钴是有利的。由于其去磁曲线是线性的，并且近似与回复直线重合,磁铁可不进行工作稳定性处理,大大提高了磁铁的利用程度。此外,由于其矫顽力特别高,磁铁长度可以缩到最短。这样不但减小了电机的体积和重量,还将对传统的磁路尺寸比例来一次变革。

目前,发展稀土钴永磁合金的主要问题是原材料价格贵,制造工艺复杂,因而成本高。目前只用于磁铁用量不大的小型电机中。如能在原料、工艺、成本等方面有所突破,则稀土永磁合金前途无量。

18.2.2 永磁同步电机的典型结构

18.2.2.1 永磁同步发电机

永磁同步发电机的定子上装有三相绕组,定子铁芯由硅钢片叠成。永磁同步发电机的转子可以做成圆柱形转子,如图18-6(a)所示。这种永磁转子机械强度较好,但只能做成一对极的转子。当极数较多时,必须做成星形转子,如图18-6(b)所示。永久磁铁与磁性合金(如铝合金)浇铸在一起,外面再套上非导磁的钢环,以增加机械强度。为了改善气隙磁密的波形,星形转子可带有软铁做成的极靴,如图18-6(c)所示。

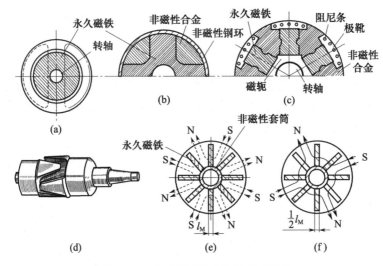

图18-6 永磁同步发电机的典型结构

有极靴的星形转子,横轴电枢反应磁通经极靴闭合,横轴电枢反应磁通不会使永磁体产生不可逆的磁化。永磁体、极靴与非磁性合金整体浇铸在一起。极靴上可安装阻尼条,以改善电机的瞬态性能。星形转子的极对数不可能做得很多,当需要极数较多时,可采用爪极式结构,如图18-6(d)所示。在图18-6(a)~(c)中,永久磁铁的N-S沿电机径向称为径向式结构。在图18-6(e)、(f)中,永久磁铁的N-S沿电机切向称为切向式结构。稀土永磁电机的矫顽磁力很高,可以将磁铁做成薄片形,如图18-6(e)、(f)所示,极对数可以做得较多。

永磁同步发电机的结构简单、工作可靠,采用新型的永磁材料,可以使电机的体积和质量大为减小。由于转子没有励磁绕组,转子不会过热。由于没有电刷和滑环,可以采用液体冷却。由于永磁体的矫顽磁力高,抗去磁能力强,加上永磁体的磁阻很大(接近于空气的磁阻),电枢反应磁通少,X_d、X_q值较小,X_d与X_q的差值小。对于带极靴的星形转子,横轴电枢反应磁通主要沿极靴闭合,故$X_q > X_d$。由于$X_q > X_d$,凸极效应所对应的功率为负值,使同步电机正常工作时的功角增大,整步功率减小。

永磁同步电机的主要缺点是它的励磁不可能任意调节。虽然有许多办法从外电路来调节发电机的端电压,但都不甚理想。因此,在飞机上,目前永磁同步发电机仅用作变流机和同步发电机的副励磁机,或高压直流系统中的同步发电机。

18.2.2.2 永磁感应子式发电机

永磁感应子式发电机的原理结构如图 18-7 所示。由于结构简单、工作可靠,一般用它来作为单相中频电源。由于转子结构牢靠,可以采用高速驱动,虽然电机的体积很小,却可以在短时提供足够大的功率,广泛用做导弹电源电机。

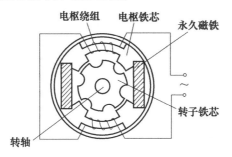

图 18-7 永磁感应子式发电机的原理结构

18.2.2.3 永磁同步电动机

为了解决同步电动机起动困难的问题,在转子极靴上装有笼条,如图 18-8 所示。在过渡过程中,笼条起阻尼绕组的作用。

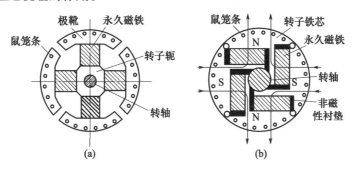

图 18-8 永磁同步电动机的转子结构

小 结

同步发电机也可以作为同步电动机运行。同步电动机在对称稳定运行状态时,电机中的电磁关系和同步发电机对称稳定运行状态基本上是相同的。按照电动机惯例,其电势平衡方程式为

$$\dot{U} = -\dot{E}_0 + j\dot{I}X_a + j\dot{I}X_{\sigma a} + \dot{I}r_a$$
$$= -\dot{E}_0 + \dot{I}(r_a + jX_s)$$

F_0 在空间滞后于 F_δ 一个 δ 角,这是同步电动机与同步发电机最本质的区别。与同步发电机相比,$\delta < 0$ 说明电机自电网吸收电功率。当忽略电枢电阻时,隐极同步电动机的电磁转矩、电

磁功率和无功功率分别为

$$M = \frac{m_1 E_0 U}{\Omega_1 X_s}\sin\theta$$

$$P_M = \frac{m_1 E_0 U}{X_s}\sin\theta$$

$$Q = \frac{m_1 E_0 U}{X_s}\cos\theta - \frac{m_1 U^2}{X_s}$$

凸极同步发电机的电磁转矩较隐极同步发电机大 $\frac{m_1 U^2}{2\Omega_1}\left(\frac{1}{X_q} - \frac{1}{X_d}\right)\sin2\theta$,这是由于凸极同步发电机沿纵轴及横轴的磁阻不等而产生的。

同步电动机的主要的优点是转子的转速与旋转磁场的转速相同,可以用它来改变电网的功率因数;主要缺点是同步电动机起动很困难,需要加装起动装置。

永磁同步电机的结构简单、工作可靠。采用新型的永磁材料,可以使电机的体积和质量大为减小,转子不会过热,可以采用液体冷却。永磁同步电机的主要缺点是励磁不可以任意调节。

思考题与习题

1. 如何判断一台同步电机是运行在发电机状态还是运行在电动机状态?
2. 同步电动机与异步电动机相比有什么特点?

第6篇 航空直流电机

直流电机是直流电能和机械能相互转换的一种旋转电机。一台直流电机既可以用作发电机,产生直流电能,也可以用作电动机,拖动其他机械运动,尤其是用在对电机的起动和调速性能要求较高的场合。在飞机低压直流电源系统中,直流发电机用作主电源发电机,直流电动机则广泛应用于起落架收放、力臂机构、油泵和风扇的拖动以及发动机的起动等场合。

由于直流电机具有可逆性,在两种运行状态下,电机中的电压、电流、磁通、转速、力矩等物理量都是彼此紧密联系和相互制约的,而且无论是在发电机状态还是电动机状态下,这些物理量都是始终存在的,只是它们在作用的性质上随电机运行状态的不同而有差异。

因此,本篇先介绍直流电机的共同理论,再分别介绍航空直流电机在两种运行状态下的特性及其调节和控制。

传统有刷直流电机由于存在电刷和换向器限制了其在航空应用中的发展。随着电力电子技术和控制技术的发展,采用"电子换向器"的无刷直流电动机的应用越来越广泛。近年来兴起的变磁阻直流电机主要依靠"磁阻最小原理"工作。尽管这些电机的结构和工作原理与传统的直流电机有很大区别,但从定义上来说也属于直流电机的范畴。因此,本篇最后对无刷直流电动机、航空开关磁阻起动/发电机和航空双凸极直流起动/发电机也作一定的介绍。

第19章 航空直流电机的基本工作原理和结构

直流电机和交流旋转电机一样都是基于电磁感应原理实现其机电能量转换的,不同的是在直流电机中多了1套换向装置。直流电机既可以用作发电机又可以用作电动机,这就是直流电机的可逆原理。例如,飞机上的起动发电机,在发动机起动时,由地面电源给它供电,带动发动机转动,作为电动机工作;当发动机到达一定转速时,发动机又带动它转动,发出直流电供给飞机上的用电设备,作为发电机工作。本章首先通过简单的直流电机模型介绍直流电机的基本工作原理,然后引出航空直流电机的基本结构、励磁方式、额定值及其型号。

19.1 直流电机的基本工作原理

19.1.1 直流发电机的基本工作原理

19.1.1.1 直流发电机的原理模型

在图19-1中,N-S是一对静止不动的主磁极,它可以是永久磁铁或是由绕在铁芯上的通以直流电流的励磁线圈激励而成。磁极间是一个装在转轴上的圆环形的电枢铁芯,铁芯上用导线螺旋形地绕成电枢绕组,称为环形电枢绕组。每绕一圈,构成一个绕组元件。一个绕组元件有两条边,在电枢外表面的元件边称为上层边,在电枢内表面的元件边称为下层边。每一个绕组元件有两个头:一个与上层边相接,称为首端;另一个与下层边相接,称为末端。每一个绕组元件的两个头分别接到相邻的两个换向片上,首端接在和元件编号相同的换向片上,末端和相邻的另一个元件的首端一同接在相邻的另一个换向片上。相邻换向片间由云母绝缘,由换向片构成的换向器与电枢铁芯同轴安装,随转子一起旋转。全部电枢绕组元件首尾相接,串联成一条闭合回路。

电机中的磁通由 N 极穿过主磁极和转子间的气隙,经过电枢铁芯,再穿过气隙到 S 极。两极间的磁力线通过铁芯圆环,而不进入圆环内腔。

电枢铁芯、电枢绕组、换向器、转轴等构成一个整体,称为直流电机的电枢。当电枢被另外的机械带动,以一定的转速 n 沿顺时针方向在主磁极 N-S 所产生的磁场中转动时,电枢绕组中就会产生电势。

A 和 B 是两个静止的电刷,用以从换向片引出电枢绕组中的电势和电流,电刷与换向片之间通过接触连接。

19.1.1.2 导体中的电势

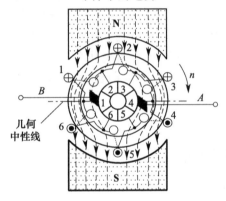

图 19-1 环形直流发电机原理图

当电枢沿一定的方向在磁场中运动时,每一根导体交替地在不同极性的磁极下运动,所产生的电势方向是交变的。但是,在一定极下运动的任何导体其电势方向是固定不变的,如图 19-1 所示。

如果定义相邻两个磁极轴线的夹角平分线为几何中性线,则在磁极下运动的电枢导体中的电势有一个特点:在 N 极下运动的任何导体中,电势方向都一定永远是"⊕",任何导体,只要它自 S 极下越过几何中性线,转入到 N 极下运动,导体中的电势方向必然变为"⊕";相反,在 S 极下运动的任何导体中,电势方向都一定永远是"⊙",任何导体,只要它自 N 极下越过几何中性线,转入到在 S 极下运动,导体中的电势方向必然变为"⊙"。所以,几何中性线是电枢表面导体中电势方向的分界线。如果设法使两个电刷永远保持与在一定极性的磁极下运动的串联导体相连,便可在电刷间得到方向不变的电势。

19.1.1.3 电刷的位置

如图 19-1 所示,N 极下的元件所产生的电势的方向都是从元件的首端指向元件的末端,它们串联相加后的电势方向是从换向片 1 指向换向片 4 的;S 极下的元件所产生的电势的方向都是从元件的末端指向元件的首端,它们串联相加后的电势方向,也是从换向片 1 指向换向片 4 的。可见,位于几何中性线上的换向片 1 与 4 之间的电势最大。

为了在两个电刷间得到尽可能大的电势,电刷应与位于几何中性线上的换向片相连接,因此,如图 19-1 所示,电刷应放在几何中性线上。

19.1.1.4 电枢电势

如图 19-2 所示,电刷把电枢绕组分成两条并联支路:一条支路由在 N 极下运动的元件组成;另一条支路由在 S 极下运动的元件组成。两条支路的电势方向都是自电刷 B 指向电刷 A 的,故 A 为正电刷,B 为负电刷。正、负电刷间的电势称为电枢电势。

正、负电刷间的电势就是一条支路的电势,也就是在一定极下运动的全部元件所产生的电势的叠加。随着电枢的不断转动,组成支路的元件不断轮换。但当有一个元件自上一条支路(N 极下)退出而转入下一条支路(S 极下)时,必然同时有一个元件自下一条支路(S 极下)退出而补充到上一条支路(N 极下)中,如图 19-2(a)、(b)所示。这样,组成每条支路的元件数目保持不变,每条支路的电势的大小也基本不变。

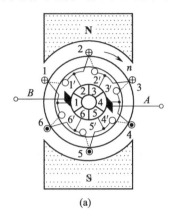 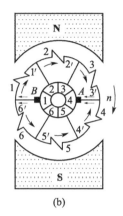

图 19-2 电枢绕组的电势

综上所述,直流发电机是借助于电刷和换向器将电势方向即将改变的元件及时地由一条支路转接到另一条支路,保证每条支路始终由在一定极性下运动的全部元件组成,而在一定极下运动的元件其电势方向是固定不变的。因而能在电机的正、负电刷间得到方向不变、大小基本不变的电势。

可见,电刷和换向器是直流电机不可或缺的重要部件。如果没有换向器,便不能使电刷永远与在一定极下运动的导体相连,也就不能得到方向不变的直流电势。

实际上,电刷间得到的电势是方向不变,而大小随时间变化的脉动电势,如图 19-3 所示。这是因为在每个极下各点的磁通密度是不同的(图 19-4),而且组成支路的元件的数量也非严格不变。当电枢转到如图 19-5(a)所示位置时,元件 1、元件 4 被电刷短路,每条支路只有 2 个元件产生电势;而当电枢转到如图 19-5(b)所示位置时,每条支路中有 3 个元件产生电势。这样,由于组成支路的元件数量随时间变化,支路电势的大小亦随时间变化。

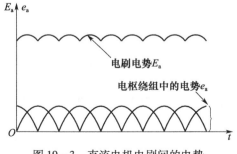 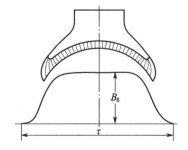

图 19-3 直流电机电刷间的电势　　　图 19-4 主极磁通密度在空间的分布

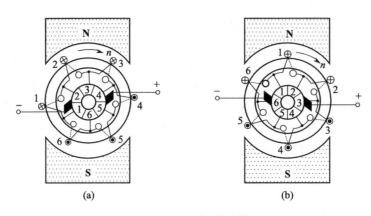

图 19-5 电刷上的电势

为了减少电势的脉动,必须增加元件的数量来减少被短路的元件对支路电势的影响。可以证明:当每极下有 8 个元件时,电势的脉动量已减少到 1% 以下,可以认为是直流电势。

19.1.2 直流电动机的基本工作原理

如图 19-6 所示,当直流电动机与电源接通时,励磁绕组中有电流流过,在电机中产生磁通;同时,电流经电刷和换向器流入电枢绕组。载有电流的电枢导体,在磁场中要受到电磁力 F 的作用。在 N 极下的电枢表面导体受到的电磁力方向向右,在 S 极下的电枢表面导体受到的电磁力方向向左,它们对电枢轴形成一个顺时针方向的电磁转矩 M。如果电磁转矩 M 大于阻转力矩 M_r,电动机便开始转动。这就是直流电动机的基本工作原理。

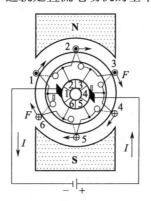

图 19-6 直流电动机的基本工作原理

19.2 航空直流电机的基本结构

由于直流电机遵循可逆性原理,因此直流发电机和电动机在结构上没有太大的差异。以飞机上应用最为广泛的直流起动发电机为例说明航空直流电机的基本结构,如图 19-7 所示。

不同飞机使用不同功率的直流发电机,目前我国已制成功率 350W～24kW 的系列航空直流发电机。不同功率的直流发电机,在基本结构上也大同小异。

从直流电机的基本工作原理可知,直流电机主要由定子和转子两部分组成。定子的主要部分是磁极,转子的主要部分是电枢。

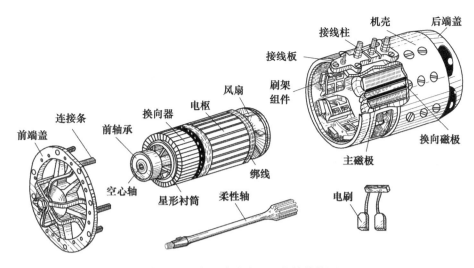

图 19-7 航空直流发电机的结构简图

19.2.1 定子

航空直流发电机的定子主要由机壳、磁极、电刷组件、接线盒、端盖以及通风管等部分组成,是电机中不动的部分。

19.2.1.1 机壳

如图 19-8 所示,航空直流发电机的机壳由磁轭和结合盘两部分组成。固定着磁极的部分称为磁轭。由于这部分机壳也是磁路的一部分,因此用导磁性能好的电工钢做成。与发动机传动机匣结合的部分称为结合盘,它又是发电机的后端盖,承担着发电机的全部重量,用机械强度高的合金钢做成。磁轭与结合盘焊接成一个整体。

有些航空直流电机的机壳用轻金属材料单独制造,磁轭压装在机壳之中,机壳只起固定零部件的作用。

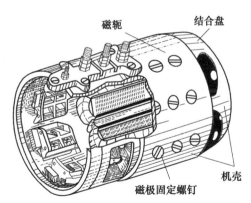

图 19-8 航空直流发电机的机壳

19.2.1.2 磁极

航空直流发电机的磁极包括主磁极和换向磁极两部分,如图 19-9 所示。

主磁极用来在铁芯中产生励磁磁通,由励磁线圈和主极铁芯组成。为了减少铁损耗,主极铁芯用厚 0.5mm 的电工纯铁板制成的磁极铁芯冲片叠成,用铆钉铆成一个整体。在主极铁芯上装上励磁绕组后,用螺钉将主极铁芯固定在机壳上。

257

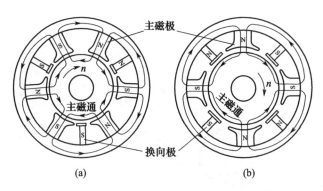

图 19-9 航空直流电机的主磁极与换向磁极
(a) 半数换向极电机；(b) 全数换向极电机。

励磁线圈用漆包圆铜线绕成,一个励磁线圈有许多匝。当励磁线圈中流过励磁电流时,在电机气隙中产生极性为 N 与 S 交替排列的主极磁场。主磁极所产生的、穿过主磁极与电枢铁芯间的气隙的磁通是电机中最主要的磁通,称为主磁通。

图 19-10 几何中性线

主极铁芯下部的扩大部分称为极掌或极靴。为了保证主极下气隙中的磁通密度按一定的规律分布,将极掌做成特定的形状,如图 19-10 所示。当极掌的形状一定时,主极下的主极磁通的分布规律也是一定的。

如图 19-10 所示,当极掌对称于主极铁芯的中心线时,主极铁芯的中心线称为主极轴线。两条相邻主极轴线之间的夹角平分线称为几何中性线。两条相邻的几何中心线间的电枢圆周长度称为极距,用 τ 表示。如果电枢直径为 D_a,磁极对数为 p,则

$$\tau = \frac{\pi D_a}{2p}$$

功率为 12kW 以上的起动发电机,除装有并励绕组(即通常所指的励磁绕组)外,还装有串励绕组。同时,为了改善换向,在极掌表面开有槽,槽中嵌有补偿绕组。

换向磁极由换向极绕组和换向极铁芯组成。由于换向极绕组中要流过较大的电枢电流,因此换向极绕组用截面积较大的扁铜线绕成,套在换向极铁芯上。换向极铁芯用整块电工钢做成。为了减少换向极与主极间的漏磁,换向极靠近异名主极的极掌较短,而靠近同名主极的极掌较长。换向磁极用螺钉准确地装在几何中性线上,用来改善电机的换向情况(见 20.2.3 节)。

3kW 以下的发电机及 12kW 以上的起动发电机,换向极的数量与主磁极的数量相等,称为全数换向极电机,如图 19-9(b)所示。6kW 以上的发电机,为了减小体积和质量,换向极的数量为主极数量的一半,称为半数换向极电机,如图 19-9(a)所示。

半数换向极电机相当于把全数换向极电机中的两个换向极绕组全部放在一个换向极铁芯上,换向极铁芯的数量减少了一半。为了腾出较大的空间来安放换向极绕组,将主极铁芯的极掌做成不对称的形状,如图 19-9(a)所示。这样,尽管改变了极掌的形状,但极掌在空间的位置和全数换向极电机中一样,只是极芯向两侧移动了一些,因此主磁通在气隙中的分布基本没有发生改变。

19.2.1.3 刷架组件

电刷架经绝缘后固定于机壳上,电刷放于刷架上的刷盒中。为了使电刷与换向器紧密接触,电刷用弹簧压紧,如图19-11(a)所示。刷盒做成与换向器倾斜一定的角度,以使弹簧压力产生一个切向分力 F_τ,来平衡电刷与换向器间产生的摩擦力 F_r,如图19-11(b)所示,从而使电刷与换向器间的接触更为良好。

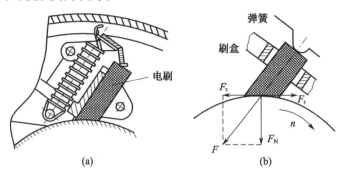

图 19-11　刷架组件

19.2.2　转子

直流电机的转子又称为电枢,包括电枢铁芯、电枢绕组、换向器、转轴等,如图19-12所示,是电机中转动的部分。

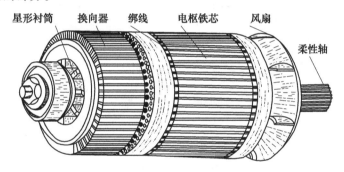

图 19-12　航空直流发电机的电枢

19.2.2.1　电枢铁芯

为了减小涡流及磁滞损耗,电枢铁芯由厚0.2~0.5mm互相绝缘的硅钢片叠成。硅钢片的外缘均匀地冲有槽(图19-13),用于安放电枢绕组元件。电枢铁芯的全部叠片压紧在星形衬筒上成为一个整体。

19.2.2.2　电枢绕组

电枢绕组由如图19-14所示的绕组元件构成,是电机中产生电势和流过电流的部分。绕组元件由扁铜线制成,一个绕组元件有两条边。绕组元件在槽中的部分称为有效边;在槽外的部分称为端接。一个元件的两个头分别焊接在相邻的两个换向片上。全部绕组元件按一定的规律依次放置并连接起来构成电枢绕组,电枢绕组的导线与导线间、导线与电枢铁芯间妥善绝缘。为了防止电枢绕组在转子高速旋转时甩出槽,在槽口处嵌入胶木制成的槽楔以卡住导线,并将线圈伸出槽外的部分(端接)用钢丝扎紧。

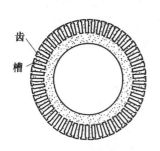
图 19-13 电枢铁芯冲片

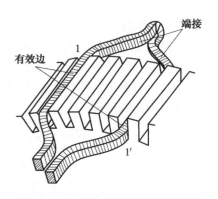
图 19-14 绕组元件在槽中的放置

19.2.2.3 换向器

换向器又称为整流子,其构造如图 19-15 所示。换向片用耐磨、强度高、导电好的紫铜或铬铜做成,每个换向片上开有两个燕尾槽。用锥形压圈及压紧螺帽将换向片固紧在带锥形环的钢套筒上,换向片的燕尾槽卡在锥形压圈和锥形环上。换向片与换向片之间、换向片与其他金属部分之间用形状相同的云母片绝缘。换向器套筒与电枢铁芯压在同一个星形衬筒上,星形衬筒又压在电枢轴上。这样,换向器与电枢铁芯、电枢绕组、电枢轴结合成一个整体。

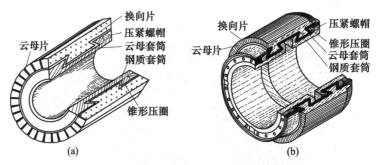
图 19-15 换向器
(a) 单燕尾槽换向器;(b) 双燕尾槽换向器。

12kW 以上的航空直流发电机换向器较长,为了保证换向器在高温高速下有良好的机械性能,换向片做成双燕尾槽,采用两个换向器套筒固定,如图 19-15(b) 所示,其中一个套筒在受热时能沿轴向移动,这样就可以减少换向片受热膨胀时产生的过大应力,提高了换向器在高温和高速下工作的可靠性。

19.2.2.4 转轴

航空直流发电机的转轴由空心轴和柔性轴(又称软轴)组成,空心轴与柔性轴靠半月键啮合,如图 19-16 所示。

飞机发电机是由飞机发动机带动旋转的。当飞机发动机的转速迅速变化时,由于发电机的转子具有很大的惯性,转子轴上会受到很大的、大小和方向反复变化的扭矩,这会使一般的实心轴扭断。因此,柔性轴采用抗扭强度高、弹性好的合金钢做成,用以传递扭矩;空心轴采用抗压强度高的合金钢做成,用以承担电枢的全部重量。柔性轴装在空心轴内,一端通过半月键与空心轴啮合,并用螺帽固紧;另一端通过花键与发动机传动机匣内的减速齿轮啮合。这样,采用软轴后,过大的机械冲击及震动都经过软轴而得以缓冲;当电机承受过大的机械负荷时,将使半月键断裂,从而保护了电机的其余部分。

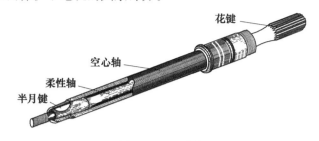

图 19-16　转轴

在空心轴的两端装有轴承,前轴承安装在固定于机壳上的前端盖的轴承室内,后轴承安装在结合盘(后端盖)上的轴承室内。

这样,发电机的转子便安装在定子中。定子与转子之间有极小的气隙。当柔性轴带动空心轴转动时,发电机的转子便在定子中转动。

19.2.3　航空直流电机的电路连接

如图 19-17(a)所示,航空直流起动发电机的正电刷组和负电刷组分别通过装在前端盖上的汇流条连接在一起。机壳上固定着发电机的接线板和接线柱。发电机的"＋"接线柱接在正电刷上,"－"接线柱与换向极绕组的正端相连。"B"接线柱与励磁绕组的正端相连,换向极绕组和励磁绕组的负端接于同一负电刷上。串激绕组的一端接于"C"接线柱上,另一端与"＋"接线柱接于同一正电刷上。其电路连接如图 19-17(b)所示。

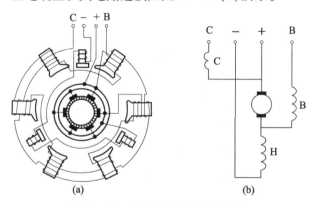

图 19-17　起动发电机的电路连接

航空直流起动发电机的等值电路如图 19-18 所示。其中:R_a 为电枢电路的总电阻,包括电枢绕组的电阻、换向极绕组的电阻、电刷与换向器间的接触电阻等;E_a 为电枢电势,即正、负电刷间的电势;I_a 为电枢电流;U 为端电压,即"＋""－"接线柱间的电压。

19.2.4　航空直流电机的通风

电机的热量是通过对流、辐射和传导三种方式散发到周围介质中。目前,航空直流电机的冷却方式主要有自然冷却、自通风冷却和强迫通风冷却。

自然冷却电机没有任何特殊的冷却措施,仅依靠表面的辐射和空气的自然对流获得冷却,这种方式只适于几十瓦或几瓦的航空直流电动机和控制电机。

自通风冷却电机依靠安装在转轴上的风扇使空气流动,吹拂电枢表面,且从轴向和径向的

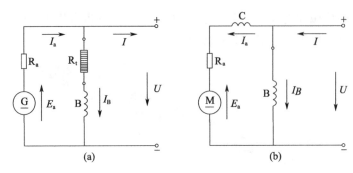

图 19-18 直流起动发电机的等值电路
(a) 发电机；(b) 电动机。

通风槽中通过，进行冷却。这种冷却方式的效果随着飞行高度和速度的增加而急剧下降，只适用于功率较小的航空直流发电机和连续工作的直流电动机。

强迫通风电机通过通风管将飞机迎面气流引入发电机进行冷却，冷却效果比前两种都好，是目前几乎所有航空直流发电机都采用的冷却方式。

通常，飞机飞行时通过强迫通风冷却航空直流发电机，同时，为了保证在起动、起飞、着陆时使电机有足够的通风量，在空心轴上装有风扇。

如图 19-19 所示，飞机的迎面气流从通风管进入电机后，大部分冷却空气经换向器和电枢铁芯内的星形衬筒所形成的通风沟，从内部冷却换向器和电枢铁芯，然后经固定于空心轴上的风扇从壳体上的通风孔排除；另一部分冷却空气吹拂换向器、电刷组件、电枢铁芯及电枢绕组、磁极铁芯及励磁绕组的表面，然后经通风孔排除。

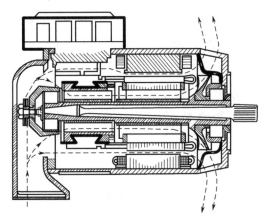

图 19-19 起动发电机通风系统

19.3 直流电机的励磁方式

直流电机的主磁通是由励磁绕组中的励磁电流所激励的。随着励磁绕组获得励磁电流的方式的不同，直流电机就有不同的工作特性，这是直流电机的突出优点。

直流电机的励磁方式按励磁电流的来源可以分为它励和自励两种。其中，自励按励磁绕组的连接方式不同又分为串励、并励、复励三种方式，如图 19-20 所示。励磁方式不论是对电机稳态特性还是动态特性都会产生很大的影响。

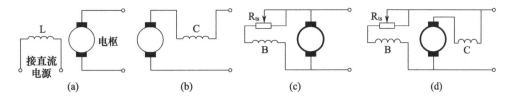

图 19-20 直流电机的励磁回路连接方式
(a) 它励; (b) 串励; (c) 并励; (d) 复励。

它励电机的励磁电流由独立的直流电源提供,如图 19-20(a)所示。用永久磁铁作为主磁极的直流电机也可当作它励电机。

串励电机的励磁绕组和电枢绕组串联,如图 19-20(b)所示,励磁绕组中的电流也就是电枢电流。

并励电机的励磁绕组和电枢绕组并联,如图 19-20(c)所示,励磁绕组中的电流的大小取决于电枢两端电压的高低,与电枢电流无关。

复励电机有两个励磁绕组,既有与电枢绕组串联的串励绕组,又有与电枢绕组并联的并励绕组,如图 19-20 (d)所示。

19.4 直流电机的额定值及其型号

额定值是电机长期正常运行时各物理量的允许值。直流电机的额定值主要有:

额定功率 P_N(kW),对于直流发电机,指的是出线端输出的电功率 $P_N = U_N I_N$,对于直流电动机,指的是转轴输出的机械功率 $P_N = U_N I_N \cdot \eta_N$($\eta_N$ 为额定运行时的效率);额定电压 U_N(V);额定电流 I_N(A);额定转速 n_N(r/min);额定励磁电压 U_{fN}(V);额定励磁电流 I_{fN}(A),指电机在额定电压、额定电流及额定转速时对应的励磁电流值,一般不在铭牌上标出。

对于航空直流电机,还规定有额定工作方式(简称定额)下的额定值。额定工作方式通常分为以下三种:

(1) 连续工作:电机可以在额定数据下不停地长期运转,电机的温度最后能达到稳定温度,不再继续升高。

(2) 短时工作:电机可以在额定数据下短时运转。在工作时间内,电机的温度达不到稳定温度就停止工作;在不工作时间内,电机能完全冷却到周围环境温度。

(3) 短时重复工作:电机的工作时间和休息时间相互交替循环。在工作时间内,电机的温度达不到稳定温度就停止工作;在休息时间内,电机的温度不能被冷却到周围环境温度。

航空直流电机的型号由主称代号、功率值和改型产品代号三部分组成。主称代号为 2 个或 3 个汉语拼音字母,表示产品的类别和名称的基本含义,如 QF(起、发)、ZF(直、发)、ZD(直、动)、BZD(泵、直、动)等;功率值为电机的额定功率(W、kW);改型产品代号用大写英文字母表示。如 QF-12D,表示改型产品代号为 D、额定功率为 12kW 的直流起动发电机。

例 19.1 航空直流发电机,为了在正、负电刷间得到直流电,而采用了换向装置;但对直流电动机,加在电刷两端的电压就是直流电,此时换向装置起什么作用?

解：如图 19-6 所示，对于直流电动机电枢绕组内的某一导体，它在 N 极下的电流若为 "⊙"，转入到 S 极下时，其电流方向只有改变为 "⊕"，才能保证电磁转矩方向不变。由此可知，它与直流发电机一样，电枢绕组内的电流也为交流，因此它同样要依靠换向装置，才能将电刷两端的直流变为电枢绕组内的交流。

小　　结

1. 直流电机的基本工作原理

直流电机实质上是装有换向装置的交流电机，换向装置的主要功能是：

$$电枢内的交流 \underset{直流电动机}{\overset{直流发电机}{\rightleftharpoons}} 电刷两端的直流$$

2. 直流电机的可逆原理

一台直流电机，既可以作发电机用，又可以作电动机用，这就是直流电机的可逆原理。

3. 航空直流电机的基本结构

（1）机壳：由磁轭和结合盘两部分组成，分别由电工钢和合金钢做成，作为磁路的一部分，并起机械连接作用。

（2）主磁极：用来产生主磁场，由励磁绕组和主极铁芯组成。

（3）换向磁极：用来改善换向。按换向极数量的不同分为全数换向极和半数换向极。

（4）刷架组件：用来固定电刷，电刷用来引出或引入直流电。

（5）电枢铁芯：作为主磁路的一部分，用来安放电枢绕组。其由硅钢片叠成，压紧在星形衬筒上成为一个整体。

（6）电枢绕组：用来感应电动势和流过电流。

（7）换向器：将电枢绕组内的交流经电刷变成外电路的直流电（直流发电机），或将外电路的直流电经电刷变成电枢绕组内的交流电（直流电动机），用耐磨、强度高、导电好的紫铜或铬铜做成。

（8）转轴：由柔性轴和空心轴组成。柔性轴用以传递扭矩，空心轴用以承担电机的全部质量。

4. 航空直流发电机的电路连接和等值电路

航空直流发电机电路连接和等值电路如图 19-17 和图 19-18 所示。

5. 航空直流电机的通风

直流电机的冷却方式主要有自然冷却、自通风冷却、强迫通风冷却。

6. 直流电机的励磁方式

直流电机的自励磁方式分为串励、并励和复励三种。串励电机的特点：励磁电流就是电枢电流。并励电机的特点：励磁电流的大小取决于电枢电压的高低，和电枢电流无关。复励电机兼有串励和并励电机的特点。

7. 直流电机的额定值及其型号

额定值是电机长期正常运行时各物理量的允许值。航空直流电机的定额通常分为连续工作、短时工作和短时重复工作等。

思考题与习题

1. 直流发电机由哪几部分组成？各部分构造有何特点？有什么用途？
2. 为什么电枢铁芯和磁极铁芯由硅钢片叠成，磁轭用铸钢或钢板做成？
3. 直流发电机是如何把电枢绕组元件中的交流电动势变为外电路的直流电动势的？
4. 试判断在下列情况下，直流发电机电刷两端电压的性质：
（1）磁极固定，电刷与电枢同时旋转；
（2）电枢固定，电刷与磁极同时旋转。
5. 从原理上看，直流电机电枢绕组可由一个线圈做成，实际上直流电机由很多线圈串联组成，为什么？是不是用得线圈越多越好？
6. 直流电机的自励方式有哪几种？它们分别有什么特点？

第 20 章　直流电机的基本电磁关系与运行分析

电机中,感应电势和电磁转矩的产生都依赖于磁场,磁场是电机实现机电能量转换的媒介,因此,电机的磁场特性在很大程度上影响电机的运行性能。直流电机空载时,气隙中仅有励磁磁势;负载时,电枢绕组中流过电枢电流,产生电枢磁势,它与励磁磁势共同产生气隙合成磁势。电机的许多特性都与气隙磁场有关系,如换向特性。

本章首先讨论直流电机的电势、磁势和转矩及其平衡关系,研究电机中电枢磁场对气隙磁场分布的影响;然后分析直流电机的换向,并着重研究换向的电磁理论;最后介绍产生火花的主要原因及改善换向的主要方法。

20.1　直流电机的电势、磁势和转矩

20.1.1　电枢绕组的感应电势

当直流电机中建立了励磁磁场后,旋转的电枢绕组中便会感应出一定的电势。直流电机正、负电刷之间的电势称为电枢绕组的感应电势,简称电枢电势,以 E_a 表示。电枢电势也就是一条支路内的串联元件所产生的电势之和,其大小可表示为

$$E_a = C_e n \Phi \tag{20-1}$$

式中:C_e 为由电机构造所决定的常数,$C_e = \dfrac{pN}{60a}$,其中,p 为电机的极对数,a 为并联支路的对数,N 为电机的总导体数;Φ 为一条支路的元件所切割的总磁通,称为有效磁通。显然,Φ 越多,磁通密度 B 越大,电机的转速 n 越高,导线切割磁力线的速度 v 越大,导体有效长度 l 越大,每根导体产生的感应电势就越大;每条支路的导体数越多,电枢电势 E_a 就越大。

电枢电势公式 $E_a = C_e n \Phi$ 可用下面的方法推导出来。

图 20-1 中的曲边梯形 ABCD 表示一个极距 τ 范围内主极磁通密度沿电枢表面的分布情况。曲边梯形所围成的面积代表一个极距范围内的主极总磁通量 $\Phi = Bl\tau$。

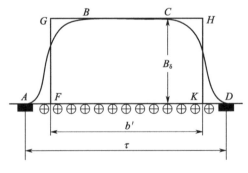

图 20-1　等效磁通密度

为了计算方便,用一个底为 b'、高为 B_δ 的矩形 FGHK 来代替曲边梯形 ABCD,并使两者的面积相等。即将原来非均匀分布的磁场看成是完全集中在 b' 范围内的均匀分布的磁场,各处的磁通密度都为 B_δ。这样,每极下的总磁通为

$$\Phi = B_\delta l b' \tag{20-2}$$

设全电机电枢表面的总导体数为 N,有 $2a$ 条并联支路,则每一支路中有 $\dfrac{N}{2a}$ 根串联导体,均匀地分布在 τ 范围内,但其中只有在 b' 范围内的导体才产生感应电势,即每极下只有 $\dfrac{N}{2a} \cdot \dfrac{b'}{\tau}$ 根导体产生感应电势。其中,每根导体中的感应电势为

$$e = B_\delta l v \tag{20-3}$$

每条支路中的感应电势为

$$E_a = \dfrac{N}{2a} \cdot \dfrac{b'}{\tau} \cdot B_\delta l v \tag{20-4}$$

电机的极距为

$$\tau = \dfrac{\pi D_a}{2p}$$

式中:D_a 为电枢直径。

转子的线速度,即电枢导体切割磁力线的线速度为

$$v = \pi D_a \cdot \dfrac{n}{60} = 2p \cdot \dfrac{\pi D_a}{2p} \cdot \dfrac{n}{60} = 2p\tau \dfrac{n}{60} \tag{20-5}$$

式中:n 是电枢转速(r/min)。

将式(20-5)代入式(20-4),可得

$$E_a = B_\delta l \cdot 2p\tau \dfrac{n}{60} \cdot \dfrac{N}{2a} \cdot \dfrac{b'}{\tau} = \dfrac{pN}{60a} \cdot n \cdot B_\delta b' l \tag{20-6}$$

将式(20-2)式代入式(20-6),可得

$$E_a = C_e n \Phi \tag{20-7}$$

式中:C_e 为直流电机的电势常数,$C_e = \dfrac{pN}{60a}$。

可以证明,式(20-7)对任何极对数 p 及并联支路对数 a 的电机都是正确的。

对直流发电机来说,空载时从电刷间得到的是空载电势 E_0;负载时,电刷间得到的是端电压 U,U 比负载时的电枢电势 E_a 小,其差值是电枢压降 $I_a R_a$。对于直流电动机来说,式(20-7)表示的是电枢绕组所产生的反电势,外加的电源电压 U 较反电势 E_a 大,其差值仍是电枢压降 $I_a R_a$。

20.1.2 电枢绕组中的电流和磁势

20.1.2.1 电枢绕组中的电流

当发电机接通负载时,电枢绕组中有电流流过。当电动机接通电源时,电枢绕组中同样也有电流流过,只是电流方向与用作发电机时相反。

如图 20-2(a)所示,电流从发电机正电刷流出,经负载电阻 R_L 后到负电刷,分两路进入电枢绕组,经电枢绕组后回到正电刷,形成闭合回路。在如图 20-2(a)所示的电动机电枢回路中,电枢绕组中电流的方向刚好与发电机电枢回路中的电流方向相反。

如图20-2(a)所示的发电机电枢回路中,在 N 极下,电枢表面导体中的电流方向为"⊕";在 S 极下,电枢表面导体中的电流方向为"⊙"。如图20-2(b)所示的电动机电枢回路中,在 N 极下,电枢表面导体中的电流方向为"⊙";在 S 极下,电枢表面导体中的电流方向为"⊕"。可见,电刷轴线是直流电机电枢表面导体中电流方向的分界线。

电枢绕组中的总电流称为电枢电流,以 I_a 表示。电枢导体中的电流也就是一条支路中的电流,以 i_a 表示。显然,$I_a = 2ai_a$。

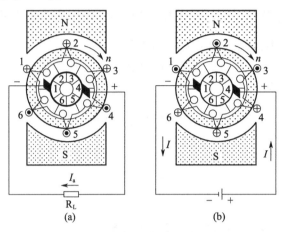

图 20-2 直流电机电枢绕组中的电流
(a)发电机;(b)电动机。

20.1.2.2 电刷位置对电枢磁势的影响

当电枢绕组中有电流流过时,电枢电流将产生电枢磁势。当电刷固定不动时,电枢表面的电流分布以及电枢磁势轴线也都固定不动;当电刷移动时,电枢表面的电流分布以及电枢磁势轴线也跟着移动。

当电刷位于几何中性线上时,电枢磁通的分布如图20-3(a)所示。电枢磁通从电枢铁芯穿出来,通过气隙,经过主极铁芯,再次穿过气隙,进入电枢铁芯,形成闭合回路。沿电枢磁通回路的磁压降,由铁芯中的磁压降 ΦR_M 及气隙磁压降 ΦR_δ 组成,R_M 为铁芯中的磁阻,R_δ 为一个气隙的磁阻。此时,每极下电枢表面导体中电流的分布对称于主极轴线,电枢磁通的闭合回路也对称于主极轴线。

图20-3(b)中,在距主极轴线 $+x$ 及 $-x$ 处取一条电枢磁通的闭合回路,它所包围的全部电流为 $i_a N_x$,其中 N_x 为这一闭合回路所包围的电枢导体数。由安培全电流定律可得

$$\Phi R_M + \Phi R_\delta + \Phi R_\delta = i_a N_x \qquad (20-8)$$

如忽略铁芯的磁阻,则

$$2\Phi R_\delta = i_a N_x \qquad (20-9)$$

式中:$i_a N_x$ 即为所考查的电枢磁通回路所包围的电枢导体产生的全部电枢磁势 $F_{a(2x)}$,即

$$F_{a(2x)} = i_a N_x \qquad (20-10)$$

因而,两个气隙中的磁压降 $2\Phi R_\delta$ 等于作用在闭合回路内的全部电枢磁势 $F_{a(2x)}$,即

$$F_{a(2x)} = 2\Phi R_\delta \qquad (20-11)$$

一个气隙中的磁压降 ΦR_δ 等于作用在一个气隙中的电枢磁势 F_{ax},即

$$\Phi R_\delta = F_{ax} \qquad (20-12)$$

所以，作用于 x 处的电机气隙中的、电枢电流产生的电枢磁势为

$$F_{ax} = \frac{1}{2}F_{a(2x)} = \frac{1}{2}i_a N_x \tag{20-13}$$

这就是说，在距主极轴线 x 处的气隙中的电枢磁势为 $\frac{1}{2}i_a N_x$。

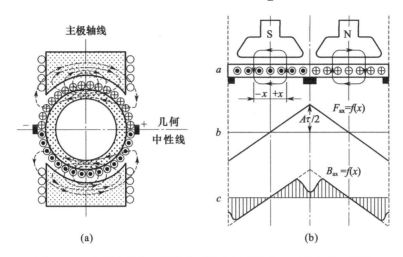

图 20-3　电刷在几何中性线上时的电枢磁势和电枢磁密分布曲线
(a)电枢磁场；(b)电枢磁势和磁通密度。

设电枢表面的总导体数为 N，沿电枢圆周表面均匀连续分布，则

$$N_x = \frac{N}{\pi D_a} \cdot 2x \tag{20-14}$$

于是

$$F_{ax} = \frac{1}{2}i_a N_x = \frac{Ni_a}{\pi D_a} \cdot x = A \cdot x \tag{20-15}$$

式中：A 为电枢圆周表面单位长度上的安培导体数，称为电机的线负荷，它是电机设计上的重要数据之一，$A = \dfrac{Ni_a}{\pi D_a}$。在航空电机中，$A$ 为 200~300A/cm；在地面相近容量的电机中，A = 100A/cm。

可见，当电枢电流一定时，$F_{ax} = f(x)$ 为直线。当电刷位于几何中性线上时，$F_{ax} = f(x)$ 在 $x=0$ 处通过零值；在 $x = \dfrac{\tau}{2}$ 处，电枢磁通回路所包围的电流代数和最大，$F_{ax} = f(x)$ 达到最大值，即

$$F_a\left(\frac{\tau}{2}\right) = A \cdot \frac{\tau}{2} = \frac{A\tau}{2} \tag{20-16}$$

取自电枢进入气隙的磁通及相应的电枢磁势为正值，而自气隙进入电枢的磁通及相应的电枢磁势为负值，则气隙中各点的电枢磁势分布曲线为如图 20-3(b) 中所示的三角折线。

在 x 点处的电枢磁密 B_{ax}，由 x 点处的电枢磁势 F_{ax} 及气隙长度 δ_x 决定，即

$$B_{ax} = \mu_0 \frac{F_{ax}}{\delta_x} \tag{20-17}$$

如沿电枢圆周，电机的气隙是均匀的，即 δ_x 为常数，则

269

$$B_{ax} = KF_{ax} \tag{20-18}$$

这时,电枢磁密 B_{ax} 在气隙中的分布曲线 $B_{ax}=f(x)$ 也是一条三角形折线。实际上,由于极间范围内的气隙 δ_x 较大,磁通密度较三角形折线大为降低,因而电枢磁密 B_{ax} 在气隙中的分布曲线 $B_{ax}=f(x)$ 呈"马鞍形",如 20-3(b)中阴影部分所示。

当电刷轴线顺电机的转向偏离几何中性线 β 角时,相当于在电枢表面移过弧长为 b_β 的距离,电枢电流的分布以及电枢磁场 F_a 的轴线也随之移动,如图 20-4(a)所示。

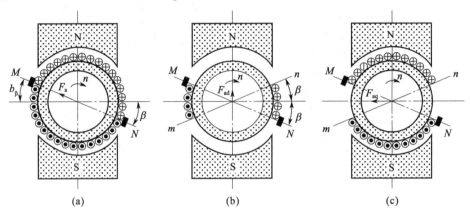

图 20-4 电刷顺电枢转向移动后的横轴与纵轴磁势
(a)电枢磁势;(b)纵轴分量;(c)横轴分量。

由于电刷轴线仍为电枢支路电流方向的分界线,作一条与电刷轴线 MN 对称的辅助线 mn,将电枢磁势分成两部分来考虑:一部分是由左右 2β 角间的导体电流产生的磁势,其磁场轴线在纵轴上,如图 20-4(b)所示,称为纵轴电枢磁势,其最大值为

$$F_{ad} = F_a \frac{2\beta}{\pi} (\text{A·T/极}) \tag{20-19}$$

另一部分是由其余 $2(\pi-2\beta)$ 角间的导体电流产生的磁势,其轴线与主极轴线垂直,与电刷位于几何中性线上时的电枢磁势方向相同,如图 20-4(c)所示,称为横轴电枢磁势,其最大值为

$$F_{aq} = F_a \left(\frac{\pi-2\beta}{\pi}\right)(\text{A·T/极}) \tag{20-20}$$

这时,电枢磁势在空间的分布如图 20-5 所示。

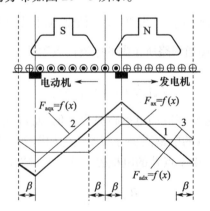

图 20-5 电刷不在几何中性线上时的电枢磁势分布曲线

横轴分量 F_{aqx} 和纵轴分量 F_{adx} 的分布曲线分别如图 20-5 中曲线 2 和曲线 3 所示。曲线 1 即为 F_{ax},它是曲线 2 和曲线 3 的合成。

由上述分析可知,当电刷位于几何中性线上时,电机中的电枢磁势全部为横轴电枢磁势;当电刷轴线偏离几何中性线时,电机中的电枢磁势既有横轴电枢磁势又有纵轴电枢磁势。

20.1.3 电枢反应

电枢磁场引起电机气隙中磁场(磁通)分布发生改变的现象称为电枢反应。对应横轴电枢磁势和纵轴电枢磁势的电枢反应分别称为横轴电枢反应和纵轴电枢反应。电枢反应与磁路的饱和程度及电刷的位置有关。

20.1.3.1 横轴电枢反应

当电刷位于几何中性线上时,电枢磁势全部为横轴电枢磁势。此时,电机气隙中的磁通由主磁通和横轴电枢磁通共同决定。由于极靴下的气隙较小,且基本为均匀,因此极靴下的电枢磁场随电枢磁势的增大而正比增大;由于极间气隙较大,因此极间部分的电枢磁场大为削弱;整个横轴电枢磁场 B_{ax} 的分布曲线呈"马鞍"形,如图 20-6(b)所示。主极磁场和电枢磁场叠加即可得到气隙合成磁场 $B_{\delta x}$。

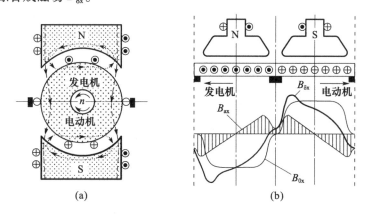

图 20-6 横轴电枢反应

以直流发电机为例,由图 20-6(a)可见,在前极尖(电枢上某导体进入磁极下首先遇到的磁极尖)下的各点,电枢磁通的方向与主磁通的方向相反,电枢磁场对主磁场起去磁作用;在后极尖下的各点,电枢磁通的方向与主磁通的方向相同,电枢磁场对主磁场起助磁作用。电机中的磁场发生了畸变,如图 20-6(b)所示。

如图 20-7 所示,当磁路不饱和时,电机的主磁通较少,电机工作在磁化曲线的直线部分,如图 20-7 中的 P 点,前极尖磁通的减少量 ab 等于后极尖磁通的增加量 cd,结果,每极下的总磁通量保持不变。

当磁路饱和时,电机工作在磁化曲线的弯曲段,如图 20-7 上的 P' 点。前极尖磁通的减少量 $a'b'$ 大于后极尖磁通的增加量 $c'd'$,相当于电枢磁场对主磁场产生了一个附加的去磁磁势 F_p。

值得注意的是:由于在前极尖电枢磁通的方向与主磁通的方向相反,当主磁通很少而电枢磁通很多时,电枢磁通可能使前极尖下的磁场改变极性产生磁场的"颠覆"现象。

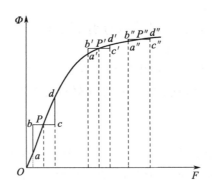

图 20-7 磁路饱和程度不同时的去磁作用与助磁作用

20.1.3.2 纵轴电枢反应

当电刷不在几何中性线上时,除出现上述的横轴电枢反应外,还有纵轴电枢反应。

由于纵轴电枢磁势的轴线与主极轴线重合,对于发电机来说,当电刷顺电枢转向移动时,纵轴电枢磁势 F_{ad} 的方向与主极磁势的方向相反,起去磁作用,如图 20-8(a)所示;反之,当电刷逆电枢转向移动时,F_{ad} 与主极磁势同向,起助磁作用,如图 20-8(b)所示。对于电动机,可用同样的方法分析,结果与发电机相反:顺移电刷助磁,逆移电刷去磁。

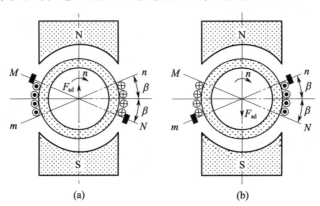

图 20-8 纵轴电枢反应

20.1.4 直流电机中的电磁转矩

当电枢绕组中有电流流过时,它与电机气隙中的磁场相互作用,产生电磁力,电枢将受到一个电磁转矩的作用。电磁转矩的大小为

$$M = C_M \Phi I_a \tag{20-21}$$

式中:C_M 为转矩常数,$C_M = \dfrac{pN}{2\pi a}$,对于已制成的电机,它是一个常数。

显然,电枢电流 I_a 越大,电枢表面导体中的电流 i_a 越大,产生的电磁力 $f = B_\delta l i_a$ 越大,电磁转矩 M 就越大;有效磁通 Φ 越多,磁通密度 B_δ 越大,产生的电磁力越大,电磁转矩 M 就越大;电枢表面的导体数 N 越多,每极下产生电磁力的导体数越多,电磁转矩 M 就越大。

电磁转矩公式 $M = C_M \Phi I_a$ 可以仿照推导电枢电势公式 $E_a = C_e n \Phi$ 的方法推导出来。

电枢绕组中一导体产生的电磁力为

$$f_j = B_\delta l i_a = B_\delta l \dfrac{I_a}{2a} \tag{20-22}$$

式中：i_a 为流过电枢导体的电流；I_a 为电枢电流，$I_a = 2ai_a$。

一根导体产生的电磁转矩为

$$M_j = f_j \cdot \frac{D_a}{2} = B_\delta l \frac{I_a}{2a} \cdot \frac{D_a}{2} \tag{20-23}$$

与推导电枢电势公式 $E_a = C_e n \Phi$ 时一样，全电机电枢表面的总导体数为 N，极对数为 p，支路对数为 a，则每极下有 $\frac{N}{2p} \cdot \frac{b'}{\tau}$ 根导体产生电磁转矩。全电机产生电磁转矩的导体数为

$$2p \cdot \frac{N}{2p} \cdot \frac{b'}{\tau} = N \frac{b'}{\tau}$$

因此，全电机的电磁转矩为

$$M = M_j \cdot N \frac{b'}{\tau} = B_\delta l \frac{I_a}{2a} \cdot \frac{D_a}{2} \cdot N \frac{b'}{\tau} \tag{20-24}$$

因为 $D_a = \frac{2p\tau}{\pi}$，$\Phi = B_\delta b' l$，故

$$M = \frac{pN}{2\pi a} \cdot B_\delta b' l \cdot I_a$$
$$M = C_M \Phi I_a \tag{20-25}$$

式中：$C_M = \frac{pN}{2\pi a}$；Φ 为每一磁极的总磁通量（Wb）。

显然有

$$C_M = \frac{pN}{2\pi a} = \frac{60}{2\pi} \cdot \frac{pN}{60a} = 9.55 C_e$$

电磁转矩也可由电磁功率求得，即

$$M = \frac{P_M}{\Omega} = \frac{E_a I_a}{\Omega} = \frac{\frac{pN}{60a} n \Phi I_a}{\frac{2\pi n}{60}} = \frac{pN}{2\pi a} \Phi I_a = C_M \Phi I_a \tag{20-26}$$

需要指出的是，无论直流电机用作发电机还是用作电动机，电枢上都存在电磁转矩。但在两种情况下电磁转矩的作用是不同的：在用作发电机工作时，电磁转矩的方向与电枢转向相反，是阻转力矩；在用作电动机时，电磁转矩的方向与电枢转向相同，是转动力矩。

20.1.5 直流电机中的电势平衡与转矩平衡

直流电机中的电压、电流、磁势、转速、转矩等物理量之间是彼此相互紧密联系又相互制约的，这一客观规律往往通过电势平衡和转矩平衡来描述。

20.1.5.1 电势平衡方程

对于发电机来说，当电枢由原动机带动时，电枢绕组中产生电枢电势

$$E_a = C_e n \Phi$$

当发电机负载时，电枢电势产生的电枢电流 I_a 从正电刷流出，经负载后到负电刷，再经电枢绕组后回到正电刷，形成闭合回路，如图 20-9 所示。

由 KVL，电枢电势 E_a 与电枢电流和端电压 U 之间的关系为

$$U = E_a - I_a R_a = C_e n \Phi - I_a R_a \tag{20-27}$$

式（20-27）称为直流发电机的电势平衡方程。它反映了影响发电机端电压的因素。

对于电动机来说,电枢在外加电压 U 的作用下转动,电枢绕组中同样将产生电枢电势,即
$$E_a = C_e n \Phi$$

由于电枢电势 E_a 的作用是要阻碍电枢电流流入电枢绕组,因此称 E_a 为反电势,如图 20-10 所示。

反电势 E_a 与电枢电流 I_a 和端电压 U 间的关系为
$$U = E_a + I_a R_a = C_e n \Phi + I_a R_a \tag{20-28}$$

式(20-28)称为直流电动机的电势平衡方程。它反映了电动机稳定运行时,电源电压 U 迫使电流 I_a 流入电枢绕组与反电势 E_a 反对电流 I_a 流入电枢绕组的相互矛盾、相互制约的客观规律。

由式(20-28)可得到电动机的转速:
$$n = \frac{U - I_a R_a}{C_e \Phi} \tag{20-29}$$

以及电枢电流:
$$I_a = \frac{U - C_e n \Phi}{R_a} \tag{20-30}$$

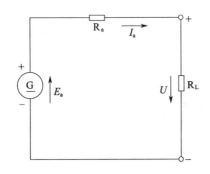

图 20-9　直流发电机的等值电路

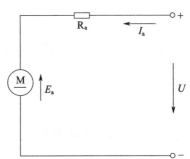

图 20-10　直流电动机的等值电路

20.1.5.2 转矩平衡方程

对于发电机来说,由原动机供给的机械转矩为
$$M_1 = \frac{P_1}{\Omega} \tag{20-31}$$

式中　P_1——输入的机械功率;
　　　Ω——机械角速度。

直流发电机电枢上产生的电磁转矩为阻转力矩,即
$$M = \frac{P_M}{\Omega} = C_M \Phi I_a \tag{20-32}$$

式中:P_M——直流发电机的电磁功率。

空载损耗 P_0 所引起的阻力矩为
$$M_0 = \frac{P_0}{\Omega} \tag{20-33}$$

直流发电机的转矩平衡方程为
$$M_1 = M_0 + M \tag{20-34}$$

对电动机来说,电机在某一转速 n 稳定运行时,使电动机转动的电磁转矩 M 必然和阻碍电动机转动的阻力矩大小相等,即

$$M = M_0 + M_2 \qquad (20-35)$$

式中 M_2——电动机转轴上的输出转矩,$M_2 = \dfrac{P_2}{\Omega}$;

M_0——由机械损耗、铁芯损耗和杂散损耗引起的空载制动力矩,$M_0 = \dfrac{P_0}{\Omega}$。

20.1.5.3 电势平衡与转矩平衡的联系

电势平衡揭示了电机中的电磁运动规律,转矩平衡揭示了电机中的机械运动规律,它们从不同侧面反映了电机内部存在的基本规律。在电机中,机械运动与电磁运动是密不可分的,机械运动的变化必然引起电磁运动的变化,反之亦然。

下面以电动机为例来说明:当负载力矩 M_r 变化时,电动机的转速 n、反电势 E_a、电枢电流 I_a、电磁转矩 M 将如何变化?

当 M_r 增大时,最初,由于电枢的机械惯性,转速 n 来不及变化,因而反电势 $E_a = C_e n \Phi$ 不变,电枢电流 I_a 不变,电磁转矩 $M = C_M \Phi I_a$ 也不变。但由于负载力矩 M_r 增大,电机的转速 n 必然要降低,这就使反电势减小,电枢电流 $I_a = \dfrac{U - E_a}{R_a}$ 增大,使电磁转矩增大……一直到电磁转矩增大到和负载力矩相等时,电机由一个平衡状态进入另一个平衡状态。在新的平衡状态下,转速 n 降低了,电枢电流 I_a 增大了,电磁转矩增大了。

同理可以证明:当 M_r 减小时,电机转速升高,电枢电流减小,电磁转矩减小。

20.2 直流电机的换向

直流电机工作时,电枢绕组中的电动势和电流是交变的,必须借助于旋转着的换向器和静止电刷才能在电刷间获得直流电压和电流(发电机),或者将外电源的直流电压和电流转换成电枢绕组中的交变电压和电流(电动机)。当电枢绕组中的某元件从一条支路越过电刷轴线而进入另一条支路时,该元件中的电流必将改变方向。元件通过电刷轴线从一条支路转入另一条支路时,元件中的电流要变换方向,称为直流电机的换向。

20.2.1 换向过程

下面通过考查图 20-11 中元件 1 中的电流从 $+i_a$ 变换为 $-i_a$ 的过程,来分析一个电枢元件的换向过程。图 20-11 中,电刷固定,换向器以速度 v_a 按图示方向运动。

图 20-11(a)所示,电刷仅与换向片 1 接触,元件 1 属于右支路,此时流过支路的电流 i_a 为向左,假定为 $+i_a$。

换向器向左运动到图 20-11(b)所示位置时,使电刷同时与换向片 1 和 2 接触,元件 1 被电刷短路。电刷与换向片 2 开始接触的时刻就是开始换向的时刻。随着换向器的继续运动,电刷与换向片 1 间的接触面积逐渐减小,接触电阻逐渐增大;而与换向片 2 间的接触面积逐渐增大,接触电阻逐渐减小。流过元件 1 的电流 i 从 $+i_a$ 开始衰减,如图 20-12 所示。

换向器继续向左运动到图 20-11(c)所示位置时,电刷完全脱离换向片 1,而与换向片 2

完全接触。此时,元件1已换入右支路,流过的电流已是$-i_a$。至此,元件1完成了一个电流从$+i_a$变换为$-i_a$的过程,也实现了从一条支路转入到另一条支路的过程。图20-12为元件1的理想化的换流曲线。换向过程从t_1时刻开始,到t_2时刻结束。

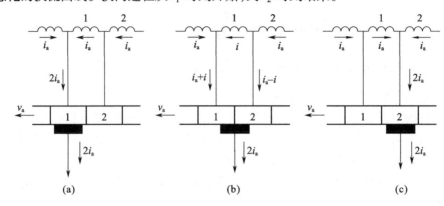

图 20-11 换向元件的换向过程
(a)换向开始;(b)换向过程中;(c)换向结束瞬间。

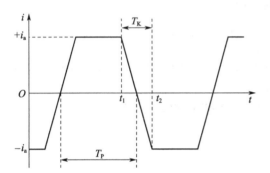

图 20-12 理想的元件电流随时间变化的波形

元件1中电流改变方向的过程称为换向过程。处于换向过程中的元件称为换向元件。换向元件经换向片及电刷所构成的回路称为换向回路。换向过程所经历的时间称为换向周期T_K,$T_K = t_2 - t_1$。航空电机的换向周期非常短促,为万分之几秒。T_P是元件从一种极性电刷下转到另一种极性电刷下所经历的时间。

直流电机换向不好时会在电刷与换向器间产生火花,火花会对无线电设备产生干扰,烧坏电刷和换向器。严重时,沿整个换向器表面形成环火,致使电机烧毁。直流电机运行时会产生火花是直流电机突出的致命弱点。

20.2.2 换向电路分析

直流电机换向时为什么会在电刷与换向器间产生火花呢?考虑到换向元件区别于其他元件的主要特点,换向过程中换向元件中的电流始终在变化,火花的产生肯定是由于换向电流的变化引起的。下面,通过对如图20-13所示的换向回路的分析来分析换向元件中电流的变化规律。

分析换向电流的变化规律,首先要分析回路中存在的感应电势,以及换向片与电刷间的接触电阻。

20.2.2.1 换向元件中的电动势

换向元件中有电抗电势e_r和横轴电枢电势e_{aq}。电抗电势e_r是由于换向元件中电流变化而产生的电势,它包括换向元件自身的电流大小变化产生的自感电势e_L,以及同时进行换向的其他元件中的电流变化时,通过互感作用在所考察的换向元件中产生的互感电势e_m,其作用是阻碍换向元件中电流的变化。电抗电势为

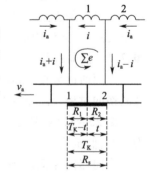

图 20-13 换向回路

$$e_r = e_L + e_m = -L\frac{di}{dt} - M\frac{di_x}{dt} = -L_r\frac{di}{dt} \tag{20-36}$$

式中 L——换向元件的自感；

M——换向元件的互感；

i_x——同时进行换向的其他元件中的电流；

L_r——换向元件的等效合成漏电感。

由于横轴电枢反应使电机磁场发生畸变,横轴电枢磁通如图20-14(a)所示。换向元件在换向过程中,要切割横轴电枢磁通 Φ_{aq},在换向元件中产生感应电势,这个电势称为横轴电枢电势 e_{aq}。

图20-14(b)是没有换向极以及电刷放在几何中性线的情况。图中曲线1是横轴电枢反应磁势、曲线2是由它所产生的气隙磁通密度。把换向元件的元件边从换向开始到结束,在电枢表面所经历的区域叫换向区。在换向区内,横轴电枢反应磁密为 B_{aq},横轴电枢电势为

$$e_{aq} = 2N_K v_a l B_{aq} \tag{20-37}$$

式中 N_K——换向元件的匝数；

l——每一换向元件边的有效长度；

v_a——电枢表面的线速度。

由于横轴电枢反应使换向元件在换向时与换向前处于同一主极下,因此 e_{aq} 的方向,不论是发电机还是电动机,总是力图维持换向元件中原来的电流方向不变,即阻碍换向元件中电流的变化。

e_r 和 e_{aq} 的方向都与换向前的电流方向相同,起着阻碍换向的作用。因此,它们越大,对换向越不利。为了改善换向,功率较大的直流电机在几何中性线位置均安装换向极,以使换向元件切割换向极磁场产生换向电势 e_K 来抵消或削弱 e_r 和 e_{aq} 的影响。于是,换向元件中的合成电势为

$$\sum e = e_r + e_{aq} - e_K \tag{20-38}$$

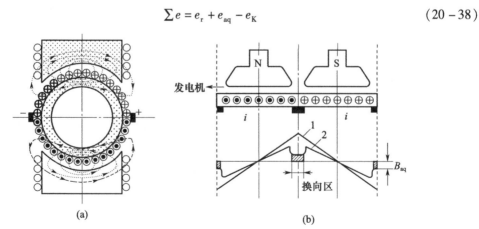

图20-14 横轴电枢磁通、磁势和磁密
(a)横轴电枢磁通；(b)横轴电枢磁势和磁密。

20.2.2.2 换向回路的电压方程及电流变化规律

换向回路的电阻主要是电刷与换向器间的接触电阻,而换向元件本身的电阻及其与换向片间的连接电阻,均因数值较小,可略去不计。

假设每一换向片与电刷之间是面接触,接触面上的电流密度是均匀的,接触电阻与接触面积成反比。如图20-13所示,令S为电刷总的接触面积,S_1与S_2分别为换向片1、2各自与电刷的接触面积。当$t=0$时,$S_1=S$,$S_2=0$;当$t=T_K$时,$S_1=0$,$S_2=S$。令R_S为总的电刷接触电阻,R_1和R_2分别为换向片1和2各自与电刷间的接触电阻,则

$$\begin{cases} R_1 = R_S \dfrac{S}{S_1} = R_S \dfrac{T_K}{(T_K - t)} \\ R_2 = R_S \dfrac{S}{S_2} = R_S \dfrac{T_K}{t} \end{cases} \quad (20-39)$$

流经R_1的电流为(i_a+i),流经R_2的电流为(i_a-i)。换向回路的电压方程为

$$\dfrac{(i_a+i)R_S T_K}{T_K - t} - \dfrac{(i_a-i)R_S T_K}{t} = \sum e \quad (20-40)$$

$$i = i_a\left(1 - \dfrac{2t}{T_K}\right) + \dfrac{\sum e}{R_1 + R_2} = i_L + i_K \quad (20-41)$$

式中:i_L为直线换向电流分量,$i_L = i_a\left(1 - \dfrac{2t}{T_K}\right)$;$i_K$为附加换向电流分量,$i_K = \dfrac{\sum e}{R_1 + R_2}$;$R_1 + R_2$为换向回路串联总电阻。

对式(20-41)进行分析,换向电流的变化可分为以下三种情况:

(1) 直线换向:当$\sum e = 0$,即e_K与$(e_{aq}+e_r)$大小相等、方向相反,e_K完全抵消$(e_{aq}+e_r)$时,式(20-41)可写为

$$i = i_a\left(1 - \dfrac{2t}{T_K}\right) \quad (20-42)$$

式(20-42)表示换向元件中的电流i只有随时间按直线规律变化的直线换向电流成分,如图20-15中曲线1所示,称为直线换向。其特点是电刷与换向片接触面上的电流密度分布均匀,换向过程中无火花产生,所以又称暗换向,是最理想的换向情况。

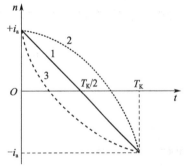

图20-15 换向周期内换向电流变化的各种情况

(2) 延迟换向:当$\sum e > 0$,即阻碍换向的电动势$e_{aq}+e_r$没有完全被e_K抵消时,换向元件中的电流$i=0$的时间必然在$t > \dfrac{T_K}{2}$时,即换向元件中电流改变方向的时间必然较直线换向时推迟,如图20-15中曲线2所示,这种换向情况称为延迟换向。这样,到了$t=T_K$,即换向结束时,$i \neq i_a$,则当换向回路断开瞬间,换向元件中的电流将被突然强制变为$-i_a$,此刻$\dfrac{di}{dt}$趋于无穷大,释放大量的磁场储能,就会产生火花。

(3) 超越换向:当$\sum e < 0$,即e_K抵消$(e_{aq}+e_r)$还有剩余时,在$t < \dfrac{T_K}{2}$时,换向元件中的电流提前改变了方向,如图20-15中曲线3所示,这种换向情况称为超越换向。此时,电刷前刷边电流密度大,电刷与换向器间的接触点被烧热,接触压降增大,会形成离子导电,从而在前刷边可能产生火花。

综上所述，直流电机一般可能存在三种换向情况：在轻载时为超越换向；额定负载时为直线换向；过载时为延迟换向。其中，在超越换向和延迟换向时，换向元件中的电流 i 除了有直线换向电流分量外，还有附加换向电流分量，因此会产生火花；在直线换向时，换向元件中的电流 i 只有直线换向电流，因此不会产生火花。

20.2.3 改善换向的方法

改善换向的目的是减小或消除电刷面下的火花。从上述分析可知，$t = \dfrac{T_\text{K}}{2}$ 时存在于换向元件中的附加换向电流 i_K 是导致延迟或超越换向，进而产生火花的根本原因。要消除火花，就必须设法削弱或完全消除 i_K。具体方法不外乎削弱或完全消除 $e_{\text{aq}} + e_\text{r}$，以及增加换向回路电阻两大类。为此，航空直流电机主要采取以下改善换向的措施。

20.2.3.1 加装换向磁极

在功率为 1.5kW 以上的飞机直流电机中，消除 $e_{\text{aq}} + e_\text{r}$ 的方法是加装换向磁极，如图 20-16 所示。让换向元件切割换向极磁通产生的换向电势 e_K 的方向与 $e_\text{r} + e_{\text{aq}}$ 的方向相反，从而抵消 $e_{\text{aq}} + e_\text{r}$ 的作用，使换向得到改善。

在装有换向极的电机中，电刷一般应位于几何中性线上，而换向极应准确地装在几何中性线上。

$e_{\text{aq}} + e_\text{r}$ 的方向与换向元件在换向前的电流方向相同，即与换向元件在换向前切割的主极磁通所产生的感应电势方向相同。要使 e_K 的方向与

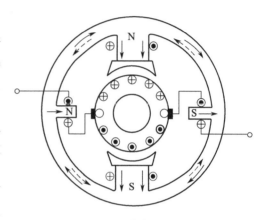

图 20-16 换向极原理

$e_{\text{aq}} + e_\text{r}$ 的方向相反，就要使 e_K 的方向与换向元件换向后切割的主极磁通所产生的感应电势方向相同，所以换向极的极性应与换向元件换向后所在的主极极性相同，如图 20-16 所示。

由于 $e_{\text{aq}} + e_\text{r}$ 的大小随电枢电流的增加而增加，为使 e_K 能随时与 $e_{\text{aq}} + e_\text{r}$ 相抵消，换向极的磁通也必须能随 I_a 的增加而增加。因此，换向极绕组必须与电枢绕组串联，使换向极绕组中流过电枢电流 I_a。

20.2.3.2 采用双叠片电刷

在功率为 9kW 以上的航空直流电机中，为了进一步减小附加换向电流，采用双叠片电刷，即在每一刷盒中装有两片电刷或采用分层电刷，如图 20-17 所示，将电刷切成许多片，再用绝缘胶黏合起来。这样，增加了附加换向电流在电刷中流动的长度，减小了截面积，增加了换向回路的电阻，从而减小了附加换向电流。

20.2.3.3 采用短距元件及分布绕组

为了减小互感电势 e_M，航空直流电机都采用短距元件，如图 20-18 所示。在某些直流电机中，为了进一步减小互感电势，还采用分布绕组，如图 20-19 所示。

采用短距元件或分布绕组后，同时换向的元件不在同一槽内，从而使换向元件中的电势 e_r 减小。

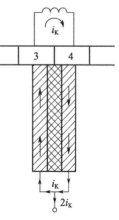

图 20-17 叠片电刷

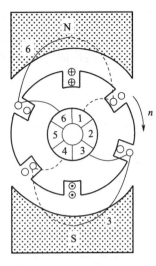

图 20-18 短距元件

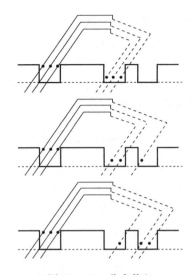

图 20-19 分布绕组

例 20.1 一台并励直流发电机，$P_N = 46\text{kW}$，$n_N = 1000\text{r/min}$，$U_N = 230\text{V}$，极对数 $p=2$，电枢电阻 $R_a = 0.03\Omega$，一对电刷压降 $2\Delta U_b = 2\text{V}$，励磁回路电阻 $R_f = 30\Omega$，把此发电机当电动机运行，所加电源电压 $U_N = 220\text{V}$，保持电枢电流为发电机额定运行时的电枢电流。试求：

（1）此时电动机转速为多少（假定磁路不饱和）？
（2）发电机额定运行时的电磁转矩为多少？
（3）电动机运行时的电磁转矩为多少？

解：（1）额定电流为

$$I_N = \frac{P_N}{U_N} = \frac{46\times 10^3}{230} = 200(\text{A})$$

励磁电流为

$$I_{fF} = \frac{U_N}{R_f} = \frac{230}{30} = 7.67(\text{A})$$

电枢额定电流为

$$I_{aN} = I_N + I_{fF} = 200 + 7.67 = 207.67(\text{A})$$

$$C_e\Phi_F = \frac{U + I_{aN}R_a + 2\Delta U_b}{n_N} = \frac{230 + 207.67\times 0.03 + 2}{1000} = 0.238(\text{Wb})$$

用作电动机运行时，有

$$I_{fD} = \frac{U_f}{R_f} = \frac{220}{30} = 7.33(\text{A})$$

因为

$$\frac{C_e\Phi_D}{C_e\Phi_F} = \frac{C_e F_{fD}}{C_e F_{fF}} = \frac{I_{fD}}{I_{fF}}$$

所以

$$C_e\Phi_D = \frac{I_{fD}}{I_{fF}} C_e\Phi_F = \frac{7.33}{7.67}\times 0.238 = 0.227(\text{Wb})$$

电动机转速为

$$n = \frac{U - R_a I_a - 2\Delta U_b}{C_e \Phi_D} = \frac{220 - 0.03 \times 207.67 - 2}{0.227} = 933(\text{r/min})$$

（2）发电机额定电磁转矩为

$$M_F = C_M \Phi_F I_{aN} = 9.55 C_e \Phi_F I_{aN} = 9.55 \times 0.238 \times 207.67 = 472(\text{N} \cdot \text{m})$$

（3）电动机电磁转矩为

$$M_D = C_M \Phi_D I_{aN} = 9.55 C_e \Phi_D I_{aN} = 9.55 \times 0.227 \times 207.67 = 450(\text{N} \cdot \text{m})$$

小　　结

1. 直流电机的电势、磁势和转矩

比较内容 电机类型	电枢电势		电磁转矩	
	大小	性质	大小	性质
直流发电机	$E_a = C_e n \Phi$	电源电动势（I_a与E_a同向）	$M = C_M \Phi I_a$	制动转矩（M与n反向）
直流电动机		反电动势（I_a与E_a反向）		转动力矩（M与n同向）

2. 直流电机的电枢反应

直流电机负载运行时，电枢磁势的存在使气隙磁势的分布情况发生变化，从而使气隙磁场发生改变，这将影响直流发电机的电动势和直流电动机的转速。直流电机的电枢反应与电刷的位置及磁路的饱和程度有关。

（1）横轴电枢磁势F_{aq}磁场轴线与主磁场轴线成90°电角度，纵轴电枢磁势F_{ad}磁场轴线与主磁场轴线重合。

（2）电刷位于几何中性线上时，只有横轴电枢磁势产生；当电刷不在几何中性线上时，除有横轴电枢磁势产生外，还有纵轴电枢磁势产生。

（3）横轴电枢磁势F_{aq}的作用是使主磁场发生畸变：前极尖去磁，后极尖助磁。当磁路不饱和时，去磁作用等于助磁作用，电机中的磁通不变；当磁路饱和时，去磁作用大于助磁作用，使电机中的磁通减少，产生附加去磁磁势F_p。

（4）纵轴电枢磁势F_{ad}的作用，视电刷顺移或逆移而定。对发电机来说，顺移去磁，逆移助磁；对电动机来说，顺移助磁，逆移去磁。发电机一般不允许逆电枢转向移动电刷。

3. 直流电机的换向

（1）换向元件中的感应电势。换向元件本身有电感，在换向过程中，由于电流的变化而感应电抗电势e_r，包括自感电势e_L和互感电势e_m。电抗电势e_r的方向与换向前的电流方向相同，起阻碍换向的作用。同时，换向元件在换向过程中要切割横轴电枢反应磁通，产生横轴电枢电势e_{aq}。e_{aq}的方向也与换向前的电流方向相同，起阻碍换向的作用。e_r的方向与e_{aq}相同。

（2）产生电火花的主要原因。由于换向瞬间换向元件中有电动势$e_{aq} + e_r$，而换向元件又经电刷和换向片形成闭合回路，故在换向元件中有附加换向电流i_k，它储存有大小为$\frac{1}{2}Li_k^2$磁场能量，当换向结束时，以电火花形式释放出来。

（3）改善换向的主要方法：加装换向磁极；采用双叠片电刷；采用短距元件及分布绕组。

思考题与习题

1. 直流电机的主磁通同时交链电枢绕组和励磁绕组,为什么在电枢绕组中有感应电势,而在励磁绕组中却没有感应电势?

2. 直流发电机从元件本身看,其发出的电势及电流是交流的还是直流的?若是交流的,为何计算稳态电势时,$E_a = U + I_a R_a + 2\Delta U$($2\Delta U$ 为总的电刷压降)中不考虑元件电感的作用?

3. 直流发电机负载运行下的电枢电势与空载时是否相同?计算电势 E_a 是用什么磁通计算的?

4. 一台并激直流发电机,$P_N = 35 \text{kW}$,$n_N = 1450 \text{r/min}$,$U_N = 115 \text{V}$,极对数 $p = 2$,电枢电路总电阻 $R_a = 0.0243 \Omega$,总的电刷压降 $2\Delta U_b = 2\text{V}$,励磁回路电阻 $R_f = 20.1\Omega$,将此发电机的原动机拆去,使其作为电动机拖动生产机械,并施以电源电压 $U_N = 110\text{V}$,当此发电机电枢电流达到原来的额定值时,试问:

(1) 电动机转速为多少(假定磁路不饱和)?

(2) 如果电网电压下降为 100V,但此时电动机的负载转矩不变,那么电动机的转速变为多少?

5. 什么叫电枢反应?电枢反应对电机的运行有什么影响?电枢反应在发电机和电动机中有什么异同?

6. 直流电机电刷偏离几何中性线 α 电角度后,纵轴和横轴电枢反应磁势能否表示为 $F_{ad} = F_a \sin\alpha$ 和 $F_{aq} = F_a \cos\alpha$?

7. $F_0(x)$ 和 $F_a(x)$ 为什么有不同的波形?$F_a(x)$ 和 $B_a(x)$ 为什么波形不同?

8. 为什么横轴电枢反应也会产生去磁作用?直轴电枢反应会不会产生助磁作用?

9. 在换向回路中有哪些电势?如何判断某一电势是帮助换向的或是阻碍换向的?

10. 一直流电机装有换向极,且在额定运行情况下有良好换向,当运行情况发生如下的改变时,会对换向产生什么影响?

(1) 负载电流大幅度增加;

(2) 负载电流大幅度减小;

(3) 转速升高;

(4) 换向极绕组有一部分匝数短接。

11. 用换向电路的基本方程说明改善换向有哪些方法?

第 21 章 直流发电机的特性与调节

直流发电机在飞机低压直流电源系统中用作主电源发电机,为机上用电设备提供符合使用要求的直流电能。因此,发电机能否建立起符合要求的电压,当发电机的运行条件发生变化时,能否持续稳定地提供符合规定的电压,是电源系统稳定、安全工作的决定性问题。

本章主要介绍航空直流发电机的空载特性,介绍直流发电机电压的建立过程和条件,分析直流发电机的外特性和调节特性。

21.1 航空直流发电机的空载特性和自励

如图 21-1 所示,空载是指发电机以一定的转速 n 转动,但发电机正、负接线柱与外电路断开,负载电流 $I=0$ 时的运行状态。航空直流发电机空载运行时的特性,主要有空载特性和自激特性。

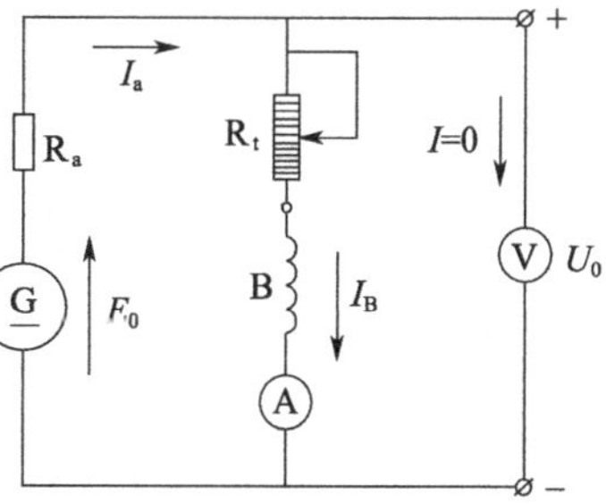

21.1.1 航空直流发电机的空载特性

发电机空载时的电枢电势称为空载电势,以 E_0 表示,它近似等于发电机空载时的端电压 U_0。发电机空载时,有

$$E_a = E_0 \approx U_0$$

图 21-1 航空直流发电机空载实验原理电路

空载电势的大小为

$$E_0 = C_e n \Phi_0 \tag{21-1}$$

当发电机的转速 n 一定时,E_0 的大小取决于主磁通 Φ_0 的大小,而 Φ_0 的大小取决于励磁电流 I_B 的大小。换句话说:空载电势 E_0 的大小取决于励磁电流 I_B 的大小。E_0 随 I_B 变化的关系曲线 $E_0 = f(I_B)$ 称为发电机的空载特性曲线,它是发电机最基本、最重要的特性。

由发电机空载时,E_0、Φ_0、F_B、I_B 之间的关系为

$$E_0 = C_e n \Phi_0 = C_e n \frac{F_B}{R_m} = C_e n N \frac{I_B}{R_m} \tag{21-2}$$

式中 F_B——励磁磁势;

N——励磁绕组的总匝数;

R_m——主磁路的磁阻。

$$\begin{cases} E_0 = C_e n \Phi_0 = C_e n N \dfrac{I_B}{R_m} \\ \Phi_0 = N \dfrac{I_B}{R_m} \end{cases} \tag{21-3}$$

由此可知,空载特性 $E_0 = f(I_B)$ 与电机的磁化曲线 $\Phi_0 = f(F_B)$ 之间是彼此关联的,它们之间只相差一个比例系数 $C_e n$。

21.1.1.1 电机的磁化曲线

如图 21-2 所示,电机的主磁路由主磁极铁芯、空气隙、电枢齿、电枢轭、机壳等部分组成,但总的来说,由空气隙和电工钢两大部分组成。

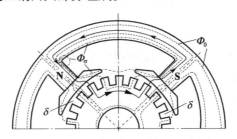

图 21-2 直流电机的主磁路

空气隙的磁导率 μ_0 很小,磁阻 R_0 很大,但不随磁通的多少而改变。空心线圈的磁通 Φ 与磁势 $F=IW$ 的关系 $\Phi = \mu_0 \dfrac{F}{\delta}$ 为直线,如图 21-3(a)所示。

电工钢的磁导率 μ 很大,是空气隙的磁导率 μ_0 的 2000 倍以上,但电工钢的磁导率随磁路的饱和程度不同而变化,磁路越饱和,磁导率 μ 越小,磁阻 R 越大。电工钢的磁化曲线 $\Phi = \dfrac{F}{R}$ 为曲线。当磁势增大到一定数值时,磁路开始饱和,继续增大磁势,磁通的增加越来越慢,如图 21-3(b)所示。

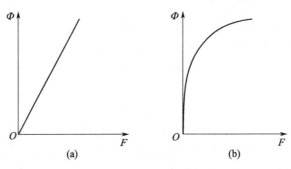

图 21-3 空气隙及电工钢的磁化曲线
(a)空气隙的磁化曲线;(b)电工钢的磁化曲线。

电机的主磁通 Φ_0 与励磁磁势 $F_B = I_B W_B$ 之间的关系曲线 $\Phi_0 = f(F_B)$ 称为电机的磁化曲线。既然电机的磁路由空气隙和电工钢组成,电机的磁化曲线就由空气隙和电工钢的磁化特性所共同决定,如图 21-4 所示。当磁势很小时,磁通很少,磁路不饱和,电工钢的磁阻很小,可以忽略不计,电机的磁路特性由气隙的特性决定,磁通与磁势的关系为直线。随着磁势的继续增大,磁通逐渐增多,电工钢的磁阻也逐渐增大,磁通增长较少。所以,当磁势继续增大时,磁通的增长越来越慢,出现磁饱和现象,电机的磁路特性主要由电工钢的磁化特性决定。

主磁通 Φ_0 与励磁磁势 $F_B = I_B W_B$ 之间的关系曲线 $\Phi_0 = f(F_B)$,也代表主磁通 Φ_0 与励磁电流 I_B 之间的关系曲线 $\Phi_0 = f(I_B)$。

21.1.1.2 空载特性

当发电机以恒定的转速 n 沿一定方向转动时,由于电工钢有一定的剩磁,当 $I_B = 0$ 时,电枢导体切割剩磁通,会产生一定的剩磁电势,如图21-5中的线段 ON 所示。

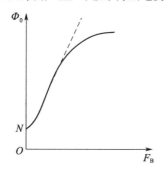 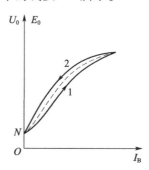

图21-4 电机的磁化曲线　　图21-5 n 为常数时电机的空载特性曲线

当励磁电流增加时,在开始阶段,I_B 不大,电机中的磁通较少,磁路不饱和,磁通和电势随 I_B 的增加而很快上升,空载特性的起始部分近于一条直线;当 I_B 较大时,电机中的磁通较多,磁路逐渐饱和,I_B 增加时,磁通和电势增加不多,曲线开始弯曲,开始弯曲的部分称为膝点或拐点;继续增加 I_B,磁路将更为饱和,磁通和电势增加很小。故电机的空载特性如图21-5中曲线1所示。

当 I_B 减小时,由于磁滞现象,电势并不沿曲线1下降,而是沿曲线2下降,对应的电势值较曲线1为高。通常取曲线1与曲线2的平均值作为电机的空载特性曲线,如图21-5中虚线所示。

对于一定的励磁电流 I_B,电机中的磁通 Φ_0 是一定的。而由于 $E_0 = C_e n \Phi_0$,当 Φ_0 一定而转速 n 不同时,E_0 也会不同。因此,对于一定的 I_B,转速 n 越高,电势 E_0 就越大。故发电机高转速时的空载特性较低转速时的空载特性高,如图21-6所示。由图可见,航空直流发电机的空载特性是一个特性曲线族,每一条空载特性曲线对应一定的转速。

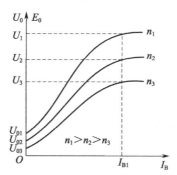

图21-6 不同转速时电机的空载特性曲线

显然,发电机的转速 n 越高,对应的剩磁电势就越大。

21.1.2 航空直流发电机的自励

航空直流发电机的励磁绕组是并联在电枢绕组两端的,称为并励发电机。并励发电机的励磁电流是由发电机本身提供的。如图21-7所示的并励发电机,当发电机电枢绕组不产生电势时,励磁绕组两端就没有电压,励磁绕组中也就没有电流;如果励磁绕组中没有电流,电机中就没有磁通,发电机电枢绕组中也就不会产生电势。那么,航空直流发电机为什么能自行发电呢?

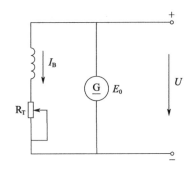

图 21-7 并励发电机的原理电路

21.1.2.1 自励的物理过程

原来,在正常情况下,任何磁性材料都有一定的剩磁。当发电机的电枢转动时,电枢导体切割剩磁通,产生一个很小的剩磁电势。这个剩磁电势就会在励磁绕组中产生一个很小的励磁电流。如果这个励磁电流产生的磁通的方向和剩磁通的方向相同,则电机中的磁通增多,感应电势增大,这又使励磁电流增大,磁通增多,感应电势进一步增大……

可见,航空直流发电机是靠自己给自己励磁而发电的,这种发电机称为自励式发电机。

由于磁路有饱和现象,电机中的磁通不会无止境地增加,发电机的电压也不会无止境地上升。当励磁电流为某一确定值时,发电机的端电压也有确定的值。

然而,对于航空直流发电机,不仅要求它能发电,而且要求它的端电压极性正确、大小为 28.5V。如何才能保证航空直流发电机能够满足这三个要求呢?

21.1.2.2 自励过程分析

发电机能否建立起符合规定的电压,取决于:励磁电流 i_B 能否逐渐增加;励磁电流能否稳定在一定的数值而不再增加;励磁电流的大小是否适当。

要回答这三个问题,必须进一步分析自励过程中影响励磁电流 i_B 的各种因素。分析过程中,e_0、i_B 分别表示自励过程过程中发电机空载电势 E_0 和励磁电流 I_B 的瞬态值。

如图 21-8 所示,在励磁回路中,在 e_0 的作用下,励磁电流 i_B 流过励磁绕组、磁场调节电阻 R_T,经电枢绕组而形成闭合回路。因电枢绕组的电阻及电感很小(QF-6 型发电机的 R_a = 0.00175Ω),可以忽略不计;而励磁绕组匝数多、导线细,电感及电阻较大(QF-6 的 R_f = 2.2Ω)。把励磁绕组的电阻 R_f 和磁场调节电阻 R_T 合并,用一个电阻 R_B 来代表,称为磁场电阻;把励磁绕组单独用一个电感为 L_B 的纯电感线圈来代表。这样,可得到发电机的自励电路,如图 21-9 所示。

在自励电路中,空载电势 e_0 是产生励磁电流 i_B 的源泉,它与励磁电流的关系即电机的空载特性 $E_0 = f(I_B)$。

当励磁电流 i_B 流过励磁绕组时,在磁场电阻 R_B 上产生压降 $u_B = i_B R_B$。u_B 与 i_B 的关系为一条直线,称为磁场电阻线,如图 21-10 所示。磁场电阻线的斜率取决于磁场电阻 R_B 的大小,即

$$\tan\alpha = \frac{u_B}{i_B} = R_B \qquad (21-4)$$

由于在自励过程中,励磁电流 i_B 是不断增大的。由楞次定律可知,励磁电流 i_B 的变化,必

然要在励磁绕组中引起力图阻碍电流变化的自感电势 $e_{LB} = -L_B \dfrac{di_B}{dt}$,如图 21-9 所示。因此,$e_{LB}$ 的大小可以作为判断励磁电流是否增长的标准:当 $e_{LB} = 0$ 时,励磁电流 i_B 停止增长,保持一个稳定的数值不变;反之亦然。

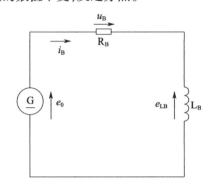

图 21-8 并励发电机的自励电路

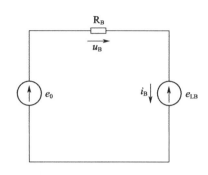

图 21-9 自励电路中的电势

在自励过程中,什么时候 $e_{LB} = 0$ 呢?

如图 21-9 所示的自励回路中,按照 KVL 有

$$e_{LB} = e_0 - i_B R_B = e_0 - u_B \tag{21-5}$$

由式(21-5)可知,在自励过程中,如果 $e_0 = u_B$,即发电机的空载电势 e_0 引起的电位升等于磁场电阻 R_B 上的电位降 u_B,电感线圈 L_B 两端的电位差为零,自感电势 $e_{LB} = 0$。这只有励磁电流不再变化才有可能。

e_0 和 u_B 都是与励磁电流 i_B 紧密联系的,对于某一个励磁电流 i_B,就有一个确定的 e_0 和一个确定的 u_B。取同一励磁电流 i_B 所对应的 e_0 及 u_B 值,画于图 21-10 中。显然 e_0 与 u_B 的差值(如 $PS - QS = PQ$)即代表自感电势 e_{LB} 的大小。

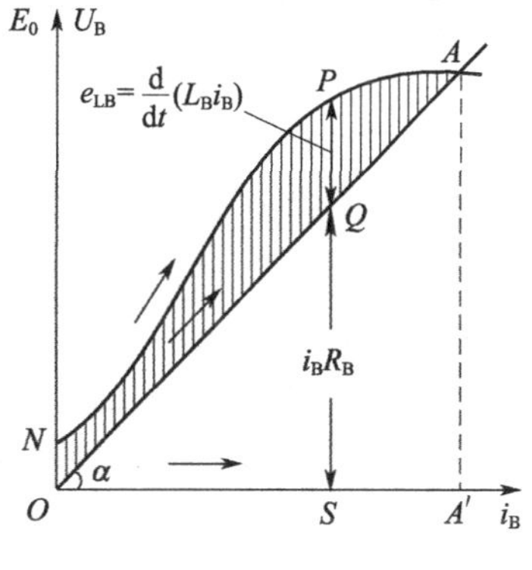

由图 21-10 可见,在 A 点以前,$e_{LB} \neq 0$,励磁电流是不断增长的。在 A 点,$e_0 = u_B$,$e_{LB} = 0$,励磁电流停止增长,OA' 即代表稳定的励磁电流的大小,AA' 则代表发电机电压的大小。显然,A 点的位置决定着电压的高低。

交点 A 的位置与哪些因素有关呢?

对于一定的磁场电阻,转速越低,空载特性越往下移,交点 A 的位置越低,励磁电流越小,电压越低,如图 21-11 (a)所示。

对于一定的转速,磁场电阻越大,磁场电阻线的倾角 α 越大,交点 A 越低,励磁电流越小,电压越低,如图 21-11(b)所示。

图 21-10 直流发电机的自激特性

当磁场电阻线与空载特性曲线相重合时,磁场电阻线与空载特性曲线有很多个交点,发电机的端电压不是一个确定的数值。此时,磁场电阻线所对应的磁场电阻称为临界场阻,空载特性曲线所对应的转速称为临界转速。

显然,要使发电机能建立起确定的电压,对于一定的磁场电阻,转速必须高于临界转速;对于一定的转速,磁场电阻必须小于临界场电阻。

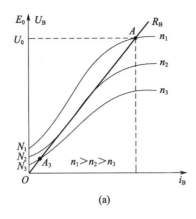 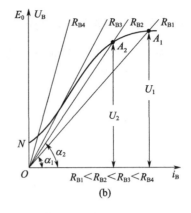

图 21-11 转速及磁场电阻对自励的影响

21.1.2.3 自励条件

航空直流发电机的转向是固定的。保证发电机产生极性正确、大小为 28.5V 的端电压所必须满足的条件,称为航空直流发电机的自励条件。综上所述,飞机发电机的自励条件如下:

(1) 有剩磁。如果没有剩磁,飞机发电机永远也不会发电。

(2) 剩磁通的方向正确。即与励磁电流产生的磁通的方向相同。

(3) 发电机的磁场电阻与转速要有适当的配合。磁场电阻不能太大,转速不能太低。

需要特别指出的是,航空直流发电机由于某些原因可能会出现剩磁消失或反磁,发电机无法建压的情况,此时应及时用蓄电池给发电机重新充磁。充磁的方法:将与发电机的"B"接线柱相连的导线拆去,将蓄电池的负极与发电机的"-"接线柱相接;将蓄电池的正极用导线引出,在发电机的"+"接线柱上碰一两下,使励磁绕组通电 1~2s 即可。

21.2 航空直流发电机的外特性和调节特性

一般说来,航空直流发电机的端电压 U 是随负载电流 I、转速 n 及磁场电阻 R_B 的变化而变化的。当转速 n 为常数,调节磁场电阻使发电机空载时的端电压 U_0 等于发电机的额定电压 U_N,保持 $U_0 = U_N$ 时的磁场电阻不变,而负载电流变化时,发电机的端电压 U 随负载电流 I 变化的规律 $U = f(I)$,称为航空直流发电机的外特性。

由于飞机发电机的端电压 U 随转速 n 及负载电流 I 的变化而变化,为了保持飞机发电机的端电压 U 不变,就需要相应地改变发电机的主磁通,这就需要相应地改变磁场电阻 R_B,调节励磁电流 I_B。当转速一定时,为保持发电机的端电压恒定,需要的励磁电流 I_B 随负载电流 I 变化的规律 $I_B = f(I)$,称为发电机的调节特性。

21.2.1 影响航空直流发电机端电压的因素

由直流发电机端电压的基本公式

$$U = E_a - I_a R_a = C_e n \Phi - I_a R_a \tag{21-6}$$

可知,当磁场电阻不变时,影响航空直流发电机端电压的因素有:发电机的电枢压降 $I_a R_a$;发电机的转速 n;发电机的有效磁通 Φ。其中,有效磁通 Φ 对端电压的影响尤为重要,影响有效磁通的主要因素有激磁电流 I_B 及其所产生的主磁通 Φ_0 随端电压而变化;电机中除主磁通 Φ_0 以外的磁通使有效磁通 Φ 的变化。

前面已经分析过,电机中除主磁通 Φ_0 外,还有电枢电流产生的磁通、换向元件中的附加换向电流产生的磁通,以及换向磁极产生的磁通。如以 ΔF 表示除产生主磁通 Φ_0 的励磁磁势 F_0 以外的,影响有效磁通 Φ 的附加磁势,则

$$\Delta F = -F_\rho \pm F_K \pm F_d \tag{21-7}$$

式中:"-"号表示与 F_0 方向相反的去磁磁势,"+"号表示与 F_0 方向相同的助磁磁势;F_ρ 为磁路饱和时,横轴电枢磁通产生的附加去磁磁势;F_K 为换向元件中的附加换向电流 i_K 产生的助磁磁势或去磁磁势,超越换向时为助磁,延迟换向时为去磁;F_d 为电刷偏离几何中性线时,纵轴电枢磁通及换向极磁通产生的、等效的助磁磁势或去磁磁势,顺电枢转向移刷时去磁,逆电枢转向移刷时为助磁。

显然,影响有效磁通的附加磁势 ΔF 的大小与负载电流的大小、磁路饱和程度、发电机的转速有关。

总的来说,发电机的端电压 U 与发电机的转速 n 及负载电流 I 有关。对于一定的转速 n,发电机的端电压 U 只与负载电流 I 有关;对不同的转速 n,发电机的端电压 U 随负载电流 I 的变化规律是不同的。

由于转速不同时发电机的外特性不同,相应地,转速不同时发电机的调节特性也不同。所以,分别分析低转速及高转速时的外特性和调节特性,中间转速的外特性和调节特性介于两者之间,不再专门分析。

21.2.2 低转速时的外特性和调节特性

21.2.2.1 外特性 $U=f(I)$

设发电机工作在空载时发出 28.5V 电压的某一最低转速,保持转速及磁场电阻不变。此时,由于转速低,要使发电机空载时发出 28.5V 的电压,发电机的磁场电阻小,励磁电流大,主磁通多,磁路处于饱和状态。影响发电机端电压的因素主要包括:

(1) 当负载电流增大时,电枢电流 I_a 增大,电枢压降 $I_a R_a$ 增大,使发电机的端电压降低;

(2) 由于磁路饱和,横轴电枢磁场产生附加去磁磁势 F_ρ,使发电机端电压降低;

(3) 当发电机端电压 U 降低时,将使励磁电流 I_B 减小,主磁通 Φ 减小,电枢电势 E_a 降低,使发电机端电压进一步降低。

由于上述三个因素的共同作用,当负载电流 I 增大时,发电机的端电压 U 降低,如图 21-12 所示。

在开始阶段,负载电流较小,电枢压降 $I_a R_a$ 较小;横轴电枢磁势较小,磁路饱和程度又较高,因此,横轴电枢磁场产生的附加去磁磁势 F_ρ 较小。这两个因素使发电机端电压降低的数值不大,励磁电流 I_B 降低不多。同时,由于磁路较饱和,I_B 的减小而使主磁通及电势 E_a 下降的数值很小,故发电机的端电压下降不多。

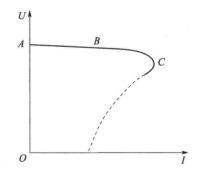

图 21-12 低转速时飞机直流发电机的外特性

随着负载电流 I 的增大,端电压 U 逐渐下降,磁路饱和程度逐渐降低。I 继续增大时,不但 $I_a R_a$ 增大,使 U 降低较多,同时,横轴电枢磁势增大及磁路饱和程度降低,附加去磁磁势 F_ρ 增大,也使 U 降低较多;U 降低较多,I_B 也减小较多,又由于磁路饱和程度降低,I_B 的减小使主

磁通及 E_a 减小量大,端电压 U 下降越来越大。

随着端电压下降越来越大,磁路的饱和程度越来越低,到 C 点以后,磁路处于不饱和状态。此时,由于任何原因的扰动(如负载电阻减小)而使端电压下降时,因励磁电流减小使磁通减少较多,端电压下降很多……再继续减小负载电阻时,负载电流非但不能继续增大,反而会减小。直到 U 下降到零,即发电机短路时仍有较小的电枢电流,称为短路电流。短路电流的大小由剩磁电势的大小决定。

在上述分析中,忽略了超越换向时附加换向电流所产生的助磁作用及电刷逆电枢转向移动时纵轴电枢磁势所产生的助磁作用。这是因为低转速时,附加换向电流较小;磁路饱和,助磁磁势使磁通增加并不多;主磁通较多,助磁磁势增加的磁通量相对较小。

21.2.2.2　调节特性 $I_B = f(I)$

发电机的端电压随负载电流的增大而降低,为使发电机的端电压始终保持恒定,必须设法使发电机的励磁电流 I_B 随负载电流的增大而增大,如图 21-13 所示。由图可见,低转速时,励磁电流 I_B 随负载电流 I 的增大一直是增大的。航空直流发电机的电压调节是由发电机电压调节器来自动完成的。

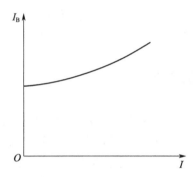

图 21-13　低转速时飞机直流发电机的调节特性

21.2.3　高转速时的外特性和调节特性

21.2.3.1　外特性 $U = f(I)$

设发电机工作在空载时发出 28.5V 电压的某一最高转速,保持转速及磁场电阻不变。此时,由于转速高,所需的励磁电流很小,主磁通很少,磁路处于不饱和状态。

当发电机的负载电流较小时,电枢压降 $I_a R_a$ 很小;横轴电枢磁势很小;由于磁路不饱和,横轴电枢磁势根本不产生附加去磁磁势,即 $F_p = 0$。因此,使端电压 U 降低的因素不起主要作用。相反,当负载电流较小时,发电机处于超越换向状态,附加换向电流对主磁场起助磁作用。而且,由于转速高,附加换向电流大,它所产生的磁势 F_K 大;又由于磁路不饱和,它所产生的磁通多。故高转速时,附加换向电流的助磁作用使端电压升高的因素表现很突出。

如果电刷逆电枢转向移动,还有纵轴电枢磁势及换向极磁场的助磁作用,使端电压升高的因素更为突出。

由于端电压升高,又使励磁电流增大,此时由于磁路不饱和,发电机的端电压上升很快。以上因素使发电机的端电压 U 随负载电流 I 的增大逐渐上升,如图 21-14 中曲线 *ab* 段所示。

然而,这种情况不是固定不变的。当负载电流继续增大时,由于励磁电流随端电压的升高而增大,附加换向电流及纵轴电枢磁势的助磁作用增大,主磁通增多,磁路的饱和程度逐渐提高。当负载电流增大到某一数值时,磁路由不饱和状态进入饱和状态。电机中使端电压上升的作用逐渐减弱,使端电压降低的因素逐渐增强,发电机的外特性又和低转速时类似:负载电流增大时,发电机的端电压一直下降,如图 21-14 中曲线 bc 段所示。

由图 21-14 可见,在高转速、小负载(小于 50% 额定负载)时,航空直流发电机的外特性可能产生"上凸"现象。

21.2.3.2 调节特性

由于在高转速、小负载时发电机的端电压高于 28.5V,为使端电压保持 28.5V 不变,发电机的励磁电流 I_B 必须减小,小于空载时的励磁电流。发电机的端电压随负载电流的增加而升高时,发电机的励磁电流必须随负载电流的增大而减小;而当端电压随负载电流的增大而降低时,发电机的励磁电流必须随负载电流的增大而增加,如图 21-15 所示。

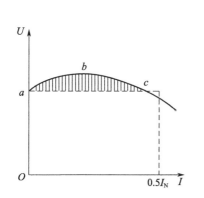
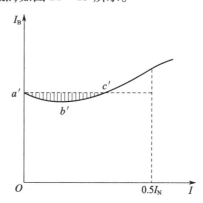

图 21-14 高转速时飞机直流发电机的外特性　　图 21-15 高转速时飞机直流发电机的调节特性

由图 21-15 可见,在高转速、小负载时发电机的调节特性可能产生"下凹"现象。

航空直流发电机的外特性和调节特性在高转速、小负载时分别产生"上凸"和"下凹"现象,对飞机电源系统的稳定性是极为不利的,在某些情况下甚至造成空中断电、充爆电瓶、烧坏发电机,从而导致严重后果。可以采取一些措施来消除外特性的"上凸"或调节特性的"下凹"现象,例如,适当加大换向极的气隙,以减小换向极所产生的磁通,并减小换向极磁路的饱和程度,用以减小超越换向时,附加换向电流的助磁作用。

小　　结

1. 航空直流发电机的空载特性

发电机空载时的电枢电势 E_0 与励磁电流 I_B 之间的关系曲线 $E_0 = f(I_B)$ 称为空载特性。当发电机的转速 n 一定时,$E_0 \propto \Phi_0$;Φ_0 的大小取决于 $F_B = I_B W_B$ 以及磁路的性质,$\Phi_0 = f(I_B)$ 称为电机的磁化曲线。因此,由电机的磁化曲线可得到航空直流发电机的空载特性。

航空直流发电机的空载特性是一个特性曲线族,每一条空载特性曲线对应一定的转速。

2. 航空直流发电机的自励

航空直流发电机建立电压的过程称为自励过程。要建立电压,电机内部必须有剩磁。

航空直流发电机的自励条件:

(1) 有剩磁;

（2）剩磁通的方向正确；

（3）发电机的磁场电阻与转速要有适当的配合。

航空直流发电机的自励过程可由下图来概括：

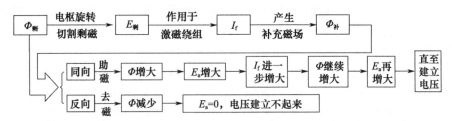

3. 由发电机端电压公式 $U = C_e n \Phi - I_a R_a$ 可知：当发电机的转速 n 及负载电流 I 变化时，发电机的端电压随之变化。

4. 在低转速时，发电机的外特性 $U = f(I)$ 是下降的。引起发电机端电压 U 随负载电流 I 增大而降低的主要原因如下：

（1）低转速时磁路饱和，横轴电枢磁通产生附加的去磁磁势 F_ρ；

（2）电枢压降 $I_a R_a$ 增大；

（3）发电机的励磁电流 I_B 随端电压 U 的降低而减小。

5. 在高转速、小负载时，发电机的外特性可能产生"上凸"现象。使发电机端电压随负载电流增大而升高的主要原因如下：

（1）高转速、小负载时，电机的磁路不饱和，横轴电枢磁通产生的去磁作用 $F_\rho \approx 0$；

（2）超越换向电流产生的助磁作用较大，使有效磁通增加较多；

（3）转速高，超越换向电流大，它使有效磁通增加的绝对值大，助磁作用大；

（4）转速高，主磁通少，超越换向电流使磁通增加的相对值大，助磁作用明显。

6. 为保持端电压恒定，在转速 n 及负载电流 I 变化时，必须相应地调节发电机的励磁电流 I_B。在低转速时，发电机的调节特性 $I_B = f(I)$ 是上升的；在高转速、小负载时，发电机的调节特性是"下凹"的。

思考题与习题

1. 如果没有磁路饱和现象，直流并励发电机能否自励？试作图说明。

2. 如果发现并励发电机不能建立电压，应从哪几个方面找原因？怎样处理？

3. 如果要求改变并励发电机端电压极性，有哪几种处理方法？

4. 并励发电机负载时的电枢电势与空载时是否相同？为什么？

5. 把它励发电机的转速升高20%，其空载电压升高多少？如果是并励发电机，比前者是升高得多还是升高得少（当励磁电阻不变时）？为什么？

6. 并励发电机正转能自励，反转能否自励？若不能，怎么办？如将并励绕组反接，发电机以额定转速反转，则此时电机能否自励？电枢电势极性是否发生了改变？

7. 试从物理概念描述串励、并励发电机的电压建起过程，两种发电机在短路时有无危险？

8. 简述直流发电机在高转速、小负载时，外特性产生"上凸"现象的原因。

第22章 直流电动机的特性与控制

直流电动机具有良好的起动和调速性能,不论是在地面还是在航空上都得到了非常广泛的应用。直流电动机在使用过程中,经常需要由在一个稳定运行状态下运行过渡到在另一个稳定运行状态下运行,其转速 n、电磁力矩 M 及电枢电流 I_a 等物理量也会随着运行状态的变化而相应地发生变化。为了正确使用直流电动机,需要掌握其在稳定运行时各物理量之间的相互影响关系,即直流电动机的各种工作特性。直流电动机的工作特性主要有转速特性、转矩特性和机械特性。直流电动机的工作特性随励磁方式的不同会有很大的差异,因而不同励磁方式的直流电动机的应用场合也不同。

本章主要介绍不同励磁方式的直流电动机的工作特性及其基本控制方法和原理,分析直流电动机的各种运行状态及其转换条件。

22.1 直流电动机的特性

直流电动机稳定运行时,转速 n、电磁力矩 M 与电枢电流 I_a 之间有一一对应的、确定不变的关系。当电源电压 U 不变,而负载力矩 M 变化时,直流电动机的转速 n 与电枢电流 I_a 之间的关系 $n=f(I_a)$ 称为转速特性,电磁力矩 M 与电枢电流 I_a 之间的关系 $M=f(I_a)$ 称为转矩特性,转速 n 与电磁力矩 M 之间的关系 $n=f(M)$ 称为机械特性。这些特性具体地代表了直流电动机的工作性能。各种直流电动机的性能不同,使用的场合也不同。

22.1.1 转速特性 $n=f(I_a)$

当电动机负载力矩增大时,电动机的转速 n 降低,反电势 E_a 减小,电枢电流 I_a 增大;反之,当负载力矩减小时,电动机的转速升高,反电势增大,电枢电流减小。

22.1.1.1 并励电动机的转速特性

并励电动机的转速为

$$n = \frac{U - I_a R_a}{C_e \Phi} = \frac{U}{C_e \Phi} - \frac{I_a R_a}{C_e \Phi} \tag{22-1}$$

当电枢电流 I_a 增大时,电枢压降 $I_a R_a$ 将增大,这一因素将使转速下降。同时,励磁电流虽不变,但随着电枢电流的增加,电枢反应的去磁作用将使每极磁通 Φ 减少,这一因素将使转速上升。二者的影响是相反的。因此,当电枢电流变化时,并励电动机的转速变化较小。

一般来说,电枢压降的影响较电枢反应的影响为大,故并励电动机的转速特性是略微向下倾斜的,倾斜的程度取决于电枢电阻 R_a 的大小,如图 22-1 所示。

当负载变化时,如果电动机的转速变化不多,则称它的转速特性为硬特性。并励电动机从空载到满载,其转速的降低通常为 3%~8%,因此说它有硬特性。这是直流并励电动机的主要特点之一。

需要说明的是,在实验室获取直流电动机的转速特性时,电源电压 U 和励磁电流 I_B 是保持不变的。但是,在使用过程中,由式(22-1)可知:

(1) 并励直流电动机比较容易通过改变电源电压 U 和电枢电阻 R_a，实现近似的线性调速，调速性能好。

(2) 并励直流电动机在运行过程中，励磁回路决不能断开。若并励绕组断开，则主磁通迅速下降到零。使电枢电流 I_a 剧增，容易烧毁电机；转速 n 远远超过额定转速，使转子"飞转"，致使电机损坏。

22.1.1.2 串励电动机的转速特性

当负载较小时，励磁电流也小，磁路不饱和。此时，$\Phi = KI_a$，电动机的转速为

$$n = \frac{U - I_a R_a}{C_e K I_a} = \frac{U}{C_e K I_a} - \frac{R_a}{C_e K} = C\frac{1}{I_a} - C' \quad (22-2)$$

故串励电动机的转速特性 $n = f(I_a)$ 是一条双曲线，如图 22-2 所示。

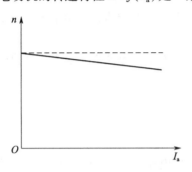

图 22-1 并励电动机的转速特性

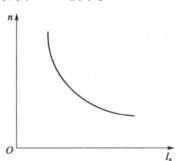

图 22-2 串励电动机的转速特性

当电枢电流 I_a 增大时：一方面，电枢压降 $I_a R_a$ 增大，使转速降低；另一个方面，I_a 增大使电动机中的磁通 Φ 也跟着增大，使转速降低更多。所以，当负载力矩增大时，相应地，电枢电流 I_a 增大时，电机的转速下降很多。

同理，当电动机的负载力矩减小，电枢电流 I_a 减小，尤其是电动机空载时，电动机的转速将很快升高，甚至使转子"飞转"，致使电机损坏。因此，地面串励电动机绝对不允许空载；飞机上的串励电动机，一般是通过传动机构连接机械负载，空载阻转力矩较大，不会发生"飞转"。但是，当电动机空载时，如油箱油尽时，电动机的转速也会大大升高，可能使密封胶圈等有关机件损坏，所以，油泵电动机不允许长期空载工作。

串励电动机，只有当负载电流 I_a 较大时，磁路已饱和，转速随 I_a 的变化才趋于缓和。

22.1.2 转矩特性 $M = f(I_a)$

当负载力矩增大时，电动机的电枢电流 I_a 增大，电磁力矩 M 也随之增大；反之亦然。

22.1.2.1 并励电动机的转矩特性

由于并励电动机的磁通 Φ 约为常数，当电枢电流 I_a 增大时，电动机的电磁力矩随 I_a 的增大而成正比地增大，即

$$M = C_M \Phi I_a \approx C_1 I_a \quad (22-3)$$

故并励电动机的转矩特性 $M = f(I_a)$ 是一条直线，如图 22-3 所示。

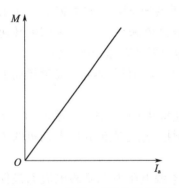

图 22-3 并励电动机的转矩特性

22.1.2.2 串励电动机的转矩特性

当电枢电流 I_a 增大时：一方面，电枢电流 I_a 的增大直接

使电磁力矩增大;另一方面,由于串励电动机的磁通 Φ 也随 I_a 的增大而增大,电动机的电磁转矩 M 随电枢电流 I_a 的增加而很快增加。因为,当磁路不饱和时,$\Phi = KI_a$,故

$$M = C_M \Phi I_a = C_M K I_a^2 = C'' I_a^2 \quad (22-4)$$

所以,串励电动机的转矩特性 $M = f(I_a)$ 为一条抛物线,如图22-4所示。

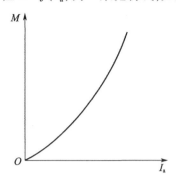

图22-4 串励电动机的转矩特性

22.1.3 机械特性 $n = f(M)$

直流电动机的机械特性 $n = f(M)$ 可以根据转速特性 $n-f(I_a)$ 及转矩特性 $M-f(I_a)$ 作出。取同一电枢电流 I_a 所对应的转速 n 和转矩 M,即可作出电动机的机械特性 $n = f(M)$。并励电动机的机械特性如图22-5(a)所示,串励电动机的机械特性如图22-5(b)所示。

由图22-5可见,当负载变化时,并励电动机的转速变化不大,转速稳定,机械特性为"硬"机械特性;而串励电动机转速变化很大,机械特性为"软"机械特性。

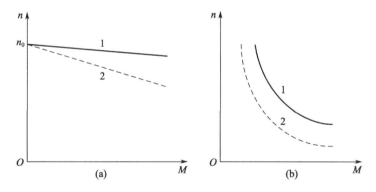

图22-5 并励及串励电动机的机械特性
(a)并励电动机的机械特性;(b)串励电动机的机械特性。

当在电枢电路中串入附加电阻 R_{ts} 时,电动机的机械特性下移,如图22-5中曲线2所示。因为

$$U = C_e n \Phi + I_a (R_a + R_{ts})$$

$$n = \frac{U - I_a (R_a + R_{ts})}{C_e \Phi}$$

对于并励电动机,$I_a = \dfrac{M}{C_M \Phi}$,则

$$n = \frac{U}{C_e \Phi} - \frac{M(R_a + R_{ts})}{C_e C_M \Phi^2} = n_0 - C''M \qquad (22-5)$$

故并励电动机的机械特性 $n = f(M)$ 为直线。

因为 Φ 约为常数,对于一定的电磁力矩 M,电枢电路内的附加电阻 R_{ts} 越大,C'' 越大,转速下降量 $C''M$ 也越大。故 R_{ts} 越大时,机械特性越往下斜。

同时,由式(22-1)和式(22-5)可知,Φ 很少时,n 和 I_a 均将很大,这是不允许的。因此,并励电动机的励磁回路不可断路。

对于串励电动机,因 $\Phi = KI_a$,则

$$M = C_M K I_a^2 = C' I_a^2 \qquad (22-6)$$

$$I_a = \frac{1}{\sqrt{C'}}\sqrt{M} = C'_M \sqrt{M} \qquad (22-7)$$

$$n = \frac{U - C'_M \sqrt{M}(R_a + R_{ts})}{C_e K C'_M \sqrt{M}}$$

$$= C_1 \frac{1}{\sqrt{M}} - C_2 \qquad (22-8)$$

串励电动机的机械特性为双曲线。由式(22-7)可知,对于一定的电磁力矩 M,附加电阻 R_{ts} 越大,转速下降越多,机械特性越往下移。

$R_{ts} = 0$ 时的机械特性称为自然机械特性,$R_{ts} \neq 0$ 时的机械特性称为人造机械特性。

22.1.4 直流电动机特性的比较及应用

取额定数值相同,但励磁方式不同的三种电动机来进行比较。额定数据相同是指当电动机接于额定电压的直流电源时,电动机的转速、转矩、轴上输出功率、电枢电流以及磁通等都相同,甚至电机常数 C_e、C_M 也相同。

图 22-6 给出了额定数据相同的串励、并励、复励三种电动机的特性。

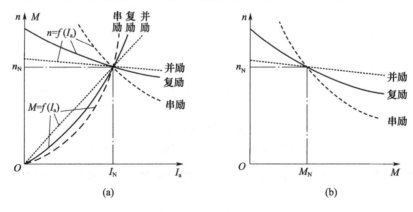

图 22-6 串励、并励、复励电动机的特性

22.1.4.1 起动性能

起动时,接通电源的最初瞬间,$n = 0$,反电势 $E_a \approx 0$,电枢电流 $I_a \approx \frac{U}{R_a}$,远大于额定值。

对串励电动机来说,电枢电流就是励磁电流,起动时,电机中的磁通必然较额定时为多。

对并励电动机来说,励磁电流值取决于电源电压 U,与 I_a 无关。因此,起动时的磁通和额

定时基本相同。

由 $M=C_M\Phi I_a$ 可知,起动时,对于相同的电枢电流 I_a,串励电动机产生的起动力矩比并励电动机大。

可见,串励电动机的起动性能比并励电动机好。

22.1.4.2 运转性能

由转速特性可知,当负载变化量相等时,串励电动机的转速变化大,而并励电动机的转速变化小。因此,并励电动机的运行比串励电动机平稳。

从另一方面看,当负载力矩增大量相同时,串励电动机的励磁电流和磁通都会随电枢电流的增大而增大,电枢电流增大不多即可产生足够的电磁力矩去平衡负载力矩;而并励电动机的磁通不随电枢电流的增大而增大,必须有较大的电枢电流才能产生足够的电磁力矩与负载力矩相平衡。

因此,当负载变化时,并励电动机的运行比串励电动机平稳,但电枢电流的变化量较串励电动机多。

22.1.4.3 改变转速及转向

通常,串励电动机的励磁绕组匝数较少,易于制成可以在两个方向旋转的电机,而并励电动机的转向却不便于改变。但是,并励电动机的调速性能优于串励电动机。

综上所述,可见:

(1)串励电动机的起动性能好,易于改变转向,负载变化时,电流变化不大;但转速变化较大,且调速性能不好。所以,串励电动机适用于要求迅速起动和能方便地改变转向,但不要求转速恒定的场合。飞机上的电动机构要求电动机经常迅速起动和反转,所以绝大多数是串励电动机。

(2)并励电动机的转速稳定,负载变化时,转速变化不大,且调速性能好;但起动性能不好,且不便于改变转向。所以,并励电动机适用于要求转速恒定,能很方便调节转速,但不经常起动和反转的场合,如飞机上定时机构所用的电动机就是并励电动机。

(3)复励电动机既有串励绕组又有并励绕组,它的特性介于串励和并励电动机之间,如图22-6所示。它既有较大的起动转矩(但不如串励大),负载变化时转速变化又不大(但不如并励那么平稳),又能很方便地调节转速,如起动发电机和一些油泵电机都用复励电动机。

22.2 直流电动机的调速

在阻转力矩保持不变的条件下,人为地使直流电动机从在一个转速下稳定运行过渡到在另一个转速下稳定运行的过程,称为直流电动机的调速。

当在直流电动机的电枢回路中串入调速电阻 R_{ts} 时,电动机的转速为

$$n=\frac{U-I_a(R_a+R_{ts})}{C_e\Phi} \tag{22-9}$$

可见,直流电动机的调速有三种方法:改变电枢电路的电阻 R_{ts};改变电动机中的磁通 Φ;改变电动机的电源电压 U。

22.2.1 改变电枢电路电阻调速

如图22-7所示,如果在并励电动机的电枢电路中串入附加的调速电阻 R_{ts},由式(22-9)

可知,若仅增加电枢回路电阻 R_{ts},则电机转速下降;反之转速升高。

当电动机的负载力矩不变时,设调速前的调速电阻值为 R_{ts1},调速后为 R_{ts2},则有

$$M = C_M \Phi_1 I_{a1} = C_M \Phi_2 I_{a2} \quad (22-10)$$

在电源电压 U 和励磁电阻不变时,$\Phi_1 = \Phi_2 = \Phi$,则

$$I_{a2} = I_{a1} \quad (22-11)$$

又

$$\begin{aligned} E_2 &= U - I_{a2}(R_a + R_{ts2}) \\ &= [E_1 + I_{a1}(R_a + R_{ts1})] - I_{a1}(R_a + R_{ts2}) \\ &= E_1 + I_{a1}(R_{ts1} - R_{ts2}) \end{aligned} \quad (22-12)$$

将 $E_1 = C_e n_1 \Phi_1$,$E_2 = C_e n_2 \Phi_2$ 和 $\Phi_1 = \Phi_2$ 代入式(22-12),则可得

$$n_2 = n_1 + \frac{I_{a1}(R_{ts1} - R_{ts2})}{C_e \Phi} \quad (22-13)$$

显然,当电枢电路中串入调速电阻时,电动机的转速降低;反之,当电枢电路中的调速电阻切除时,电动机的转速升高。并且,当 $R_{ts1} < R_{ts2}$ 时,$n_2 < n_1$。增大电枢回路电阻调速过程中,电枢电流及转速的变化情况如图 2-8 所示。

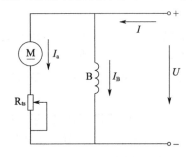

图 22-7 并励电动机利用改变电枢电路电阻调速的电路

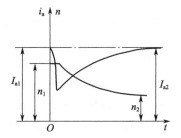

图 22-8 并励电动机增大电枢回路电阻调速过程中电枢电流和转速的变化过程

飞机起动箱定时机构中的电动机就是采用这种方法调速的。如图 22-9 所示,当电动机的转速上升到某一数值时,安装于电动机轴上的离心开关将与调速电阻 R_{ts} 并联的接点甩开,调速电阻 R_{ts} 串入电枢电路,电动机的转速降低。当转速降低到某一数值时,离心开关 K 将接点闭合,调速电阻短接,电动机的转速升高。使电动机的转速大致保持在一定的数值。

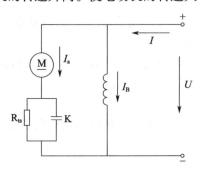

22-9 等速电动机调速原理电路

22.2.2 改变电机中的磁通调速
22.2.2.1 并励电动机

如图 22-10 所示,在并励电动机的励磁电路中,串入附加的调速电阻 R_{ts},即可改变励磁电流,从而改变磁通 Φ,改变电动机的转速。

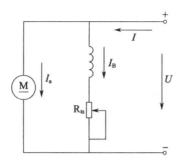

图 22-10 并励电动机利用改变磁通的调速电路

电动机的电磁转矩 M 的大小取决于电动机中的磁通 Φ 及电枢电流 I_a 的大小。当磁通减少的最初瞬间:一方面,将使反电势 $E_a = C_e n \Phi$ 减小,电枢电流 $I_a = \dfrac{U - C_e n \Phi}{R_a}$ 增大,使电磁转矩增大;另一方面,磁通 Φ 减少将直接使电磁转矩减小。磁通减少时电磁转矩究竟是增大还是减小,可由磁通减少的最初瞬间反电势的大小来判定。

设电动机中的磁通减少了 $\Delta\Phi$,在磁通减少的最初瞬间,由于机械惯性,电动机的转速来不及变化,则反电势减小为

$$E_a = C_e n_1 (\Phi_1 - \Delta\Phi) \tag{22-14}$$

由于反电势减小,电枢电流增加量为

$$\Delta I_a = \dfrac{U - C_e n_1 (\Phi_1 - \Delta\Phi)}{R_a} - \dfrac{U - C_e n_1 \Phi_1}{R_a} = \dfrac{C_e n_1 \Delta\Phi}{R_a} \tag{22-15}$$

此时,电枢转矩为

$$M = C_M (\Phi_1 - \Delta\Phi)(I_{a1} + \Delta I_a) \tag{22-16}$$

如果磁通减少的最初瞬间电动机产生的电磁转矩大于阻转力矩 M_r,即

$$C_M (\Phi_1 - \Delta\Phi)(I_{a1} + \Delta I_a) > C_M \Phi_1 I_{a1} = M_r \tag{22-17}$$

将式(22-15)代入式(22-17),可得

$$C_e n_1 (\Phi_1 - \Delta\Phi) > I_{a1} R_a \tag{22-18}$$

这就是说,如果在磁通减少的最初瞬间,反电势 $C_e n_1 (\Phi_1 - \Delta\Phi)$ 大于磁通减小前的电枢压降 $I_{a1} R_a$,则电动机的电磁转矩必然增大,电动机的转速必然升高。

由式(22-14)和式(22-15)可知,当不断减少磁通时,反电势不断减小,电枢电流不断增大,电枢压降不断增大。

如果磁通减少的最初瞬间,反电势减小到和电枢压降相等时,即

$$C_e n_1 (\Phi_1 - \Delta\Phi) = I_{a1} R_a \tag{22-19}$$

则磁通减小的最初瞬间,电磁转矩等于阻转力矩,电动机的转速不变。

再继续减少磁通,则在磁通减少的最初瞬间,必有

$$C_e n_1 (\Phi_1 - \Delta\Phi) < I_{a1} R_a \tag{22-20}$$

则磁通减小的最初瞬间,电磁转矩小于阻转力矩。结果,减小磁通非但不能使电动机的转速升高,反而会使电动机的转速降低。

由上述分析可知:

(1) 用减少磁通来调速时,电动机的转速是升高还是降低完全由磁通减少的最初瞬间反电势的大小来决定。

(2) 用减少磁通来调速时,当反电势大于电枢压降时,减少磁通,电枢电流增大,电动机的转速升高。调速过程中,电流及转速的变化如图22-11所示。

随着电动机转速升高,电动机反电势增大,电枢电流减小,电磁转矩减小。在电磁转矩还没有减小到和阻转力矩相等前,电磁转矩仍然大于阻转力矩,电动机的转速继续升高,电枢电流和电磁转矩继续减小……一直要到转速升高到使电磁转矩减小到和阻转力矩相等,电动机的转速不再升高,电动机以高于 n_1 的转速 n_2 稳定运行。

(3) 用减少磁通来调速,当反电势等于或小于电枢压降时,继续减少磁通,电动机的转速不再升高。因此,对于一定的电枢电阻 R_a,电动机的转速有一个最大值 $n_{max} = \dfrac{I_a R_a}{C_e \Phi}$,与 n_{max} 相应的电枢电流为最大值,而磁通为最小值。当磁通继续减小到小于这个最小值时,电动机的转速降低,电枢电流减小。

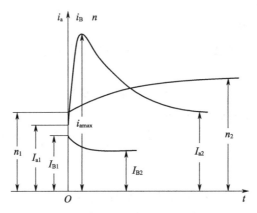

图 22-11 并励电动机利用改变励磁电流的调速

(4) 在一般情况下,反电势总比电枢压降要大得多。当磁通减少时,电动机转速会升高。但在直流电动机刚接通电源起动,转速很小时,反电势很小,而电枢电流很大,这时可能出现反电势等于甚至小于电枢压降的情况。因此,直流电动机起动时的磁场电阻 R_B 不能太大。

用改变磁通 Φ 调速的优点是控制功率较小,设备简易,比电枢回路串电阻调速要方便得多。缺点是电动机速度改变随励磁电流的变化而非线性变化。

22.2.2.2 复励电动机

复励电动机既有串励绕组又有并励绕组。可以在并励绕组中串入附加的调速电阻 R_{ts} 来改变电动机的磁通,如图22-12所示。有些直流油泵中的电动机就是采用这种方法调速的。

也可采用改变串励绕组中的磁通方向来改变复励电动机中的磁通。如某型油泵中的电动机中,除采用在并励绕组中串联调速电阻外,还采用改变串励绕组中磁通方向的方法来改变电动机中的磁通。如图22-13(a)所示,电动机正常工作时,电源加在 ab 之间,电动机中的磁通为并励绕组和串励绕组产生的磁通相加;当飞机进入加力状态,需增大油泵的供油量时,将电

源改接于 $a'b$ 之间,如图 22-13(b)所示,电机中的磁通为并励绕组和串励绕组产生的磁通相减,使电机中的磁通大为减少,电动机的转速升高,油泵供油量增大。

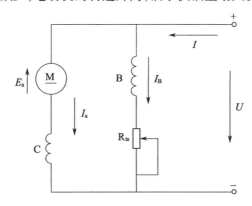

图 22-12 复励电动机串调速电阻调速电路

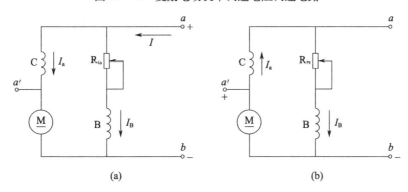

图 22-13 复励电动机改变串励绕组磁通方向调速电路

22.2.3 改变电动机的电源电压调速

改变电源电压调速是一种比较灵活的调速方式,电动机的转速既可以升高也可以降低,配合改变磁通的调速方式,调速范围还可以更宽广。当然,改变电源电压调速需要专用直流电源,如果辅以对整流电源的先进控制策略和调速方案,直流电动机不但可以获得最为理想的调速性能,还可以集正反转切换、降压起动等功能于一体。

由式(22-9)可知,电源电压增大或减小时,电动机的转速随之变化。

对于恒负载调速,有
$$M_1 = C_M \Phi_1 I_{a1} = C_M \Phi_2 I_{a2}$$

若励磁不变,$\Phi_1 = \Phi_2$,$\Delta I_a = 0$,则
$$U_2 - C_e n_2 \Phi = U_1 - C_e n_1 \Phi$$
$$n_2 = n_1 + \frac{U_2 - U_1}{C_e \Phi} \tag{22-21}$$

22.3 直流电动机的反转与制动

反转是使电动机从某一个旋转方向变为另一个旋转方向的过程,过程开始和终了时电动

机的转速都应当是稳定的。制动的实质是在电动机转轴上施加与转轴旋转方向相反的转矩的一种运行状态。这个转矩若是电磁转矩,则称电磁制动。直流电动机的反转或制动,一般是通过改变电磁转矩的方向来加以控制的。

22.3.1 改变直流电动机转向的方法

22.3.1.1 电磁转矩方向的改变

直流电动机电磁转矩的方向是由电枢电流 I_a 的方向和主磁场的极性这两个因素共同决定的,改变 I_a 的方向或改变主磁场的极性就可以改变电磁转矩的方向,如图 22-14 所示。

由图 22-14(a)、(d)可见,同时改变 I_a 的方向和主磁场的极性,电磁转矩的方向不变。因此,一个直流电动机,不论是串励或并励,如果只是将两根电源线对调,是不能改变电磁转矩的方向的。特别应注意的是:对"-"电刷接地的电动机(如油泵电动机),在飞机上绝对不允许将"+""-"线对调,以免发生短路。

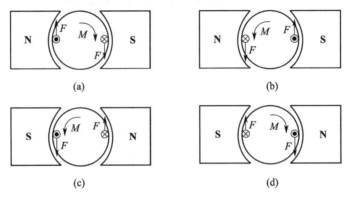

图 22-14 电动机电磁转矩方向改变

22.3.1.2 直流电动机的反转

要使直流电动机反转,需要改变其电磁转矩的方向:换接电枢电路,改变电枢电流的方向;或换接励磁电路,改变主磁场的极性。

在飞机上广泛使用串励双向电动机,它是用换接励磁电路来改变转向的。如图 22-15 所示,它采用两个励磁绕组 C_1、C_2 分别绕在两个磁极上,通过转换开关 S 来使主磁场的方向发生改变,从而改变电磁转矩的方向。

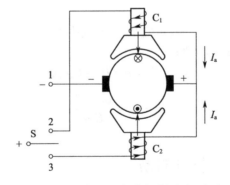

图 22-15 双向可逆串励电动机原理电路

22.3.2 直流电动机的制动

要使直流电动机制动,就必须设法在电动机轴上产生与电动机转向相反的阻转力矩。既可采用安装刹车盘等机械刹车的方法,也可利用电动机产生的电磁转矩来制动。常用的电磁制动的方法主要有能耗制动、反接制动和再生发电制动等。

22.3.2.1 能耗制动

利用电动机本身转动的惯性来产生制动力矩,消耗电动机转动部分的动能,称为能耗制动。能耗制动又分为他励能耗制动和自励能耗制动。

如图 22-16 所示,并励电动机正常工作时,励磁绕组和电枢绕组都接于电源。当要电动机停转时,将电枢绕组与电源断开,通过制动电阻 R_Z 短路,而励磁绕组仍接于电源。此时,并励电动机相当于一个它励发电机,电枢的转向及磁通的方向不变,电枢电势产生的电枢电流的方向与原来的电枢电流的方向相反,电枢绕组中的电磁转矩方向改变,对电动机起制动作用,使电动机很快停转。

并励电动机自励能耗制动的原理电路如图 22-17 所示。制动时,将电动机的励磁绕组和电枢绕组与电源断开,电动机的电枢绕组和励磁绕组构成闭合回路。电动机转动时切割电机中的剩磁通,产生电势和电流,使磁通增多,电势增大,电流增大……发生和并励发电机自励时相同的过程,电机成为一个自励发电机。在发电机中,电枢电流产生的电磁转矩总是与电枢的转向相反,对电机的转动起阻碍作用。因此,在电机本身产生的电磁转矩的作用下,电机很快停转。

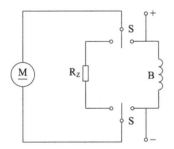 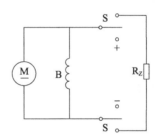

图 22-16 并励电动机他励能耗制动原理电路 　图 22-17 并励电动机自励能耗制动原理电路

由电机的自励条件可知:电动机的转速越高,磁场电阻越小,自励过程越容易进行,电动机越能迅速停转。如果磁场电阻越大(如电刷与换向器接触不良、换向器表面不清洁等)或电动机的转速越低,则电动机产生的电势、电流及制动力矩越小,电动机停转的时间就越长。

由上述分析可知,不论是它励能耗制动还是自励能耗制动,都是利用电动机本身的转动惯性所具有的能量,使电动机成为一个它励或并励发电机。在发电机中,电枢电流 I_a 的方向与电枢电势 E_a 的方向相同,电磁转矩的方向与电机的转向相反,对电机的转动起制动作用。

22.3.2.2 反接制动

如将电动机电枢绕组两端或励磁绕组两端与电源的连接对调,如图 22-18 和图 22-19 所示,则由于电枢电流或磁通改变了方向,电磁转矩的方向改变,对电动机的转动起阻碍作用,这种制动方法称为反接制动。

由图可见,无论采用哪一种反接制动,电枢绕组都与电源相接,电枢电流 I_a 是在电枢电势 E_a 及电源电压 U 的共同作用下产生的。电枢电阻 R_a 很小,电枢电流 I_a 能达到很大的数值,它产生的电磁转矩也能达到很大的数值。过大的电流冲击对电机不利,过大的转矩冲击可能损坏负载设备。为了限制电枢电流,反接制动时应在电枢电路中串入附加的制动电阻。

注意:当电动机的转速下降至零时,如不及时切断电源,则电动机将沿反方向起动和运转。

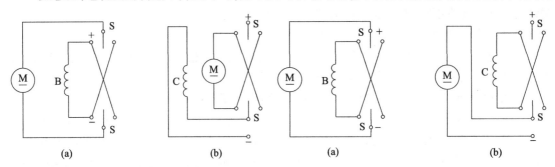

图 22-18 电枢反接制动原理电路　　　　图 22-19 励磁反接制动原理电路
(a)并励电动机;(b)串励电动机。　　　　　(a)并励电动机;(b)串励电动机。

22.3.2.3 再生发电制动

如果电动机被与它连接的机械带动着沿原来的转动方向转动(如电动机放下起落架时),这将使电动机的转速升高。当电动机的转速很高时,将使反电势 $E_a = C_e n \Phi$ 大于电源电压 U,使电动机的电枢电流改变了方向,电动机变成一个发电机,向电网输出电流。这时,由于磁通的方向不变,而电枢电流改变了方向,因而电磁转矩改变了方向,对转动起阻碍作用,使电动机的转速不致上升过高。这种情况称为再生发电制动。

22.3.3 电动机的各种运行状态

以并激电动机为例。电动机正常工作时,电动机的机械特性 $n = f(M)$ 如图 22-20 中第一象限内直线 1 所示。

当外界机械对电动机施加的阻转力矩减小时,电动机的转速沿 DA 升高。在 A 点,阻转力矩 $M_r = 0$,电动机的转速为 $n_0 = \dfrac{U}{C_e \Phi}$,反电势 $E_a = C_e n_0 \Phi = U$。此时,如电动机被与它相连的机械带着继续沿原来的方向转动,则电动机的转速将高于 n_0,电动机的反电势 $E_a > U$,电枢电流改变了方向,电动机处于再生发电状态。电磁转矩的方向与电动机的转向相反,即电磁转矩为负值。随着转速升高,电枢电流增大,电磁转矩增大,如图 22-20 中直线 1 在第二象限内的线段所示。

如果在电枢电路内串入附加电阻 R_{ts},则电动机的机械特性由自然机械特性 1 变为人造机械特性 2。直线 2 的斜率取决于电阻 R_{ts} 的大小。当外界机械对电动机施加的阻转力矩增大时,电动机的转速下降,电磁转矩增大。到 B 点,转速下降到 $n = 0$。此时

$$I_a = \frac{U}{R_a + R_{ts}}$$

$$M = M_Q \neq 0$$

如果电动机被外界机械拉着沿与电磁转矩相反的方向转动,则电动机的电枢电势 E_a 改变了方向,变为与电枢电流的方向相同。电枢电流的大小为

$$I_a = \frac{U + E_a}{R_a + R_{ts}}$$

电磁转矩的方向与电动机的转向相反。这种情况称为倒拉制动状态。随着转速 n 升高，电磁转矩增大，如图 22-20 中第四象限内的线段 BC 所示。反之，如电动机被外界机械拉着沿与电动机电磁转矩相同的方向转动，则当 $n > n_0$ 时，进入再生发电状态，如直线 2 在第二象限内的线段所示。

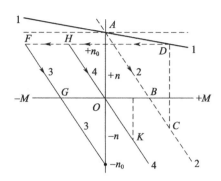

图 22-20 并励电动机各种状态下的机械特性

如果电动机稳定工作在直线 1 上的 D 点，将电动机的励磁绕组或电枢绕组反接，并接有制动电阻，在最初瞬间，电动机的转速仍保持不变，但由于磁通或电枢电流改变了方向，电磁转矩也改变了方向，变为负值，如图 22-20 中的 F 点所示。在电磁转矩的制动作用下，电动机的转速沿直线 3 下降。与转速下降的同时，电动机的电枢电势 E_a、电枢电流 I_a、电磁转矩 M 都减小。当 $n=0$ 时，虽然反电势 $E_a=0$，但因电枢仍与电源相接，电枢电流为

$$I_a = \frac{U}{R_a + R_{ts}}$$

电磁转矩 $M = M_Q \neq 0$。这时，如不及时切断电源，电动机将沿反方向起动，电动机转速变为负值，如直线 3 在第三象限内的线段所示。电动机的转向改变后，电枢电势改变了方向，变为与电枢电流方向相反的反电势。随着外界机械对电动机施加的阻转力矩 M_r 的减小，电动机的反电势 E_a 增大，电枢电流减小，电磁转矩减小。当阻转力矩 M_r 减小到零时，电动机的转速到达 $-n_0$。故电动机的机械特性如图 22-20 中直线 3 所示。

如果电动机稳定工作于直线 1 的 D 点，当进入自励能耗制动后，在最初瞬间，电动机的转速仍然不变，但电磁转矩改变了方向，变为与电机的转向相反，即电磁转矩变为负值，电动机工作于 H 点。由于电磁转矩的制动作用，电动机的转速逐渐降低。当 $n=0$ 时，$E_a=0$。由于自励能耗制动时，电动机电枢不和电源相接，$U=0$，电枢电流 $I_a=0$，电磁转矩 $M=0$，故电动机的机械特性通过坐标原点。此后，如果电动机被外界机械力矩拉着沿反方向转动，其情形与直线 2 在第四象限内的情况相同。

可见，在一定条件下电动机可以由一种状态过渡到另一种状态。分析各象限内的机械特性可得：

（1）一、三象限内为电动机状态。此时，$E_a < U$，E_a 与 I_a 的方向相反，M 与 n 的方向相同。一象限内为正转；三象限为反转；

（2）二、四象限内为制动状态。此时，E_a 与 I_a 的方向相同，M 与 n 的方向相反。二象限内为正转；四象限内，电动机被外界机械力矩带动反转。

例 22.1 有一台并励直流电动机，电枢回路中电阻压降占外施电压的 5%，反电势为外施电

压的95%,如调节励磁电流 I_B,使每极磁通减至原有值的80%,外界负载转矩不变。试求:

(1)在刚调 I_B 的最初瞬间,电枢电流 I_a 是原值的多少倍?电磁转矩是原值的多少倍?

(2)在新的平衡状态下,电枢电流 I_a 是原值的多少倍?电阻压降增加到百分之多少?反电势为百分之多少?

(3)n_2 升至原转速 n_1 的多少倍?

解:(1)由于调节 I_B 的最初瞬间,转速来不及变化,故有 $n_1 = n_2$,且

$$\frac{E_{a1}}{E_{a2}} = \frac{C_e n_1 \Phi_1}{C_e n_2 \Phi_2} = \frac{\Phi_1}{\Phi_2} = 80\%$$

$$E_{a2} = 0.8 E_{a1} = 0.8 \times 0.95 U = 0.76 U$$

因为

$$U = E_a + I_a R_a$$

$$\frac{I_{a2}}{I_{a1}} = \frac{U - E_{a2}}{U - E_{a1}} = \frac{U - 0.76U}{U - 0.95U} = \frac{1 - 0.76}{1 - 0.95} = 4.8$$

所以

$$I_{a2} = 4.8 I_{a1}$$

$$\frac{M_2}{M_1} = \frac{C_M \Phi_2 I_{a2}}{C_M \Phi_1 I_{a1}} = \frac{0.8 \Phi_1 \times 4.8 I_{a1}}{\Phi_1 I_{a1}} = 0.8 \times 4.8 = 3.84$$

$$M_2 = 3.84 M_1$$

(2)由于在新的平衡状态下有 $M_2 = M_1$,即

$$C_M \Phi_1 I_{a1} = C_M \Phi_2 I_{a2}$$

$$\frac{I_{a2}}{I_{a1}} = \frac{\Phi_2}{\Phi_1} = \frac{1}{0.8} = 1.25$$

因此

$$I_{a2} = 1.25 I_{a1}$$

$$I_{a2} R_a = 1.25 I_{a1} R_a = 1.25 \times 0.05 U = 6.25\% U$$

$$E_{a2} = U - I_{a2} R_a = U(1 - 0.0625) = 93.75\% U$$

(3)由 $E_a = C_e n \Phi$ 可得

$$\frac{n_2}{n_1} = \frac{E_{a2}}{E_{a1}} \cdot \frac{\Phi_1}{\Phi_2} = \frac{0.9375 \times 1}{0.95 \times 0.8} = 1.23$$

所以

$$n_2 = 1.23 n_1$$

小　　结

1. 直流电动机的特性

直流电动机的特性是指 $U = U_N = C$,直流电动机稳定运行时,转速 n、电磁力矩 M 与电枢电流 I_a 之间的对应关系。直流电动机的特性随励磁方式的不同有很大差异。并励电动机的励磁电流只与电源电压有关,当电源电压不变时,励磁电流基本恒定;串励电动机的励磁电流

等于电枢电流。

(1) 转速特性 $n=f(I_a)$：

并励电动机的转速为

$$n = \frac{U - I_a R_a}{C_e \Phi}$$

并励电动机的转速特性是略微向下倾斜的,倾斜的程度取决于电枢电阻 R_a 的大小,如图 22-1 所示。

串励电动机的转速为

$$n = \frac{U - I_a R_a}{C_e K I_a} = \frac{U}{C_e K I_a} - \frac{R_a}{C_e K} = C \frac{1}{I_a} - C'$$

串励电动机的转速特性 $n=f(I_a)$ 是一条双曲线,如图 22-2 所示。地面串励电动机绝对不允许空载；飞机上的串励电动机空载阻转力矩较大,不允许长期空载工作。

(2) 转矩特性 $M=f(I_a)$：

并励电动机的电磁转矩为

$$M = C_M \Phi I_a \approx C_1 I_a$$

故并励电动机的转矩特性 $M=f(I_a)$ 是一条直线,如图 22-3 所示。

串励电动机的电磁转矩为

$$M = C_M \Phi I_a = C_M K I_a^2 = C'' I_a^2$$

故串励电动机的转矩特性 $M=f(I_a)$ 为一抛物线,如图 22-4 所示。

(3) 机械特性 $n=f(M)$

并励电动机的机械特性为

$$n = \frac{U}{C_e \Phi} - \frac{M(R_a + R_{ts})}{C_e C_M \Phi^2} = n_0 - C''M$$

故并励电动机的机械特性 $n=f(M)$ 为直线,如图 22-5 所示。

串励电动机的机械特性为

$$n = \frac{U - C'_M \sqrt{M}(R_a + R_{ts})}{C_e K C'_M \sqrt{M}} = C_1 \frac{1}{\sqrt{M}} - C_2$$

故串励电动机的机械特性为一双曲线,如图 22-5 所示。

2. 直流电动机的性能比较

(1) 起动性能：串励电动机的起动性能比并励电动机好。

(2) 运转性能：当负载变化时,并励电动机的运行比串励电动机平稳,但电枢电流的变化量较串励电动机多。

(3) 改变转速及转向：串励电动机易于改变转向,并励电动机的调速性能优于串励电动机。

3. 直流电动机的调速

直流电动机的调速有三种方法：改变电枢电路的电阻调速；改变电动机中的磁通调速；改变电动机的电源电压调速。

4. 直流电动机改变电磁转矩方向的方法

电磁转矩的方向是由电枢电流 I_a 的方向和主磁场的极性这两个因素共同决定的,改变 I_a

的方向或改变主磁场的极性就可以改变电磁转矩的方向。

5. 直流电动机的制动

常用的电磁制动方法主要有自励能耗制动、它励能耗制动、反接制动、再生发电制动等。

思考题与习题

1. 并励直流发电机,并在电网上运行,如要将发电机改为电动机运行,只改变励磁电流 I_B,使 I_B 减小,以使 E_a 减小,其他不变,能否成为电动机运行?

2. 一台并励电动机,外加电源电压不变,负载转矩不变,若改变励磁电流 I_B 的大小,这时电枢电流 I_a 是否改变?为什么?

3. 并励直流电动机在负载转矩一定的情况下,运行过程中励磁绕组被断开,试问电机在有剩磁的情况下,会产生什么后果?若在起动时就已断线,将会产生什么后果?试用转矩特性 $M = f(I_a)$ 说明。

4. 在起动直流电动机时,常将串联于励磁回路内的变阻器短路掉,原因是什么?若在起动时,励磁回路串入较大的电阻,会发什么现象?

5. 并励直流电动机,当励磁电流加大时,使 Φ 加大,在负载力矩不变的情况下,试述转速下降的物理过程?为什么 $\dfrac{n_1}{n_2} \approx \dfrac{\Phi_2}{\Phi_1}$?

6. 并励直流电动机在采用使电枢串联电阻 R_{ts} 减小进行调速时,I_a 和电磁转矩 M 有无变化?为什么?

7. 有一并励电动机,$U = 220\text{V}, E_a = 210\text{V}, R_a = 1\Omega, I_a = 10\text{A}, n = 1500\text{r/min}$,负载力矩不变,在电枢回路串入 $R_{ts} = 10\Omega$,试求转速 n_2 为多少?

8. 一台并励直流电动机 $P_N = 82\text{kW}, n_N = 970\text{r/min}, U_N = 230\text{V}, p = 2, R_a = 0.026\Omega$,一对电刷压降为 2V,励磁回路电阻 $R_B = 30\Omega$,当将此发电机作为电动机运行时,所加电源电压为 $U_N = 220\text{V}$,电枢电流与原先数据相同。试求:

(1) 这时电动机转速为多少(假定磁路不饱和)?

(2) 如果电网电压因故障下降为 200V,负载转矩 M_2 为常数,那么电动机的转速变为多少?

(3) $U = U_N = 220\text{V}$,电动机空载运行,其空载电磁转矩为(1)中额定运行时电磁转矩的 1.2%,则空载转速为多少?

9. 改变电源的接线,为什么不能使电动机反转?

10. 在实际应用中,电车下坡时,反接制动过程中要增强励磁电流,为什么?

11. 直流电动机起动电流为什么很大?正常工作电流的大小如何呢?其大小主要取决于什么?

第23章 新型航空直流电机

传统的直流电机均采用电刷和换向器,以机械方法进行换向,因而存在机械摩擦,由此带来噪声、火花、无线电干扰以及寿命短等致命弱点,再加上制造成本高及维修困难等缺点,从而大大限制了它在航空上的应用。近年来,随着电力电子技术和控制技术的飞速发展,一些新型航空直流电机应运而生。

无刷直流电动机(BLDCM)是在有刷直流电动机的基础上发展起来的,利用电子开关线路和位置传感器来代替电刷和换向器。由于其电枢绕组经电子"换向器"接到直流电源上,因此可以归为直流电机。

变磁阻电机是结构最简单的电机之一,其结构及工作原理与传统的交、直流电机有很大的区别,它不依靠定、转子绕组电流所产生磁场的相互作用而产生转矩或感应电势,而是依靠"磁阻最小原理"产生转矩,或发出电能。从这个角度说,用传统的电机定义来衡量这种电机已不再适合,但它仍是一类电磁机械,且输入直流电能或发出直流电能,属于直流电机。

磁阻最小原理,即"磁通总是沿着磁阻最小的路径闭合,从而产生磁拉力,进而形成磁阻性质的电磁转矩"和"磁力线具有力图缩短磁通路径,以减小磁阻和增大磁导的本性"。因此变磁阻电机的结构原则是在转子旋转时磁路的磁阻要有尽可能大的变化。所以,变磁阻电机的定、转子均采用凸极结构,并用硅钢片叠压而成。在每个定子磁极上均装有简单的集中绕组,并把径向相对的两个定子磁极上的绕组以串联或并联的方式构成一相。在转子上,既无任何绕组,也无永磁体。

目前,在航空上应用的变磁阻电机主要有步进电动机、航空开关磁阻起动/发电机和航空双凸极起动/发电机。步进电动机采用直流电源供电,在航空上主要用于精确的伺服控制场合;开关磁阻起动/发电机主要用于高压直流电源系统;双凸极起动/发电机主要用于低压直流电源系统。

本章主要介绍无刷直流电动机、航空开关磁阻起动/发电机、航空双凸极直流起动/发电机的结构特点和运行原理。

23.1 无刷直流电动机

无刷直流电动机将电子线路与电机融为一体,把先进的电子技术应用于电机领域,使其既具备交流电动机的结构简单、运行可靠、维护方便等一系列优点,又具备直流电动机的运行效率高、无励磁损耗以及调速性能好等诸多优点,它的转速不再受机械换向的限制。因此,无刷直流电动机用途非常广泛,可作为一般直流电动机、伺服电动机和力矩电动机等使用,尤其适用于高级电子设备、航空航天技术等高新技术领域。

23.1.1 无刷直流电动机的结构特点

无刷直流电动机和普通有刷直流电动机一样,其转矩的获得也是通过改变电枢绕组中电流在不同极下时的方向,从而使转矩总是沿着一个固定的方向。因此,它必须有位置传感器来感受磁极与绕组之间的相对位置,提供一个转子位置检测信号;同时还必须有随着转子位置变化相应切换电枢绕组电流方向的电子开关线路。从供电电子开关线路的角度看,因为无刷直流电动机的转速变化以及电枢绕组中的电流变化是和开关频率一致的,因此,它又可以属于永磁同步电动机。无刷直流电动机主要由电动机本体、位置传感器和电子开关线路三部分组成,其结构原理如图23-1所示。

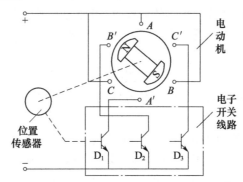

图23-1 无刷直流电动机结构原理

电动机本体在结构上与永磁式同步电动机相似。转子是由永磁材料制成的具有一定极对数($2p=2,4,\cdots$)的永磁体,但没有鼠笼绕组和其他起动装置,主要有两种结构型式:一种是转子铁芯外表面粘贴瓦片形磁钢,在气隙中形成梯形波磁场,称为凸极式,如图23-2(a)所示;另一种是磁钢插入转子铁芯的沟槽中,称为内嵌式,如图23-2(b)所示。

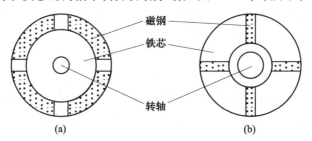

图23-2 永磁转子结构形式
(a)凸极式;(b)内嵌式。

定子是电动机的电枢。定子铁芯中安放着对称的多相绕组,可接成星形或封闭形,各相绕组分别与电子开关线路中的相应晶体管相连接。电子开关线路用来控制电动机定子上各相绕组的通电顺序和时间,主要由功率逻辑开关单元和位置传感器信号处理单元两个部分组成。功率逻辑开关单元是控制电路的核心,其功能是将电源的功率以一定的逻辑关系分配给定子上的各相绕组,以使电动机产生持续不断的转矩。而各相绕组导通的顺序和时间主要由来自转子位置传感器的信号直接或间接控制。

位置传感器的作用是检测转子磁场相对于定子绕组的位置,并在确定的位置处发出信号控制晶体管元件,使电枢绕组中电流及时进行切换,是无刷直流电动机的关键部件。它有多种结构形式,常用的有电磁式、光电式和磁敏式。

综上所述,无刷直流电动机的组成框图如图23-3所示。

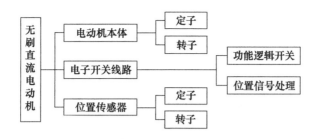

图 23 – 3　无刷直流电动机的组成框图

23.1.2　无刷直流电动机的工作原理

无刷直流电动机为了实现无电刷换向,首先要求把一般直流电动机的电枢绕组放在定子上,把永磁磁钢放在转子上,这与传统直流永磁电动机刚好相反。但仅仅这样还不够,因为用一般直流电源给定子上各绕组供电,只能产生固定磁场,它不能与运动中转子磁钢所产生的永磁磁场相互作用,以产生单一方向的转矩来驱动转子转动。所以,无刷直流电动机除了由定子和转子组成电动机的本体外,还要有由位置传感器、控制电路和功率逻辑开关共同构成的换向装置,使得直流无刷电动机在运行过程中定子绕组所产生的磁场和转动中的转子磁钢产生的永磁磁场在空间始终保持在 90°左右的电角度。因此,可以认为无刷直流电动机是一套由电子开关线路、永磁式同步电动机和位置传感器三者组成的"电动机系统"。其原理框图如图 23 – 4 所示。

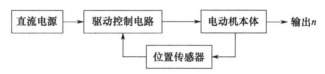

图 23 – 4　无刷直流电动机的原理框图

下面以图 23 – 5 说明三绕组无刷直流电动机的工作原理。图中,采用光电式位置传感器,三只功率晶体管 D_1、D_2 和 D_3 构成功率逻辑单元。

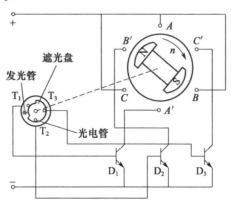

图 23 – 5　三相绕组无刷直流电动机工作原理

23.1.2.1　光电式位置传感器工作原理

光电式位置传感器是由固定在定子上的几个光电耦合开关和固定在转子轴上的遮光盘所组成,如图 23 – 5 所示。3 只光电管 T_1、T_2 和 T_3 均匀分布在电动机一端,安装位置各差 120°。

311

借助于安装在电动机转轴上的遮光盘的作用,使得从发光管射来的光线依次照射3只光电管。这样,就可以以某一光电管是否被照射来判断转子磁极的位置。

23.1.2.2 无刷直流电动机的工作原理

当电机转子转到如图23-5所示的位置,光电管 T_1 被光照射,从而使功率晶体管 D_1 处于导通状态,电流流入绕组 $A-A'$,该相绕组中电流与转子磁极作用所产生的电磁转矩使转子按图中所示的顺时针方向转动。当转子转过120°,与转子同轴安装的遮光盘也转过120°。此时,光电管 T_1 被遮光盘遮住,光电管 T_2 被光照射,从而使功率晶体管 D_1 截止,D_2 处于导通状态,电流从绕组 $A-A'$ 断开而流入绕组 $B-B'$,使得转子继续朝图23-5所示的方向转动。如此连续下去,电动机转子便连续不断地旋转。其详细工作过程如图23-6所示。

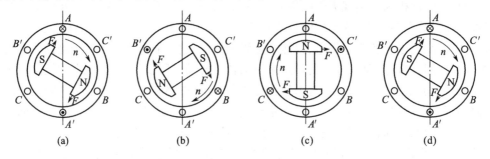

图23-6 三相绕组无刷直流电动机工作过程

显然,在这种通过晶体管开关电路换流的无刷直流电动机中,转子每转过360°电角度,定子电枢绕组共有三个通电状态。每一状态只有一相导通,而其他两相截止,其时间应为转子转过120°电角度所对应的时间,各相绕组中电流的波形如图23-7所示。

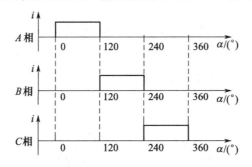

图23-7 三相绕组无刷直流电动机各绕组的电流波形

23.2 航空开关磁阻起动/发电机

20世纪70年代中期开始,全电飞机(AEA)和多电飞机(MEA)技术得到了迅速发展,对电源系统的可靠性、电压、容量、功率密度、效率、容错、余度等指标也提出了越来越高要求。开关磁阻起动/发电机(SRS/G)以其结构简单、可靠性高、可承受的工作转速和环境温度都很高,易于实现起动/发电双功能,以及极富竞争力的高功率密度等优点,成为未来先进飞机起动/发电系统的最佳选择。因此说,SRS/G是20世纪90年代伴随飞机对起动/发电系统的更高要求而诞生,并迅速发展的新型电机技术的典型代表。

与常规的异步、同步、直流三大类电机一样,开关磁阻电机(SRM)既可以作电动机起动飞机发动机,也可以由航空发动机拖动作发电机为飞机提供电能。但开关磁阻电机是以磁阻效应机理实现机电能量转换的,与常规电机的切割磁力线原理有本质差别。因此,在电动机状态和发电机状态相互转换时,相绕组电流的方向并不改变,而是由控制器控制相电流从相电感渐增区与相电感渐减区相互切换实现。就发电机而言,有刷直流发电机实现机械能到电能的转换是基于两套绕组,即旋转电枢绕组切割静止励磁绕组产生的磁场;同样,同步发电机(含稀土永磁同步发电机)是由静止电枢绕组切割旋转励磁绕组产生的磁场实现机电能量转换;而开关磁阻发电机(SRG)仅定子上有一套静止的集中绕组,该绕组通过功率变换器和控制器的分时协调控制,将励磁功能和发电功能合二为一。该综合虽然增加了非线性控制的复杂性,却使开关磁阻无刷发电机具有常规发电机无与伦比的一系列独特优越性,如可靠性高、余度及容错能力强、起动/发电组合容易、应急环境适应性强、可维护性好以及发电容量大、效率高、功率密度高、品质优等。

开关磁阻电机的命名来源于美国学者 Nasar 发表于 1969 年的论文,论文中描述了开关磁阻电机的基本特征:

(1) 开关性:电机运行于一种连续的开关模式,必须依赖于新型的功率半导体器件。

(2) 磁阻性:属于双凸极电机,定子和转子磁阻具有可变磁阻回路,是一种真正的磁阻电机。

23.2.1 开关磁阻起动/发电系统的基本原理组成

SRS/G 系统主要由 SR 电机本体、功率变换器、控制器、电流和位置检测单元四个部分组成,它们之间的关系如图 23-8 所示。作为电动机运行时,从直流电源吸收直流电能,向发动机输出机械能;作为发电机运行时,由直流电源提供励磁,从发动机吸收机械能,向飞机电网输出电能。

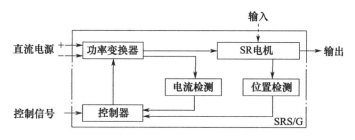

图 23-8 开关磁阻起动/发电系统原理组成

23.2.1.1 SR 电机本体

SR 电机是 SRS/G 中实现机电能量转换的部件,它的结构与反应式步进电动机相似,其运行原理也遵循"磁阻最小原理",即磁通总是沿着磁阻最小的路径闭合;否则,就会由于磁场扭曲而对导磁体产生磁拉力,形成磁阻性质的电磁转矩。因此,在设计开关磁阻电机时,其结构原则应使它的定子和转子均为凸极式,且两者的极数不等,这样,才能使转子旋转时,定、转子之间的磁阻有尽可能大的变化。所以,与普通电机不同,开关磁阻电机的定子和转子都是凸极结构,即开关磁阻电机采用双凸极结构。定子和转子铁芯都由硅钢片叠压而成,定子极上装有集中绕组,定子上径向相对的两个绕组相串联或并联,构成一相,转子上没有绕组和永磁体,定子和转子极对数不相等。

开关磁阻电机可以设计成单相、两相、三相、四相及多相等不同相数结构,且齿极数也有多种不同的搭配。不过,为避免平面磁拉力的不对称,定子和转子极数一般设置为偶数。电机本体的结构形式,常见的有6/4、8/6、12/8、12/10结构。图23-8为一台典型的四相8/6极SR电动机的结构原理。定子8个极,转子6个极,定子上装有集中绕组,径向相对的两个极的绕组串联成一相,故称为四相磁阻电机。转子上无绕组和永磁体。S_1、S_2是电子开关器件,VD_1、VD_2是续流二极管,U_S为直流电源。

图23-9中,如果顺序给$A-B-C-D-A$相绕组通电,则转子便按逆时针方向连续转动起来。当主开关管S_1、S_2导通时,A相绕组从直流电源U_S吸收电能;当S_1、S_2关断时,绕组电流通过续流二极管VD_1、VD_2将剩余的能量回馈给电源。如果适当控制开关管的导通和关断时机,且SR电机的转子由原动机(如飞机发动机)带动,电磁转矩为阻转力矩时,原动机的机械能转换为绕组内的磁场储能,当S_1、S_2关断时,绕组电流通过续流二极管VD_1、VD_2将剩余的能量回馈给电源。

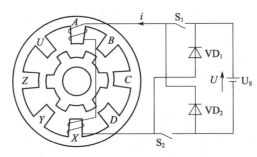

图23-9 四相8/6极SR电机结构原理图(只画出一相)

23.2.1.2 功率变换器

为了保证如图23-9中的电枢绕组交替通入电流,必须使用功率变换器。功率变换器为SRS/G提供励磁,以及在电动运行时提供运行所需的电能,在发电运行时提供电能的回馈通道,其自身由直流电源供电,是连接电源和电机绕组的功率开关部件。由于SRS/G绕组电流是单向的,使得其功率变换器的主电路非常简单。主电路的结构形式与供电电压、电机相数、绕组连接形式和主开关器件的种类等有关,常见的拓扑结构有不对称半桥式、直流电源分裂式等。功率变换器的结构和开关器件的选择直接影响SRS/G系统的性能,详细内容在专门的课程中介绍,在本章中不做赘述。功率变换器的主要作用包括:

(1) 向SRS/G提供励磁和传输电能,满足机电能量转换要求;
(2) 接收控制信号,起开关作用,控制各相绕组适时通断;
(3) 在开关关断时,为各相绕组的储能提供回馈通道。

常用的功率变换器中的功率电路为不对称半桥电路,如图23-10所示。电机每相有2只功率晶体管和2只续流二极管,故四相8/6极结构电机有8只功率晶体管和8只续流二极管。以A相为例说明功率变换器的作用。

当第A相绕组的功率晶体管VT_1、VT_2导通时,电源给A相励磁。电流的回路(励磁阶段)是由电源+→上功率晶体管VT_1→A相绕组$A-X$→下功率晶体管VT_2→电源−。开关管关断时,由于绕组中的电流不能突变,此时电流的续流回路(即去磁阶段)是A相绕组$A-X$→上续流二极管VD_1→电源→下续流二极管VD_2→A相绕组$A-X$。

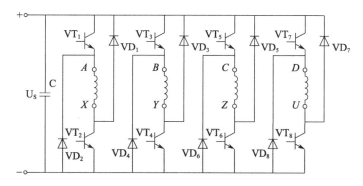

图 23-10 四相 8/6 极 SR 电机的功率电路

当 SRS/G 系统作电动运行时,控制 A 相绕组的 VT_1 和 VT_2 导通时,A 相绕组流过电流,从电源输入的电能一部分转化为相绕组中的磁场储能,一部分转化为机械能输出;当控制 VT_1 和 VT_2 关断时,A 相绕组中的电流通过二极管 VD_1、VD_2 和电源续流,绕组中的磁场储能一部分转化为电能回馈给电源,另一部分则转化为机械能输出。

当 SRS/G 系统作发电运行时,控制 A 相绕组的 VT_1 和 VT_2 导通时,A 相绕组流过电流,从电源输入的电能转化为磁场储能,同时原动机(飞机发动机)拖动电机转子,克服 SRG 产生的与旋转方向相反的转矩对 SRG 做功使机械能也转化为磁场储能;当开关管关断时,A 相绕组中的电流通过二极管 VD_1、VD_2 续流,磁场储能转化为电能回馈电源,并且机械能也转化为电能输送给电源。

23.2.1.3 控制器

SRS/G 的运行离不开控制器,它综合控制指令、位置检测器、电流检测器提供的电机转子位置、速度和电流等反馈信息,以及外部输入的命令,然后通过分析处理,决定控制策略,向 SRS/G 系统的功率变换器发出一系列开关信号,控制相应功率晶体管的导通与关断,进而控制 SGS/G 的运行,是 SGS/G 电机自同步运行和发挥优良性能的中枢。

随着微电子器件技术的飞速发展,控制器也从早期的由分立模拟器件组成的简单控制系统逐渐发展成以高性能微控制器为核心的数字化控制系统,相应地专为电机控制设计的高性能数字信号处理器(DSP)给各种高级复杂控制策略的实现提供了可能。数字控制器由具有较强信息处理功能的 CPU 和数字逻辑电路及接口电路等部分组成,其信息处理的大部分功能是由软件完成的。因此,软件也是控制器的一个重要组成部分。

23.2.1.4 电流和位置检测单元

位置检测器用于向控制器提供转子位置及速度等信号。电机运行过程中,它及时向控制器提供定子与转子极间相对位置的信号,以保证在恰当时刻通过控制功率变换器中的功率晶体管,以接通或断开相应的相绕组。常见的位置检测器有光敏式、磁敏式及接近开关等。

电流检测器向控制器提供 SR 电机绕组的电流信息,用于对电机的闭环控制。常见的电流检测方式有电阻采样、霍尔元件采样和磁敏电阻采样等。

23.2.2 开关磁阻电机的基本方程

由于 SRM 的双凸极结构特点,以及其磁路和电路的非线性,使得尽管电机的各个物理量随转子位置做周期性变化,但定子绕组的电流和磁通的波形极不规则。尽管如此,SR 电机内部的电磁过程仍然是建立在电磁感应定律、全电流定律、基尔霍夫定律、能量守恒定律等基本电磁定律的基础上的。因此,SRM 的运行理论和其他电机的运行理论在本质上没有区别,都可以看作一对电端口和一对机械端口的二端口装置。对于 m 相的 SRM,不计涡流、磁滞及绕组间的互感时,其构成的系统可由如图 23-11 所示的系统图来描述。图中,U_a、U_b、…、U_m 为各相电压,J 为电机转子及负载的转动惯量,D 为黏性摩擦系数,M_L 为负载转矩。描述 SR 电机工作过程和能量转化关系的基本方程由电路方程、机械方程和机电联系方程组成。

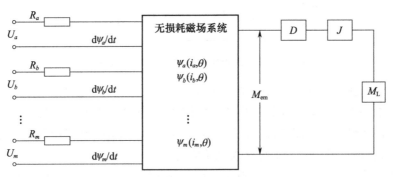

图 23-11 m 相 SGS/G 系统示意

23.2.2.1 电路方程

图 23-11 中,设 $k(k=a,b,c,\cdots,m)$ 相的电压、磁链、电阻、电流和电磁转矩分别为 U_k、ψ_k、R_k、i_k 和 M_k,转子的位置角为 θ(以定子凸极中心与转子凹槽中心重合的位置为起点),转子角速度为 ω。

由基尔霍夫电压定律和楞次定律可知,施加在定子各相绕组两端的电压 U_k 等于绕组电阻 R_k 上的压降和因绕组中磁链的变化而产生的感应电势之和,即

$$U_k = R_k i_k + \frac{\mathrm{d}\psi_k}{\mathrm{d}t} \tag{23-1}$$

一般地,各相绕组的磁链是该相绕组电流 i_k 与自感 L_k、其他各相绕组电流与互感,以及转子位置角 θ 的函数。由于 SR 电机各相绕组之间的互感比绕组的自感小很多,为了便于计算,一般忽略其间互感,也不考虑两相以上绕组导通时,定子、转子轭部饱和在各相之间产生的相互影响。同时,电机的磁链可用电感和电流的乘积来表示。因此,各相绕组的磁链可近似表示为

$$\psi_k = \psi(i_k,\theta) = L(i_k,\theta) \cdot i_k \tag{23-2}$$

将式(23-2)代入式(23-1)可得相绕组上所加的电压为

$$U_k = R_k i_k + \left(L_k + i_k \frac{\mathrm{d}L_k}{\mathrm{d}i_k}\right)\frac{\mathrm{d}i_k}{\mathrm{d}t} + i_k \frac{\mathrm{d}L_k}{\mathrm{d}\theta}\frac{\mathrm{d}\theta}{\mathrm{d}t} \tag{23-3}$$

式中:$R_k i_k$ 为该相回路中电阻上的压降;$\left(L_k + i_k \dfrac{\mathrm{d}L_k}{\mathrm{d}i_k}\right)\dfrac{\mathrm{d}i_k}{\mathrm{d}t}$ 为因绕组中电流变化而产生的感应电势,称为感生电动势;$i_k \dfrac{\mathrm{d}L_k}{\mathrm{d}\theta}\dfrac{\mathrm{d}\theta}{\mathrm{d}t}$ 为因转子转动,转子位置的改变而导致绕组中磁链的变化而产生的电势,称为动生电动势。

由式(23-1)可得

$$\psi_k = \int (U_k - R_k i_k)\,\mathrm{d}t \tag{23-4}$$

联立式(23-2)和式(23-4)可得相绕组中的电流为

$$i_k = \frac{\psi_k}{L_k} = \frac{1}{L_k}\int (U_k - R_k i_k)\,\mathrm{d}t \tag{23-5}$$

由此可得到如图 23-12 所示的一相绕组的等值电路图,其中,$L(i,\theta)=\dfrac{\partial \psi}{\partial i}$ 为动态电感;$e=\dfrac{\partial \psi}{\partial \theta}\cdot\dfrac{\mathrm{d}\theta}{\mathrm{d}t}$ 为随着转速变化的动生电动势。

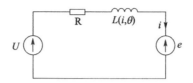

图 23-12 SRM 一相绕组的等值电路图

23.2.2.2 机械方程

按照力学定律可列出在电机电磁转矩 M_k 和负载转矩 M_L 作用下的转子机械运动方程:

$$M_k = J\frac{\mathrm{d}^2\theta}{\mathrm{d}t^2} + D\frac{\mathrm{d}\theta}{\mathrm{d}t} + M_L \tag{23-6}$$

式中:$\omega=\dfrac{\mathrm{d}\theta}{\mathrm{d}t}$ 为电机的角速度;M_L 为电机的负载转矩;D 为黏性摩擦系数或阻尼系数。

23.2.2.3 机电联系方程

作为一种机电能量转换的电磁机械,电机中的机和电一般是通过电磁转矩耦合联系在一起的,反映电能和机械能转换的转矩表达式称为机电联系方程。

开关磁阻电机的一相绕组在一个工作周期内的机电能量转换过程,可以通过其在磁链-电流($\psi-i$)坐标平面的轨迹来描述,所以 SRM 的静态性能可以通过随着转子位置和相电流周期性变化的磁链曲线来表征,如图 23-13 所示,图中的两条极限磁化曲线分别对应于最小磁阻位置 $\theta_{\min}$ 和最大磁阻位置 $\theta_{\max}$。

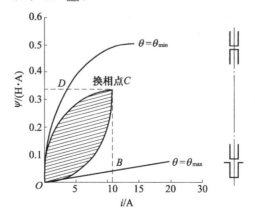

图 23-13 SR 电机的 $\psi-i$ 曲线

由于忽略了相绕组间的互感,因此可以从一相绕组出发来考察 SRM 的电磁转矩。

由图 23-13 可知，SRM 在工作过程中的磁共能 $W' = \int_0^i \psi(\theta,i)\mathrm{d}i$ 和磁储能 $W_\mathrm{f} = \int_0^\psi i(\psi,\theta)\mathrm{d}\psi$ 是非线性变化的。当该相绕组导通后，磁链 ψ 随着电流沿着曲线 OBC 变化，定义其磁链曲线为 $\psi_1 = \psi_1(\theta,i)$，反函数电流曲线为 $i_1 = i_1(\psi,\theta)$，到达 C 点时，磁链达到最大值；过 C 点后，该相关断，开始续流，磁链 ψ 随着电流沿着曲线 CDO 变化，定义其磁链曲线为 $\psi_2 = \psi_2(\theta,i)$，反函数电流曲线为 $i_2 = i_2(\psi,\theta)$，磁链下降到零。由此，该相绕组在一个工作周期内磁共能的变化量为

$$\Delta W' = \oint_Q \psi \mathrm{d}i = \int_0^{i_c} \psi_2 \mathrm{d}i - \int_0^{i_c} \psi_1 \mathrm{d}i = \int (\psi_2 - \psi_1)\mathrm{d}i \tag{23-7}$$

磁储能的变化量为

$$\Delta W_\mathrm{f} = \oint_Q i(\psi,\theta)\mathrm{d}\psi = \int_0^{\psi_c} i_2 \mathrm{d}\psi - \int_0^{\psi_c} i_1 \mathrm{d}\psi = \int (i_2 - i_1)\mathrm{d}\psi \tag{23-8}$$

式（23-7）和式（23-8）中，Q 表示闭合曲线 OBCDO。显然

$$\Delta W' = -\Delta W_\mathrm{f} \tag{23-9}$$

由式（23-9）可知，磁共能 W' 和磁储能 W_f 的大小相等，即为图 23-13 中闭合曲线 OBCDO 所包围的阴影部分的面积。而磁共能变化量等于机械能的变化量 ΔW_mec，即

$$\Delta W_\mathrm{mec} = \Delta W' \tag{23-10}$$

由机电能量转换原理可得

$$\Delta W_\mathrm{mec} = M_\mathrm{avg} \Delta \theta \tag{23-11}$$

式中：M_avg 为 $\Delta\theta$ 角度变化范围内的平均转矩。

联立式（23-9）、式（23-10）和式（23-11）可得

$$M_\mathrm{avg} = \frac{\Delta W'}{\Delta \theta} = \frac{\Delta W_\mathrm{f}}{\Delta \theta} \tag{23-12}$$

由式（23-12），并根据极限法，可求出在闭合曲线 OBCDO 上任意一个运行点 a 的瞬时转矩为

$$M(\theta,i) = \frac{\partial W'(\theta,i)}{\partial \theta}\bigg|_{i=\mathrm{const}} = -\frac{\partial W_\mathrm{f}}{\partial \theta}\bigg|_{\psi=\mathrm{const}} \tag{23-13}$$

由式（23-13）可知，磁共能 $W'(\theta,i)$ 的变化取决于转子的位置角和绕组相电流的瞬时值，磁路非线性的存在使得对式（23-12）的求解非常复杂。在对 SRM 的性能作定性分析时，通常忽略磁路的非线性，将磁链 ψ 表示为

$$\psi = Li \tag{23-14}$$

则磁共能可简化为

$$W'(\theta,i) = \frac{1}{2}Li^2 \tag{23-15}$$

从而，式（23-13）可简化为

$$M(\theta,i) = \frac{1}{2}i^2 \frac{\partial L}{\partial \theta} \tag{23-16}$$

由以上分析可得出如下结论：

(1) SRM 的电磁转矩是由转子转动时气隙磁导（$L = \Lambda N^2$）的变化而产生的。磁导对转角的变化率越大，转矩也越大。

(2)电磁转矩的大小与绕组电流的平方成正比。即便考虑当绕组电流增大后铁芯饱和的影响,电磁转矩不再与绕组电流的平方成正比,但仍然会随着电流的增大而增大。因此,可以通过控制绕组的电流大小来控制电磁转矩,并且可以通过控制绕组的电流大小得到恒转矩输出特性。

(3)电磁转矩的方向与绕组电流的方向无关。只要在电感曲线的上升段给绕组通入电流,就会产生正向电磁转矩;而在电感曲线的下降段给绕组通入电流,就会产生反向电磁转矩。

23.2.3 基本方程的线性化处理

由于开关磁阻电机在运行时,定子和转子存在显著的边缘效应与高度的局部饱和,引起磁路的严重非线性和电流的非正弦性;而绕组电感$L(\theta,i)$既是转子位置的函数,也是绕组相电流的函数。因此,尽管开关磁阻电机的基本方程从理论上描述了电机中各基本物理量之间的关系,但解析非常复杂。在对开关磁阻电机作定性分析时,通常做理想的线性化处理。

23.2.3.1 相电感的线性化

影响开关磁阻电机运行特性的主要因素是相电流的波形、峰值以及峰值出现时的转子位置等。通常忽略磁路的非线性,假定相绕组的电感与电流的大小没有关系,且不考虑磁场边缘扩散效应,认为定子电感L仅是转子角度θ的函数。当转子转动时,转子的位置角θ不断变化,定子电感L就在最大电感量L_{max}和最小电感量L_{min}两个特定电感值之间周期地变化。图23-14为理想线性假设下,当转子旋转时,定子相电感随转子位置角θ做周期性变化的规律。

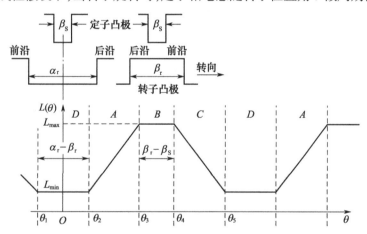

图23-14 定子绕组的相电感随转子位置角θ的变化规律

显然,定子相电感呈梯形波变化,每个通电周期可分为四个区间。当定子和转子磁极轴线对齐,即齿对齿时,主磁路的磁阻最小,相应的电感最大,对应于图23-14中的B区;当定子和转子磁极轴线互相正交,即转子槽对定子齿时,相应的定子电感最小,对应于图23-14中的D区;A区对应于转子齿前沿与定子齿逐渐接触到与定子齿重叠时,定子相电感的变化情况;C区对应于转子齿后沿逐渐离开定子齿到完全脱离定子齿时,定子相电感的变化情况。转子齿的宽度β_r与定子齿的宽度β_S一般是不相等的,通常$\beta_r > \beta_S$。因此,存在一定区间$\beta_r - \beta_S$,使得定子齿与转子齿之间的磁阻不变,相应的定子电感在B区存在长度为$\beta_r - \beta_S$的L_{max}区间。同理,转子槽的宽度往往也大于定子齿宽,故相应的定子电感在D区存在长度为$\alpha_r - \beta_S$的L_{min}区间。

当电机的转子转到 D 区,即 $\theta_1 \leqslant \theta < \theta_2$ 时,相电感为最小值 L_{min} 且恒定,不产生电磁转矩;当电机的转子转到 A 区,即 $\theta_2 \leqslant \theta < \theta_3$ 时,电感增大,相绕组通以电流,则产生正转矩,处于电动机状态;当电机的转子转到 B 区,即 $\theta_3 \leqslant \theta < \theta_4$ 时,电感为最大值 L_{max} 且恒定,不产生电磁转矩;当电机的转子转到 C 区,即区间 $\theta_4 \leqslant \theta < \theta_5$ 时,电感下降,相绕组通以电流,则产生负转矩,处于发电机状态。因此,控制相绕组电流导通的时刻、相电流脉冲的幅值和宽度,即可控制 SR 电机转矩的大小和方向。

顺便指出的是,由上述分析可知,要使一定转速的 SR 电机进入发电机状态,需要在相电感减小区域之前提前给相绕组施加励磁电流。以 A 相为例,在 $\theta_3 \leqslant \theta < \theta_4$ 区域闭合开关 S_1、S_2,使其导通,为 A 相绕组提供励磁电流,一旦电流达到设定值,则关断 S_1、S_2。由于 A 相绕组中的电流不可能瞬时减小到零,故在 $\theta_4 \leqslant \theta < \theta_5$ 区域电机产生制动力矩,其输出电流通过续流二极管回馈给直流电源,或者提供给直流负载。B、C、D 相工作情况与此类似。

综上所述,相电感 $L(\theta)$ 和转子位置角 θ 的关系,可用函数形式表示为

$$L(\theta) = \begin{cases} L_{min} & (\theta_1 \leqslant \theta < \theta_2) \\ L_{min} + K(\theta - \theta_2) & (\theta_2 \leqslant \theta < \theta_3) \\ L_{max} & (\theta_3 \leqslant \theta < \theta_4) \\ L_{max} - K(\theta - \theta_4) & (\theta_4 \leqslant \theta < \theta_5) \end{cases} \quad (23-17)$$

$$K = \frac{L_{max} - L_{min}}{\theta_3 - \theta_2} = \frac{L_{max} - L_{min}}{\beta_s} \quad (23-18)$$

式中 β_s——定子齿的宽度,也称为定子极弧。

23.2.3.2 磁链、电流的线性化

在式(23-1)中,相绕组的电阻压降 $R_k i_k$ 与 $\dfrac{d\psi_k}{dt}$ 相比非常小,可以忽略不计,式(23-1)可简化为

$$U_k = \frac{d\psi_k}{dt} = \frac{d\psi_k}{d\theta} \cdot \frac{d\theta}{dt} = \frac{d\psi_k}{d\theta} \cdot \omega \quad (23-19)$$

式中 ω 为转子的角速度,$\omega = \dfrac{d\theta}{dt}$。

式(23-19)可写成

$$\frac{d\psi_k}{d\theta} = \frac{U_k}{\omega} \quad (23-20)$$

由式(23-20)可以看出,当 S_1、S_2 导通时,$U_k = U$(U 为直流电源的电压);当 S_1、S_2 关断时,$U_k = -U$。在电源电压 U 及转子角速度 ω 为一定时,在每相导通和关断期间,其磁链 ψ_k 都以相同的速率 U/ω 线性上升或下降。由于每相绕组的初始磁链都为零,因此相绕组在 S_1、S_2 导通(对应 $\theta = \theta_{on}$,θ_{on} 为相绕组接通电源瞬间的转子位置角,称为开通角)后持续的时间与 S_1、S_2 关断(对应 $\theta = \theta_{off}$,θ_{off} 为相绕组断开电源瞬间的转子位置角,称为关断角)后又持续的时间相等,即磁链 ψ_k 的变化呈等腰三角形,在 θ_{off} 角处达到最大值,如图 23-15 所示。

对式(23-19)积分并代入初始条件,可得

$$\psi_k = \begin{cases} \dfrac{U}{\omega}(\theta - \theta_{on}) & (\theta_{on} \leqslant \theta \leqslant \theta_{off}) \\ \dfrac{U}{\omega}(2\theta_{off} - \theta_{on} - \theta) & (\theta_{off} \leqslant \theta \leqslant 2\theta_{off} - \theta_{on}) \end{cases} \quad (23-21)$$

显然,当转子位置角 $\theta = 2\theta_{off} - \theta_{on}$ 时,磁链衰减到零,并一直保持到下一周期该相重新开始导通。

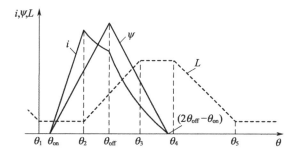

图 23-15 每相磁链、电流随转子位置角 θ 的变化规律

由于在磁路为线性的条件下,磁链 $\psi = Li$,因此,式(23-20)可表示为

$$\frac{U_k}{\omega} = \frac{d\psi_k}{d\theta} = \frac{d(Li)}{d\theta} = L\frac{di}{d\theta} + i\frac{dL}{d\theta} \quad (23-22)$$

由式(23-22),可按电感 L 随着 θ 变化的不同范围,分别求出相电流 i 随 θ 的变化规律,如图 23-15 所示。用函数形式表示为

$$i(\theta) = \begin{cases} \dfrac{U}{\omega} \cdot \dfrac{\theta - \theta_{on}}{L_{min}} & (\theta_1 \leqslant \theta < \theta_2) \\[2mm] \dfrac{U}{\omega} \cdot \dfrac{\theta - \theta_{on}}{L_{min} + K(\theta - \theta_2)} & (\theta_2 \leqslant \theta < \theta_{off}) \\[2mm] \dfrac{U}{\omega} \cdot \dfrac{2\theta_{off} - \theta_{on} - \theta}{L_{min} + K(\theta - \theta_2)} & (\theta_{off} \leqslant \theta < \theta_3) \\[2mm] \dfrac{U}{\omega} \cdot \dfrac{2\theta_{off} - \theta_{on} - \theta}{L_{max}} & (\theta_3 \leqslant \theta < \theta_4) \\[2mm] \dfrac{U}{\omega} \cdot \dfrac{2\theta_{off} - \theta_{on} - \theta}{L_{max} - K(\theta - \theta_4)} & (\theta_4 \leqslant \theta \leqslant 2\theta_{off} - \theta_{on} \leqslant \theta_5) \end{cases} \quad (23-23)$$

由式(23-23)可知,绕组相电流与外加电源电压 U、角速度 ω、开通角 θ_{on}、关断角 θ_{off}、电感最大值 L_{max}、电感最小值 L_{min}、定子极弧 β_s 等有关。

23.2.3.3 电磁转矩的线性化

将式(23-17)代入式(23-16),可得

$$M_k = \begin{cases} 0 & (\theta_1 \leqslant \theta < \theta_2) \\[1mm] \dfrac{1}{2}Ki^2 & (\theta_2 \leqslant \theta < \theta_3) \\[1mm] 0 & (\theta_3 \leqslant \theta < \theta_4) \\[1mm] -\dfrac{1}{2}Ki^2 & (\theta_4 \leqslant \theta < \theta_5) \end{cases} \quad (23-24)$$

由式(23-24)可得到经过线性化处理的电磁转矩随转子位置角变化的曲线,如图 23-16 所示。

由式(23-24)和图 23-16 可以看出:

(1)理想条件下,电磁转矩的大小与电流的平方成正比,可以通过增大电流来增大电机的

电磁转矩。

（2）在电感曲线的上升段给绕组通电,会产生正向转矩;在电感曲线的下降段给绕组通电,会产生反向转矩。因此,可以通过改变绕组的通电时机,改变转矩的方向,而且转矩的方向与电流的方向无关。

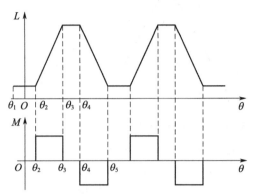

图 23-16　电磁转矩随转子位置角 θ 的变化规律

23.2.3　开关磁阻电机的控制方法

开关磁阻电机的控制方法是指电机运行时,对哪些参数进行控制以及如何进行控制,使电机达到规定的运行状态,并使其保持较高的性能指标。

由上述分析可知,开关磁阻电机的可控变量一般有施加于相绕组两端的电压 U_k、相电流 i_k、开通角 θ_{on} 和关断角 θ_{off} 等,它们的变化将影响电机的输出性能。这些参数既可以单独控制,也可以结合其他参数共同控制,使电机达到预定工况。按照控制变量的不同,开关磁阻电机常用的控制方式通常有电流斩波控制(CCC)、电压脉宽调制(PWM)和角度位置控制(APC)。

23.2.3.1　电流斩波控制

电机在低速运行,特别是在起动时,反电势小,相电流上升快。为了避免过大的电流脉冲对功率开关器件和电机造成损坏,多采用相电流斩波控制,以限定电流峰值,取得恒转矩机械特性。采用相电流斩波控制时,一般不会对开通角 θ_{on} 和关断角 θ_{off} 进行控制,而是直接选择在每相的特定导通位置对电流进行斩波控制。

采用电流斩波控制时,绕组相电流和相电感随转子位置角变化关系如图 23-17 所示。

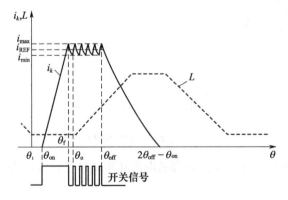

图 23-17　电流斩波控制时相电流波形

电流斩波控制就是将检测到的相电流 i_k 与给定电流 i_{REF}（斩波限）进行比较，从而将电流限制在一定的范围。具体过程：当 $\theta=\theta_{on}$ 时，控制相绕组的主开关器件导通，相电流从 0 开始上升，当电流上升到上限值 i_{max} 时，关断主开关，开始斩波，i 开始下降；当电流下降到下限值 i_{min} 时，使主开关重新导通，i 开始上升。如此控制主开关器件反复导通、关断，使电流 i 在上限值 i_{max} 和下限值 i_{min} 之间波动，直到 $\theta=\theta_{off}$ 时，主开关器件关断，一相电流控制结束，电流通过续流通道下降到 0。

显然，当固定开通角和关断角时，调节斩波限 i_{REF} 就相当于调节关断角，即电流开通区间的宽度。这种控制方法很适合电机起动时，转速较低的情况，有利于保持转矩的稳定输出。

23.2.3.2 电压脉宽调制控制

电压脉宽调制是在保持开通角、关断角不变的前提下，在功率开关管导通区间内，在驱动信号上加入脉宽调制信号，使功率开关器件工作在电压脉宽调制方式。脉冲的周期固定，通过调节电压脉宽调制波的占空比，来调整加在相绕组两端的平均电压，进而对起动时的相电流、发电时的励磁电流进行控制，最终达到控制目标。采用电压脉宽调制控制时，绕组相电流和相电感随转子位置角变化的关系如图 23-18 所示。这种控制方法控制灵敏，适用范围广，低速性能优于电流斩波控制，但是开关切换状态频率偏高，效率受到影响。

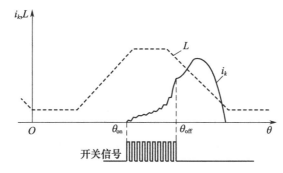

图 23-18 电压脉宽调制控制时，绕组相电流和相电感随转子位置角变化关系

23.2.3.3 角度位置控制

采用角度位置控制时，绕组相电流和相电感随转子位置角变化关系如图 23-19 所示。由图可见，当电机转速较高时，相电流的周期较短，电流上升的时间也较短，此时的每相电流呈现单脉冲状态，最终的相电流峰值也较低，达不到斩波电流限，无法使用电流斩波控制，电压脉宽调制控制也无法达到电机高转速时的频率。角度位置控制主要通过改变开关磁阻电机控制参数中的开通角 θ_{on}、关断角 θ_{off}，进而改变电机各相绕组的通电时刻和断电时刻，控制相电流的波形。角度位置控制条件下，开通、关断角对相电流的影响分别如图 23-19（a）、(b)、(c)、(d) 所示。

角度位置控制方式下，存在两个可变角度参数：开通角 θ_{on} 和关断角 θ_{off}。电动运行时，越提前开通角，就可获得越大的相电流峰值，如图 23-19（a）所示。高速运行时，开通角很可能提前至负值。虽然在 $\frac{\partial L}{\partial \theta}<0$ 电感下降区会出现负转矩，但是在考虑高速电机运转时的运动电势，这样做是有必要的。角度位置控制对 θ_{off} 也有一定的要求，如图 23-19（b）、(d) 所示，使电流不向 $\frac{\partial L}{\partial \theta}<0$ 区域延续而产生负转矩的同时，也要让输出转矩最大，一般 θ_{off} 不会超过电感值最大处，将其固定在近似的最大出力点即可。

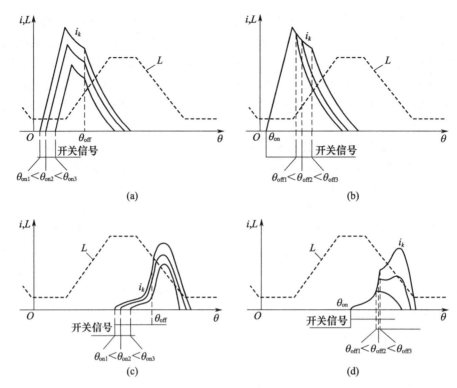

图 23-19 角度位置控制下,电动/发电模式开通关断角对相电流的影响
(a)电动模式下不同开通角的影响;(b)电动模式下不同关断角的影响;(c)发电模式下不同开通角的影响;
(d)发电模式下不同关断角的影响。

发电运行时,要使大部分电流都落在电感下降区 $\frac{\partial L}{\partial \theta} < 0$,通过提前开通和延后关断增加励磁时间来增大励磁电流。θ_{off} 的改变对励磁电流的变化影响很大,所以调节 θ_{off} 来控制励磁电流比较困难。在发电运行时,必须配合斩波类控制方式,来调节角度位置控制下的励磁电流。

23.2.4 开关磁阻电机的电动运行

开关磁阻电机作为一种机电能量转换装置,根据可逆原理,它和传统电机一样,既可将电能转换为机械能,作电动运行,也可将机械能转换为电能,作发电运行。但是发电运行时,其内部的能量转换关系不能简单看成是电动运行的逆过程。

23.2.4.1 转矩产生原理

开关磁阻电机转矩产生的原理和步进电动机相似,也遵循"磁阻最小原理",即磁通总是沿着磁阻最小的路径闭合,从而产生磁拉力形成磁阻性质的电磁转矩。与之相适应,其结构原则是转子旋转时,磁路的磁阻要有尽可能大的变化。由于当磁路的磁阻变化时,定子相绕组的电感也会发生变化,因而,当 SR 电机的转子处于不同的位置时,定子各相的电感也不相同,如果控制相绕组通电的时刻,就可改变相绕组中电流的大小及波形,从而使电机的转子有不同的转速、转向以及进入不同的运行状态。

在如图 23-20 所示的开关磁阻电机驱动系统中,控制器根据位置检测器检测到的定子和转子间的相对位置,按照给定的运行指令导通相应相绕组的主开关元件。相绕组中有电流流过时产生磁通,转子因受到磁拉力的作用而转动,直到转子转到被其吸引的定子磁极相重合

（此时磁阻最小）时为止。同时，控制器根据新的位置信息关断当前相，而导通下一相，使转子继续向下一个平衡位置转动。这样，一方面，控制器根据相应的位置信息，按一定的控制逻辑，连续不断地导通和关断相应的主开关，就可以产生连续的同方向转矩，使转子按给定的转速连续运行；另一方面，按照一定的控制策略，控制各相绕组的通断时刻以及绕组电流的大小，使电机处在最佳运行状态。因此，位置闭环是开关磁阻电动机有别于反应式步进电动机的重要标志之一，开关磁阻电动机（SRD）其实就是带位置闭环速度控制的步进电动机。

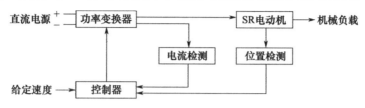

图 23-20　SRD 基本构成框图

如图 23-21 所示，当定子 A 相磁极轴线 AX 与转子磁极轴线 ax 不重合，A 相绕组电流控制开关 S_1、S_2 闭合时，A 相绕组通电，B、C、D 三相绕组不通电（图中未画出该三相绕组及相应的电源部分），此时，电机内建立起以 AX 为轴线的磁场，定子和转子间所产生的切向磁拉力力图使转子旋转到转子磁极轴线 ax 与定子 A 相磁极轴线 AX 相重合的位置，从而产生磁阻性质的电磁转矩，使转子转动。当定子和转子磁极正对，ax 与 AX 重合时，切向磁拉力消失，转子不再转动。顺序给 $A→B→C→D$ 相绕组通电，则转子便会按逆时针方向连续转动起来；反之，依次给 $B→A→D→C$ 相绕组通电，则转子便会沿顺时针方向连续转动。

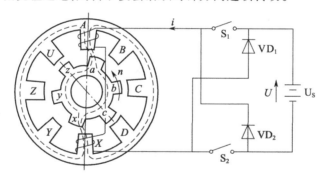

图 23-21　四相 8/6 极 SR 电机结构原理图（只画出一相）

显然，由于 SRD 中的电磁转矩是磁阻性质的电磁转矩，电流的方向对转矩没有任何影响，电动机的转向与电流方向无关，而仅取决于相绕组的通电顺序。

23.2.4.2　电路分析

SRD 每一相绕组的工作周期可分为励磁和去磁两个阶段。如图 23-22 所示，电源 Vcc 是一个直流电源，电感 $L_1 \sim L_4$ 分别表示 SRM 的四相绕组，IGBT1～IGBT8 为与绕组相连的可控开关元件，VD1～VD8 为对应相的续流二极管。当第一相绕组的开关管 IGBT1、IGBT2 导通时，电源给第一相励磁，电流的回路（励磁阶段）是由电源 Vcc 正极→上开关管 IGBT1→绕组 L_1→下开关管 IGBT2→电源负极，如图 23-22（a）所示。开关管关断时，由于绕组是一个电感，根据电工理论，电感的电流不允许突变，此时电流的续流回路（去磁阶段）是绕组 L_1→上续流二极管 VD1→电源 Vcc→下续流二极管 VD2→绕组 L_1，如图 23-22（b）所示。

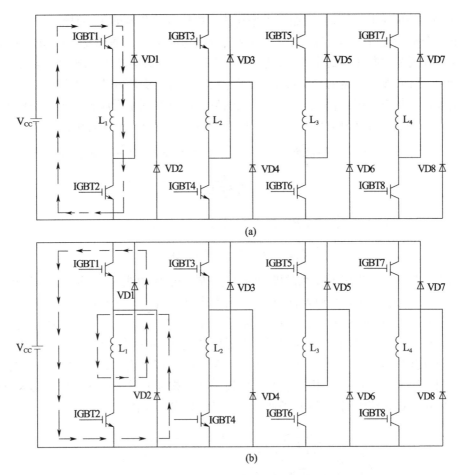

图 23-22 SRD 电路工作示意
(a)励磁阶段电流流向;(b)去磁阶段电流流向。

当忽略铁耗和各种附加损耗时,SRD 工作时的能量转换过程:通电相绕组的电感处在电感上升区域内(转子转向"极对极"位置),当开关管导通时,输入的净电能中的一部分转化为磁场储能,另一部分转化为机械能输出;当开关管关断时,绕组电流通过二极管和电源续流,存储的磁场储能一部分转化为电能回馈电源,另一部分则转化为机械能输出。

23.2.4.3 运行特性

图 23-23 为 SRD 的运行特性。当 SRD 在速度低于 ω_{rc1}(第一临界速度)的范围内运行时,SRD 呈现恒转矩特性。为了保证其磁链 Ψ_{max} 和相电流 i 不超过允许值,可以采用改变电压、导通角和触发角三者中的任一个或任两个,或三者同时配合控制。当 SR 电动机在高于 ω_{rc1} 范围运行时,SRD 呈现恒功率特性。在外加电压、导通角和触发角都一定的条件下,随着转速的增加,磁链和电流将下降,转矩则随着转速的平方下降(图 23-23 中细实线)。为了得到恒功率特性,必须采用控制措施控制可控条件。但是,外施电压最大值是由电源功率变换器决定的,而导通角又不能无限增加(一般不能超过半个转子极距)。因此,在电压和导通角都达到最大时,能得到的最大功率所对应的最高转速 ω_{rc2} 称为"第二临界转速"。当转速再增加时,由于可控条件都已经达到了极限,转矩将随转速的二次方下降。

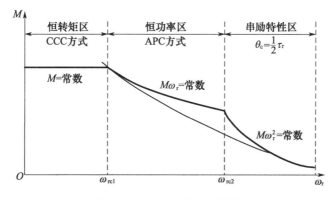

图 23-23 SRD 的运行特性

开关磁阻电机一般运行在恒转矩区和恒功率区,在这两个区域中电机的实际运行特性可控。通过控制可控条件,可以实现在粗实线以下的任意实际运行特性。而在串励特性区,电机的可控条件都已达极限,电机的运行特性不再可控,电机呈现自然串励运行特性,故电机一般不会运行在此区域。

在运行时存在着两个临界运行点是开关磁阻电机的一个重要特点。采用不同的可控条件匹配可以得到两个临界点的不同配置,从而得到各种所需的机械特性,这就是开关磁阻电动机具有优良调速性能的原因之一。从设计的观点看,两个临界点的合理配置是保证 SRD 设计合理,满足给定技术指标要求的关键。

从控制角度看,应在上述两个区域采用不同的控制方法:在第一临界转速以下一般采用 CCC 方式,在第一、第二临界转速之间采用 APC 方式。

23.2.5 开关磁阻电机的发电运行

23.2.5.1 发电机理

典型的开关磁阻发电系统一般由开关磁阻发电机、功率变换器、转子位置检测器、控制调节器及励磁电源组成,如图 23-24 所示。该开关磁阻发电机为四相 8/6 结构,功率变换器采用四相双开关式主电路。转子位置检测器被安装在发电机的非轴伸端,传感器输出反映转子位置的方波信号,作为功率变换器各相主开关的基本触发信号和换相信号。

如图 23-25 所示,设 SRG 在原动机的拖动下,按顺时针方向旋转。在如图 23-25 所示位置,如果闭合开关 S_1、S_2,给定子 A 相绕组通电,则 A 相绕组由直流电源 U_S 提供励磁。此时,电机磁通的闭合磁路为定子轭→定子极 A→气隙→转子极 a→转子铁芯→转子极 x→气隙→定子极 X→定子轭。由于定子 A 相绕组轴线与转子极 ax 轴线不重合,则按照"磁阻最小原理",转子极 ax 将受到逆时针方向的磁拉力,有向定子极 AX 运动的趋势,原动机必须克服这个磁拉力对 SRG 做功,才能使电机转子旋转,从而将原动机传递给转子的机械能转换成定子绕组的磁场储能。当开关 S_1、S_2 断开时,A 相绕组经二极管 VD1、VD2 续流,定子绕组的磁场储能将释放出来,并转换成电能,回馈至电源 U_S,从而实现原动机提供的机械能和发电机输出的电能之间以磁场为媒介的机电能量转换。

当电机旋转至 C 相绕组轴线与转子极 by 轴线重合时,将励磁切换到 D 相绕组,则 D 相绕组与转子极 cz 之间的相互作用将和 A 相绕组与转子极 ax 之间的相互作用相同。因此,如图 23-26 所示,连续不断地按照 A→D→C→B→A 的顺序给定子各相绕组励磁,由原动机传递给转子的机械能将源源不断地转换成电能,实现开关磁阻电机的发电运行。

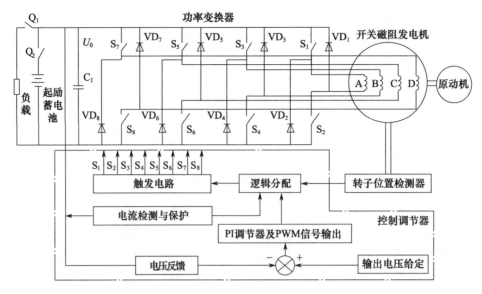

图 23-24 开关磁阻发电机系统组成原理

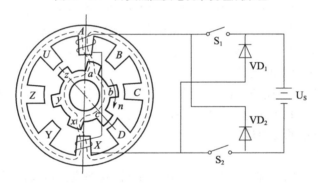

图 23-25 四相 8/6 极 SR 电机结构原理图(只画出一相)

值得指出的是,如果驱动 SRG 的原动机的转向发生改变,如图中转子的转向变化为逆时针方向,则只需要改变各相绕组的励磁顺序,即将励磁顺序变化为 $A→B→C→D→A$ 的顺序,即可维持其发电运行状态。因此,能够方便地适应电机的正反转是 SRG 的一大特点。SRG 中,转子的受力方向与定子绕组中的电流方向无关,只取决于各相绕组的通电顺序,这也是 SRG 区别于一般交流电机的另一大特点。

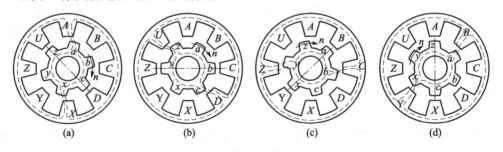

图 23-26 四相 8/6 极 SRG 各相顺序通电时的磁场情况
(a)A 相通电;(b)D 相通电;(c)C 相通电;(d)B 相通电。

23.2.5.2 电路分析

SRG 每一相绕组的工作周期也可分为励磁和发电两个阶段。图 23-27 中电源 Vcc 是一直流电源,4 个电感分别表示 SRG 的四相绕组,8 个 IGBT 为与绕组相连的可控开关元件,8 个二极管为对应相的续流二极管。当第一相绕组的开关管导通时（即励磁阶段）,电源给第一相励磁,电流的回路是由电源 +→上开关管→绕组→下开关管→电源 -,如图 23-27(a)所示。开关管关断时,由于绕组是一个电感,根据电工理论,电感的电流不允许突变,电流的续流回路（即发电阶段）是绕组→上续流二极管→电源→下续流二极管→绕组,如图 23-27(b)所示。

在 SRG 工作时,当忽略铁耗和各种附加损耗时,能量转换过程:通电相绕组的电感处在电感下降区域内(转子转离"极对极"位置),当开关管导通时,输入的净电能转化为磁场储能,同时原动机拖动转子克服 SRG 产生的与旋转方向相反的转矩对 SRG 做功,使机械能也转化为磁场储能;当开关管关断时,SRG 绕组电流续流,磁场储能转化为电能回馈电源,并且机械能也转化为电能给电源充电。

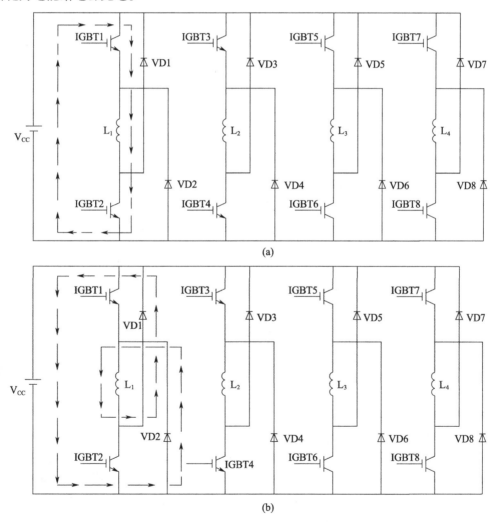

图 23-27 SRG 电路工作示意
(a)励磁阶段电流流向;(b)发电阶段电流流向。

23.2.5.3 有效发电条件

开关磁阻电机在发电运行时,励磁阶段输入的电动率,一部分转换为绕组的磁储能,另一部分转换为机械能,电机进入发电阶段,它们则一起转换为电能。因此,SRG 的输出功率为发电功率和励磁功率之差,为了实现较大的输出功率,发电区域的电流须足够大。由式(23-20)可知

$$\frac{U_k}{\omega} = \frac{\mathrm{d}\psi_k}{\mathrm{d}\theta} = \frac{\mathrm{d}(Li)}{\mathrm{d}\theta} = L\frac{\mathrm{d}i}{\mathrm{d}\theta} + i\frac{\mathrm{d}L}{\mathrm{d}\theta} \Rightarrow L\frac{\mathrm{d}i}{\mathrm{d}t} = -U_k - i\frac{\partial L}{\partial \theta}\omega \tag{23-25}$$

式中:$L\frac{\mathrm{d}i}{\mathrm{d}t}$ 为因绕组中电流变化而产生的感生电动势;$i\frac{\partial L}{\partial \theta}\omega$ 为因转子转动,转子位置的改变而导致绕组中磁链的变化而产生的动生电动势。

当 SRM 进入发电区时,励磁电流的大小反映了磁场储能的大小,通过对励磁电流的控制可以实现对发电过程的控制。

当励磁电流不变时,如果转子角速度 ω 较低,则有 $-U_k - i\frac{\partial L}{\partial \theta}\omega < 0$,发电阶段相电流将下降,且下降越来越快。如果 ω 较高,那么,动生电动势大于反相电压,$-U_k - i\frac{\partial L}{\partial \theta}\omega > 0$,发电阶段相电流将上升。因此,为实现 SRM 的有效发电运行,在发电阶段的开始处应满足

$$-U_k - I_e \frac{\partial L}{\partial \theta}\omega > 0 \tag{23-26}$$

式中:I_e 为励磁电流。

式(23-26)为 SRM 发电运行的有效条件。显然,励磁电流 I_e 越大,转速越高,SRG 的出力就越大,发电运行的效率也越高。

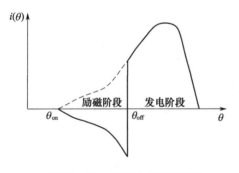

图 23-28 SRG 输出电流波形

23.2.5.4 运行特点

由于 SRG 的励磁绕组和电枢绕组实际上是共用的同一套绕组,因此其励磁阶段和发电阶段必须采用周期性的分时控制,而其发电阶段本身是无法直接控制的,只能通过调节其励磁过程来控制输出的电压。因为 SRG 在励磁阶段由外电源提供电能,发电阶段则向外输出电能,所以 SRG 输出的是脉冲电能,输出电流的波形如图 23-28 所示。为了得到稳定的输出电压,必须在输出端并联大容量电容等储能装置。

23.2.6 航空开关磁阻起动/发电机

随着对发动机起动可靠性、运行安全性要求的增加,体积小、可靠性高、功率密度大的开关磁阻电机成为未来航空起动发电机的发展趋势。SRS/G 与发动机高压转子同轴连接,在发动机起动阶段作为起动机带动发动机加速至独立转速,作电动运行;当发动机的高压转子转速达到发电转速时,由发动机带动发电,作发电运行,给飞机上的用电设备提供电能。

从 20 世纪 80 年代开始,美国 Sundstrand 公司、GE 公司在美国空军和 NASA 支持下,对多/全电飞机用 SRS/G 系统进行了深入的研究,并研制出不同规格的试验样机。经过几十年的探索与实践,发达国家在飞机用 SRS/G 系统方面的研究已由起初的方案论证、可行性分析

及小规模试制发展到现在的优化设计及控制、性能改善及大功率运用,并迈入了实用化阶段。F-35战机的主电源系统就是采用具有起动/发电双功能的开关磁阻电机系统。

作为一种典型的多电飞机,F-35飞机安装有一台250kW的SRS/G作为飞机的主电源发电机,输出额定电压为270V的高压直流电。该电机采用12/8结构,与2套功率变换器、2套输出滤波器、2套控制器一起构成双通道系统。由1、2、3和7、8、9号定子极上的电枢元件构成一套三相绕组向第一个通道供电,由4、5、6和10、11、12号定子极上的电枢元件构成另一套三相绕组向第二个通道供电。图23-29为250kW开关磁阻起动/发电机的主电路原理。电动运行时,双通道同时工作,用于起动航空发动机;发电运行时,两个通道独自向各自的用电设备供电,以提高供电的可靠性。

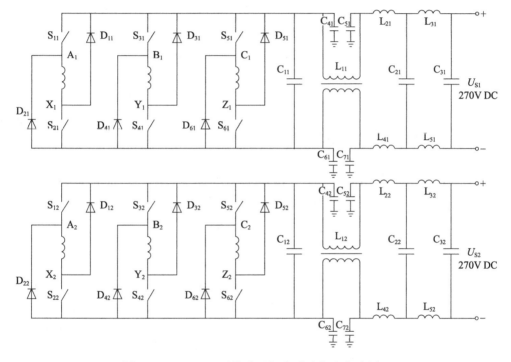

图23-29 250kW开关磁阻起动/发电机主电路原理

由于250kW开关磁阻起动/发电机的额定输出电流为928A,每个通道的额定输出电流为464A,如果相对两极的相绕组串联,则相绕组电流会非常大,需要的导体截面积也会非常大。同时,由于电机的最高工作转速为22228r/min,最低发电工作转速为13450r/min,相应的工作频率分别为2963Hz和1793Hz,电流流过导体会导致很强的集肤效应,使相绕组的电阻显著增大。因此电机相对两极上的绕组采用并联结构,可以减小导体的截面积,减弱了集肤效应。电机采用空心导体内部油冷的冷却方式,导体的壁厚为0.889mm,每极线圈匝数为7,可以提高冷却效率,减轻导体重量。

需要指出的是,SRS/G由于其自身的工作原理决定了其在电动运行状态时瞬时转矩脉动较大,发电运行状态瞬时输出电压脉动大的问题,必须采用优化电机结构、采用先进的控制算法等方法加以抑制。

23.3 航空双凸极直流起动/发电机

1955年,美国学者Rauch和Johnson首次提出了双凸极电机的概念雏形。1993年美国威斯康星大学Lipo教授明确提出了双凸极永磁电机的原理和结构,并制成了双凸极永磁电机的样机。其转子上无绕组,由定子上的永磁体励磁,电枢绕组安放在定子极上,由相对两定子极上的电枢元件串联构成一相电枢绕组。尽管双凸极永磁电机结构简单,适合高速运行,并具有较高的功率密度,但也存在一系列问题。当其作发电机运行时,如果电机出现故障,由于永磁体的存在,电机将无法灭磁,容易使发电机损坏。此外,双凸极永磁发电机需依靠三相绕组后接有源开关构成的变换器才能实现电压调节,降低了发电机电压调节系统的可靠性。因此,实用的航空双凸极电机通常采用电励磁,用励磁绕组代替原来的永磁体,使得发电机可以通过改变励磁绕组中的电流大小来实现发电机输出电压的调节,同时也实现了发电机故障时通过切断励磁电流来实现灭磁。

电励磁双凸极电机可以工作在电动机状态或发电机状态:在飞机上,当作为电动机使用时,用于起动飞机发动机;当作为发电机使用时,用于由发动机驱动为飞机提供符合要求的直流电。本节主要介绍航空用电励磁双凸极起动/发电机的结构特点、工作原理和运行特点。

23.3.1 双凸极电机的结构特点

双凸极起动/发电机的结构与SRS/G相似,都采用双凸极结构。不同的是SRS/G的励磁绕组和电枢绕组共用一套绕组,而电励磁双凸极起动/发电机的定子上装有集中电枢绕组和励磁绕组。图23-30为12/8极电励磁双凸极电机的结构,电机的定、转子均为凸极齿槽结构,铁芯均由硅钢片叠压而成,定子上装有集中电枢绕组和励磁绕组。定子的12个极均匀分布,定子极弧的弧长与定子槽口的弧长相等。电机的特殊结构设计,使得电机每个极下转子齿与定子齿的重叠角之和恒等于转子极弧,而与转子位置无关,从而使得合成气隙磁导为一常数,电机励磁绕组所匝链的磁链将不随转子位置角的变化而改变,所以励磁绕组不会产生感应电势,而且电机静止时无定位力矩,与电机任一相定子绕组交链的互感磁链仅与该相磁导成正比。

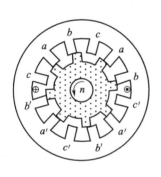

图23-30 12/8极电励磁双凸极电机结构

电励磁双凸极电机由于其自身的工作原理,决定了其在电动运行状态时,瞬时转矩脉动较大,发电运行状态瞬时输出电压脉动大的问题。因此可以采用转子分割错位结构,主电机的转子分割为两段,且两段转子相对应的转子齿相互错开60°电角度;采用双定子结构,定子绕组也分为两段,但不错开位置。即采用两套如图23-31所示的相同的6/4极结构的双凸极电机,组合构成12/8极结构的三相双凸极电机。这样,实际上就是共用一套励磁绕组的两台独立的电机,起动过程中两台子电机的输出转矩叠加,发电过程中两台子电机的输出电压在整流后进行并联,这样不仅减少了电动运行时的转矩脉动和发电运行时的输出电压脉动,又不会造成电机反电势减小,也不会造成电压调节时间的增大,而且能够减小电机的直径。

图23-31为6/4极双凸极起动/发电机的定子与转子结构,定子与转子铁芯由硅钢片叠成,在定子的内周有6个定子极,在转子外周有4个转子极,这种结构称为6/4极双凸极起动/

发电机。双凸极电机的定子可以是电励磁、永磁励磁或混合励磁。采用电励磁的双凸极起动/发电机,在定子内侧有励磁线圈对定子励磁,定子励磁线圈通电产生磁场,随着转子的转动,定子电枢绕组内的磁通变化在电枢绕组中感生交流电动势。

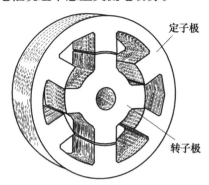

图 23-31 6/4 极双凸极起动/发电机定子与转子铁芯

此外,为了满足航空电机能够自主工作的要求,还可以在电机的一端同轴安装一套小功率的永磁式双凸极发电机作为励磁机,在发动机起动结束,实现自主运行后,由它为主发电机提供励磁电流和为发电机的调压器提供工作电源。调压器采用励磁机供电,而不依赖其他电源,有利于提高调压器的工作可靠性,励磁机由于功率密度的需要而采用 18/12 极结构。

由于电机的定子和转子都是凸极齿槽结构,磁路饱和效应显著,电机参数和各物理量都随转子位置角和电枢电流呈现非线性的变化规律,因此双凸极发电机输出的电压不是正弦波,谐波成分很大,既不适于变压器变压,又不适于远距离输送,也不适于一般交流用电设备使用,通常是把它就近整流成直流电再输出,故航空上通常将这种电机称为双凸极直流起动/发电机。

23.3.2 双凸极电机的基本工作原理
23.3.2.1 发电工作原理

当励磁绕组通有恒定电流时,在电机内产生的磁通将经过定子轭部、定子齿部、气隙、转子齿部、转子轭部形成闭合磁路。当飞机发动机带动电机使转子按某一方向旋转时,由于每相电枢绕组所匝链的磁链发生变化,在三相电枢绕组中产生三相交变的感应电势。当负载或转速变化时,通过调节励磁绕组的电流大小来维持输出电压的稳定。

23.3.2.2 电动工作原理

作电动运行时,必须配备位置传感器、功率变换器和控制器。外接电源一路为电机励磁供电,另一路通过起动控制装置将直流电变换成三相交流电,并通过装在电机上的传感器检测出电机转子的位置,控制全桥变换器的不同开关管,向电机相应的相绕组供电,以产生输出转矩带动发动机旋转。

具体情况:在一个电周期内,三相绕组的自感磁链和三相绕组与励磁绕组间的互感磁链,总是处在一相上升,一相下降。通过对由位置传感器得到的信号进行检测,当相绕组自感与励磁绕组间互感磁链增大时,绕组中通入正电流,而在互感磁链减小时,绕组中通入负电流,使得在整个周期内转子上均产生正转矩,这一特点使得双凸极电机的单位体积出力比其他电机的出力要大。转矩的大小既可以通过控制电流大小或导通区间来实现,也可以采用单拍或双拍的运行方式来控制,改变电流的极性和通电顺序,即可以改变转矩的方向。

23.3.3 双凸极电机的发电运行

当双凸极电机的转子由原动机拖动以某一转速转动时,如果在定子励磁绕组中通以励磁电流 i_e,则在电机中产生励磁磁场。当转子旋转至转子槽与定子某相齿对齐时,通过该相极的磁通达到最小值,如图 23-32(a)所示。而当转子旋转至转子齿与定子某相齿对齐时,通过该相极的磁通达到最大值,如图 23-32(b)所示。

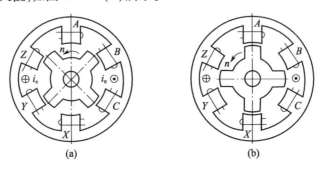

图 23-32 6/4 极电励磁双凸极电机示意

如图 23-32(a)所示,设定子 A 相极与转子槽的中心线对齐时的转子转角 $\theta_m = 0°$,随着 θ_m 的增大,定子磁链 ψ_a、A 相绕组感应电势 e_a 和相电感都将随着 θ_m 的变化而变化,其变化规律如图 23-33 所示。当原动机带动转子转过 15°后,转子极开始进入定子极,定子磁链开始增大;当 $\theta_m = 45°$ 时,转子极与定子极对齐,A 相磁链 ψ_a 达到最大值 ψ_{amax};θ_m 再继续增大时,转子极开始离开定子极,ψ_a 开始下降;当 $\theta_m = 75°$ 时,转子极刚好离开定子极;当 $\theta_m = 90°$ 时,转子槽又刚好与定子极对齐,A 相磁链 ψ_a 达到最小值 ψ_{amin}。

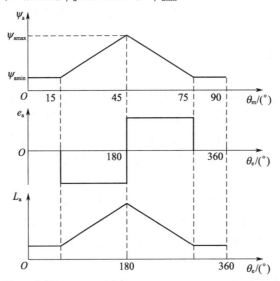

图 23-33 6/4 极双凸极电机的相磁链 ψ_a、相电势 e_a 和相绕组电感 L_a

电机转子的旋转使 A 相磁链 ψ_a 的变化,在 A 相电枢绕组中感应出电动势 e_a,即

$$e_a = -\frac{d\psi_a}{dt} = -\frac{d\psi_a}{d\theta} \cdot \frac{d\theta}{dt} = -\omega \frac{d\psi_a}{d\theta} \tag{23-27}$$

相电势 e_a 的波形接近矩形波,如图 23-33 所示。可见,相电势 e_a 的大小既与电机的转速

$\omega = \dfrac{\mathrm{d}\theta}{\mathrm{d}t}$ 成正比,也与相磁链 ψ_a 随转子位置角的变化率 $\dfrac{\mathrm{d}\psi_a}{\mathrm{d}\theta}$ 成正比,因此双凸极电机也属于变磁阻电机。

6/4 极结构的双凸极电机的转子每旋转一圈,A 相磁链 ψ_a 从最小值 $\psi_{a\min}$ 到最大值 $\psi_{a\max}$ 变化 4 个周期,故和同步电机一样,相电势的频率为

$$f = \dfrac{n}{60} p_r \tag{23-28}$$

式中:p_r 为转子的极数;n 为电机的转速(r/min)。

显然,与交流电机一样,电机的机械转角 θ_m 和电角度 θ_e 之间的关系为

$$\theta_e = p_r \cdot \theta_m \tag{23-29}$$

6/4 极结构的双凸极电机的相邻定子极相差 60°机械角度,相当于 240°电角度。因此三相定子绕组中产生的感应电势的相位角分别为 0°、240°、480°,互差 120°电角度,为对称的三相电动势。

双凸极电机的电动势不是正弦波,一般不能直接向用电设备供电,必须通过整流和滤波电路转换为平滑的直流电,再向用电设备供电,如图 23-34 所示。

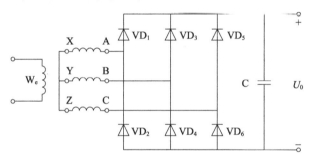

图 23-34 三相 6/4 极双凸极电机的整流电路

需要指出的是,由于双凸极电机的定子上同时安放着励磁绕组和电枢绕组,和其他发电机一样,当电枢绕组中流过电枢电流时,也会产生磁场,也会产生电枢反应。图 23-35 为 6/4 极双凸极电机产生电枢反应的两种典型情况。

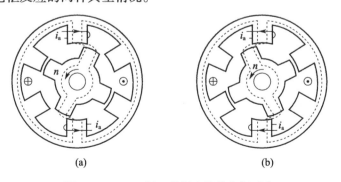

图 23-35 6/4 极双凸极电机的电枢反应
(a)转子极进入定子极时的电枢反应;(b)转子极离开定子极时的电枢反应。

图 23-35(a)为转子极开始进入定子 A 相极时的情形。随着转子极进入定子 A 相极,两极的重叠区域也来越大,磁路的磁阻越来越小,经过 A 相绕组的磁通越来越多,电枢绕组中产

生的电枢电势所形成的电枢电流的方向必然要阻碍励磁磁场的增加,电枢电流所形成的电枢磁场的方向必然与励磁磁场的方向相反,为去磁性质的电枢反应。

图 23-35(b)为转子极离开定子 A 相极时的情形。随着转子极逐渐离开定子 A 相极,两极的重叠区域也来越小,磁路的磁阻越来越大,经过 A 相绕组的磁通越来越少,电枢绕组中产生的感应电势所形成的电枢电流的方向必然要阻碍励磁磁场的减小,电枢电流所形成的电枢磁场的方向必然与励磁磁场的方向相同,为助磁性质的电枢反应。

由上述分析可知,双凸极电机在两种典型情况下的电枢反应是相反的,电枢反应的总体作用取决于磁路的饱和程度。一般来说,无论是电机工作在发电状态还是电动状态,磁路都是在饱和区附近的,因此电枢反应一般会使电机的磁通减小。

23.3.4 双凸极电机的电动运行

如图 23-36 所示,双凸极电机在电动运行时,也必须有转子位置传感器、功率变换器和控制器。功率变换器通常用由 6 个功率开关管 $VT_1 \sim VT_6$ 构成的三相桥式逆变器构成;控制器用于将转子位置传感器来的 3 个霍尔开关信号 P_A、P_B、P_C 转变为 6 个用于驱动功率开关管 $VT_1 \sim VT_6$ 的控制信号 $S_1 \sim S_6$,按照转子的位置有序地开通和关断功率开关管,实现电机的连续旋转。通常采用转速和电流双闭环的控制方式实现电机的平滑调速、电动制动和正反转运行。图中,A-X、B-Y、C-Z 为电机的三相电枢绕组,W_e 表示励磁绕组。

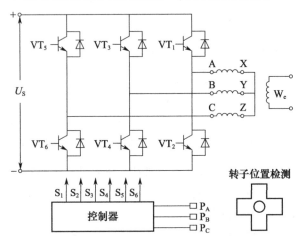

图 23-36 三相双凸极电动机系统组成原理

图 23-37 为 6/4 极结构双凸极电动机在三相三状态工作过程中,各信号波形示意图。23-37(a)为三相绕组所产生的电动势的波形。由于电动运行时的电动势为阻碍相电流流入绕组的反电动势,因此必须有图 23-37(b)所示的相电流波形,才能使双凸极电机工作在电动状态。图 23-37(c)为电机转子位置传感器输出的霍尔开关信号 P_A、P_B、P_C 的波形。$\omega t = 0 \sim \pi$ 时,P_A 为高电平;$\omega t = \pi \sim 2\pi$ 时,P_A 为低电平。P_A 的上升沿和 e_a 负电势的上升沿对齐。P_B 和 P_C 分别与 P_A 相差 120°和 240°。控制器通过计算得到图 23-37(d)所示的 $A\overline{B}$、$B\overline{C}$ 和 $C\overline{A}$ 3 个控制信号:$A\overline{B}$ 信号用于驱动功率开关管 VT_1 和 VT_6,$A\overline{B}$ 为高电平时,使 VT_1 和 VT_6 导通,以使 i_a 和 i_c 在 $\omega t = 0 \sim 2\pi/3$ 范围内的波形如图 23-37(b)所示;$B\overline{C}$ 使 VT_2 和 VT_3 导通;$C\overline{A}$ 使 VT_4 和 VT_5 导通,从而使电枢电流的波形如图 23-37(b)所示,实现电机的正转电动运行。

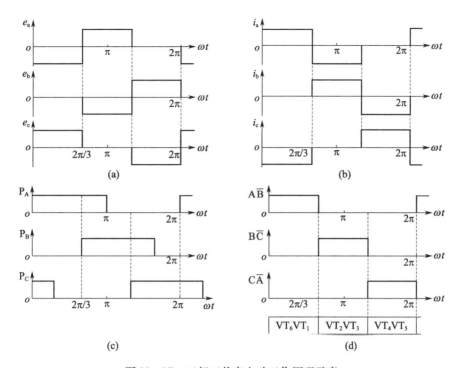

图 23-37 三相三状态电动工作原理示意
(a)三相电势波形；(b)三相电流波形；(c)三相霍尔位置信号；(d)逻辑关系与驱动工作波形。

由于一个周期内，6个功率开关管 $VT_1 \sim VT_6$ 仅两个一组开通和关断一次，仅有3个状态：VT_1、VT_6 开通和关断一次为状态 $A\bar{B}$；VT_2、VT_3 开通和关断一次为状态 $B\bar{C}$；VT_4、VT_5 开通和关断一次为状态 $C\bar{A}$。因此，三相6/4极双凸极电机的这种控制方式称为三相三状态控制。除了三相三状态控制外，还可以有其他形式的控制方式，如三相六状态等。

小 结

1. 无刷直流电动机的结构特点和工作原理

无刷直流电动机用电子开关电路和位置传感器代替了有刷直流电动机中的电刷和换向器，是一种机电一体化的高新技术产品。

结构上主要由电动机本体、位置传感器和电子开关线路三部分组成。其中位置传感器是无刷直流电动机的重要部件，通过位置传感器发出的信号来控制电子开关电路，以实现对电机本体中各相绕组导通的顺序和时间的控制。

2. 开关磁阻起动/发电系统的基本原理组成

SRS/G 系统主要由 SR 电机本体、功率变换器、控制器、电流和位置检测单元四个部分组成。作电动机运行时，从直流电源吸收直流电能，向发动机输出机械能；作发电机运行时，由直流电源提供励磁，从发动机吸收机械能，向飞机电网输出电能。

开关磁阻电机的运行遵循"磁阻最小原理"。

功率变换器为 SRS/G 提供励磁，以及在电动运行时提供运行所需的电能，在发电运行时提供电能的回馈通道。

控制器用于接收控制指令、位置检测器、电流检测器提供的电机转子位置、速度和电流等反馈信息,以及外部输入的命令,然后通过分析处理,决定控制策略,向 SRS/G 系统的功率变换器发出一系列开关信号,控制相应功率晶体管的导通与关断,进而控制 SGS/G 的运行。

位置检测器用于向控制器提供转子位置及速度等信号。

3. 开关磁阻电机的基本方程

描述 SRM 工作过程和能量转化关系的基本方程由电路方程、机械方程和机电联系方程组成。

尽管 SRM 的基本方程从理论上描述了电机中各基本物理量之间的关系,但解析非常复杂。在对 SRM 作定性分析时,通常做理想的线性化处理。

4. 开关磁阻电机的控制方法

SRM 常用的控制方式通常有 CCC、PWM 和 APC 三种。

5. 开关磁阻电机的运行

SRM 作为一种机电能量转换装置,根据可逆原理,它和传统电机一样,既可将电能转换为机械能,作电动运行,也可将机械能转换为电能,作发电运行,但是其内部的能量转换关系不能简单看成是电动运行的逆过程。

6. 航空开关磁阻起动/发电机

航空 SRS/G 与发动机高压转子同轴连接,在发动机起动阶段作为起动机带动发动机加速至独立转速,作电动运行;当发动机的高压转子转速达到发电转速时,由发动机带动发电,作发电运行,给飞机上的用电设备供电。

7. 双凸极电机的结构特点

电励磁的双凸极起动/发电机的定子上装有集中电枢绕组和励磁绕组。

8. 双凸极电机的基本工作原理

当飞机发动机带动电机使转子按某一方向旋转时,由于每相电枢绕组所匝链的磁链发生变化,在三相电枢绕组中产生三相交变的感应电势。

电励磁双凸极电机作为电动机运行时,必须配备位置传感器、功率变换器和控制器。通过装在电机上的传感器检测出电机转子的位置,控制全桥变换器的不同开关管,向电机相应的相绕组供电,以产生输出转矩带动发动机旋转。

9. 电励磁双凸极电机的运行

双凸极发电机的电动势不是正弦波,一般不能直接向用电设备供电,必须通过整流和滤波电路转换为平滑的直流电,再向用电设备供电。和其他发电机一样,当电枢绕组中流过电枢电流时,也会产生磁场,也会产生电枢反应。

双凸极电机在电动运行时,可以采用三相三状态或三相六状态等控制方式。

思考题与习题

1. 无刷直流电动机由哪几部分组成?各部分的功能如何?
2. 为什么说位置传感器是无刷直流电动机的重要部件?
3. 无刷直流电动机能否采用一个电枢绕组?能否使用交流电源供电?

4. 开关磁阻电机中的"开关"和"磁阻"分别表示什么物理意义?
5. 开关磁阻起动/发电系统主要由哪几个部分组成?它们之间是如何配合工作的?
6. 开关磁阻电机的基本方程由哪几部分组成?分别描述什么?
7. 开关磁阻电机常用的控制方式有哪几种?各有什么优、缺点?
8. 简述开关磁阻电机转矩产生的原理和发电机理?
9. 开关磁阻电机的有效发电条件是什么?为什么?
10. 电励磁双凸极电机与开关磁阻电机的主要区别是什么?
11. 简述电励磁双凸极电机的发电工作原理和电动工作原理。
12. 电励磁双凸极发电机基于磁阻最小原理工作,为什么它在工作时也会与其他基于电磁感应原理的发电机一样产生电枢反应?

参考文献

[1] 李发海,朱东起. 电机学:第5版[M]. 北京:科学出版社,2013.
[2] 辜承林,陈乔夫,熊永前. 电机学:第4版[M]. 武汉:华中科技大学出版社,2018.
[3] 朱耀忠,刘景林. 电机与电力拖动[M]. 北京:北京航空航天大学出版社,2005.
[4] 胡虔生,胡敏强. 电机学[M]. 北京:中国电力出版社,2005.
[5] 吴红星. 开关磁阻电机系统理论与控制[M]. 北京:中国电力出版社,2010.
[6] 秦海鸿,严仰光. 多电飞机的电气系统[M]. 北京:北京航空航天大学出版社,2015.
[7] 赵莉华,曾成碧,苗虹. 电机学:第2版[M]. 北京:机械工业出版社,2014.
[8] 戴卫力,马长山,朱德明. 双凸极电机的结构设计与系统控制[M]. 北京:机械工业出版社,2012.
[9] 汪国梁. 电机学[M]. 北京:机械工业出版社,2007.